SUSTAINABLE AND SAFE DAMS AROUN

MW01253553

UN MONDE DE BARRAGES DURABLES ET SÉCURITAIRES

ICOLD Proceedings series

ISSN (print): 2575-9159

ISSN (Online): 2575-9167

Book Series Editor:

ICOLD / CIGB (International Commission on Large Dams / Commission Internationale des Grands Barrages)

Paris, France

Volume 2

PROCEEDINGS OF THE ICOLD 2019 SYMPOSIUM
(OTTAWA, CANADA, 9-14 JUNE 2019) / UN MONDE DE BARRAGES
DURABLES ET SÉCURITAIRES. PUBLICATIONS DU SYMPOSIUM
ANNUEL CIGB 2019 (OTTAWA, CANADA, LE 9-14 JUIN 2019)

Sustainable and Safe Dams Around the World

Un Monde de Barrages Durables et Sécuritaires

Editors – Éditeurs

Jean-Pierre Tournier
Hydro-Québec, Montréal, Canada

Tony Bennett
Ontario Power Generation, Niagara-on-the-Lake, Canada

Johanne Bibeau
AECOM, Montréal, Canada

CRC Press
Taylor & Francis Group
Boca Raton London New York

CRC Press is an imprint of the
Taylor & Francis Group, an **informa** business

A BALKEMA BOOK

CRC Press/Balkema is an imprint of the Taylor & Francis Group, an informa business

© 2019 Canadian Dam Association. All rights reserved.
Published by Taylor & Francis Group plc.

Typeset by Integra Software Services Pvt. Ltd., Pondicherry, India

Published by: CRC Press/Balkema
          Schipholweg 107C, 2316XC Leiden, The Netherlands
          e-mail: Pub.NL@taylorandfrancis.com
          www.crcpress.com – www.taylorandfrancis.com

ISBN: 978-0-367-33422-2 (Set of Hbk and Multimedia)
ISBN: 978-0-429-31977-8 (eBook)

Sustainable and Safe Dams Around the World – Tournier, Bennett & Bibeau (Eds)
© 2019 Canadian Dam Association, ISBN 978-0-367-33422-2

Table of contents / Table des matières

Preface / Préface   xxv

Letter to invitation / Lettre d'invitation   xxvii

Theme 1 – INNOVATION   1

Recent advancements and techniques for investigations, design, construction,
operation and maintenance of water or tailings dams and spillways.

Thème 1 – INNOVATION   1

Avancées et techniques récentes pour l'investigation, la conception, la construction,
l'exploitation et l'entretien de barrages hydrauliques, de barrages de résidus miniers
et d'évacuateurs de crues.

Hydraulic modeling / Modélisation hydraulique   1

Design improvement of Bawanur dam spillway preserving the safety requirements   3
D. Stematiu, N. Sirbu & R. Cojoc

Research on flood discharge, energy dissipation, and operation mode of sluice gate for
low-head and large-discharge hydropower stations   4
Huang Wei, Tu Chengyi & Zhou Renjie

Research and application on numerical simulation of hydraulic transients in complex water
conveyance system   5
G.H. Li, X.R. Chen, Y.M. Chen & T.C. Zhou

Breach modelling: Why, when and how?   6
M. Hassan, M. Morris & C. Goff

CFD modelling of near-field dam break flow   7
S. Esmaeeli Mohsenabadi, M. Mohammadian, I. Nistor & H. Kheirkhah Gildeh

Canal embankment failure mechanism, breach parameters and outflow predictions   8
H. Kheirkhah Gildeh, P. Hosseini, H. Zhang, M. Riaz & M. Acharya

Flood retention dams with full ecological passage – recent projects in Germany   9
H. Haufe

Solving spillway geometry for three-dimensional flow   10
G.L. Coetzee & S.J. van Vuuren

Investigating high flow measurements using compound gauging structures   11
A.A. Maritz, P. Wessels & S.J. van Vuuren

Scouring analysis on flip bucket spillway of Cisokan Lower Dam using experimental
investigation   12
J. Zulfan, S. Lestari & Y.E. Kumala

Innovative approach to hydraulic design and analysis for Bluestone Dam primary spillway stilling basin   13
D. Moses & N. Koutsunis

Design and construction of an auxiliary labyrinth spillway for an ageing dam   14
J. Simzer, T. Madden & B. Downing

Preparation of the Mělčany dry reservoir project   15
P. Řehák, P. Holý, P. Fošumpaur, T. Kašpar, M. Králík & M. Zukal

"Hydrothermal" and season based design of dual PKW - flap gate spillway at Gage Dam   16
F. Laugier

Design, construction and operation of offshore and onshore flood control dams in Sweden and Switzerland   17
S.-P. Teodori, A. Hofgaard & H. Kaspar

The redesign of a plunge pool slab for a temporary diversion due to dynamic pressures   18
R. Haselsteiner & A. Trifkovic

Screening level analysis of Ilisu Dam first filling impacts at Mosul Dam   19
M. Wygonik Kinkley

Minimizing the power swing incorporating the trifurcation system of the hydropower plant   20
J. Yun & K. Lim

Hydraulic design of stepped spillway using CFD supported by physical modelling: Muskrat Falls hydroelectric generating facility   21
J. Patarroyo, D. Damov, D. Shepherd, G. Snyder, M. Tremblay & M. Villeneuve

Predictive breach analyses for reservoir cascades   22
V. Stoyanova & R. Coombs

25 years of Gabcikovo Water Structure System – operation, upgrade, safety and impacts on environment   23
P. Panenka, M. Bakes, I. Grundova, R. Hudec, L. Koprivova & D. Volesky

Dam and spillway rehabilitation to accommodate increased design flood: Calero Dam   24
A.R. Firoozfar, E.T. Zapel, A.L. Strain & N.B. Adams

Performance of the complex spillway structure after gate replacement - physical modelling   25
M. Broucek, M. Kralik & L. Satrapa

Levee and dam breach erosion through coarser grained materials   26
M.W. Morris, J.R. Courivaud, R. Morán, M.Á. Toledo & C. Picault

Study of bank erosion and protection measures on Subansiri River, Assam, India   27
R.K. Chaudhary, V. Anand & P.C. Upadhyay

Safety assessment of underflow stilling basin with matter element modal based on hydrodynamic loads and inspection data   28
X. Wu, Y. Chen, H. Wang, Y. Chen, Z. Liu & H. Wang

Thermal and alkali–silica reaction – Concrete dams I
Réaction thermique et RAG – Barrages en béton   29

FE assessment of the ASR-affected Paulo Afonso IV dam   31
R.V. Gorga, L.F.M. Sanchez, B. Martín-Pérez, P.L. Fecteau, A.J.C.T. Cavalcanti & P.N. Silva

Management of ASR affected spillway structures at Kafue Gorge, Zambia   32
E. Nordström, R. Tornberg & R. Kamanga

Assessment of frost damage in hydraulic structures using a hygro-thermo-mechanical
multiphase model   33
D. Eriksson, R. Malm & R. Hellgren

Refurbishment of the 120 years old inlet tower on Mundaring Weir   34
A. Gower & B. Wark

Concrete slot cutting to mitigate AAR induced concrete growth at R.H. Saunders GS   35
Dehai Zhao, L. Adeghe & C. Plant

Collapse of the terminal section of the access bridge to the intake tower of the Bezid Dam   36
I.D. Asman, C. Ban, C. David & I. Tibuleac

Assessing the structural safety of cracked concrete dams subjected to harsh environment   37
R. Malm, M. Könönen, C. Bernstone & M. Persson

Study of concrete hydroelectric facilities affected by AAR using multi-physical simulation:
Consideration of the ultimate limit state   38
M.B. Ftima, E. Yildiz & O. Abra

Thermal analysis and design features of Muskrat Falls RCC North Dam   39
H. Bouzaiene, T. Smith, G. Snyder, T. Chislett & J. Reid

Design of Nimoo Bazgo project in Leh-Ladakh – A case study   40
N. Kumar, K. Deshmukh, A. Mittal & S. Dubey

Roller compacted concrete dams I
Barrages en béton compacté au rouleau   41

Bubbled Rolled compacted concrete dam   43
E.K. Mohamed & E.A. Khalil

High performing RCC and pumpable poor CVC mix design for Monti Nieddu Dam (Italy)   44
T. Adamo, V. Aiello, S. Bonanni, R. Collarelli, F. D'Angeli & C. Rollo

Design and implementation of RCC gravity dam in HD project   45
Yang Yiwen, Deng Liangjun, Hu Lingzhi & Xiang Hong

Tallest RCC gravity dam in Lao PDR - need for high speed and solutions adopted at the
Nam Ngiep 1 Hydropower   46
Y. Aosaka, T. Seoka & S. Tsutsui

Changes in forty-year-old concrete: Some observations regarding the Itaipu dam   47
C. Neumann Jr, E.F. Faria & A.C.P. Santos

Experiences for construction of RCC Dams in Sri Lanka (case study Uma Oya Project)   48
H. Mahdiloutorkamani

Muskrat Falls North Dam – Overcoming the challenges of placing RCC in an extreme
environment   49
T.P. Dolen, D. Protulipac, T. Chislett, R. Power, J. Reid & J. O'Brien

Design aspects of the highest run of the river barrage on permeable foundation of India   50
B. Joshi, R.K. Dubey & M. Kumar

RCC knowledge: How specific test can help to evaluate the real behavior of material and a
better design of RCC dams   51
E. Schrader, P. Mastrofini, R. Saccone & F. Surico

Special solutions for mass concrete mixing aggregate handling (cooling & heating)
for RCC dams   52
R. Kletsch & S.J. Hegy

Design and numerical modelling of concrete dams I
Conception et modélisation numérique des barrages en béton   53

Best practice in preparing procurement specifications for dam protection gates   55
R. Digby & K. Grubb

Design and operational safety of ultra-deep buried large headrace tunnels of Jinping II
hydropower station in China   56
Chunsheng Zhang, Xiangrong Chen, Futing Sun, Yang Zhang, Feng Wang &
Xiaohong Zheng

The design of the Alto Tâmega dam in Portugal. A 106 m high double curvature arch dam   57
F. Hernando, C. Granell & C. Baena

Diversion tunnel orifices for energy dissipation during reservoir filling at Site C   58
J. Bruce, J. Croockewit, F. Yusuf, J. Nunn & A. Watson

3-D-FE models for stability analysis of concrete dams – challenges and solutions   59
K. Aldermann, U. Beetz & B. Tönnis

Biscarrués. The first hardfill dam in Spain   60
C. Granell, A. Duque, J.L. Sanchez & L.J. Ruiz

Influence of unbalanced reinforcement of abutments on long term deformation of Lijiaxia
Arch Dam   61
W. Liu, J. Pan, J. Wang & F. Jin

Detailed investigations and finite element analysis of Idukki dam in India   62
V.V. Arora, B. Singh, P. Narayan & B.K. Patra

Safe design and operation of spillway gates under extreme conditions – Cold climate   63
P. Bennerstedt & A. Halvarsson

Concrete assessment and service life extension planning for Morris Sheppard Dam   64
S.S. Vaghti, M. McClendon & G.S. Lund

Dams in 3D: The importance of considering three-dimensional response of gravity dams   65
S.L. Jones, A. Jacobs & L. Martin

Computation of safety margins of a cracked dam considering drainage efficiency in a
coupled hydro-mechanical model   66
S.-N. Roth & P. Léger

Assessment of apparent cohesion at dam-rock interfaces through multiscale modeling   67
S. Renaud, T. Saichi, N. Bouaanani & B. Miquel

Reducing generation loss - operating with ice and debris on the Upper Mississippi River   68
B. Holman, A. Judd & A. Peters

Blockage of driftwood and resulting head increase upstream of an ogee spillway
with piers   69
P. Furlan, M. Pfister, J. Matos & A.J. Schleiss

Design aspect of a dam without joint – Chamera-III Power Station   70
S. Chowdhury, N. Kumar, Y.K. Chaubey & S.C. Joshi

Design of embankment dams / Conception des barrages en remblai   71

Seepage analysis and control of core-wall rockfill dam and underground powerhouse
caverns in Shuangjiangkou hydropower station, China   73
B. Duan, Z.H. He, J. Yan, J.J. Yan & X.C. Peng

Small embankment dams – benefits and problems   74
J. Říha

Hydro-TISAR and Hydro-SEEP – innovative geophysical techniques for dam safety
investigations   75
D. Campos Halas, J.L. Arsenault, B. McClement & M. Situm

Refurbishment of Ontario Power Generation's Sir Adam Beck Pump Generating Station
reservoir, Niagara Falls – Design   76
S. Kam, F. Barone, M. Aydin & T. Bennett

Feedback on the innovative spillway for Crotty Dam – 25 years of performance data 77
R. Herweynen & P. Southcott

Jimmie Creek run-of-river project – geohazard and seepage control design of intake
structure   78
E. de A. Gimenes & R. Norman

The failure of homogeneous dams by internal erosion – the case of Sparmos Dam, Greece 79
G.T. Dounias & M.E. Bardanis

Impact of variable foundation conditions on the design of the Itare Asphalt Core Rockfill
Dam (ACRD) in Kenya   80
L. Lopez-Ortiz, J. Bekker, D.B. Badenhorst & C.R. Fynn

Designing the grain-size distribution of reverse filters   81
I.N. Belkova, E.D. Gibyanskaya & V.B. Glagovsky

Measures to prevent internal erosion in embankment dams   82
A. Soroush & P. Tabatabaie Shourijeh

Underwater visualization for asset management and risk mitigation of dams   83
K.J. LaBry

ICOLD Bulletin 164 on internal erosion – how to estimate the loads causing internal erosion
failures in earth dams and levees   84
R. Bridle

Case histories of tailings dam and reservoir waterproofed with a bituminous
geomembrane (BGM)   85
N. Daly & B. Breul

Application of Ground-Penetrating Radar (GPR) as supporting technology for monitoring
cracks at Bening Dam, East Java, Indonesia   86
N. Sadikin

Construction of diversion culverts on compressible foundations – Large Earthfill Dams 87
M. Safavian

Numerical modeling of embankment dams /
Modélisation numérique des barrages en remblai   89

Reliability-based safety factors for earth dam stability calculations   91
G. Molinder, I. Ekström, R. Malm & J. Yang

Dynamic reliability analysis of earth dam's slope stability 92
S. Mousavi & A. Noorzad

Global sensitivity analysis in the design of rockfill dams 93
R. Das & A. Soulaïmani

Considering geosynthetic-reinforced piled embankments as Cemented Material Dam
(CMD) foundation 94
A. Noorzad, E. Badakhshan & A. Bouazza

Sustainable design considerations in the construction of earth dams: Case study of
"Yammoune" earth dam (Lebanon) 95
A. Barada, H. Haidar & J. Halwani

Numerical modelling of construction and impoundment of the Romaine-2 Asphaltic Core
Rockfill Dam (Québec, Canada) 96
R. Plassart, F. Laigle, H. Longtin & E. Péloquin

Comparison of cracks and settlements in Givi Dam body in two periods, before and after
earthquake (case study, Givi Dam, Iran) 97
A. Negahdar, R. Eshragi & H. Negahdar

Dam foundation and geology / Géologie et fondation des barrages 99

Mechanical characteristics of class-I columnar jointed basalt of Baihetan hydropower station 101
L.Q. Li, J.R. Xu, Y.L. Jiang, H.M. Zhou & Y.H. Zhang

Challenges in engineering of Pare dam on weak foundation 102
A. Mehta, D.V. Thareja & V. Batta

Innovative 3D ground models for complex hydropower projects 103
J. Weil, I. Pöschl & J. Kleberger

A story telling, dam stability issue and design review, a plea for early empirical geological/
geotechnical assessment of adverse conditions in foundation 104
J.B.O. Adewumi, T. Genton, L. Frobert & E.O. Ajayi

Stabilization of abutments for dam safety: A case of Punatsangchhu-I dam with adverse
geology 105
R.K. Gupta & V. Tripathi

Développement de nouveaux coulis cimentaires pour l'injection des fondations en
milieu froid 106
K. Champagne, G. Touma & A. Yahia

Instrumentation / Instrumentation 107

Research and practice on key technologies of intelligent construction and operation of
cascade hydropower stations in the river basin 109
Y.J. Tu & B. Duan

Recent remote underwater surveys: Advances in methods and technologies for structural
assessments of dams and spillways 110
K.W. Sherwood

Dam monitoring flaws and performance issues: Some thoughts and recommendations 111
M.G. de Membrillera, R. Gómez & M. De la Fuente

Reservoir Safety System (RSS) V2.0: A highly automated platform for managing the
operation of reservoirs 112
K. Murray, L. Mason & T. Judge

"regObs", a tool to share observations in safety management 113
P.H. Hiller, G.H. Midttømme & R. Ekker

The need for instrumentation; experiences on irrigation dams of Ethiopia 114
Y.K. Hassen & M. Abebe

Dam operation support system utilizing Artificial Intelligence (AI) 115
Y. Hida, H. Takiguchi, K. Kudo & M. Abe

Lessons learned in application of automated monitoring systems on hydraulic structures in
Slovakia 116
M. Minarik, T. Meszaros, L. Tulak & E. Bednarova

Updating the dam safety instrumentation systems of concrete gravity dams: A case study
from the Kootenay River, British Columbia, Canada 117
A.I. Bayliss, L. Hurlbut, A. Hughes, P. Hamlyn & G. Johnston

Fiber optic temperature sensors in under-documented dams 118
M.C.L. Quinn, C. Engel, T. Coleman, S. Johansson & C.D.P. Baxter

Theme 2 – SUSTAINABLE DEVELOPMENT

119

Planning, design, construction, operation, decommissioning and closure
management strategies for water resources or tailings dams, e.g. climate change,
sedimentation, environmental protection, risk management.

Thème 2 – DÉVELOPPEMENT DURABLE

119

Stratégies de gestion pour la planification, la conception, la construction,
l'exploitation, la mise hors service et la fermeture de barrages hydrauliques ou des
barrages de résidus miniers, par exemple, changement climatique, sédimentation,
protection de l'environnement, gestion des risques.

Sedimentation / Sédimentation

119

Research on risk assessment of sediment depositing at the deep intakes of reservoir dams 121
C. Jiang, J.B. Sheng & L.R. Fan

The study on optimization of sediment flushing efficiency from cascade reservoirs as
mitigation to the secondary impact of volcanic hazard 122
P.T. Juwono, F. Hidayat, R.V. Ruritan, A. Rianto & M. Taufiqurrachman

Experimental study on effective sediment channel with reservoir topography and
morphology 123
Y. Kitamura, T. Ishino & T. Okada

Study on water diversion and sediment control of diversion type hydropower station
downstream of high dam with large reservoir 124
Xiangrong Chen, Hongliang Sun, Yimin Chen & Fei Yang

Turbidity control and sediment management using sluicing tunnel at hydropower dam 125
H. Okumura, C. Onda, T. Satoh & T. Sumi

Sediment management plan in Sakawa River – the results of the first phase 126
Y. Fukuda, R. Akita & K. Doke

Study on siltation downstream of sluice and risk response measures regarding
building sluice on Jiao River 127
L.H. Gao, L. Ouyang & X.D. Zhao

Filling with sediment of the reservoir "Shpilje"   128
S. Milevski

Sediment replenishment as a measure to enhance river habitats in a residual flow reach
downstream of a dam   129
S. Stähly, A.J. Schleiss, M.J. Franca & C.T. Robinson

Sustainable sediment management of small capacity Pandoh dam reservoir of Beas Satluj
Link Project   130
D.K. Sharma

Morphological modelling of sediment-induced problems at a cascade system of hydropower
projects in hilly region of Nepal   131
S. Giri, A. Omer, P. Mool & Y. Kitamura

Sustainable dams in vital river systems – relevance of sediment balance   132
L. Bolsenkötter, J. Küppers & R. Lothmann

Sediment management of Nathpa Dam from heavy silt in river Satluj (India)   133
V.K. Thakur

Study on the sediment discharge regulation of the Xiaolangdi reservoir during flood season   134
W. Ting, W. Yuanjian, Q. Shaojun, L. Xiaoping & D. Shentang

Theoretical framework of dynamic game-theory model for water and sediment allocation
between cascade reservoirs and lower channel   135
X. Wang, Y. Wang & E. Jiang

Reservoir operation of Mangdechhu project and safety of the structure   136
B. Joshi, N. Kumar, K. Deshmukh, R. Baboota & M. Mishra

Change in river basin morphology due to climate change led extreme flood event   137
D.V. Singh & R.K. Vishnoi

Bener Dam as the management efforts of Bogowonto Watershed   138
M. Yushar Yahya Alfarobi

Climate change and environmental issues / Changements climatiques et environnement   139

Impact of Tibet Xianghe water conservancy project to the black-necked crane and
protection measures   141
Xuhang Wang, Gaojin Xu, Jian Guo, Jiayue Shi, Le Yang & Ning Miao

Comparison of reproducibility of water temperature and water temperature stratification
formation by different methods in dam reservoir water quality prediction model   142
F. Kimura, T. Kitamura, Y. Tsuruta, T. Kanayama, R. Kikuchi, Y. Kitamura, T. Morikawa,
Y. Okada, Y. Fukuda, T. Shoji, A. Mieno, T. Suzuki & M. Kobayashi

Development of a prediction model used in measures for reducing mold odor in dam
reservoirs   143
Y. Okada, K. Shima, K. Okabe, N. Arakawa, Y. Watabe, M. Hongou & H. Kushibiki

Integrating climate change impacts in the valuation of hydroelectric assets   144
K. Pineault, E. Fournier, A. Lamy, A. Hannart & R. Arsenault

Effects of a salt-contained formation on Gotvand Reservoir, an overview on a 7-year
monitoring   145
A. Zia, H. Hassani & N. Kamjou

Potential effects of the soluble formation of Gachsaran on reservoir water quality of Persian Dam reservoir   146
N. Tavoosi, A. Farokhnia & F. Hooshyaripor

Water quality management of an artificial lake, case study: The lake of the Martyrs of the Persian Gulf   147
J. Bayat, S.H. Hashemi, M. Zolfagharian, A. Emam & E.Z. Nooshabadi

The study on the impetus mechanism into resettlement due to reservoirs in China – the analyses based on WDD hydropower station's immigration   148
S. Yanguang

Greenhouse gas emissions from newly-created boreal hydroelectric reservoirs of La Romaine complex in Québec, Canada   149
M. Demarty, C. Deblois, A. Tremblay & F. Bilodeau

Monitoring of water quality and planktonic production in Romaine estuary, three years after impoundment   150
M. Demarty, C. Deblois & A. Tremblay

Numerical simulation of sea water intrusion due to partial gate opening of the Nakdong Estuary Dam   151
Kyung Soo Jun, Jin Hwan Hwang & Dong Hyeon Kim

Water management / Gestion de l'eau   153

Analyzing the water supply effect of Three Gorges Reservoir on Dongting Lake during the dry season   155
L.Q. Dai, H.C. Dai, H.B. Liu, Z.Y. Tang & Y. Xu

Flexible approaches to maximum supply water level of multi-purpose dams   156
M. Möller & W. Thiele

Sustainability of water resources development: A case study from the southwest of Iran   157
A. Heidari

Practice and optimization of the flood control operation mode for the Three Gorges Project   158
S. Li, Y. Gao, L. Xing & H. Wang

Analysis of joint optimization scheduling rules for Jinsha River cascade and Yalong River cascade   159
Zhang Hairong, Tang Zhengyang, Li Peng, Ren Yufeng & Liang Zhiming

Unknown DPRK's dam water level analysis applying artificial intelligence and machine learning method   160
J.B. Park, S.H. Lee & S.J. Kim

A study on water level management criteria of reservoir failure alert system   161
B. Lee & B.H. Choi

Optimal water resources allocation and water supply risk assessment under changing environment in the Mid-lower Hanjiang River Basin, China   162
X. Hong, L. Zhang, Y. Huang, Q. Zou, R. Zhang, X. He, L. Wang & X. Hong

Operation of large Norwegian hydropower reservoirs after quantifying the downstream flood control benefits   163
B. Glover & K.L. Walløe

The method for increasing the waterpower generation by using the storage volume for flood control in the multipurpose dams   164
H. Takeuchi, T. Ikeda, S. Nagasawa & S. Tada

National census on river and dam environments in Japan and utilization for appropriate
dam management using the results   165
T. Osugi, E. Akashi, K. Yamaguchi, H. Kanazawa & M. Nishikawa

The role of sreamflow forecast horizon in real-time reservoir operation   166
K. Gavahi, S.J. Mousavi & K. Ponnambalam

Assessment of increase in bed level of Ghazi-Barotha reservoir   167
K. Munir & M. Zain

Multipurpose water uses of reservoirs in Slovenia   168
N. Smolar-Žvanut, J. Meljo, N. Kodre & T. Prohinar

Reestimation of flood control storage and fixing an optimum spill   169
A.K. Paul

Performance and monitoring of concrete dams I
Comportement et surveillance des barrages en béton   171

Application of Laser Doppler Vibrometry in dam health monitoring   173
M. Klun, D. Zupan, J. Lopatič & A. Kryžanowski

A guideline for ageing management of post-tensioning tendons for dam owners   174
P. Lundqvist, C. Bernstone, A. Marklund & C.-O. Nilsson

Measurement of in situ stresses in the concrete of the Cahora Bassa dam   175
L. Lamas, J.P. Gomes, A.L. Batista, E.F. Carvalho & B. Matsinhe

Evaluating the operational safety of an old run-of-river power plant   176
J.P. Laasonen

Structural health monitoring of a buttress dam using digital image correlation   177
C. Popescu, G. Sas & B. Arntsen

Guideline for structural safety in cracked concrete dams   178
E. Nordström, R. Malm, M. Hassanzadeh, T. Ekström & M. Janz

Investigation of repeated penstock weld ruptures – Case study   179
C. Sparkes, G. Saunders & M. Pyne

Maintenance management in hydropower project: Safety aspects in Shiroro dam project in
focus   180
E. Imo & M. Aminu

Construction and rehabilitation of concrete dams I
Construction et réhabilitation des barrages en béton   181

Restoring treatment engineering on the soleplate of stilling basin of Ankang hydropower
station   183
Liu Dianhai, Wang Jue, Ding Jinghuan & Yang Liu

Anti – seepage technology and defect treatment measures of pumped storage power station   184
Lei Xianyang, Xiong Yanmei, Chen Xiangrong & Sun Tanjian

Rehabilitation works of Minab Dam spillway   185
M. Sadri Omshi, A. Amini & F. Manouchehri Dana

Underwater technologies for rehabilitation of dams: Studena case history   186
A.M. Scuero & G.L. Vaschetti

Safety by design – the new intake at John Hart generating station project   187
A.V. Maiorov, A. Kartawidjaja & K. Gdela

Development and application of various new technologies for construction of Yamba Dam 188
T. Hiratsuka, N. Yamashita & T. Kase

The application of Rubble Masonry Concrete (RMC) construction for African dams and
small hydropower projects 189
R. Greyling, E. Scherman & S. Mottram

Dams in Angola, reconstruction of the Matala dam 190
C.J.C. Pontes & P. Portugal

Långströmmen Dam Safety – best practice project, an additional new spillway with an
emergency radial gate and 2.5 km earth-fill dam enlargement 191
P. Kotrba, C. Sjöberg & P. Bylander

Geomembrane sealing systems for rehabilitation and upgrading concrete dams 192
D. Cankoski

Acaray generating station life extension and modernization studies 193
D. Flores, A. Bridgeman, F. Welt, J. Aveiro, D. Benítez & J. Vallejos

Construction and rehabilitation of embankment dams I
Construction et réhabilitation des barrages en remblai 195

Challenging conditions in the design and construction of Puah Dam in Malaysia 197
M. Afif & H. Fries

Innovations in drawoff works replacement 198
A. Bush, B. Cotter, A.L. Warren & C.E. Woollcombe-Adams

Kangaroo Creek Dam upgrade – A balanced approach to the design of upgrade works 199
P.A. Maisano, J.P. Buchanan & M.B. Barker

Refurbishment of Ontario Power Generation's Sir Adam Beck Pump Generating Station
reservoir, Niagara Falls – Construction execution 200
P. Merry, B. Andruchow, V. Rombough & P. Toth

Retour d'expérience sur les mélanges chaux/ciment dans les écrans « deep soil mixing » des
levées de la Loire 201
S. Patouillard, L. Saussaye, F. Mathieu, A. Le Kouby & R. Tourment

Small earth dam failure in Burkina Faso: The case of the Koumbri dam 202
A. Nacanabo & M. Kaboré

Radius analysis of the distribution mixture of sodium silicate Portland cement grouting
material on various types soil of dam foundation 203
B. Risharnanda, S. Soegiarto, S. Purwaningsih & A.G. Majdi

Investigation and monitoring of embankment dams I
Investigation et surveillance des barrages en remblai 205

Empirical shear stiffness of embankment dams 207
D.S. Park, D.-H. Shin & S.-B. Jo

Internal settlement measurements of the Romaine-3 rockfill dam 208
M. Smith & J. Brien

Study on the deformation of 200 m concrete face rockfill dam in deep foundation of narrow
valley in Houziyan 209
Fuhai Yao & Xing Chen

Analysis of leakage water sources around dam using water analysis
Jae-Seok Ha, Bong-Gu Cho, Jung-Ryeol Jang & Jung-Ju Bea

210

Vegetation control on embankment dams as a part of remediation work
L. Demers, S. Doré-Richard & D. Verret

211

The North Spur story: Two years later
R. Bouchard, A. Rattue, J. Reid & G. Snyder

212

Means and methods of evaluating subsurface conditions and project performance at
Mosul Dam
G. Hlepas & V. Bateman

213

Investigation and treatment of buried channels in river valley projects in Himalayas
N. Kumar, I. Sayeed, R.C. Sharma & A. Chakraborty

214

Spillways / Évacuateurs de crues

215

"You Don't Know What You Don't Know"
P. Schweiger, R. Kline, S. Burch & S.R. Walker

217

Effect of boundary layer conditions on uplift pressures at open offset spillway joints
T.L. Wahl

218

The challenge of securing a concrete lined spillway founded on weak fractured rock
containing active aquifer layers
D. Ryan, P. Foster & B. Wark

219

High resolution spillway monitoring: Towards better erodibility models (and benchmarking
spillway performance)
M.F. George

220

Avoiding rock erosion in the discharge channel of the Péribonka spillway
C. Correa & M. Quirion

221

Determining geomechanical parameters controlling the hydraulic erodibility of rock in
unlined spillways
L. Boumaiza, A. Saeidi & M. Quirion

222

Dam safety / Sécurité des barrages

223

Consequences of flooding: Comparing different quantitative methods for estimating Loss of
Life (LOL)
J. Perdikaris, W. Kettle & R. Zhou

225

Regulating dams in Canada's nuclear industry
G. Su & G. Groskopf

226

Dam safety surveillance innovation - online remote supervision
S.J. Wang, J.H. Yan & C.B. Ge

227

Safety vs wildlife: Managing conflicting interests during dam projects in the UK
T.A. Williamson & P. Wells

228

Development of new simulator for training of dam operation and its future outlook
K. Tamura & S. Kano

229

Necessity of a new public safety program around dams in Korea
D.H. Shin & D.S. Park

230

Study on disaster mitigation measures and emergency management of reservoir dams in strong earthquake region
Peng Lin
231

Application of mechanical facilities support system using tablet terminals for dam management
T. Yoshida, Y. Matsumoto & K. Sasaki
232

Multifactorial studies for management of operating life of hydroelectric power plants
I.V. Kaliberda
233

Using maturity matrices to evaluate a dam safety program and improve practices
R. Knott & L. Smith
234

Oroville in retrospect: What needs to change?
S.J. Rigbey & D.N.D. Hartford
235

A case for innovation in establishing policies, practices and standards for dam safety
D.N.D. Hartford
236

Toward effective emergency action plan of a dam by using a network analysis
B.-H. Choi & B. Lee
237

Dam safety framework for decision-making and asset portfolio management
T. Salloum & S. Alrhieh
238

Lessons learned from dam failures and incidents due to spillway malfunctions
F. Bacchus, F. Champiré, L. Deroo, F. Lempérière & M. Poupart
239

Importance of emergency management programs for dams and hydropower projects – Canadian perspective and Nepalese context
M. Acharya, C.R. Donnelly, J. Groeneveld, J.H. Rutherford, T. Bennett & A. McAllister
240

Design, construction and operation safety of a reinforced soil dam
A. Maita
241

Safety measures for earth dams on basis of instrumentation data, dam site location and reservoir volume
F. Jafarzadeh, A. Akbari Garakani, J. Maleki & M. Banikheir
242

Investigation and assessment of interfaces with earthen levees
J. Simm, M. Roca Collell, J. Flikweert, R. Tourment, C. Neutz & P. van Steeg
243

A consequence-based tailings dam safety framework
J. Herza, M. Ashley, J. Thorp & A. Small
244

Risk tolerability criteria in dam safety – what is missing?
P. Zielinski
245

Challenges and needs for dams in the 21st century
H. Blohm & L. Deroo
246

New guidelines and processes for development of additional water storage in the U.S.
B.N. Dwyer & K.J. Ranney
247

Classification of Itaipu and Three Gorges dams according to criteria of Brazilian and Chinese government agencies
C. Wenbo, F. Huachao, S.F. Matos, E.F. Faria & M. Gayoso
248

Emergency plans for large dams of hydroenergy sector in Albania   249
A. Jovani & E. Qosja

Risk / Aléa   251

Development of an agile risk management paradigm for under-operation hydropower dams   253
S. Yousefi, M. Rahbari & N. Kheyrkhah

Incorporation of a time-dependent risk analysis approach to dam safety management   254
J. Fluixá-Sanmartín, A. Morales-Torres, L. Altarejos-García & I. Escuder-Bueno

Integrated hydrological risk analysis for hydropower projects   255
T.H. Bakken, D. Barton & J. Charmasson

Analysis of the probability of failure of the Moste Dam   256
P. Žvanut

Dam portfolio risk management: What we learned from analyzing seven dams owned by the Regional Government of Extremadura (Spain)   257
M. Setrakian-Melgonian, I. Escuder-Bueno, J.T. Castillo-Rodríguez, A. Morales-Torres & D. Simarro-Rey

Hazard management of Nathpa Dam (India) from Parechu lake in Tibet   258
V.K. Thakur

Understanding risk communication approaches for dam related disasters   259
E. Yasui

Simulation supported Bayesian network for estimating failure probabilities of dams   260
K. Ponnambalam, A. El-Awady, S. Jamshid Mousavi & A. Seifi

Conditional flood risk management   261
B. Kolen, M. Zethof & B.I. Thonus

Méthode et outil de calcul de l'aléa de rupture des digues de protection contre les inondations appliqués à la Loire   262
S. Patouillard, S. Braud, E. Durand, B. Bridoux & R. Tourment

A risk-informed approach to justify dam safety improvements   263
A.R. Firoozfar, K.C. Moen, B. McGoldrick & A.N. Jones

Risk management of new hydropower dams on the White Nile Cascade – A case study of Isimba & Karuma Hydropower Dams in Uganda   264
W. Manirakiza, F. Wasike, N.A. Rugaba, J. Sempewo, H.E. Mutikanga & L. Spasic-Gril

In praise of monitoring and the Observational Method for increased dam safety   265
S. Lacasse & K. Höeg

Bayesian Network approach for failure prediction of Mountain Chute dam and generating station   266
A. El-Awady, K. Ponnambalam, T. Bennett, A. Zielinski & A. Verzobio

Scaling risk assessment methods and approaches – From over 200 dams to site-specific studies   267
J.A. Quebbeman & S.K. Carney

Design of hydropower scheme / Conception d'aménagement hydroélectrique   269

Current investment in dam construction in Indonesia, forward-looking decisions   271
A. Assegaf

Construction spillway over whole area downstream of CFRD for climate change 272
J.B. Park, S.J. Kim & S.H. Lee

Unexpected risks and work experience in construction of HPP's cascade on the
Grande-de-Santiago River, Mexico 273
A. Kozyrev, A. Lashin, I. Uskov & V. Uskov

Site C Clean Energy Project, design overview 274
A.D. Watson, G.W. Stevenson & A. Hanna

Small historic dams made safe 275
D.E. Neeve & M. Jenkins

Role of dams and levees in the flood risk management in Romania 276
A. Abdulamit

Un barrage en milieu aride 277
L. Deroo, A. Tardieu & N. Ouchar

Selection of dam type for Luapula hydropower site at Mumbotuta site CX 278
M. Simainga, R. Mukuka, M. Muamba & L. Engendjo

Theme 3 – HAZARDS
279

Hazards (design, mitigation and management of hazards to water or tailings dams,
appurtenant structures, spillways and reservoirs (e.g. floods, seismic, landslides).

Thème 3 – RISQUES
279

Mesures d'atténuation et gestion des risques liés aux barrages hydrauliques et
barrages de résidus miniers, aux ouvrages annexes, aux évacuateurs de crues et aux
réservoirs, par exemple, inondations, tremblements de terre, glissements de terrain.

Seismic analysis of concrete dams / Analyse sismique des barrages en béton 279

Seismic safety evaluation of Tekeze arch dam 281
A. Aman, T. Mammo & M. Wieland

Design check of a river diversion inlet subjected to induced earthquake 282
F. Vulliet & M. Chapdelaine

Seismic assessment of a dam-foundation-reservoir system using Endurance Time Analysis 283
J.W. Salamon, M.A. Hariri-Ardebili, H.E. Estekanchi & M.R. Mashayekhi

Analytical study on effects of fracture energy for crack propagation in arch dam during large
earthquake 284
H. Sato, M. Kondo, T. Sasaki, H. Hiramatsu & H. Kojima

Towards reliability based safety assessment of gated spillways subjected to severe loadings 285
R. Leclercq & P. Léger

Effect of joints behavior on seismic safety of concrete arch dams 286
A. Noorzad, A. Daneshyar & M. Ghaemian

A new approach for dynamic analysis of concrete gravity dam-foundation-reservoir system
using different assumptions of foundation 287
A. Noorzad, P. Sotoudeh & M. Ghaemian

Dynamic analysis of a Piano Key Weir situated on concrete dams 288
M. Kashiwayanagi, Z. Cao & T. Oohashi

Comparative analysis of observed and estimated PGA for Himalayan earthquakes   289
S.L. Kapil & P. Khanna

The effect of radiation damping on seismic sliding stability of gravity dams   290
S. Guo, H. Liang, D. Li & A. Zhang

Seismic failure mechanism and safety evaluation of high arch dam-foundation system
under MCE   291
D. Li, J. Tu, S. Guo & L. Wang

Vibration analysis due to frequent spilling over hollow buttress Chenderoh Dam sector gate
spillway   292
M.R.M. Radzi, M.H. Zawawi, L.M. Sidek, M.H.M. Ghazali & A.Z.A. Mazlan

Comparative seismic performance of dams in Canada and China using numerical analysis
and shake table testing   293
S. Li, S. Alam, A.S. Issa, T. Alam & R. Austin

Assessment of seismic design response spectra for Binaloud dam and pumped-storage project   294
S. Soleymani, A. Mahdavian, H.R. Bayati & H. Bahrami

Topographic amplification on hilly terrain under oblique incident waves   295
Z.W. Chen, D. Huang, G. Wang & F. Jin

Design of seismic reinforcement by post-tensioned anchors in Senbon Dam   296
H. Kawasaki, S. Ishifuji & H. Fukumoto

Junction and Clover Dams: Risk-based seismic evaluation of two slab-and-buttress dams   297
S.L. Jones, P.E. O'Brien, S. Hughes & D.D. Christopher

The use of Ambient Vibration Monitoring in the behavioral assessment of an arch dam with
gravity flanks and limited surveillance records   298
L. Hattingh, P. Moyo, S. Shaanika, M. Mutede, B. le Roux & C. Muir

State of the art nonlinear seismic analysis of an arch dam   299
G.S. Sooch, D.D. Curtis & M. Likavec

Nonlinear seismic analysis of an existing arch dam under intense earthquake   300
G.S. Sooch & D.D. Curtis

Spillway gate-reservoir interaction under earthquakes   301
N. Bouaanani, C. Gazarian-Pagé & JF. Masse

Modal identification of Karun 4 arch dam using ambient vibration tests   302
R. Tarinejad, M. Damadipour, H. Golmohammadi & K. Falsafian

DamQuake: More than just a database, a powerful tool to analyze and compare earthquake
records on dams   303
E. Robbe & N. Humbert

Seismic analysis of embankment dams / Analyse sismique des barrages en remblai   305

Seismic analysis of Narmab earth dam and optimization of its parameters using cuckoo   307
S.R. Anisheh, S.A. Anisheh & S.H. Anisheh

Earthquake-induced cracking evaluation of embankment dams   308
L. Mejia & E. Dawson

Seismic design aspects and first reservoir impounding of Rudbar Lorestan rockfill dam   309
M. Wieland & H. Roshanomid

Key technologies on the harnessing project of Hongshiyan Barrier Lake on Niulan River
triggered by the 2014 Ludian earthquake   310
Z. Zang, K. Cheng & Z. Yang

Modified equivalent linear analysis of the Aratozawa dam subjected to the 2008 Miyagi
earthquake   311
Z. Kteich, P. Labbé, M. Kham, V. Alves Fernandes & P. Kolmayer

Site effect study of Denis-Perron Rockfill Dam   312
D. Verret, E. Péloquin & D. LeBoeuf

Passive seismic interferometry's state-of-the-art – a literature review   313
*C.T. Rodrigues, A.Q. de Paula, T.R. Corrêa, C.S. Sebastião, O.V. Costa, G.G. Magalhães &
L.D. Santana*

Geohazards / Géo-risques   315

A large landslide, a reservoir and a small inspection gallery – a risk assessment, based on a
well-designed instrumentation   317
F. Landstorfer, A. Blauhut & E. Wagner

Diversion tunnels – risk management confronting multiple hazards   318
W. Riemer & K. Thermann

A multi-disciplinary approach to active fault rupture risk characterization: 3D geological
modelling of the Willunga fault, Mt Bold Dam, South Australia   319
S.R. Macklin, Z. Terzic, J.F. Barter, P. Buchanan & M. Quigley

The 2014 Ludian co-seismic landslide dam (Yunnan, China): Transformation from high
hazard to dual purpose water conservancy and hydropower project   320
S.G. Evans, Jing Luo, Xiangjun Pei & Runqiu Huang

Review of the mudflow incident at Kafue Gorge Power Station and lessons learnt   321
M. Silwembe & A. Mutawa

Study on temporal and spatial distribution characteristics of seismic activities in Shanxi
Reservoir, China   322
X.X. Zeng, T.G. Chang & X. Hu

Machine learning to predict landslide displacement in dam reservoir   323
B.B. Yang, K.L. Yin, Z.Q. Liu & S. Lacasse

Seasonal and spatial variation of seismic activity due to groundwater fluctuation in South
Korea   324
Suk-Hwan Jang, Kyoung-Doo Oh, Jae-Kyoung Lee & Jun-Won Jo

Theme 4 – EXTREME CONDITIONS   325

Management for water or tailings dams (e.g. permafrost and ice loading, arid/wet
climates, geo-hazards).

Thème 4 – ENVIRONNEMENT EXTRÊME   325

Gestion des barrages hydrauliques et barrages de résidus miniers, par exemple,
pergélisol et charge de glace, climats secs / humides, géorisques.

Protection / Protection   325

Riprap upgrade at WAC Bennett Dam in Canada   327
G. Wu, K. Wellburn, M. Lawrence, F. Sadeque & L. Yan

Modelling of the ice load on a Swedish concrete dam using semi-empirical models based on Canadian ice load measurements 328
R. Hellgren, R. Malm & D. Eriksson

Restoration of the upstream slope face of the Itaipu Binacional Rockfill Dam—procedures and characterization of materials 329
J. Patias, P.C. de Oliveira, D.O. Fernandes, D.P. Coelho & E.F. de Faria

Measurement of static ice loads on dams, with varied water level 330
A.B. Foss, L. Lia & B. Arntsen

Protection of embankments and banks against action caused by oscillatory wind waves 331
M. Spano

River management challenges during construction of large hydropower projects in cold climates 332
J. Malenchak, D. Damov, J. Groeneveld, G. Snyder & S. O'Brien

Multi-purpose permanent booms – Design approach and past experience 333
R. Abdelnour & E. Abdelnour

Hydrology / Hydrologie 335

Integrated watershed modeling to support dam safety studies 337
J. Perdikaris, W. Kettle & R. Zhou

Applying CFD analysis to scouring river bed caused by discharge flow from the dam and estimating effectiveness of some countermeasures 338
K. Hirao, F. Watanabe, S. Ohmori, T. Tsukada & T. Kurose

Improving prediction of river-basin precipitation by assimilating every-10-minute all-sky Himawari-8 infrared satellite radiances – a case of Typhoon Malakas (2016) 339
S. Takino, T. Tsukada, T. Honda & T. Miyoshi

Design flood calculation using Tropical Rainfall Measuring Mission (TRMM) data 340
A. Mayangsari & W. Adidarma

An inundation event due to the unbalance of hydraulic design scales of a dam and the downstream levee 341
Sangho Lee & Yougkyu Jin

Hurricane Harvey rainfall, did it exceed PMP and what are the implications 342
B. Kappel

PMP estimation for mine tailings dams in data limited regions 343
B. Kappel

Hydrological modelling of ungauged catchments —a case study of the Lower Kariba Catchment 344
B.B. Mwangala

Sensitivity of Probable Maximum Flood estimates: Climate change, modelling, and adaptation 345
K. Sagan, K. Koenig, P. Slota & T. Stadnyk

Risk assessment on Bribin underground dam, focusing on the effects of Cempaka tropical cyclone 2017, Indonesia 346
V. Ariyanti & E.A. Frebrianto

Etude de régularisation du réservoir du barrage de Guitti 347
M. Kaboré & A. Nombré

Revisiting Creager flood peak-drainage area relationship using a Bayesian quantile regression approach   348
Jin-Guk Kim, Yong-Tak Kim, Young-Il Moon & Hyun-Han Kwon

Identifying the role of temperature for extreme rainfalls and floods over South Korea   349
Sumiya Uranchimeg, Woo-Sik Ban & Seung-Oh Lee

Impact of climate change on the flow regime and operation of reservoirs – A case study of Bhakra and Pong dams   350
D.K. Sharma

Climate change and waterpower – Reducing the impacts and adapting to a new reality   351
C.R. Donnelly, S. Bohrn, S. McGeachie & J. Groeneveld

Australian experience with application of Monte Carlo approach to extreme flood estimation   352
D.A. Stephens, M.J. Scorah, P.I. Hill & R.J. Nathan

Theme 5 – TAILINGS   353

Design, construction, operation and closure for tailings dams; recent advancements and best practice.

Thème 5 – BARRAGES DE RÉSIDUS MINIERS   353

Conception, construction, exploitation et fermeture des barrages de stériles; avancées récentes et meilleures pratiques.

Innovation in dams screening level risk assessment   355
F. Oboni, C. Oboni & R. Morin

Minimising the risk of tailings dams failures with remote sensing data   356
C. Goff, O. Gimeno, G. Petkovsek & M. Roca

Drainage and consolidation of mine tailings near waste rock inclusions   357
F. Saleh-Mbemba, M. Aubertin & G. Boudrias

Tailings dam operator training – 10 years on   358
D.M. Brett & M. Rankin

Safeguard embankment dam safety   359
R.C. Lo

Reducing the long term risk and enhancing the closure of tailings impoundments   360
A. Adams, C. Hall & K. Brouwer

Design and operating challenges at a TSF in a high altitude, desert setting in China   361
B.P. Wrench, F.W. Gassner & M. Platts

Static liquefaction analysis of the Fundão dam failure   362
G.A. Riveros & A. Sadrekarimi

Risk mitigation by conceptual design of a tandem of tailings dams   363
D. Stematiu & R. Sarghiuta

Application status and development trend of tailings pond on-line monitoring system in China   364
X. Liu, H. Zhou & J. Su

Research and development of real-time monitoring systems for mine tailings dams   365
L. Charlebois, S. Hui & C. Sun

Enhancement of contractive tailings using deep soil mixing technique at Kittilä mine 366
E. Masengo, M.R. Julien, P. Lavoie, T. Lépine, J. Nousiainen, J. Saukkoriipi, M. Piekkari &
J. Karvo

Application of simplified/empirical framework to estimate runout from tailings dam failures 367
M. De Stefano, G. Nadarajah & D. Bleiker

Development of a preliminary risk assessment tool for a portfolio of TSFs with limited and
uncollated data 368
R. Singh & J. Herza

Tailings dams in Romania 369
A. Abdulamit & M. Grozea

An operational perspective in the implementation of the new guidelines related to tailings
management 370
M. Julien, E. Masengo, P. Lavoie & T. Lépine

Comparison of cyclic resistance ratios of tailings estimated using standard empirical methods
and cyclic direct simple shear tests 371
G. Nadarajah, D. Bleiker & S. Sivathayalan

Maintenance of safety and reliability of high tailings dams in cold regions of Russia during
the design phase 372
E. Bellendir, E. Filippova, O. Buryakov & A. Vakulenko

CDA technical bulletin on tailings dam breach analyses 373
V. Martin, M. Al-Mamun & A. Small

Responsible tailings management – global best practice guidance 374
C. Dumaresq & M. Davies

Staged emergency spillway development – design considerations 375
K.L Ainsley, B. Otis & E. Chong

Tailing management – current practice in Sweden 376
S. Töyrä, A. Bjelkevik, R. Sutton, L. Lindahl & J. Jonsson

Author-Index / Index des auteurs 377
ICOLD Proceedings series 383

Preface

The Canadian Dam Association (CDA) welcomes delegates from a large majority of ICOLD's one hundred member countries, to the 2019 Annual ICOLD Meeting and Symposium in Ottawa, Canada. These Proceedings include all papers selected by a technical review panel for their valuable contribution to knowledge on the symposium theme of Sustainable and Safe Dams Around the World.

On behalf of the organizing committee, we warmly thank the authors of the papers and the reviewers from the technical committee for their outstanding contribution to producing these publications.

Jean-Pierre Tournier,
President, Canadian Dam Association

Tony Bennett,
Co-Chair ICOLD 2019 Organizing Committee

Johanne Bibeau,
Co-Chair ICOLD 2019 Organizing Committee

Préface

L'Association canadienne des barrages (ACB) souhaite la bienvenue aux délégués qui proviennent pour une grande majorité de la centaine de pays membres de la CIGB et qui profiteront d'une participation enrichissante à l'événement de la 87ᵉ Réunion annuelle et Symposium de la CIGB qui auront lieu en 2019 à Ottawa (Canada). Ces publications comprennent tous les articles judicieusement choisis par un comité technique et répondant au thème dédié afin d'évoluer vers un monde de barrages durables et sécuritaires.

Au nom du comité organisateur, nous remercions chaleureusement les auteurs d'articles et les réviseurs du comité technique pour leur contribution remarquable à la réalisation de ces publications.

Jean-Pierre Tournier,
Président de l'Association canadienne des barrages

Tony Bennett,
Co-président du comité organisateur de la CIGB 2019

Johanne Bibeau,
Co-présidente du comité organisateur de la CIGB 2019

Letter to invitation

Dear colleagues and friends from the dam world,

It is with great pleasure that I invite you, on behalf of the Canadian Dam Association, to attend the 87th Annual Meeting and Symposium of the International Commission on Large Dams (ICOLD) to be held in Ottawa from June 9 to 14, 2019. As Canada's capital city, the country's two official languages, French and English, are commonly spoken. The event will take place at the Shaw Center, an award-winning architectural icon in the city center next to Parliament Hill where the government sits in majestic neo-gothic buildings. Activities and accommodations will take place in the heart of downtown, a lively and safe area with easy access to shopping centers, open-air markets, recreation and cultural activities.

A highly relevant technical program will allow delegates from around the world to share their expertise in dams and related equipment used in the hydroelectric power, water resources and mining industry. Two days will be reserved for ICOLD's 26 Technical Committees, which are at the heart of ICOLD activities. The Committees will hold meetings on one day, and another day will also be rich in Committee presentations, when about twenty workshops present new topics and take stock of reports completed by the Committees. Delegates will also have the opportunity to participate in the two-day *Symposium – Sustainable and Safe Dams Around the World* - focused on innovation, sustainable development, risks and extreme environments. More than 300 papers from 47 countries have been accepted and a majority of them will be presented orally. One-day or half-day technical visits will take participants to some of the world's leading laboratories, as well as visits to dams and hydroelectric facilities. On the day reserved for the Annual General Assembly, there will be 12 half-day or one-day seminars on current topics, presented in collaboration with partner organizations and companies.

Interesting social activities have also been planned and the accompanying persons program offers activities for all tastes: arts, history, cycling, shopping and more. Finally, participants are encouraged to extend their stay in Canada as part of the proposed study tours, which will allow them to discover, in addition to excellent technological achievements, many of Canada's beautiful tourist regions.

Welcome to Canada! Let's share our experiences!

Jean-Pierre Tournier, P.Eng, PhD
President, Canadian Dam Association

Lettre d'invitation

Chers collègues, chers amis du monde des barrages, mesdames et messieurs

C'est avec un immense plaisir que je vous invite, au nom de l'Association canadienne des barrages, à venir participer à la 87ième Réunion annuelle et au Symposium de la Commission Internationale des Grands Barrages (CIGB) qui auront lieu à Ottawa du 9 au 14 juin 2019. Ottawa est la capitale du Canada et les deux langues officielles du pays, le français et l'anglais, y sont couramment parlées. L'événement aura lieu au Centre Shaw, une icône architecturale primée au centre-ville, à côté de la Colline du Parlement où siège le gouvernement dans des édifices majestueux de style néo-gothique. Les activités et l'hébergement auront lieu au cœur du centre-ville, secteur animé et sécuritaire avec un accès facile aux centres commerciaux, aux marchés en plein air, aux loisirs et aux activités culturelles.

Un programme technique des plus pertinents permettra aux délégués provenant des quatre coins du monde de partager leur expertise en matière de barrages et d'équipements pour l'exploitation de l'énergie hydroélectrique, des ressources hydriques et de l'industrie minière. Il y aura bien entendu une journée complète réservée aux réunions des 26 comités techniques qui sont au cœur des activités de la CIGB, mais la veille sera aussi riche en présentations puisqu'une vingtaine d'ateliers de ces mêmes comités se tiendra afin de présenter de nouveaux sujets et faire le point sur les bulletins complétés. Les délégués auront également l'occasion de participer au Symposium « *Un monde de barrages durables et sécuritaires* » orienté sur l'innovation, le développement durable, les risques et un environnement extrême. Plus de 300 articles provenant de 47 pays ont été acceptés et une grande majorité de ceux-ci fera l'objet d'une présentation orale. Des visites techniques d'une journée ou d'une demi-journée amèneront les participants dans quelques-uns des laboratoires réputés mondialement en plus de visites de barrages et d'installations hydroélectriques. Parallèlement à la journée réservée à l'Assemblée générale annuelle, 12 séminaires d'une demi ou d'une journée seront présentés en collaboration avec des organisations et des entreprises partenaires sur des sujets d'actualité.

Des activités sociales des plus intéressantes ont été également prévues et le programme des personnes accompagnantes propose des activités pour tous les goûts: arts, histoire, vélo, boutiques et plus encore. Finalement, les participants sont encouragés à prolonger leur séjour au Canada dans le cadre des visites d'études proposées, ce qui permettra de leur faire découvrir, en plus d'excellentes réalisations technologiques, plusieurs belles régions touristiques du Canada.

Bienvenue au Canada! Partageons nos expériences!

Jean-Pierre Tournier, ing., PhD
Président de l'Association canadienne des barrages

Theme 1 – INNOVATION

Recent advancements and techniques for investigations, design, construction, operation and maintenance of water or tailings dams and spillways.

Thème 1 – INNOVATION

Avancées et techniques récentes pour l'investigation, la conception, la construction, l'exploitation et l'entretien de barrages hydrauliques, de barrages de résidus miniers et d'évacuateurs de crues.

Hydraulic modeling / Modélisation hydraulique

Design improvement of Bawanur dam spillway preserving the safety requirements

D. Stematiu & N. Sirbu
Technical University of Civil Engineering Bucharest, Romania

R. Cojoc
RUXPRO Co, Bucharest, Romania

ABSTRACT: The 23 m tall Bawanur dam is a multipurpose project currently being constructed on the Diyala River, Iraq. The project provides storage, flood control, irrigation, power production and recreational uses. The dam body is embankment with clay core. In the initial design the spillway was provided with 9 bays equipped with 14 m span tainter gates capable to discharge 11460 m^3/s, corresponding to 10000 years return period outflow. The discharge from the Darbandikhan Dam (H = 128 m, V = 3 bil.m^3) located 52 km upstream was the main contributor to design inflow hydrograph into Bawanur reservoir. In the improved design the outflow from Darbandikhan spillway was reviewed by considering both the inflow discharge and the reservoir initial water level as independent random variables. The variability of initial reservoir level was defined based on recorded maximum annually reservoir water levels during the period 1962 – 2013. The outflow from the Darbandikhan dam corresponding to 1:10 000 years return period was reduced to 5298 m^3/s, significantly less than the one in the previous approach that was 11000 m^3/s. The spillway has now only 6 bays. The second design improvement consists in a structural new concept providing additional sliding stability by mobilizing the passive earth pressure at the downstream toe by means of reinforced drilled columns.

RÉSUMÉ: Le barrage de Bawanur, haut de 23 m, est un projet polyvalent en cours de construction sur la rivière Diyala, en Irak. Le projet prévoit des activités de stockage, de contrôle des inondations, d'irrigation, de production d'énergie et de loisirs. Le corps du barrage est un remblai avec un noyau d'argile. Lors de la conception initiale, l'évacuateur de crues était doté de 9 baies équipées de vannes de 14 m de portée capables de décharger 11460 m^3/s, ce qui correspond à une période de retour de 10 000 ans. Le débit sortant du barrage de Darbandikhan (H = 128 m, V = 3 bil.m3) situé à 52 km en amont a été le principal contributeur à la conception de l'hydrogramme d'entrée dans le réservoir de Bawanur. Dans la conception améliorée, le débit sortant du déversoir de Darbandikhan a été examiné en considérant à la fois le débit entrant et le niveau d'eau initial du réservoir comme variables aléatoires indépendantes. La variabilité du niveau initial du réservoir a été définie sur la base des niveaux d'eau maximums enregistrés annuellement entre 1962 et 2013. Le débit de conception du barrage de Darbandikhan correspondant à une période de retour de 1:10 000 a été réduit à 5298 m^3/s par rapport à l'approche précédente qui était de 11000 m^3/s. Le déversoir ne compte plus que 6 baies. La deuxième amélioration de la conception consiste en un nouveau concept structurel offrant une stabilité supplémentaire au glissement en mobilisant la pression de terre passive au pied aval au moyen de colonnes perforées renforcées.

Research on flood discharge, energy dissipation, and operation mode of sluice gate for low-head and large-discharge hydropower stations

Huang Wei, Tu Chengyi & Zhou Renjie
PowerChina Huadong Engineering Corporation Limited, China L

ABSTRACT: For low-head and large-discharge hydropower stations, their flood discharge and energy dissipation generally have the characteristics of low head, large discharge per unit width, low Froude number, high submergence, large variation of upstream and downstream water level. It have a great impact on the flow regime in sluice chamber and downstream energy dissipation area, it may threaten the safety of sluice chamber and downstream. Therefore, the requirements for the operation mode of sluice gate are high. In this paper, combined with Shaping II HPP. on the Dadu River in China, the flood discharge, energy dissipation, and operation mode of sluice gate for low-head and large-discharge hydropower stations, are studied in depth and systematically. Based on the hydraulic model test, the flood discharge and energy dissipation mode of broad-crested weir, apron and apron extension is studied. The open evenly principle of the sluice gate during the operation period and the mode under various working conditions are proposed. It is proved by actual operation that the flood discharge, energy dissipation, and operation mode of sluice gate are effective, and it has certain referential value to similar projects.

RÉSUMÉ: Pour les centrales hydroélectriques à basse chute et à grand débit, les débits de crue et la dissipation d'énergie possèdent généralement des caractéristiques de basse chute, de grands débits par unité de largeur, un faible nombre de Froude, une forte submersion et de grandes variations des niveaux d'eau amont et aval. Ceci cause un impact important sur le régime d'écoulement dans la chambre des pertuis et la zone de dissipation d'énergie en aval et cela peut menacer la sécurité de la chambre des pertuis et de la zone en aval. Par conséquent, les exigences quant au mode de fonctionnement des vannes sont élevées. Dans cet article, avec l'aménagement hydroélectrique de Shaping II sur la rivière Dadu en Chine, les débits de crue, la dissipation d'énergie et le mode de fonctionnement des vannes pour les centrales hydroélectriques à basse tête d'eau et à grand débit sont étudiés de manière approfondie et systématique. Sur la base d'essais sur modèle réduit, le mode de passage des crues et de dissipation d'énergie du déversoir à crête large, du tablier et du rip-rap a été étudié. Le principe d'ouverture graduelle des vannes et les modes sous diverses conditions d'exploitation sont énoncés. Il a été démontré par l'exploitation réelle que le passage des crues, la dissipation d'énergie et le mode de fonctionnement des vannes sont efficaces et qu'ils ont une certaine valeur de référence pour des projets semblables.

Sustainable and Safe Dams Around the World – Tournier, Bennett & Bibeau (Eds)
© 2019 Canadian Dam Association, ISBN 978-0-367-33422-2

Research and application on numerical simulation of hydraulic transients in complex water conveyance system

G.H. Li, X.R. Chen, Y.M. Chen & T.C. Zhou
Huadong Engineering Corporation Limited, Power China Group, Hangzhou, Zhejiang, China

ABSTRACT: Accurate simulation of hydraulic transients is crucial and complicated in the design of hydropower station and pumped storage power station. In this paper, key technologies for hydraulic transient simulation calculation in complex water conveyance system were studied. The structural matrix method with advantages of high accuracy and fast speed for numerical calculation was introduced. Complicated elements in the conveyance system were refined, such as high precision simulation of differential surge chamber, simulation of long and narrow upper chamber, new interpolation method for characteristic curve of pumped storage unit. Based on Jinping II hydropower station with special long headrace system and differential surge chamber, Baihetan hydropower station with complex tailrace system and large surge chamber and Xianyou pumped storage power station with complex unit characteristics and various working conditions, the application of the simulation software HYSIM in field test and inversion calculation was illustrated. The paper providing references for the design of similar projects.

RÉSUMÉ: Une simulation précise des effets transitoires hydrauliques est cruciale et complexe dans la conception des centrales hydroélectriques et des centrales de stockage d'énergie par pompage. Les technologies clés pour le calcul de simulation des transitoires hydrauliques dans les systèmes complexes d'adduction d'eau ont été étudiées. Dans cet article, la méthode de la matrice structurelle avec les avantages de haute précision et de rapidité pour le calcul numérique a été introduite. Les éléments compliqués du système de transport ont été affinés, tels que la simulation de haute précision de la cheminée d'équilibre, la simulation de la partie haute de chambre longue et étroite, la nouvelle méthode d'interpolation pour la courbe caractéristique de l'unité de stockage d'énergie par pompage. Sur la base de la centrale hydroélectrique Jinping II avec un long canal d'amenée et une cheminée d'équilibre, de la centrale hydroélectrique Baihetan avec un système de canal de fuite complexe et une grande chambre de régulation de pression et d'une centrale de stockage d'énergie par pompage Xianyou avec les caractéristiques complexes et les conditions de travail différentes, les essais sur le terrain et le calcul d'inversion ont été illustrés. Le document fournissant les références pour la conception des projets similaires.

Sustainable and Safe Dams Around the World – Tournier, Bennett & Bibeau (Eds)
© 2019 Canadian Dam Association, ISBN 978-0-367-33422-2

Breach modelling: Why, when and how?

M. Hassan, M. Morris & C. Goff
HR Wallingford Ltd, Wallingford, United Kingdom

ABSTRACT: Earthen dams and flood embankments are critical infrastructure that play a vital role for many purposes. However, the potential for failure by breaching carries severe consequences to the people and the assets they serve. It is therefore important to understand the potential failure processes and impacts that can be associated with such failures. An integral part of any thorough risk assessment process is the prediction or modelling of the breach processes. To date, three approaches to breach modelling exist, namely, parametric, semi-physically based and physically based models.

The paper aims at introducing and explaining the advantages and disadvantages of each type of analysis. It also provides guidance for selecting the most appropriate method for common scenarios. An example of a physically based model (The EMBREA model) will also be described showing the significance of looking at the embankment design detail, the associated variations in failure processes and how this can significantly affect the consequences. An online version of EMBREA is also introduced which can be used by researchers and practitioners to accurately assess the risk of dam and/or embankment failure through overtopping or piping. The paper concludes by outlining the future direction of breach prediction methods globally with details on the current and planned research.

RÉSUMÉ: Les barrages de terre et les remblais d'inondation sont des infrastructures essentielles qui jouent un rôle vital à de nombreuses fins. Toutefois, le risque d'échec en cas de manquement entraîne des conséquences graves pour les personnes et les biens qu'ils desservent. Il est donc important de comprendre les processus et les impacts potentiels de défaillance qui peuvent être associés à de tels échecs. Une partie intégrante de tout processus approfondi d'évaluation des risques est la prédiction ou la modélisation des processus de violation. À ce jour, il existe trois approches de la modélisation des infractions, à savoir les modèles paramétriques, semi-physiques et à base physique.

Le document vise à présenter et à expliquer les avantages et les inconvénients de chaque type d'analyse. Il fournit également des conseils pour sélectionner la méthode la plus appropriée pour les scénarios courants. Un exemple d'un modèle à base physique (le modèle EMBREA) sera également décrit montrant l'importance de regarder le détail de conception de remblai, les variations associées dans les processus de défaillance et comment cela peut affecter de manière significative les conséquences. Une version en ligne de EMBREA est également introduite qui peut être utilisée par les chercheurs et les praticiens pour évaluer avec exactitude le risque de barrage et/ou de rupture de remblai par la garniture ou la tuyauterie. Le document conclut en soulignant l'orientation future des méthodes de prévision des brèches dans le monde entier avec des détails sur la recherche actuelle et planifiée.

Sustainable and Safe Dams Around the World – Tournier, Bennett & Bibeau (Eds)
© 2019 Canadian Dam Association, ISBN 978-0-367-33422-2

CFD modelling of near-field dam break flow

S. Esmaeeli Mohsenabadi, M. Mohammadian, I. Nistor & H. Kheirkhah Gildeh
Department of Civil Engineering, University of Ottawa, Ottawa, Canada

ABSTRACT: Dam failures can result in significant environmental, economic and loss of life consequences and thus it is important to investigate the early stages of a dam break and wave propagation to better understand the routing of flood in downstream. A three-dimensional (3D) Computational Fluid dynamics (CFD) model was created to solve unsteady Reynolds equations to determine the initial stages of the free surface profiles over dry and wet beds. Dam break was modelled using the Volume of Fluid (VOF) method employing a Finite Volume Method (FVM). The performance of different RANS (Reynolds-averaged Navier-Stokes) turbulence models has been investigated and the standard k-ε and RNG k-ε turbulence models have been studied using OpenFOAM model. A qualitative comparison of numerical simulations with laboratory experiments was completed to assess the suitability of different turbulence models. Overall, RNG k-ε model showed a better performance in capturing the flood wave free surface profile.

RÉSUMÉ: La rupture d'un barrage peut avoir d'importantes conséquences environnementales, économiques et humaines. Il est donc important d'étudier les premières phases d'une rupture de digue et de la propagation des vagues afin de mieux comprendre les limites des inondations en aval. Un modèle tridimensionnel (3D) de mécanique des fluides numérique (CFD) a été créé pour résoudre les équations de Reynolds transitoires afin de déterminer les phases initiales des profils de surface libre sur lits secs et humides. La rupture de digue a été modélisée à l'aide de la méthode du volume de fluide (VOF) selon la méthode de volume fini (FVM). La performance des différents modèles de turbulence RANS (moyenne Reynolds de Navier-Stokes) a été étudiée, et les modèles de turbulence standard k-ε et RNG ont été étudiés avec le modèle OpenFOAM. Une comparaison qualitative de simulations numériques et d'expériences en laboratoire a été effectuée afin d'évaluer la pertinence de différents modèles de turbulence. De manière générale, le modèle RNG k-ε a montré une meilleure performance dans la capture du profil de surface libre des ondes de crue.

Canal embankment failure mechanism, breach parameters and outflow predictions

H. Kheirkhah Gildeh, P. Hosseini & H. Zhang
Golder Associates Ltd., Calgary, Canada

M. Riaz & M. Acharya
Alberta Environment and Parks, Edmonton, Canada

ABSTRACT: Dike and canal embankment failures could have significant environmental, economic and loss of life consequences. Overtopping failure under extreme flood event and piping failure due to internal erosion are two common canal embankment failure examples. Understanding the mechanism of failure in a canal embankment is essential for preparing emergency preparedness and response plans. The mechanism of canal failure is different from classical dam breach due to flow momentum and storage volume in the canal before and during the embankment failure. Canal breach studies are thus more complicated in terms of assessing canal storage volume, selecting breach parameters and obtaining the outflow hydrograph. Inter-basin water transfer and management is also applicable when a canal connects multiple reservoirs/lakes in different basins in which flood water from one reservoir could be attenuated along the canal and be transferred to another reservoir or breached to cause downstream flood impacts. This paper presents various potential canal breach scenarios from Jensen Reservoir to Milk Ridge River Reservoir in southern Alberta, Canada using a two-dimensional hydraulic model. This paper studies the breach parameters such as dimensions of failed dike, time of failure and characteristics of outflow hydrograph based on the canal hydraulic properties as well as flood inundation extent downstream of the canal.

RÉSUMÉ: Les ruptures de digues et de levées peuvent avoir d'importantes conséquences environnementales, économiques et humaines. Les ruptures par débordement lors d'inondation extrêmes et les phénomènes de renard causés par de l'érosion internes sont deux exemples courants de ruptures de levées. Il est essentiel de comprendre le mécanisme de rupture d'une levée afin de prévoir des plans de préparation et d'intervention en cas d'urgence. Le mécanisme de rupture de canal est différent de celui d'une rupture de digue classique en raison du momentum de l'écoulement et du volume de stockage dans le canal avant et pendant la rupture de berme. Les études sur la rupture des canaux sont donc plus complexes pour ce qui est d'évaluer le volume de stockage des canaux, de choisir les paramètres de rupture et d'obtenir l'hydrogramme de débit sortant. Le transfert et la gestion de l'eau entre les bassins s'appliquent également lorsqu'un canal relie plusieurs réservoirs ou lacs à différents bassins et que les eaux de crue d'un réservoir peuvent être atténuées le long du canal puis se faire transférer dans un autre réservoir, ou bien provoquer une rupture qui causerait des impacts d'inondation en aval. Cet article présente divers scénarios de rupture potentielle de canaux allant du réservoir Jensen au réservoir Milk Ridge River, dans le sud de l'Alberta, en utilisant un modèle hydraulique bidimensionnel. L'article étudie également les paramètres de rupture comme les dimensions de la digue rompue, le moment de la rupture et les caractéristiques de l'hydrogramme de débit sortant en fonction des propriétés hydrauliques et de l'étendue des inondations en aval du canal.

Flood retention dams with full ecological passage – recent projects in Germany

H. Haufe

Tractebel Hydroprojekt GmbH, Dresden, Germany

ABSTRACT: In the past many municipalities in Germany were heavily affected by floods of rather small rivers with extensive socio-economic damage at settlements, infrastructure, industrial equipment and agricultural facilities. Investigations revealed that improved flood protection can be reached by developing flood retention areas at the river's headwaters. "Dry" flood retention basins (no permanent storage) with controllable outlet facilities were designed and built in the past decades. But dams in principle have an significant effect on a watercourse ecosystem especially with regard to the continuity of the waterbody (the possibility for organisms of all kinds to migrate upstream or downstream). This is of prime importance for the conservation of the species. Since 2000 ensuring connectivity is required by the EU Water Framework Directive (EU-WFD). It is currently the main challenge in dam design, construction and operation. Thus new dams were equipped with ecologically passable outlet facilities in order to ensure that aquatic, amphibious, terrestrial and airborne wildlife, as well as macrozoobenthos, can pass. The applied solutions present successful and balanced compromises between flood protection and the objectives of the EU-WFD. The paper will focus on dam engineering details for recently implemented rockfill dams in Germany that fulfill the ICOLD-Large-Dam-Definition.

RÉSUMÉ: Dans le passé, de nombreuses municipalités d'Allemagne ont été fortement touchées par des crues de rivières à débit plutôt faible provoquant des dommages socio-économiques considérables dans certains quartiers, infrastructures, équipements industriels et installations agricoles. Les études ont révélé qu'une protection accrue contre les inondations était possible par le développement de zones de rétention des inondations dans la partie supérieure des rivières. Au cours des dernières décennies, des bassins de rétention « à sec » (sans stockage permanent) avec des installations permettant le contrôle du débit de sortie ont été conçus et construits. Normalement, les barrages ont un impact important sur l'écosystème d'un cours d'eau, en particulier en ce qui concerne la continuité de la masse d'eau (la libre circulation des différents organismes en amont ou en aval du barrage). Ceci est d'une importance primordiale pour la conservation des espèces. Depuis 2000, la directive-cadre sur l'eau de l'UE (DCE) exige la continuité écologique. Ceci est devenu le principal défi lors de la conception, la construction et l'exploitation d'un barrage. Ainsi, les nouveaux barrages ont été équipés de passes écologiques afin de garantir le passage de la faune aquatique, amphibie, terrestre et aéroportée, ainsi que du macrozoobenthos. Les solutions mises en application présentent des compromis réussis et équilibrés entre la protection contre les crues et les objectifs de la DCE. Cet article traite principalement des détails d'ingénierie de barrage pour les récents barrages en enrochement en Allemagne qui répondent aux définitions de la Commission internationale des grands barrages (ICOLD).

Solving spillway geometry for three-dimensional flow

G.L. Coetzee
University of Pretoria, Pretoria, The Republic of South Africa & Knight Piésold Consulting, Keetmanshoop, The Republic of Namibia

S.J. van Vuuren
University of Pretoria, Pretoria, The Republic of South Africa

ABSTRACT: The Ogee profile is one of the most studied hydraulic relationships used in the design of spillways. The high discharge efficiency and nappe-shaped profile ensure an effective hydraulic system, if applied under the correct conditions. However, in a recent study, the existing Ogee profile relationship, formulated for two-dimensional flow conditions, proved to be insufficient for three-dimensional flow conditions. Data obtained from a detailed physical model study and extensive computational fluid dynamic simulations allowed for a qualitative and quantitative comparison of the bottom nappe of the fluid profile across an aerated sharp-crested weir. The study concluded in the derivation of the VC-Ogee relationship that estimates the Ogee profile under three-dimensional flow conditions. Four parameters A, B, C and D, were incorporated to accommodate the effect of three-dimensional flow. A set of VC-Ogee design curves for these parameters, for an asymmetrical approach channel with side contraction of the spillway, is presented in this paper. Further design curves to accommodate symmetrical, contracted and uncontracted approach channels as well as combinations of these conditions, will be made available in future.

RÉSUMÉ: Le profil Ogee est l'une des relations hydrauliques les plus étudiées dans la conception des déversoirs. La haute efficacité d'écoulement et le profil en forme de nappe assurent un système hydraulique efficace s'il est appliqué dans les conditions appropriées. Cependant, dans une étude récente, la relation de profil Ogee existante, formulée pour des conditions d'écoulement bidimensionnelles, s'est avérée insuffisante pour des conditions d'écoulement tridimensionnelles. Les données obtenues à partir d'une étude de modèle physique détaillée et de simulations informatiques exhaustives de la dynamique des fluides ont permis une comparaison qualitative et quantitative de la nappe inférieure du profil de fluide à travers un déversoir élevé à crête pointue aéré. Ces études ont permis de dériver la relation « Ogee VC » qui comprend des déversoirs droits et courbes, des canaux d'approche symétriques et asymétriques, ainsi que des déversoirs contractés et non contractés. Quatre paramètres A, B, C et D ont été incorporés pour tenir compte de l'effet du débit tridimensionnel. Cet article présente un ensemble de courbes de conception VC-Ogee pour ces paramètres, pour un canal d'approche asymétrique avec contraction latérale du déversoir. D'autres courbes de conception permettant d'adapter des canaux d'approche symétriques, contractés et non contractés, ainsi que des combinaisons de ces conditions, seront disponibles à l'avenir.

Investigating high flow measurements using compound gauging structures

A.A. Maritz & P. Wessels
Department of Water and Sanitation, Pretoria, South Africa

S.J. van Vuuren
University of Pretoria, Pretoria, South Africa

ABSTRACT: The variability of the South African climate results in abrupt changes in river flow rates. Compound gauging structures consisting of multiple crests separated by divider walls have been implemented as an attempt to ensure accurate measurements over an extended range of flows. It would be financially and practically impossible to design structures that are capable of measuring the entire range of flow to the same degree of accuracy. Therefore, limits to the hydraulic capacity of these structures are applied in order to save on construction costs. Extensive research on the accuracy of gauging structures, within their intended hydraulic capacity, has been done over the years. However, when these structures operate above this capacity, three-dimensional flow is observed as a result of the presence of the divider walls. The observed three-dimensional flow causes uncertainty in the application of the current discharge-head relationships, since these relationships were developed with the assumption of parallel flow lines. Data from physical modelling indicated an overestimation error in the calculated flow rates above the hydraulic capacity. In this paper, the flow lines are investigated in order to determine the underlying factor causing the overestimation error.

RÉSUMÉ: La variabilité du climat sud-africain entraîne de brusques changements dans les débits des rivières. Des structures de jaugeage composées avec de multiples crêtes séparées par des parois de séparation ont été mises en place afin de garantir des mesures précises sur une plage de débits étendue. Il serait financièrement et pratiquement impossible de concevoir des structures capables de mesurer toute la plage de débits avec le même degré de précision. Par conséquent, des limites à la capacité hydraulique de ces structures sont appliquées afin de réduire les coûts de construction. Des recherches approfondies sur la précision des structures de jaugeage, dans les limites de leur capacité hydraulique prévue, ont été menées au fil des ans. Cependant, lorsque ces structures fonctionnent au-dessus de cette capacité, un débit tridimensionnel est observé du fait de la présence de cloisons et de parois de flanc. Le débit tridimensionnel observé provoque une incertitude dans l'application des relations actuelles d'écoulement et de tête, car ces relations ont été développées avec l'hypothèse de lignes de débit parallèles. Les données de la modélisation physique indiquent une erreur de surestimation de débits calculés supérieurs à la capacité hydraulique. Dans cet article, les lignes de flux sont examinées afin de déterminer le facteur sous-jacent à l'origine de l'erreur de surestimation.

Scouring analysis on flip bucket spillway of Cisokan Lower Dam using experimental investigation

J. Zulfan, S. Lestari & Y.E. Kumala
Research Center for Water Resources, Ministry of Public Works and Housing, Bandung, West Java, Indonesia

ABSTRACT: Indonesia is currently building many large dams to ensure the water security. One of the projects is Cisokan Lower Dam located in West Java Province of Indonesia. The height of the dam is 98 meter and the spillway is designed with flip bucket type. Downstream scouring became a major concern for the safety of the structure. In order to analyze and evaluate the spillway design, a 3D physical model is carried out inside the hydraulic laboratory. The model constructed with an undistorted scale of 1:40 covering the upstream reservoir, dam spillway, and appurtenance structures. Several investigations are conducted including water profiles and downstream scouring effect. Overall tests show that the scour hole tends to develop with maximum depth approximately 14 meter below the original riverbed and located 96 meter downstream of the spillway's bucket lip. In order to secure the scouring, a plunge pool added due to water jet impingement from flip bucket spillway. The aim of this study is to have a proper design of flip bucket spillway for Cisokan Lower Dam.

RÉSUMÉ: L'Indonésie entreprend actuellement la construction d'importants barrages afin de sécuriser leur approvisionnement en eau. Un des projets est appelé Barrage du Bas-Cisokan, localisé à l'Ouest de la province de Java en Indonésie. La hauteur du barrage s'élève à 98 mètres et le déversoir a été conçu avec un système de type Flip Bucket. En effet, l'érosion en aval est devenue un problème majeur pour la stabilité de la structure. Afin d'analyser et d'évaluer la conception du déversoir, un modèle 3D a été réalisé en laboratoire hydraulique. Le modèle a été conçu à l'aide d'une échelle sans distorsion de 1/40e, et couvre le réservoir amont, le déversoir du barrage, et autres dépendances. Quelques investigations sont réalisées y compris profils de profondeurs et effets de l'érosion en aval. La majorité des tests montre que la fosse résultant de l'érosion à tendance à se développer avec une profondeur maximale d'environ 14 mètres sous le niveau originel du lit de la rivière et se localise à une distance de 96 mètres en aval de la lèvre du déversoir de type Flip Bucket. Afin de sécuriser l'érosion, un bassin de dissipation est ajouté, à cause de l'impact du jet d'eau depuis le déversoir. L'objectif de cette étude est d'aboutir à une conception adaptée du déversoir du barrage du Bas-Cisokan.

Innovative approach to hydraulic design and analysis for Bluestone Dam primary spillway stilling basin

D. Moses & N. Koutsunis
USACE, USA

ABSTRACT: Bluestone Dam is a concrete gravity dam constructed in the 1940's. The spillway consists of an ogee crest controlled by 21-vertical lift gates and a two stage hydraulic jump stilling basin. The 1st stage stilling basin has tailwater controlled by a downstream ogee weir and 2nd stage consists of a paved baffled basin. Reanalysis of the Inflow Design Flood (IDF) identified a hydrologic deficiency leading to a need for the dam to accommodate an IDF that is more than double the original design. Confined site conditions required an innovative design and analysis approach to develop a feasible stilling basin modification. A combination of recent design advances, computational fluid dynamics, 1:36 scale sectional model, and a 1:65 scale model were utilized in the development/evaluation of design alternatives and refinement of the selected alternative. The design incorporates super-cavitating baffle blocks and ramp that allows for the 1st stage hydraulic jump basin to function under significantly lower tailwater conditions than a typical baffled basin. High sensitivity pressure transducers allowed for the detailed evaluation of hydrodynamic loads on structural elements of the stilling basin, as well as, the evaluation of prototype rock scour using computed applied stream power.

RÉSUMÉ: Bluestone Dam est un barrage-poids en béton construit dans les années 1940. L'évacuateur de crues est constitué d'une crête d'ogée contrôlée par 21 portes d'ascenseurs verticales et d'un bassin de détente à sauts hydrauliques à deux niveaux. Le bassin de repos du 1er étage a des eaux de queue contrôlées par un déversoir ogee en aval et le 2ème étage consiste en un bassin pavé à déflecteurs. La réanalyse de l'inondation de conception (IDF, Inflow Design Flood) a mis en évidence un déficit hydrologique qui a conduit à tenter de prendre en compte une IDF qui représente plus du double de la conception d'origine. Les conditions de site confinées ont nécessité une approche innovante en matière de conception et d'analyse pour permettre une modification réalisable du bassin de repos. Une combinaison d'approches de conception récentes, de dynamique des fluides numérique, d'un modèle en coupe à l'échelle 1:36 et d'un modèle général à l'échelle 1:65 a été utilisée pour élaborer des solutions de rechange et perfectionner une conception finale. La conception intègre des blocs de chicanes super-cavitants et une rampe qui permettent au bassin de saut hydraulique du premier étage de fonctionner dans des conditions de fuite d'eau nettement inférieures à celles d'un bassin à déflecteurs typique. Les transducteurs de pression à haute sensibilité ont permis l'évaluation détaillée des charges hydrodynamiques sur les éléments structurels du bassin de repos, ainsi que l'évaluation de l'affouillement des roches prototypes en utilisant la

Sustainable and Safe Dams Around the World – Tournier, Bennett & Bibeau (Eds)
© 2019 Canadian Dam Association, ISBN 978-0-367-33422-2

Design and construction of an auxiliary labyrinth spillway for an ageing dam

J. Simzer, T. Madden & B. Downing
Golder Associates Ltd., Vancouver, British Columbia, Canada

ABSTRACT: Two cascading dams were constructed in 1910 for water supply purposes in Nanaimo, British Columbia, located on the west coast of Canada. The dams were decommissioned in 1945 and were then used as recreational facilities in a municipal park upstream of what is now a residential/commercial area. Dam safety and deficiency investigations carried out for the dams have indicated that, under Canadian Dam Association (CDA) Guidelines, the dams are unable to satisfy the design criteria for the assigned Consequence Classification. Studies were carried out to identify the most appropriate and cost-effective dam safety remediation works to bring the dams into regulatory compliance. An auxiliary labyrinth spillway was selected to provide a means to generate additional spillway capacity to address the flood risks without impacting the existing spillway at the downstream dam. This paper presents the geotechnical, hydrotechnical and environmental issues associated with the design and construction of the auxiliary spillway.

RÉSUMÉ: Deux barrages en cascade ont été construits pour l'approvisionnement en eau en 1910 à Nanaimo, en Colombie-Britannique, sur la côte ouest du Canada. Les barrages ont été désaffectés en 1945 et ont ensuite été utilisés comme installations de loisirs dans un parc municipal en amont de ce qui est maintenant une zone résidentielle/commerciale. L'évaluation de la sécurité des barrages effectuée a démontré que, conformément aux recommandations de l'Association canadienne des barrages (ACB) et selon le Classement de barrage attribué, les barrages ne peuvent satisfaire aux critères de conception. Des études ont été menées pour identifier les travaux de remise en état des barrages les plus appropriés et les plus rentables afin de les mettre en conformité réglementaire au niveau de la sécurité. Un déversoir labyrinthe auxiliaire a été choisi pour fournir un moyen de générer une capacité supplémentaire de déversoir afin de faire face aux risques d'inondation, sans impacter le déversoir existant du barrage en aval. Cet article présente les problèmes géotechniques, hydrotechniques et environnementaux liés à la conception et à la construction du déversoir auxiliaire.

Sustainable and Safe Dams Around the World – Tournier, Bennett & Bibeau (Eds)
© 2019 Canadian Dam Association, ISBN 978-0-367-33422-2

Preparation of the Mělčany dry reservoir project

P. Řehák
Povodí Labe, state enterprise, Hradec Králové, Czech Republic

P. Holý
Sweco Hydroprojekt, Prague, Czech Republic

P. Fošumpaur, T. Kašpar, M. Králík & M. Zukal
Czech Technical University in Prague, Prague, Czech Republic

ABSTRACT: The plans for the realization of the reservoir in the Mělčany profile (in the Czech Republic) have existed since the 1920s. The paper introduces the history and development of the water management concept of the reservoir, which is currently being prepared as a dry reservoir. The motivation for a significant increasing of the retention function was the flood in 1997 and, in particular the catastrophic flood in 1998, which caused extensive material damages and a loss of human lives. The technical design of the dam and functional structures is currently being prepared by the Sweco Hydroprojekt (JSC) at the stage of the construction permit documentation. The conception of the combined hydraulic structure was adapted to the requirement for migration throughput of water organisms and represents a unique technical solution. For this reason, at the beginning of 2018, the Faculty of Civil Engineering CTU in Prague completed a detailed hydraulic research on a physical model. It was focused on verifying and optimizing the hydraulic function of a combined structure and stilling basin; assessing the capacity during the flood wave passing; assessment of layout of functional objects and other tasks from the viewpoint of the optimal operating regime of the waterwork.

RÉSUMÉ: Les plans de réalisation d'un bassin dans le profil de Mělčany (République tchèque) existent déjà depuis les années vingt du siècle dernier. Cet article décrit l'histoire et le développement du concept de gestion des eaux du réservoir, qui est préparé à l'heure actuelle en tant que réservoir sec de retenue. La motivation pour une augmentation importante de la fonction de retenue du réservoir a été l'inondation de 1997 et avant tout celle catastrophique de 1998, qui a entraînée de grands dommages matériaux et des pertes de vies humaines. La conception technique de la digue et des structures fonctionnelles est présentement préparée par Sweco Hydroprojekt, et est rendu à l'étape de la préparation des documents pour obtenir le permis de construire. Le concept de la structure hydraulique a été adapté pour accommoder un processus de migration d'organismes aquatiques et représente une solution technique unique. C'est pour cette raison, qu'en 2018, une étude hydraulique détaillée par modèle physique a été réalisée par la Faculté de génie civil de l'Université technique de Prague. Son but était de vérifier et d'optimiser la fonction hydraulique de la structure combinée et du bassin de dissipation, d'évaluer la capacité lors du passage des vagues en période de crue, d'évaluer la disposition des structures fonctionnelles et autres tâches du point de vue d'opération optimale de l'ouvrage hydraulique.

Sustainable and Safe Dams Around the World – Tournier, Bennett & Bibeau (Eds)
© 2019 Canadian Dam Association, ISBN 978-0-367-33422-2

"Hydrothermal" and season based design of dual PKW - flap gate spillway at Gage Dam

F. Laugier
EDF-CIH, Le Bourget du Lac, France

ABSTRACT: Gage II dam is thin double curvature arch dam of 42 meters high build in 1967. Revised hydrological studies show that current discharge capacity is much lower than the project flood. Furthermore, Gage II dam has shown to be sensitive to the dam thermal state. An innovative solution is proposed to limit the overall loads applied on the dam combining hydrostatic and thermal loads. A month by month analysis was led to design the new spillway taking into account monthly flood and monthly maximum acceptable load of the dam. Spillway design combines a freeflow PKW labyrinth spillway and a flap gate. In cold season, the flap gate is totally lowered to limit the maximum water level at 1009,00. In hot season, the flap gate is totally closed at current normal water level 1010,00. Downstream the new spillway and gate, a 7 m diameter and 200 m long tunnel convey the water flow far away from the dam toe. These new structures were firstly studied with numerical mod-elling and then with a rather complex physical model. Main works were carried out from 2014 to 2017. The new spillway is in operation from spring 2018.

RÉSUMÉ: Le barrage de Gage II est un barrage en voûte mince, de 40 m de hauteur maximale sur fondation, mis en eau en 1967. La révision de l'hydrologie a mis en évidence un déficit d'évacuation des crues pour la crue de dimensionnement. Afin de limiter les sollicitations sur le barrage existant, sensible thermiquement, une approche innovante a été proposée par EDF consistant à saisonnaliser le risque de crue et adapter au mieux la conception et l'exploitation des nouveaux ouvrages d'évacuation des crues à la sensibilité thermique du barrage pour chaque mois de l'année. La conception retenue associe un déversoir libre de type PKW (Piano Key Weir) à un clapet fonctionnant comme une hausse déversante effaçable en période froide afin de limiter la cote maximale en crue en période froide. Le nouvel évacuateur de crues comprend en aval de ces ouvrages une galerie d'évacuation à surface libre de 7 m de diamètre et 200 ml qui permet de déporter la dissipation d'énergie du pied aval du barrage. Ces ouvrages ont été étudiés à la fois avec un modèle numérique et sur un modèle réduit hydraulique relativement complexe. Ces modèles ont permis d'optimiser la conception des ouvrages dont les travaux principaux se sont déroulés de 2014 à 2017 avec une remise en eau au printemps 2018.

Design, construction and operation of offshore and onshore flood control dams in Sweden and Switzerland

S.-P. Teodori
ÅF-Consult Switzerland Ltd., Baden, Switzerland

A. Hofgaard
ÅF Industry AB, Stockholm, Sweden

H. Kaspar
ÅF-Consult Switzerland Ltd., Baden, Switzerland

ABSTRACT: Consequences of global climate changes such as heavier long-term rainfalls, faster glacier melting, rising sea or lake levels, and interaction with denser populated areas are increasing flood hazard, with flood magnitude decreasing recurrence periods. Flood control dams are historically adopted engineered solutions for mitigating flood hazard in order to avoid uncontrolled water inflow into inhabited areas, which can cause loss of life and/or property damage. Flood flows on seashore, lakeshore or along rivers are either mitigated by constructing active-shelter flood control gated dams, which can avoid flood waves inflow or by passive-damper dam-reservoir-outlet structures, which allow controlled release of water within delimited areas. Flood mitigation systems are continuously designed and emplaced in such topographically different countries like Sweden and Switzerland. Case studies regarding design, construction and operation of flood mitigation systems, either offshore (e.g. Arvika, Sweden) or onshore (e.g. Muri, Switzerland), with large flood control dams in accordance to ICOLD standards are presented in the paper.

RÉSUMÉ: Les conséquences des changements climatiques globaux, tels que des précipitations abondantes à long terme, une plus rapide fonte des glaciers, l'élévation du niveau de la mer ou des lacs et l'interaction avec des zones densément peuplées augmentent l'impact des inondations et réduisent les périodes des récurrences des inondations. Les barrages servant la maîtrise des crues sont des solutions techniques adoptées par le passé pour atténuer le risque d'inondation afin d'éviter un apport incontrôlé d'eau dans les zones habitées qui peut entraîner des pertes de vies humaines et/ou des dégâts matériels. Les débits de crue sur les littoraux, sur les rives des lacs ou le long des rivières sont laminés soit active-ment par la construction de vannes de barrage, soit passivement par des barrages de gestion des crues et par des ouvrages de restitution, ce qui permet un écoulement contrôlé de l'eau dans des zones délimitées. Des systèmes de gestion des crues sont continuellement conçus et mis en place dans des pays topographiquement différents les uns des autres, par exemple en Suède et en Suisse. Des études de cas concernant la conception, la construction et l'exploitation de systèmes de gestion des crues, soit offshore (p.ex. Arvika en Suède), soit onshore (p.ex. Muri en Suisse), avec des grands barrages de gestion de crues, conformément aux normes ICOLD, sont présentées dans le document.

The redesign of a plunge pool slab for a temporary diversion due to dynamic pressures

R. Haselsteiner
Bjoernsen Consulting Engineers, Koblenz, Germany

A. Trifkovic
Fichtner GmbH & Co. KG, Stuttgart, Germany

ABSTRACT: The Bujagali HEPP is a runoff-river project located on the White Nile in Uganda. The project was commissioned in the year 2012 and hosts five 50 MW Kaplan turbines. The principle design shows a gated spillway, an emergency syphon spillway, the powerhouse and the left, center and right embankment dams. The Nile River shows two stream sections at the project location. Hence, the construction works were executed during two diversion phases. The right bay of the gated spillway is equipped with a flap gate. This bay discharges after diversion end into a tailwater plunge pool. For the stability analysis of the base slab the assumption of a hydraulic pressure distribution underneath the slab was required. The resulting load conditions and pore pressure results led to a change of the design in favour of the application of vertical anchors. Most up-to-date findings in research at the time of redesign also led to a re-evaluation of the applicable safety factors.

RÉSUMÉ: Le HEPP de Bujagali est un projet situé le long du Nil Blanc en Ouganda. Le projet a été mis en service en 2012 et se compose de cinq turbines Kaplan de 50 MW. La conception principale montre un déversoir à porte, l'évacuateur d'urgence à siphon, la centrale électrique et les barrages gauche, central et droit. Le Nil montre deux sections de cours d'eau à l'emplacement du projet. Voilà pourquoi ces travaux de construction ont été réalisés lors de deux phases de détournement. La baie de droite de l'évacuateur est équipée d'une protection antiretour. Cette baie se décharge après déviation dans un bassin de rétention. Les conditions de poids et de pression qui en résultent favorisent l'application d'ancrages verticaux et une dalle fortifié. Les résultats d'une recherche avancée lors du planning du réaménagement, ont donc conduit à une réévaluation des facteurs de sécurité applicables.

Screening level analysis of Ilisu Dam first filling impacts at Mosul Dam

M. Wygonik Kinkley
US Army Corps of Engineers, Pittsburgh, USA

ABSTRACT: In 2019 Ilisu Dam on the Tigris River in southeastern Turkey is scheduled to commence first filling. The downstream impacts of Ilisu Dam filling will affect Iraq's strained water resources systems. As part of ongoing engineering support at Mosul Dam, the United States Army Corps of Engineers developed a screening level tool to evaluate the impacts of Ilisu Dam first filling on Tigris River inflows at Mosul Dam. With the tool, a user can rapidly perform screening level analyses at Mosul Dam from changes to the hydrologic conditions of the Tigris River watershed, Ilisu Dam filling schedules, and Mosul Dam releases for water supply and irrigation. The tool produces a multi-year hydrograph at Mosul Dam and a cumulative storage curve at Ilisu Dam, two powerful graphics that visually communicate to engineers and decision makers the long term reservoir impacts at Mosul Dam. The products of the screening level analysis can be used to inform water management strategies and forecast future impacts to Mosul Dam outflows or storage levels. This paper will discuss the effectiveness and limitations of a screening level tool to quickly evaluate numerous combinations of hydrologic conditions and release schedules for dams in series within a watershed.

RÉSUMÉ: En 2019, le barrage d'Ilisu sur le Tigre, dans le sud-est de la Turquie, devrait commencer à être comblé. Les retombées en aval du remplissage du barrage d'Ilisu affecteront les systèmes de ressources en eau épuisés en Iraq. Dans le cadre du soutien technique en cours au barrage de Mossoul, le Corps of Engineers de l'armée américaine a mis au point un outil permettant d'évaluer les effets du remplissage du barrage d'Ilisu sur les flux du Tigre à Mossoul. Grâce à cet outil, un utilisateur peut rapidement effectuer des analyses de niveaux de présélection sur le barrage de Mossoul en fonction des modifications apportées aux conditions hydrologiques du bassin versant du Tigre, des calendriers de remplissage du barrage de Ilisu et des re-locations de barrages pour l'alimentation en eau et l'irrigation. L'outil génère un hydrogramme pluriannuel au barrage de Mossoul et une courbe de stockage cumulé au barrage d'Ilisu, deux graphiques puissants qui communiquent visuellement aux ingénieurs et aux décideurs les impacts à long terme du réservoir sur le barrage de Mossoul. Les produits de l'analyse préliminaire peuvent être utilisés pour éclairer les stratégies de gestion de l'eau et prévoir les impacts futurs sur les débits sortants ou les niveaux de stockage du barrage de Mossoul. Ce document discutera de l'efficacité et des limites d'un outil de sélection permettant d'évaluer rapidement de nombreuses combinaisons de conditions hydrologiques et de calendriers de rejet pour les barrages en série dans un bassin hydrographique.

Minimizing the power swing incorporating the trifurcation system of the hydropower plant

J. Yun & K. Lim
K-water, Daejeon, Republic of Korea

ABSTRACT: The hydropower generation plant at high power output pose the risk of vortex flow due to the unexpected circumstance. This phenomenon may materialize the unstable power generation and threaten the robust structural safety, which eventually leads to the adverse impacts for the sustainable water resources utilization and financial viability. The Patrind hydropower generation project is the run-of-river type project with 150MW capacity which is key Independent Power Project leveraged by Government of Pakistan and K-water. The trifurcation between the main penstock and the generators has been applied to minimize the head loss and to effectively allocate the water inflows in the power generation facility. During the commissioning, the serious power swing broke out in the trifurcation by the vortex due to the sudden change of cross section. Under the challenged situation which the trifurcation was fixedly built in the underground, it was remedied that the non-linear local section is optimized to the inner shape of trifurcation. Applying the modification, the fluctuation of power output was considerably alleviated. This approach is technically proven by the numerical analysis and the physical modelling for the commercial operation.

RÉSUMÉ: La centrale hydroélectrique à haute puissance génère le risque de vortex en raison de circonstances imprévues. Ce phénomène pourrait matérialiser l'instabilité de la production d'énergie et menacer la sécurité structurelle robuste, ce qui finira par avoir des effets néfastes sur l'utilisation durable des ressources en eau et la viabilité financière. Le projet de production d'hydroélectricité de Patrind est un projet au fil de l'eau d'une capacité de 150 MW, qui est un projet énergétique indépendant essentiel mis à profit par le gouvernement pakistanais et K-water. La trifurcation entre la conduite forcée principale et les générateurs a été appliquée pour minimiser la perte de charge et pour répartir efficacement les entrées d'eau dans l'installation de production d'électricité. Lors de la mise en service, le vortex a provoqué de fortes fluctuations de puissance, provoquées par le changement soudain de section. Dans la situation difficile où la trifurcation était construite de manière fixe dans le sous-sol, il a été corrigé que la section locale non linéaire soit optimisée pour la forme interne de la trifurcation. En appliquant la modification, la fluctuation de la puissance a été considérablement atténuée. Cette approche est prouvée techniquement par l'analyse numérique et la modélisation physique pour l'opération commerciale.

Hydraulic design of stepped spillway using CFD supported by physical modelling: Muskrat Falls hydroelectric generating facility

J. Patarroyo & D. Damov
SNC-Lavalin Inc., Montreal, Canada

D. Shepherd
SGI Water Consulting Ltd., Edmonton, Canada

G. Snyder
SNC-Lavalin Inc., St. John's, Canada

M. Tremblay
SNC-Lavalin Inc., Montreal, Canada

M. Villeneuve
Lasalle/NHC, Montreal, Canada

ABSTRACT: The Muskrat Falls Hydroelectric Generating Facility is located on the lower Churchill River in Labrador, Canada. The project is comprised of an 824 megawatt powerhouse facility with gated and overflow spillways to convey water up to the Probable Maximum Flood (PMF). The North Dam overflow spillway, which is 330 m long and 39 m high, can handle a unit discharge of 30.1 m³/s/m at a hydraulic head of 5.8 m. The spillway chute has a slope of 0.8H:1V with a series of steps. A flip bucket at the end of the stepped chute projects spillway flow away from the downstream toe of the dam. A hybrid approach using numerical and physical models was used to evaluate various aspects of the initial spillway design such as step height, flip bucket projection angle, overflow profile, and risk of cavitation. Physical modelling on a 1:14 scale flume section model was performed to: (i) evaluate spillway hydraulic performance over a wide range of operating scenarios; and (ii) validate the computational fluid dynamics (CFD) analyses that were conducted concurrently. The step geometry was later optimized during the detailed design phase of the project by relying solely on the experience gained in CFD analysis of the structure.

RÉSUMÉ: L'aménagement hydroélectrique de Muskrat Falls est situé sur la rivière Churchill au Labrador, Canada. Le projet est constitué d'une centrale de 824 MW, un évacuateur de crue vanné et un barrage à crête déversante en escalier. Les deux évacuateurs de crue auront une capacité combinée pour le passage de la Crue Maximal Probable (CMP). La crête déversante du barrage nord fait 330 m de longueur et 39 m d'hauteur et aura une capacité de 30,1 m³/s/m. Le coursier de la chute est constitué d'une série de marches, la pente du parement aval est de 0,8H:1,0V. Le pied du barrage sera protégé par un saut de ski qui projettera le jet à l'aval du barrage. Une approche hybride, utilisant des modèles numériques et physiques, a été utilisée pour évaluer divers aspects de la conception initiale du déversoir, tels que la hauteur des marches, l'angle de projection du saut de ski, le profil de la nappe et le risque de cavitation. Un modèle réduit en canal à l'échelle 1:14 a été réalisée pour: (i) évaluer la performance hydraulique du déversoir sur différents conditions d'exploitation; et (ii) valider les analyses effectuées simultanément avec un logiciel de dynamique des fluides numériques (DFN). La géométrie des marches a ensuite été optimisée lors de la phase de conception détaillée en s'appuyant uniquement sur l'expérience acquise dans la modélisation DFN de la structure.

Predictive breach analyses for reservoir cascades

V. Stoyanova
Arup, Leeds, UK

R. Coombs
CC Hydrodynamics Ltd, High Wycombe, UK

ABSTRACT: Following a review of international approaches to dam breach modelling, a physically based predictive breach model was developed for a rapid assessment of a portfolio of high-risk reservoir cascades in England. The model, originally based on established breach modelling methodology, was further developed to accommodate key features of the dam, such as wave walls and multiple spillways. A sensitivity analysis was performed on the variability of key physical parameters within the model.

The model was first used to simulate generalised simple two-reservoir cascade scenarios. A correlation between upstream and downstream basic reservoir characteristics – dam height and volume ratio – and the probability of triggering a cascade failure was established. The model was then applied on several multi-reservoir cascades with the upstream dams subjected to its probable maximum flood (PMF) or the development of a sudden piping failure. A case study on two four-reservoir cascades is included in this paper.

The results from the cascade simulations improve on the present understanding about the risk associated with cascade failures. The combined cascade modelling enables a more accurate consideration of whether a downstream dam would be subject to significant erosion damage or erode to a point of failure.

RÉSUMÉ: Après un examen des approches internationales en matière de modélisation des brèches de barrage, un modèle de brèche prédictif basé sur des facteurs physiques a été mis au point pour une évaluation rapide d'un portefeuille de cascades de réservoirs à haut risque en Angleterre. Le modèle, basé à l'origine sur une méthodologie établie de modélisation des brèches, a ensuite été développé pour prendre en compte les caractéristiques clés du barrage, telles que les murs de vagues et les déversoirs multiples. Une analyse de sensibilité a été effectuée sur la variabilité d'un paramètre physique clé du modèle.

Le modèle a d'abord été utilisé pour simuler des scénarios généralisés simples à deux réservoirs en cascade. Une corrélation entre les caractéristiques de base du réservoir en amont et en aval - hauteur du barrage et rapport volumique - et la probabilité de déclencher une défaillance en cascade a été établie. Le modèle a ensuite été appliqué à plusieurs cascades de réservoirs multiples, les barrages en amont étant soumis à la crue maximale probable (CMP) et au développement d'une rupture soudaine de la tuyauterie. Une étude de cas sur deux cascades à quatre réservoirs est incluse dans cet article.

Les résultats des simulations en cascade améliorent la compréhension actuelle du risque associé aux défaillances en cascade. La modélisation combinée en cascade permet de déterminer avec plus de précision si un barrage en aval serait soumis à des dommages importants dus à l'érosion ou à un point de défaillance.

25 years of Gabcikovo Water Structure System – operation, upgrade, safety and impacts on environment

P. Panenka, M. Bakes, I. Grundova, R. Hudec, L. Koprivova & D. Volesky
Vodohospodarska vystavba, state-owned enterprise, Bratislava, Slovakia

ABSTRACT: The Gabcikovo Water Structure System was put into operation 25 years ago after essential project changes of the Gabcikovo-Nagymaros Water Structure System, prepared in cooperation between former Czechoslovakia and Hungary and in the end carried out by Slovakia. Experiences from operation, maintenance, dam safety supervision and monitoring of environmental impacts resulted in the design and execution of, and also preparing for the renovation and upgrade of, several parts of the dam, the hydropower plant, flood protection dikes and measures for improvement of environmental conditions. Several floods tested the safety of construction and protection of the territory and population. Thousands of filling and emptying cycles of the pair of locks lead the operator to plan an upgrade of the locks system. Authors of this paper discuss the results of safety supervision and the surveillance monitoring system. Last but not least, an assessment of the environmental impact of the water structure system is presented through decades of monitoring.

RÉSUMÉ: Le système d'ouvrages hydrauliques « Gabčíkovo » a été mis en service il y a 25 ans, suite à des modifications substantielles ayant été apportées au projet intitulé « Systèmes d'ouvrages hydrauliques Gabčíkovo-Nagymaros » qui avait été préparé en coopération entre l'ancienne Tchécoslovaquie et la Hongrie et qui, en fin de compte, a été uniquement réalisé que par la République slovaque. L'expérience acquise dans le cadre de l'exploitation, de la maintenance, du suivi technique-sécurité et du suivi des impacts sur l'environnement ont débouché sur un projet de réalisation de réparations et sur la préparation d'une rénovation et d'une modernisation de certaines parties du barrage, de la centrale hydraulique, des digues anti-inondations, ainsi que sur des mesures visant à améliorer les conditions environnementales. Plusieurs inondations ont démontré la sécurité de l'ouvrage et la protection du territoire et de la population. Les milliers de cycles de remplissage et de vidage des deux écluses tout au long des dernières vingt-cinq années ont poussé l'exploitant à préparer une modernisation du système d'écluses. Les auteurs de cet article vous présenteront les résultats du suivi technique de sécurité et ceux du suivi du système de sécurité de l'ouvrage hydraulique. Vous y trouverez également une évaluation de dix années de suivi de l'impact environnemental de l'ouvrage hydraulique.

Dam and spillway rehabilitation to accommodate increased design flood: Calero Dam

A.R. Firoozfar & E.T. Zapel
HDR, Seattle, WA, USA

A.L. Strain
HDR, Des Moines, IA, USA

N.B. Adams
HDR, Salt Lake City, UT, USA

ABSTRACT: Spillways are critical components of any dam structure, responsible for safely passing flood flow without posing any danger to the dam structure itself. Spillways are designed to safely pass flood flows up to the spillway design flood (SDF) which may be equal to the Probable Maximum Flood (PMF). The PMF is estimated through statistical analysis of historical hydrological data and watershed characteristics. The dynamic nature of hydrologic events requires periodic re-evaluation of the PMF over the life span of project to ensure satisfactory performance of the spillway. If the updated PMF is greater than the original spillway design flood, additional reservoir storage and/or outflow discharge capacity may need to be provided. Re-evaluation of the PMF at Calero Dam, in the state of California, indicated a greater discharge than the original SDF that would result in dam overtopping. Preliminary assessment showed that an optimized combination of raising the dam crest and modifying the spillway provides the most attractive solution. The hydraulic design modification of the spillway was assessed using different tools. The selected spillway design included a semi-circular ogee crest weir with sufficient capacity to limit PMF reservoir elevation to achieve a minimal dam raise.

RÉSUMÉ: Les évacuateurs de crues sont essentiels pour tous les barrages et sont responsables du passage sécuritaire des crues sans exposer la structure du barrage à aucun danger. Les évacuateurs de crues sont conçus pour laisser passer en toute sécurité les débits d'inondation jusqu'à la crue de conception du déversoir qui correspond dans la plupart des cas à la crue maximale probable (CMP). La CMP est estimée par analyse statistique des données hydrologiques historiques et des caractéristiques des bassins versants. La nature dynamique des événements hydrologiques nécessite une réévaluation périodique de la CMP pour la durée de vie entière du projet afin de garantir une performance satisfaisante de l'évacuateur de crue. Si la mise à jour de la CMP est supérieure à la crue de conception initiale du déversoir, une capacité additionnelle de stockage et/ou de décharge du réservoir doit être prévue afin d'accommoder le volume supplémentaire. La réévaluation de la CMP au barrage Calero, en Californie, indiquait un débit plus grand que la crue de conception initiale du déversoir et pourrait entraîner le débordement du barrage. Une évaluation préliminaire a démontré qu'une combinaison optimale d'élévation de la crête du barrage et de modification du déversoir offrait la solution la plus intéressante. Cette modification de la conception hydraulique du déversoir a été évaluée à l'aide de différents outils. La conception de l'évacuateur de crues sélectionné comprenait un barrage semi-circulaire à crête en ogee d'une capacité suffisante pour limiter l'élévation du réservoir de CMP et permettre ainsi une augmentation minimale de la hauteur du barrage.

Sustainable and Safe Dams Around the World – Tournier, Bennett & Bibeau (Eds)
© 2019 Canadian Dam Association, ISBN 978-0-367-33422-2

Performance of the complex spillway structure after gate replacement - physical modelling

M. Broucek, M. Kralik & L. Satrapa
Czech Technical University in Prague, Faculty of Civil Engineering, Prague, The Czech Republic

ABSTRACT: The recently applied stricter demands on the safety of dams as well as on their operation resulted in the design of adjustments, enhancements and reconstructions of many spillways on large dams in the Czech Republic. The physical and/or numerical modelling of the suggested designs are usually applied due to the complex hydraulic conditions either on the spillway structure itself or in the reservoir area. The paper presents the results of the physical and numerical modelling of the spillway structure of the Nechranice Dam. The original structure consisted of three sections of spillway gated by drum gates. As the original structure did not meet the requirements during both normal and flood operation, replacement of both outer drum gates by the flap gates was proposed. The change in the gate type also caused major changes in the concrete spillway structure. Due to the presence of the perforated vertical wall breakwater in the reservoir, modelling was necessary to quantify, in the form of capacity curves, the performance of the spillway in different operation schemes. The paper also presents commented comparison of the results obtained in the laboratory and from numerical modelling.

RÉSUMÉ: Les exigences de sécurité plus strictes concernant la fiabilité des barrages et leur exploitation ont conduit à l'étude et à la conception d'ajustements, d'améliorations et de reconstruction de nombreux déversoirs de grands barrages en République Tchèque. Une modélisation physique et/ou numérique des conceptions proposées est généralement réalisée en raison de l'état hydraulique complexe soit de la structure du déversoir lui-même soit du secteur du réservoir. Ce rapport présente les résultats de la modélisation physique et numérique de la structure du déversoir du barrage de Nechranice. L'ouvrage d'origine se composait de trois sections commandées par des vannes tambour. Comme la structure originelle ne répondait pas aux besoins d'exploitation normale et en cas de crue, le remplacement des deux vannes tambour extérieures par des clapets équilibre a été proposé. Cette modification a également impliqué des transformations importantes de la structure en béton du déversoir. En raison de la présence d'une digue-mur verticale dans le réservoir, une modélisation a été rendue nécessaire pour quantifier, sous la forme de courbes de débits, le comportement du déversoir suivant différents schémas de fonctionnement. Ce rapport présente aussi une comparaison commentée des résultats obtenus en laboratoire avec ceux de la modélisation numérique.

Levee and dam breach erosion through coarser grained materials

M.W. Morris
HR Wallingford Ltd. (HRW), Wallingford, UK

J.R. Courivaud
Electricité de France (EDF CIH), Bourget du Lac, France

R. Morán & M.Á. Toledo
Universidad Politécnica de Madrid (UPM), SERPA Research Group, Spain

C. Picault
Compagnie Nationale du Rhône (CNR), France

ABSTRACT: The reliable prediction of breach erosion processes is essential for the effective risk management of both dams and levees. In recent years, a variety of research efforts have improved our knowledge of erosion processes, however the main focus of larger scale tests and model validation has tended to focus on finer, cohesive soils and the associated head cutting process. Similar understanding and model validation is needed for dams and levees constructed from coarser and mixed materials, with a clearer overview of when breach erosion changes from headcut through surface erosion to slumping of rockfill.

This paper presents a programme of research planned by EDF which will investigate (i) how macro erosion processes change in relation to soil type and state, (ii) the validity of soil erosion relationships used for coarser and mixed grained erosion and (iii) the performance of breach models in predicting the breaching processes. This research will combine laboratory testing at UPM (~1m scale tests) and CNR (~2m scale tests) with large scale field tests (3–4m high) to be undertaken at a new test facility constructed in the River Ebro catchment near Zaragoza. The work will also combine breach model performance validation through a programme of international collaboration.

RÉSUMÉ: Prédire les processus de rupture par érosion de manière fiable est essentiel dans la gestion de la sûreté des barrages et des digues. Au cours des dernières années, plusieurs efforts de recherche ont permis d'améliorer la connaissance des processus d'érosion. Toutefois, la principale orientation des essais réalisés à grande échelle et des travaux de validation des modèles s'est focalisée sur les sols fins cohésifs et le processus associé de « head cut ». Un niveau de compréhension et de validation des modèles similaire est nécessaire pour les barrages et les digues construits avec des matériaux plus grossiers et à granulométrie étalée, avec une vision plus claire des conditions qui conduisent le processus d'érosion du « head cut » à l'érosion de surface et à l'instabilité d'enrochements.

Cet article présente un programme de recherche commandité par EDF qui portera sur (i) le changement des processus d'érosion en fonction du type et de l'état du sol, (ii) la validité des lois d'érosion utilisées pour les matériaux grossiers et mixtes, (iii) la performance des modèles dans la prédiction des processus de brèche. Ce programme de recherche combinera des essais de laboratoire à l'UPM (remblais de ~1m de hauteur), à la CNR (remblais de ~2m de hauteur) et des essais à grande échelle in situ (3–4 m de hauteur) qui seront réalisés sur un nouveau site expérimental qui sera construit sur l'aménagement de la rivière Ebro, près de Saragosse. Ce programme inclura également une évaluation de la performance des modèles de brèche à travers une collaboration internationale.

Study of bank erosion and protection measures on Subansiri River, Assam, India

R.K. Chaudhary
MHPA, Trongsa, Bhutan

V. Anand
NHPC, Dhemaji, Assam, India

P.C. Upadhyay
NHPC, Faridabad, Haryana, India

ABSTRACT: India is one of the most flood-affected countries in the world. Almost every year floods of varying magnitude affect some parts of the country or the other. The Northeastern part of India receive very heavy rainfall ranging from 1100 mm to 6350 mm which occurs mostly during the months of May to September. As a result, floods in this region are severe and quite frequent. Subansiri River, a tributary of Brahmaputra River, in the state of Assam & Arunachal Pradesh, causes severe floods and erosion along the banks leading to a considerable loss of fertile land each year. The present paper briefly describes the study of the Subansiri River from Dam Site of Subansiri Lower Project to about 70 km downstream to ascertain changes in river morphology and pattern of river erosion using an integrated approach of Remote Sensing and Geographical Information System (GIS). Based on analysis of satellite data, the vulnerable points along the banks have been identified for remedial measures and design of river bank protection structures against erosion has also been evolved for implementation.

RÉSUMÉ: L'Inde est l'un des pays du monde les plus touchés par les inondations. Presque chaque année des inondations d'ampleur diverse affectent certaines régions du pays. Le nord-est de l'Inde reçoit d'abondantes précipitations allant de 1 100 mm à 6 350 mm et ce principalement entre les mois de mai et de septembre. Du coup, les inondations dans cette région sont importantes et assez fréquentes. La Subansiri, affluent du Brahmapoutre, dans les États de l'Assam et de l'Arunachal Pradesh est la cause de graves inondations ainsi que de l'érosion des rives entraînant une perte considérable de terres fertiles chaque année. Le présent document décrit brièvement l'étude réalisée sur la Subansiri et allant du site du barrage du projet sur la Subansiri inférieure jusqu'à environ 70 km en aval en vue de déterminer les changements dans la morphologie de la rivière et l'évolution de l'érosion fluviale à l'aide d'une approche intégrée de la télédétection et du système d'information géographique (SIG). Sur la base de l'analyse des données par satellite, les points vulnérables le long des rives ont été identifiés pour la mise en œuvre de mesures correctives et la conception de structures de protection des rives de la rivière contre l'érosion a été élaborée en vue de leur réalisation.

Sustainable and Safe Dams Around the World – Tournier, Bennett & Bibeau (Eds)
© 2019 Canadian Dam Association, ISBN 978-0-367-33422-2

Safety assessment of underflow stilling basin with matter element modal based on hydrodynamic loads and inspection data

X. Wu & Y. Chen
School of Environment and Resource, Southwest University of Science and Technology, Mianyang, China

H. Wang, Y. Chen & Z. Liu
Department of Hydraulic Engineering, Tsinghua University, Beijing, China

H. Wang
Energy Internet Research Institute, Tsinghua University, Chengdu, China

ABSTRACT: A considerable number of large-scale dams, with height over 100 meters or capacity over 1 billion cubic meters, have been built in the last few decades worldwide. As time passes, aging deterioration of hydraulic structures has been more and more severe, leading to higher and higher maintenance cost and operation risk. Among the main structures in a hydraulic dam, stilling basin often plays a key role in project's overall safety. On the other hand, the safety assessment of stilling basin is highly deficient due to the complexity of the flow inside and the difficulty in accessibility and inspection. This paper focuses on the safety assessment of the stilling basin. Relying on a hydropower project (Sichuan, China), which just underwent once-in-80-year flood discharge on 11 July 2018, we inspected the monitoring data during the flood such as flux, seepage discharge, as well as the detection data obtained by unmanned underwater vehicle. The design and construction details of the stilling basin is also taken into consideration for the simulation of the flow condition during the peak flood discharge. The hydraulic calculation indicates the front area of both the slabs of stilling basin and side walls are the critical area with highest dangers. The inspection on the sealed joints shows the risk of tearing and tipping off the slab due to fluctuation pressure is comparatively low. Finally, the safety assessment system is proposed and quantitive assessment was carried out through the matter element model.

RÉSUMÉ: Un nombre considérable de grands barrages, d'une hauteur supérieure à 100 mètres ou d'une capacité supérieure à un milliard de mètres cubes, ont été construits dans le monde entier au cours des dernières décennies. Au fil du temps, la dégradation des structures hydrauliques a été de plus en plus grave, entraînant des coûts de maintenance de plus en plus élevés et des risques opérationnels. Parmi les principales structures d'un barrage hydraulique, le bassin de détente joue souvent un rôle essentiel dans la sécurité générale du projet. D'autre part, l'évaluation de la sécurité du bassin de repos est très déficiente en raison de la complexité du flux à l'intérieur et de la difficulté d'accès et d'inspection. Ce document porte sur l'évaluation de la sécurité du bassin de repos. En nous appuyant sur un projet hydroélectrique (Sichuan, Chine), qui vient de subir une décharge de crue tous les 80 ans le 11 juillet 2018, nous avons inspecté les données de surveillance pendant la crue telles que les flux, les pertes par infiltration ainsi que les données de détection obtenues. par véhicule sous-marin sans équipage. Les détails de conception et de construction du bassin de repos sont également pris en compte pour la simulation des conditions de débit lors du pic de crue. Le calcul hydraulique indique que la zone frontale présentant les plus grands dangers est la surface avant des dalles du bassin de repos et des murs latéraux. L'inspection des joints scellés montre que le risque de déchirement et de renversement de la dalle en raison de la pression de fluctuation est comparativement faible. Enfin, le système d'évaluation de la sûreté est proposé et une évaluation quantitative a été réalisée au moyen du modèle d'élément de matière.

Thermal and alkali–silica reaction – Concrete dams /

Réaction thermique et RAG – Barrages en béton

FE assessment of the ASR-affected Paulo Afonso IV dam

R.V. Gorga
ART Engineering Inc., Ottawa, ON, Canada

L.F.M. Sanchez & B. Martín-Pérez
University of Ottawa, Ottawa, ON, Canada

P.L. Fecteau
GHD, Quebec City, QC, Canada

A.J.C.T. Cavalcanti & P.N. Silva
CHESF, Recife, PE, Brazil

ABSTRACT: Alkali aggregate reaction (AAR) is one of the most harmful damage mechanisms affecting concrete infrastructure worldwide. Several numerical models have been developed in the past to appraise the expansion attained to date due to AAR and to predict its potential to generate further damage on affected infrastructure. Gorga et al. (2018) proposed a new finite element approach to assess AAR-affected structures accounting for both the most important microscopic and macroscopic aspects affecting the chemical reaction. The most distinct characteristic of this methodology is that it does not oversimplify nor overcomplicate the analysis of the reaction, while still being capable of accurately representing the anisotropic expansion and its macroscopic consequences. Slender structures have already been successfully simulated using this approach. However, it has been found that AAR-affected slender and massive structures do not necessarily behave equally, which is mostly due to the lack (or very little amount) of leaching and the potential alkali release from aggregates at later stages of the reaction on massive structures. This paper presents the validation analyses and simulations performed on an ASR-affected dam in Brazil (Paulo Afonso IV) in order to appraise the accuracy of the prior proposed approach for massive structures.

RÉSUMÉ: La réaction alcalis-granulat (RAG) est l'un des mécanismes d'endommagement les plus dommageables pour les infrastructures en béton à travers le monde. Plusieurs modèles numériques ont été développés par le passé pour évaluer l'expansion et la détresse atteinte due à la RAG ainsi que son potentiel d'endommagement futur. Gorga et al. (2018) ont proposé une nouvelle approche numérique pour évaluer des structures affectées par la RAG, en tenant compte à la fois les aspects microscopiques et macroscopiques les plus importants de la réaction. La caractéristique la plus unique de la méthodologie proposée est qu'elle ne simplifie pas trop l'analyse de la réaction, tout en restant capable de représenter son développement anisotrope et ses conséquences macroscopiques. Des structures élancées ont déjà été simulées avec succès avec cette approche. Cependant, il a été constaté que les structures massives affectées par la RAG ne se comportent pas nécessairement de la même façon, principalement en raison du manque (ou en quantité très faible!) de lessivage des éléments ainsi que de la libération potentielle d'alcalis par les granulats en fonction du temps. Cet article présente les analyses de validation et simulations effectuées sur un barrage brésilien affecté par la RAG (Paulo Afonso IV) afin de juger le potentiel et fiabilité de l'approche proposée antérieurement pour les structures massives.

Management of ASR affected spillway structures at Kafue Gorge, Zambia

E. Nordström & R. Tornberg
SWECO, Stockholm, Sweden

R. Kamanga
ZESCO, Lusaka, Zambia

ABSTRACT: The Kafue Gorge dam along Kafue River in Zambia was commissioned in 1971. In 1988 one of the spillway gates was jammed due to concrete expansion. Measures were taken, but signs of expansion and cracking continued. After rehabilitation works on one of the spillway gates in 2011 five stop-logs were stuck in position due to concrete expansion. In 2012, ZESCO and SWECO performed an in-depth assessment of the spillway structure with crack mapping and core sampling. Extensive cracking on the upstream side of the spillway piers with crack widths of up to 30 mm was found under water. Concrete analysis verified ongoing ASR. Numerical simulations on the behavior of the dam (with major cracks and ASR-expansion) showed that there was a need for stabilizing measures. SWECO designed remedial measures to restore full integrity of the dam and resolve the problem with the jammed stop-logs that caused reduced discharge capacity. During 2019 post-tensioned tendons are installed to ensure a monolithic behavior of the structure and improve the stability. All major cracks will be sealed to reduce the contact area of concrete and water. Finally, the jammed stop-logs will be removed to restore the discharge capacity of the spillway.

RÉSUMÉ: Le barrage de Kafue Gorge sur la rivière Kafue en Zambie a été mis en service en 1971. En 1988, une vanne de l'évacuateur de crue a été bloquée suite à l'expansion et à la fissuration du béton de la structure. Des actions correctives ont été mises en œuvre sans toutefois permettre d'arrêter le phénomène. En 2011, cinq batardeaux n'ont pu être retirés à l'issue de travaux de réparation réalisés sur une autre vanne de l'évacuateur à cause du même phénomène d'expansion. En 2012, ZESCO et SWECO ont réalisé une expertise de la structure de l'évacuateur avec notamment la cartographie des fissures poutrelles l'ouvrage ainsi que la prise d'échantillons par carottage. Ces investigations ont mis en évidence la présence d'une fissuration très développée sur la partie immergée de la face amont avec des ouvertures de fissure pouvant atteindre 30 mm. L'analyse des échantillons de béton a mis en évidence un phénomène de réaction alcali-granulat (RAG). Des simulations numériques du comportement de la structure (incluant les principales fissures ainsi que l'expansion du béton causée par la RAG) ont mis en évidence la nécessité de conforter l'ouvrage. Les mesures correctives définies par SWECO seront mises en œuvre en 2019. Des tirants d'ancrage actifs seront installés afin de restaurer le comportement mono-lithique de l'ouvrage et d'en améliorer la stabilité. Les principales fissures seront comblées afin de réduire la surface de contact entre le béton et l'eau. Enfin, les poutrelles bloqués seront retirés, permettant ainsi à l'ouvrage de retrouver sa capacité d'évacuation nominale.

Sustainable and Safe Dams Around the World – Tournier, Bennett & Bibeau (Eds)
© 2019 Canadian Dam Association, ISBN 978-0-367-33422-2

Assessment of frost damage in hydraulic structures using a hygro-thermo-mechanical multiphase model

D. Eriksson, R. Malm & R. Hellgren
KTH Royal Institute of Technology, Stockholm, Sweden

ABSTRACT: This paper presents an extension of a novel hygro-thermo-mechanical multiphase model for simulation of freezing of partially saturated air-entrained concrete on the structural scale to account for the effect of damage in the material. The model is applied in an example which investigates the extent and severity of frost damage caused by extremely cold climate conditions in a typical concrete wall in a waterway constructed with air-entrained concrete. The results were concluded to comply with observations made in experimental work and testing of freezing air-entrained concrete under exposure conditions similar to those in hydraulic structures. Furthermore, the results indicate that the effect of short periods of time with high rates of freezing was rather small on the obtained damage. Additionally, increasing the depth of the boundary region with an initially high degree of water saturation on the upstream side had also a rather small effect on the damaged zone.

RÉSUMÉ: Cet article présente l'extension d'un nouveau modèle multiphase hydro-thermo-mécanique, basé sur la simulation pars la congélation du béton entraîné par de l'air partiellement saturé à l'échelle structurelle afin de prendre en compte l'effet des dommages causés sur les matériaux. Le modèle de l'étude centre son attention sur l'étendue et la gravité des dommages causés par le gel à la suite de conditions climatiques extrêmement froides dans un mur en béton typique de voie navigable, construite en béton entraîné par air. Les résultats obtenus ont été jugés conformes aux observations faites dans le cadre des travaux expérimentaux et d'essais de béton entraîné par de l'air de congélation dans des conditions d'exposition similaires à celles des structures hydrauliques. De plus, les résultats indiquent que l'effet sur de courtes périodes de temps avec des taux de gel élevés était plutôt faible sur les dommages obtenus. Enfin, l'augmentation de la profondeur de la région limite avec un degré de saturation en eau initialement élevé du côté amont a également eu un effet plutôt faible sur la zone endommagée.

Sustainable and Safe Dams Around the World – Tournier, Bennett & Bibeau (Eds)
© 2019 Canadian Dam Association, ISBN 978-0-367-33422-2

Refurbishment of the 120 years old inlet tower on Mundaring Weir

A. Gower
Water Corporation, Western Australia, Australia

B. Wark
GHD Pty Ltd, Perth Western Australia, Australia

ABSTRACT: This paper provides an outline of the design and construction of the works undertaken to refurbish the 120 year old intake tower at Mundaring Weir. The project drivers included asset condition, hydraulic capacity, reduction in unusable storage, and reduction in evaporation from the reservoir. The one off sale of this water together with the present value of the reduction in evaporation pays for the project construction and is a significant response to climate change that is taking place in the region. The effects of Alkali Aggregate Reaction (AAR) compromised the efficacy of the Intake Tower operating as a dry-well, while the small diameter and significant corrosion of cast iron pipes and valves had severely diminished the service capacity of the structure. The solution implemented in this project included: lining the Intake Tower with a 37 m long by 2.7 m diameter 316 stainless steel liner; construction of a new inlet 15 m below the reservoir surface using a bespoke underwater coring rig; relining of existing pipes through the dam wall; and new outlet control pipework and valves downstream of the dam.

RÉSUMÉ: Ce document décrit la conception et la construction des travaux entrepris pour réhabiliter l'entrée de ce barrage de 120 ans. La rénovation de la tour d'aspiration de ce barrage d'une hauteur de 70 m revêt une importance particulière, car elle a permis à la Water Corporation d'avoir accès à la partie inférieure de la réserve; qui contient près de 15% de la capacité totale de stockage. Le projet constitue une réponse importante au changement climatique en cours dans la région. Les effets de l'AAR et de la corrosion des actifs en fonte avaient considérablement réduit la capacité de service (d'utilisation) de la structure. L'utilisation d'une technologie robotique sous-marine spécialement conçue pour le projet a permis d'entreprendre les travaux de manière sûre et efficace sans perturber l'approvisionnement en eau. Le document traitera également des résultats de la simulation du comportement thermique du réservoir, de ses processus de mélange, de l'impact de ces travaux sur la qualité de l'eau, de la conception des installations de traitement des eaux, des points de vente et des stations de pompage.

Sustainable and Safe Dams Around the World – Tournier, Bennett & Bibeau (Eds)
© 2019 Canadian Dam Association, ISBN 978-0-367-33422-2

Concrete slot cutting to mitigate AAR induced concrete growth at R.H. Saunders GS

Dehai Zhao, L. Adeghe & C. Plant
Ontario Power Generation Inc., Ontario, Canada

ABSTRACT: R.H. Saunders GS has experienced generating unit operational issues and concrete structure damage for many years. From 1992 to 2000, a major powerhouse concrete rehabilitation program was implemented to mitigate the effects of concrete expansion but unfortunately, not to eliminate the reaction. The concrete rehabilitation program was completed at a cost of $38M. Over the last twenty years, the mitigation efforts have been successful. However, there is abundant evidence that generating unit and concrete structure problems have re-established. Issues include reduced generating unit clearances, throat ring liner deformation, concrete structure cracking and water leakage into the powerhouse. Decision was made back in 2016 that the slot between the units should be re-established by re-slotting for all units as soon as practical to release built up stresses and create room for concrete to grow. Also, slot cutting should be completed before the unit overhaul and in advance of any major powerhouse structural repair/mitigation activities. This paper will discuss the justifications for the second round of slot cutting at R.H. Saunders based on available instrumentation data analysis.

RÉSUMÉ: La centrale hydroélectrique R.H. Saunders a connu des problèmes opérationnels, surtout avec l'alternateur et dommages à la structure en béton du barrage pendant de nombreuses années. De 1992 à 2000, un programme majeur de « réhabilitation du béton » pour la centrale a été mis en place seulement pour atténuer les effets causés par le gonflement du béton, alors la cause principale de la réaction n'a pas été éliminée. Ce projet a coûté 38 millions de dollars. Les efforts d'atténuation ont été fructueux au cours des 20 dernières années, mais il existe maintenant des preuves qui suggèrent que le gonflement du béton n'a pas arrêté. Des problèmes causés par ces effets incluent l'espacement réduit entre le rotor et le stator, fissuration de la structure en béton, des fuites d'eau dans la centrale et la déformation des manteaux de roues. Une décision a été prise en 2016 de rétablir les coupures entre les alternateurs pour soulager les contraintes et permettre l'expansion du béton. Ce projet devrait être terminé avant les rénovations de l'alternateur et d'autres travaux liés à la réparation structurelles. Ce document discutera pourquoi il est nécessaire d'avoir un deuxième projet à la centrale hydroélectrique R.H. Saunders pour rétablir les coupures dans la structure de béton en fonction des données de l'instrumentation.

Collapse of the terminal section of the access bridge to the intake tower of the Bezid Dam

I.D. Asman & C. Ban
Romanian Water Authority, Bucharest, Romania

C. David & I. Tibuleac
Romanian Water Authority, Târgu Mureş, Romania

ABSTRACT: Ice loading on retaining hydraulic structures and on hydraulic structures, in general, is manifested in the form of static pressure, due to the hindering of the ice layer thermal expansion at rapid rises of the air temperatures. These materialize in the form of dynamic pressure of the floating icicles and as static pressure of the ice jams caused by the piling of floating icicles, under the actions of flowing water and gusting winds. A case of particular interest, frequently encountered in the reservoirs operation is the fluctuation of the water level when the ice bridge has already been formed. Generally, these variations lead to the formation of cracks which are roughly parallel to the dam upstream face. This paper presents the accident at the access bridge to the intake tower of the Bezid Dam. On February 13, 2017, the section between the intake tower and the first pile of the access bridge collapsed in the reservoir. The accident occurred as a result of the support pile displacement towards the upstream side of the dam, leaving the corresponding beam of the access bridge without support. The paper shows the causes of the accident and the solutions implemented to fix the damage.

RÉSUMÉ: Le poids de la glace sur les structures hydrauliques de retenue et sur les structures hydrauliques, en général, entraîne des charges statiques. Cela est dû au fait que la couche de glace ne se dilate plus, en cas de montée rapide de la température de l'air. Ainsi, il y a une poussée dynamique des couches de glace, sous l'action du vent, et une poussée statique des couches de glace, causée par le regroupement de couches de glace flottantes, sous l'action du courant d'eau et du vent. Un cas d'intérêt particulier, fréquemment rencontré lors de l'exploitation de barrages, concerne les fluctuations du niveau de l'eau lorsque le pont de glace s'est déjà formé. Ces variations conduisent généralement à la formation de fissures plus ou moins parallèles au côté amont du barrage. Ce document présente l'accident de la passerelle d'accès à la tour de prise du barrage de Bezid. Le 13 février 2017, la section située entre la tour de prise et le premier pilier du pont d'accès menant à la tour de manœuvre est tombée dans le réservoir. La chute est due au fait que le pilier de soutien s'est déplacé vers l'amont du barrage et que la poutre de la passerelle a perdu son élément de support. Egalement, le papier montre les causes de l'accident et fait des propositions pour remédier cette situation.

Assessing the structural safety of cracked concrete dams subjected to harsh environment

R. Malm
KTH Royal Institute of Technology, Department of Civil and Architectural Engineering, Stockholm, Sweden

M. Könönen & C. Bernstone
Vattenfall AB, Projects and Services, Solna, Sweden

M. Persson
Vattenfall Vattenkraft AB, Department of Dam Safety, Luleå, Sweden

ABSTRACT: As the dams are aging and the design requirements continuously increase, complex analyses may be required that consider aspects previously excluded in the original design. Due to the harsh environment in cold regions with significant seasonal temperature variations, many con- crete dams have cracked. The development of cracks may result in internal failure modes, where parts of the dam may fail. These internal failure modes are thereby primarily governed by the material failure of reinforcement and concrete. When assessing cracked hydraulic structures, how- ever, many design guidelines are based on global safety factors for stability failure modes, i.e. overturning and sliding, while the partial coefficient methods are used for the structural design related to material failures. By using a developed design methodology based on finite element analysis, all these failure modes but also combinations of different failure modes can be consid- ered. In this paper, the design methodology is presented and implemented to assess the structural safety of a cracked concrete spillway section. The result provides support for dam owners on how to manage pillars of concrete dams subjected to extensive cracking.

RÉSUMÉ: Étant donné que les barrages vieillissent et que les exigences de conception sont en con- stantes évolutions, des analyses complexes prenant en compte des aspects précédemment exclus de la conception d'origine peuvent s'avérer nécessaires. En raison de la rigueur de l'envi- ronnement dans les régions froides et des variations de température saisonnières importantes, de nombreux barrages en béton se sont fissurés. Le développement de fissures peut entraîner des modes de défaillance interne, où certaines parties du barrage peuvent tomber en panne. Ces modes de défaillance interne sont donc prin- cipalement régis par la défaillance matérielle des armatures et du béton. Cependant, lors de l'évaluation des structures hydrauliques fissurées, de nombreuses directives de conception reposent sur des facteurs de sécurité globaux pour les modes de défail- lance de stabilité, c'est-à-dire le renversement et le glisse- ment, tandis que les méthodes des coef- ficients partiels sont utilisées pour la conception de la structure liée aux défaillances des maté- riaux. En utilisant une méthodologie de conception développée et basée sur l'analyse d'éléments finis, tous ces modes de défaillance, mais également des combinaisons de différ- ents modes de défaillance, peuvent être pris en compte. Dans cet article, la méthodologie de conception est pré- sentée et mise en œuvre pour évaluer la sécurité structurelle d'une section d'évacuation en béton fissuré. Le résultat fournit un soutien aux propriétaires de barrages sur la manière de gérer les piliers de barrages en béton soumis à une fissuration importante.

Sustainable and Safe Dams Around the World – Tournier, Bennett & Bibeau (Eds)
© 2019 Canadian Dam Association, ISBN 978-0-367-33422-2

Study of concrete hydroelectric facilities affected by AAR using multi-physical simulation: Consideration of the ultimate limit state

M.B. Ftima
École Polytechnique, Montreal, Qc, Canada IDAE, Montreal, Qc, Canada

E. Yildiz & O. Abra
IDAE, Montreal, Qc, Canada

ABSTRACT: Multi-physical simulation (MPS) is an advanced numerical analysis tool, particularly required for the case of assessment of existing infrastructure affected by alkali-aggregate reaction (AAR). An innovative methodology using MPS has already been developed with the perspective of feasibility for a real industrial complex problem. A fictitious hydroelectric facility affected by AAR is considered in this work to study the ultimate limit state for both concrete infrastructure and steel superstructure.

The first objective is the identification of failure modes of the infrastructure and study some potential corrective measures. The second objective is the safety evaluation of powerhouse superstructure while considering the movements caused by AAR expansion of the concrete infrastructure. As the displacements at the base of the superstructure create forces that were not considered during the initial design of the structure, these displacements may render the structure unsafe with time, as their amplitude gets more important. The MPS results are used to estimate the time when an intervention to the superstructure is needed for the hydroelectric facility. Valuable engineering lessons can be extracted from this simulation and demonstrate the feasibility and the usefulness of sophisticated analyses in the challenging area of assessment of hydraulic structures affected by AAR.

RÉSUMÉ: La simulation multi-physique (SMP) en utilisant des analyses non linéaires par éléments finis est un domaine en pleine émergence pour le cas des ouvrages en béton. Elle est particulièrement requise pour le cas d'évaluation des infrastructures existantes affectées par la réaction alcalis-granulats (RAG), où la cinétique de la réaction chimique est très influencée par les conditions environnementales de température et d'humidité. Une méthode innovatrice a déjà été développée afin de considérer ces phénomènes complexes dans l'optique de faisabilité dans un contexte industriel réel.

Dans cette étude, un aménagement hydro-électrique fictif est considéré dans le but spécifique de considérer l'état limite ultime. Le premier objectif est l'identification des modes de défaillance de l'infrastructure en béton et l'étude des mesures correctives. Le deuxième objectif est l'évaluation de la sécurité de la superstructure en acier, en tenant compte des mouvements provoqués par l'expansion de l'infrastructure en béton due à la RAG. Comme les déplacements à la base de la superstructure créent des forces qui n'ont pas été prises en compte lors de la conception initiale de la structure, ces déplacements peuvent rendre la superstructure non sécuritaire avec le temps. Les résultats de la MPS sont utilisés pour estimer le moment où une intervention sur la superstructure est nécessaire pour la centrale hydro-électrique. Les analyses faites démontrent la faisabilité de l'approche dans le domaine industriel des ouvrages hydro-électriques et permettent des tirer des leçons importantes utiles pour les études d'ingénierie subséquentes.

Thermal analysis and design features of Muskrat Falls RCC North Dam

H. Bouzaiene
SNC-Lavalin Inc., Montreal, Canada

T. Smith & G. Snyder
SNC-Lavalin Inc., St. John's, Canada

T. Chislett & J. Reid
Lower Churchill Management Co, St. John's, Canada (Seconded by Hatch Ltd.)

ABSTRACT: The Muskrat Falls Hydroelectric Project being developed by Nalcor Energy is located on the lower reaches of the Churchill River, approximately 35 km west of the Town of Happy Valley–Goose Bay in North Central Labrador at latitude of 53° north. It comprises a four unit close-coupled four unit intake-powerhouse structure with a total capacity 824 MW, a gated spillway with a discharge capacity of 25,000 m³/s, a 39 m high overflow roller compacted concrete (RCC) dam and conventional gravity dams to retain the reservoir. The overflow RCC dam, referred to as the North Dam, was constructed over two seasons in a sub-arctic climate with a temperatures range from +30°C in the summer to -30°C in the winter. This paper focuses on the thermal analysis and design features of the North Dam. It presents the dam characteristics, thermal control plan and the thermal protection required during winter as well as temperature monitoring. A comparison of the results of the model and the actual field measurements will be made and variation between these will be discussed.

RÉSUMÉ: Le projet hydroélectrique de Muskrat Falls, développé par Nalcor Energy, est situé le long de la rivière «Lower Churchill » à environ 35 km à l'ouest de la ville Happy Valley-Goose Bay au centre-nord du Labrador, à 53° de latitude nord. L'aménagement comprend la construction d'une centrale hydroélectrique à ciel ouvert de 824 MW, d'un évacuateur de crue ayant un débit d'évacuation de 25 000 m³/s, d'un barrage en béton compacté au rouleau (BCR) d'une hauteur maximale de 39 m et des barrages poids conventionnels pour fermer le réservoir. Le barrage en BCR à seuil libre, appelé Barrage Nord, a été construit sur deux saisons dans un climat subarctique avec des températures allant de + 30 °C en été à -30 °C en hiver. Cet article présente les principales caractéristiques du barrage en BCR, les résultats des analyses thermiques par éléments finis qui ont été réalisées durant la phase de conception, ainsi que le plan de protection thermique mis en place pour hiver. Des aspects importants liés au développement de contraintes thermique dans le barrage en BCR sont présentés et commentés. Une comparaison des résultats thermiques du modèle et des mesures de températures réelles sur le barrage sera effectuée et la variation entre ceux-ci sera discutée.

Sustainable and Safe Dams Around the World – Tournier, Bennett & Bibeau (Eds)
© 2019 Canadian Dam Association, ISBN 978-0-367-33422-2

Design of Nimoo Bazgo project in Leh-Ladakh – A case study

N. Kumar, K. Deshmukh, A. Mittal & S. Dubey
NHPC Ltd, Faridabad, Haryana, India

ABSTRACT: The 45 MW Nimoo Bazgo Project, in Leh-Ladakh, is one of the highest located hydro development in the world. The project is located at over 10,000 feet above msl and temperature varying from -30°C to +40°C. Ladakh is a cold desert and difficult to access with the road remaining closed from November to May. The position of power was pathetic which was dependent on fossil fuels, firewood and a few hydro/diesel stations. The small hydro powers located in the area had problems of reservoir freezing during the winter. Diesel generators were harming the fragile environment of Ladakh. Since concrete placement was not possible in lean flow period due to extreme cold conditions, the construction coincided with high discharge period, and a two stage diversion scheme was planned for monsoon discharge. Detailed thermal studies were carried out for the concrete gravity dam, thermal insulation was provided over the external surface to avoid thermal cracking. A compact dam toe powerhouse was provided with embedded penstock to avoid freezing. Heating arrangement for spillway radial gates and intake quick acting gates were also provided. Project construction started in September'2006 and commissioned by October'2013.

RÉSUMÉ: Le projet de Nimoo Bazgo, 45 MW, à Leh au Ladakh est l'un des projets hydroélectriques les plus hauts du monde. Il est situé à plus de 10 000 pieds au-dessus du niveau moyen de la mer et la température varie entre -30°C et +40°C. Le Ladakh est un désert froid et difficile d'accès, les routes étant fermées de novembre à mai. La situation en termes d'électricité était pathétique et la production reposait sur les combustibles fossiles, le bois de chauffage et quelques centrales hydroélectriques/diesel. Les petites centrales hydroélectriques situées dans la région avaient des problèmes de réservoirs qui gelaient en hiver. Les groupes électrogènes fonctionnant au diesel étaient néfastes à l'environnement fragile du Ladakh. Puisque couler du béton n'était pas possible durant la période de faible débit à cause du froid intense, la construction a coïncidé avec la période à fort débit et un détournement à deux étapes a été prévu pour l'évacuation des eaux de mousson. Des études thermiques poussées ont été réalisées pour le barrage-poids en béton, une isolation thermique a été faite sur la surface externe pour empêcher la fissuration thermique. Une centrale compacte au pied du barrage a été construite et équipée d'une conduite forcée intégrée pour éviter le gel. Un dispositif de chauffage pour les vannes à segment du déversoir ainsi que des vannes de garde à fermeture rapide ont également été installés. La construction de la centrale a commencé en septembre 2006 et elle a démarré en octobre 2013.

Roller compacted concrete dams /

Barrages en béton compacté au rouleau

Sustainable and Safe Dams Around the World – Tournier, Bennett & Bibeau (Eds)
© 2019 Canadian Dam Association, ISBN 978-0-367-33422-2

Bubbled Rolled compacted concrete dam

E.K. Mohamed & E.A. Khalil
Researcher, Construction Research Institute, Egypt

ABSTRACT: The Rolled compacted Concrete is widely used due to its relatively low cost and its speed of construction. However, the RCC dam requires high soil (rock) bearing capacity. The aim of this research is to rationalize the amount of material used in the dam by creating inner voids, on the shape of bubbles. The bubbles introduced must ensure that it will not affect the stability of the dam. The bubbles will reduce the self-weight of the dam and minimize the required soil (rock) bearing capacity. A system for drainage pipes connects the bubbles to ensure non-desired full/partially filled bubbles. The proposed dam would save about 12% of the required concrete. Different construction methods are studied and the best alternative was the use of precast hollow boxes; this decreases the in-situ RCC placed in the dam location by 32.5%. The objective is to speed the construction process and minimize the risk in the heat of hydration.

RÉSUMÉ: Le béton compacté au rouleau (BCR) est largement utilisé en raison de son coût plus ou moins bas et de sa rapidité de construction. Cependant, le barrage en BCR nécessite une capacité portante élevée du sol (roche). Le but de cette recherche est de minimiser la quantité de matériel utilisé dans le barrage en créant des vides intérieurs, sous forme des bulles. Les bulles introduites doivent garantir qu'elles n'affecteront pas la stabilité du barrage. Les bulles vont réduire le poids-propre du barrage et minimiser la capacité portante requise du sol (roche). Un système de tuyaux de drainage relie les bulles pour éviter que celles-ci soient totalement ou partiellement remplies d'eau. Le barrage proposé permettrait d'économiser d'environ 12% du béton requis. Différentes méthodes de construction sont étudiées et la meilleure solution consistait à utiliser des boîtes préfabriquées. Cela diminue la quantité de BCR placé in situ de 32,5%. Le but est d'accélérer le processus de construction et de minimiser les risques de chaleur d'hydratation.

High performing RCC and pumpable poor CVC mix design for Monti Nieddu Dam (Italy)

T. Adamo, V. Aiello, S. Bonanni, R. Collarelli, F. D'Angeli & C. Rollo
Astaldi S.p.A., Rome, Italy

ABSTRACT: Monti Nieddu Dam is part of a more extensive project still on-going in the south-west of Sardinia, Italy. Its main purpose is irrigation indeed its 35 Mm^3 reservoir will provide water to the nearby districts. The key structure is a 88 m high and 340 m long RCC gravity dam, volume concrete 0.5Mm^3. Being the first RCC Dam built in Italy, the concrete was required with high demanding properties, i.e. density higher than 2400 kN/m^3, compressive strength higher than 20 MPa after 90 days, low permeability for CVC, reduced hydration heat, etc. Furthermore poor CVC with 65 mm aggregate had to be pumpable to be placed upstream. Therefore to achieve such aims, during the mix design study stage special attention was paid to the aggregate selection, admixture, mixture viscosity. In special, five size class for aggregate were employed, requiring singular grain size curve adjustments. Usage of fly-ash was promoted for compensation of cement and crushed fines. Its influence on thermal aspects was examined as well.

RÉSUMÉ: Le Barrage Monti Nieddu constitue une partie d'un project plus vaste dont les travaux sont encore en cours d'exécution, au sud-ouest de la Sardaigne, en Italie. Il a pour but principal l'irrigation, mais son bassin de 35 mio m^3 veillera aussi à l'approvisionnement en eau des communes limitrophes. La structure principale est un barrage-poids d'une hauteur de 88 m et d'une longueur de 340 m, avec un volume de béton mis en oeuvre de 0.5 mio m^3. Etant le premier barrage en béton compacté au rouleau réalisé en Italie, le béton devait être conforme à des spécifications très exigeants, telles qu'une densité de plus de 2400 kN/m^3, résistance à la compression de plus de 20 MPa après une période de durcissement de 90 jours, BCV (béton conventionnel vibré), chaleur d'hydratation réduite, etc. De plus, le BCV maigre avec agrégats de 65 mm devait être pompable pour être mis en oeuvre amont. Donc, afin d'atteindre ces buts, une attention particulière pendant la phase de conception des mélanges de béton a été dévouée à la sélection des agrégats, aux additives, à la viscosité du mélange. En particulier, ont été utilisé des agrégats appartenant à cinq classes granulométriques différentes, chacune requérant une mise au point spécifique de la courbe granulométrique. L'utilisation de cendres volantes a été proposée pour équilibrer le ciment et les fines de concassage Leur influence sur les aspects thermiques a été examinée en détail.

Sustainable and Safe Dams Around the World – Tournier, Bennett & Bibeau (Eds)
© 2019 Canadian Dam Association, ISBN 978-0-367-33422-2

Design and implementation of RCC gravity dam in HD project

Yang Yiwen, Deng Liangjun, Hu Lingzhi & Xiang Hong
POWERCHINA Kunming Engineering Corporation Limited, Kunming, China

ABSTRACT: The HD Hydropower Project is located in Lanping Bai and Pumi Autonomous County, Yunnan Province, P.R. China. The project is developed with a dam. The said dam is a RCC gravity dam with a maximum height of 203m and a total installed capacity of 1,900MW (4×475MW). In terms of the design and implementation of the dam in the HD project, this paper discusses the design of dam concrete, temperature control, dam foundation treatment, flood release and energy dissipation as well as the implementation effect and assessment respectively, so as to study the key technical issues and concerns of the design work on RCC gravity dam and apply the results in the project.

RÉSUMÉ: Le projet hydroélectrique HD est situé dans le comté de Lanping, province du Yunnan, en Chine. Le projet est développé avec un barrage. Ce barrage est un barrage à gravité en béton compacté au rouleau (RCC) d'une hauteur maximale de 203m et d'une capacité totale installée de 1 900MW (4×475MW). En ce qui concerne la conception et la mise en œuvre du barrage dans le projet HD, ce document traite de la conception du béton du barrage, du contrôle de la température, du traitement des fondations, de la libération des crues et de la dissipation d'énergie, ainsi que des principaux problèmes techniques et des préoccupations des travaux de conception sur le barrageà gravité en RCC pour appliquer les résultats dans le projet.

Tallest RCC gravity dam in Lao PDR - need for high speed and solutions adopted at the Nam Ngiep 1 Hydropower

Y. Aosaka & T. Seoka
Nam Ngiep 1 Power Company, LAO, P.D.R, Bolikhamxay Province, Japan

S. Tsutsui
Kansai Electric Power Co., Inc., Osaka prefecture, Japan

ABSTRACT: The high production rate of roller-compacted concrete placing which achieved during the construction of the main dam of the Nam Ngiep 1 Hydropower Project in Laos is outstanding.

The demand for the high production required the mobilization of materials, equipment, system and human resources to satisfy the Project's need for the rapid RCC placing rates averaging 97,500 m³/ month and led the Project to select the compatible and optimum production, transporting and placing facilities. The optimization and selection of all in relating to RCC facilities are discussed in this paper. Furthermore, this paper discuss construction techniques and solutions adopted during construction to achieve the high productivity and efficiency while retaining the best quality and safety, and which includes the following 6 items,

1) Materials: Supply of materials from outside which are cement, fly ash and quarry; 2) Equipment: Optimization of all equipment which are crushing plant, aggregate stockpiling; RCC batching plant and RCC delivery conveyor belt; 3) System: Remarkable success of Sloped-Layer Method to achieve high production rates; To obviate manual trimming of feathered edges; 4) Safety procedure in regard to RCC placing; 5) Systematization of procedure in regard to dam zoning; 6) Human resources: Education and establishment of human relations.

RÉSUMÉ: Le taux de production élevé de la mise en place de béton compacté au rouleau, obtenu lors de la construction du barrage principal du projet hydroélectrique de Nam Ngiep 1 au Laos, est remarquable.

La demande pour une production élevée nécessitait la mobilisation de matériaux, d'équipements, de systèmes et de ressources humaines pour répondre aux besoins du projet concernant les taux de placement rapides du RCC, d'une moyenne de 97 500 m³/mois, et a conduit le projet à sélectionner des installations de production, transport et placement compatibles et optimales. L'optimisation et la sélection de tout ce qui concerne les installations RCC sont discutées dans le présent document. En outre, cet article traite des techniques de construction et des solutions adoptées pendant la construction pour obtenir une productivité et une efficacité élevées tout en préservant la meilleure qualité et sécurité, et qui comprend les 6 points suivants

1) Matériaux: Fourniture de matériaux provenant de l'extérieur (ciment, cendres volantes et carrière); 2) Equipement: Optimisation de tous les équipements qui sont des installations de concassage, stockage de granulats; Installation de traitement par lots RCC et convoyeur de livraison RCC; 3) Système: Succès remarquable de la méthode des couches en pente pour obtenir des taux de production élevés; Pour éviter la coupe manuelle des bords amincis; 4) Procédure de sécurité concernant la mise en place du RCC; 5) Systématisation de la procédure concernant le zonage des barrages; 6) Ressources humaines: éducation et établissement de relations humaines.

Sustainable and Safe Dams Around the World – Tournier, Bennett & Bibeau (Eds)
© 2019 Canadian Dam Association, ISBN 978-0-367-33422-2

Changes in forty-year-old concrete: Some observations regarding the Itaipu dam

C. Neumann Jr
Itaipu Binacional/UNILA, Foz do Iguaçu,Paraná, Brazil

E.F. Faria
Itaipu Binacional, Foz do Iguaçu, Paraná, Brazil

A.C.P. Santos
UNILA, Foz do Iguaçu, Paraná, Brazil

ABSTRACT: Long-term behavior of concrete is an important topic when critical infrastructures are concerned. The deterioration of concrete structures in the presence of water is often characterized by a leaching process, where Ca^{2+} and OH^- are removed by dissolution. Leaching enlarges the concrete's pore system, increasing permeability, which leads to loss of strength. This study aims to advance researches related to leaching in the concrete backfill (below the foundations) of Itaipu Hydroelectric's powerhouse. Earlier studies carried out in the 1980s estimated an approximate period of 140 years to reach an admissible loss of 20% of the concrete's calcium and, besides this, indicated that there were no risks to the structure's stability, this being the reason why such analyzes were then partially discontinued. Preliminary assessments of percolation water indicate that the leaching process in the backfill concrete still occurs, although dissolved compound contents are much smaller than the initial ones. Instrumentation demonstrates satisfactory behavior, with no structure movements that can be related to loss of strength. Concrete samples were recently extracted to perform laboratory tests, showing increase in strength, despite partial loss of calcium, by what it is understood to be a small, localized change, with no implications regarding dam safety.

RÉSUMÉ: Le comportement du béton à long terme est un sujet important lorsqu'il s'agit d'infrastructures critiques. La détérioration de structures en béton soumises à l'effet de l'eau est souvent caractérisée par le processus de lixiviation, par lequel les ions Ca2+ et OH- sont enlevés par dissolution. La lixiviation augmente la porosité et la perméabilité du béton, ce qui entraîne la perte de sa résistance. Ce travail a pour but de présenter les recherches sur la lixiviation du béton de remplissage (sous les fondations) de la salle des machines de la centrale hydroélectrique d'Itaipu. Des études antérieures menées dans les années 1980 ont estimé qu'une période de 140 ans correspond à une perte admissible de 20% du calcium du béton, ceci indique que, malgré cela, il n'y aurait aucun risque pour la stabilité de la structure, donc c'est la raison pour laquelle ces analyses ont ensuite été partiellement arrêtées. Des évaluations préliminaires des essais chimiques de l'eau ont indiqué que le processus de lixiviation du béton de remplissage se poursuit encore, bien que la teneur en composés chimiques dissous soit bien inférieure à celle constatée au départ. L'appareillage montre un comportement satisfaisant, sans mouvements structuraux qui puissent être liés à la perte de résistance. Des échantillons de béton ont été récemment extraits pour la reálisation d'essais en laboratoire qui ont présenté une augmentation de la résistance, malgré la perte initiale de calcium provoquée par la lixiviation. Il s'agit donc d'une petite altération localisée, sans aucune implication pour la sécurité du barrage.

Sustainable and Safe Dams Around the World – Tournier, Bennett & Bibeau (Eds)
© 2019 Canadian Dam Association, ISBN 978-0-367-33422-2

Experiences for construction of RCC Dams in Sri Lanka (case study Uma Oya Project)

H. Mahdiloutorkamani
Farab Co.,Tehran, Iran

ABSTRACT: Uma Oya multipurpose development project is in the south of Sri Lanka near cities of Wellawaya and Bandarawela. The key objective of the Uma Oya Multipurpose Developmental Project is to transfer water from this river to the Lunugamwehera Reservoir and provide for developmental projects in the Hambanthota District. The region is characterized by a rugged, agricultural landscape (including tea, plantations and paddy fields) with an altitude of between approximately 1100 to 1200 masl. The project includes two dames, namely Puhulpola and Dyraaba. The water collected in Puhulpola dam reservoir is conveyed to Dyraaba dam reservoir by a tunnel. The water is then conveyed by a conveyance tunnel from Dyraaba dam reservoir to powerhouse. A tailrace conducts the outflow from powerhouse into the river. Dyraaba and Puhulpola RCC Dams are roller compacted concrete dams. Both of dams are in construction stage. This paper discusses about the experiences and lessons learned during the construction of Dyraaba and Puhulpola RCC dams which has been constructed in Sri Lanka including material production and optimization of the mix design, laboratory testing, construction methodology of production and transportation, placement and compaction of RCC.

RÉSUMÉ: Le projet de développement polyvalent d'Uma Oya se situe dans le sud du Sri Lanka, près des villes de Wellawaya et de Bandarawela. L'objectif principal du projet de développement polyvalent d'Uma Oya est de transférer l'eau de cette rivière vers le réservoir de Lunugamwehera et de réaliser des projets de développement dans le district de Hambanthota. La région est caractérisée par un paysage agricole accidenté (thé, plantations et rizières) avec une altitude entre 1100 et 1200 m environ. Le projet comprend deux barrages, à savoir Puhulpola et Dyraaba. L'eau recueillie dans le réservoir du barrage de Puhulpola est acheminée vers le réservoir du barrage de Dyraaba par un tunnel. L'eau est ensuite acheminée par un tunnel de transfert du réservoir du barrage de Dyraaba à la centrale. Un canal de fuite conduit le flux sortant de la centrale à la rivière. Les barrages Dyraaba et Puhulpola sont des barrages en béton compacté au rouleau (BCR). Les deux barrages sont en cours de construction. Cet article discute des expériences et leçons apprises de la construction des barrages en BCR de Dyraaba et de Puhulpola, construits au Sri Lanka, notamment pour la production de matériaux et l'optimisation de design du mélange, les essais en laboratoire, la méthodologie de construction de la production et le transport, le placement et compactage du BCR.

Sustainable and Safe Dams Around the World – Tournier, Bennett & Bibeau (Eds)
© 2019 Canadian Dam Association, ISBN 978-0-367-33422-2

Muskrat Falls North Dam – Overcoming the challenges of placing RCC in an extreme environment

T.P. Dolen
Lower Churchill Management Co, St. John's, NL, Canada (from Dolen and Associates)

D. Protulipac
Lower Churchill Management Co, St. John's, NL, Canada (from Darren Protulipac and Associates Ltd.)

T. Chislett
Lower Churchill Management Co, St. John's, NL, Canada (Seconded by Hatch ltd.)

R. Power, J. Reid & J. O'Brien
Lower Churchill Management Co, St. John's, NL, Canada

ABSTRACT: Muskrat Falls Roller Compacted Concrete (RCC) North Dam is one of the principal features of the Lower Churchill Project, in North Central Labrador at latitude of 53° north. The extreme, humid continental/sub-arctic climate presents many challenges for RCC dam construction, including snowfall (460 cm per year), severe freezing conditions, precipitation averaging 940 mm/year, and an average of about 117 rainy days (>0.2 mm) per year, and 17 rainy days per month during the construction season. These challenges were met by; (1) utilization of the sloping layer method (SLM) of RCC placement, (2) selective use of chemical retarding admixtures to maximize "hot joints" and reduce layer surface treatment, (3) covering and hoarding the lift surfaces with insulation blankets in sub-zero temperatures, (4) placing a compatible "leveling concrete," when necessary during shoulder season, (5) utilizing a vacuum truck to clean lift surfaces quickly after rainfall, (6) placing conventional vibrated concrete (CVC) facing concrete with the fresh RCC to speed formwork on the 330 m long downstream face, and (7) optimizing equipment and labor for maximizing productivity. These solutions resulted in a 'top 10th percentile' placement rate compared to RCC dams of comparable size.

RÉSUMÉ: Le barrage en BCR de Muskrat Falls nord est l'un des ouvrages principaux du projet Lower Churchill, dans le centre-nord du Labrador, à une latitude de 53° Nord. Le climat continental/sub-arctique extrême et humide présente de nombreux défis pour la construction d'un barrage en BCR, à savoir d'importantes chutes de neige (460 cm par an), des conditions de gel sévères (température moyenne de 0° C), des précipitations moyennes de 940 mm/an et une moyenne d'environ 117 jours de pluie (> 0,2 mm) par an, 17 jours pluvieux par mois pendant la saison de construction. Ces défis ont été relevés: (1) par la mise en place du BCR selon la méthode descouches inclinées (SLM), (2) par l'utilisation sélective d'adjuvants de retardateur chimique pour maximiser les reprises chaudes et réduire le traitement de surface des reprises, (3) en couvrant les reprises de bétonnage avec des couvertures isolantes en cas de gel, (4) en plaçant un béton de nivellement compatible, lorsque cela est nécessaire pendant la saison de transition,(5) en utilisant un camion aspirateur pour nettoyer les surfaces de béton rapidement après une pluie (2018), (6) en plaçant le béton conventionnel devant le RCC frais à réarrangement de vitesse des formes étagés sur le parement aval de 330 m de long (2018), et enfin (7) en optimisant l'équipement et la main-d'œuvre pour maximiser la productivité. Ces solutions ont abouti à un taux de placement moyen du RCC élevé par rapport aux barrages RCC de taille comparable, se situant dans le premier quartile, et à une structure de très haute qualité

Sustainable and Safe Dams Around the World – Tournier, Bennett & Bibeau (Eds)
© 2019 Canadian Dam Association, ISBN 978-0-367-33422-2

Design aspects of the highest run of the river barrage on permeable foundation of India

B. Joshi, R.K. Dubey & M. Kumar
NHPC Ltd, Faridabad, Haryana, India

ABSTRACT: Even though there is no unanimity in India on the definition of the term "Barrage", as against the well-defined and accepted term "Dam", but a general acceptance refers to a diversion structure with a series of gates across the river to pond water for irrigation, power generation, flood regulation etc., with a relatively small afflux. Another connotation relates to the foundation, which in case of barrages is mostly the original riverbed comprising of river-borne material viz. sand, cobbles and boulders. As a corollary, the barrages are generally of lesser height and less massive as compared to dams. The area of concern in this type of structures are soil structure interaction resulting in additional moments and shear forces and are of particular interest for reinforced rafts. These concerns grow proportionately with the height of such barrages. The paper deals with the hydraulic & structural design of a very high barrage (37 m from lowest excavation level) and the structure is typically a "dam on a permeable foundation" on Teesta river in the state of West Bengal in India. The structure was built in the period 2005-2010 and is performing its intended function ever since.

RÉSUMÉ: Même si la définition du terme « barrage mobile » ne fait pas l'unanimité en Inde, contrairement au terme « Dam » (barrage) qui est accepté et bien défini, l'acceptation générale fait référence à une structure de dérivation avec une série de vannes sur le fleuve en vue de retenir l'eau à des fins d'irrigation, de production d'électricité, de régulation des crues, etc., et ayant un afflux relativement faible. Une autre connotation fait référence aux fondations qui, dans le cas des « barrages », sont principalement le lit original du fleuve composé de matériaux en provenance des environs, à savoir du sable, des cailloux et des rochers. En conséquence, les « barrages » sont généralement moins hauts et moins massifs que les « dams ». Le sujet de préoccupation dans ce type de structures est l'interaction entre la structure et le sol ayant pour conséquence des moments et des forces de cisaillement supplémentaires et il est particulièrement intéressant pour les radiers renforcés. Ces préoccupations augmentent proportionnellement avec la hauteur de ces barrages. L'article traite de la conception hydraulique et structurale d'un très grand barrage mobile (37 m à partir du niveau excavé le plus bas) et la structure, typique d'un « barrage sur une fondation perméable », est localisée sur la rivière Teesta dans le Bengale Occidental en Inde. La structure a été construite entre 2005 et 2010 et elle remplit sa fonction depuis lors.

Sustainable and Safe Dams Around the World – Tournier, Bennett & Bibeau (Eds)
© 2019 Canadian Dam Association, ISBN 978-0-367-33422-2

RCC knowledge: How specific test can help to evaluate the real behavior of material and a better design of RCC dams

E. Schrader
Dam expert, USA

P. Mastrofini
Salini-Impregilo S.p.A, Italy

R. Saccone & F. Surico
Mapei S.p.A, Italy

ABSTRACT: Design requirements for RCC dams specify minimum values for compressive strength and tensile strength. A high compressive strength is often specified just to comply with the required tensile strength. At GERDP, the largest dam of Africa under construction by Salini-Impregilo, an extensive study has been done at site laboratory to establish the proper correlation between the compressive and tensile modulus to characterize the real stress-strain capacity of RCC. Results have been confirmed by a campaign of compressive-tensile tests in the Concrete Laboratory of Mapei. The decreasing modulus of elasticity with increasing stress may be used for more accurate stress analysis in highly stressed areas. This usually results in a reduction of stress due to "strain softening" with a subsequent savings due to lower strength requirements. The correct evaluation of stress-strain behavior allows a better evaluation of thermal cracking and more effective RCC mix design. The paper highlights the relevance of technical cooperation among designers, contractors and suppliers to share technical knowledge. Suppliers of products such as Mapei, with advanced and well-equipped laboratory, help to perform specific tests to evaluate all RCC parameters at the early stage of a project when design optimization is still possible helping contractors and designers in the correct mix design choice.

RÉSUMÉ: Les exigences des projets pour les barrages en BCR nécessitent des valeurs minimales de résistances à la compression et à la traction. La haute valeur de la résistance à la compression est justifiée par rapport à la valeur requise de résistance à la traction. Pendant la construction du barrage du GERDP (Grand Ethiopian Renaissance Dam Project), au laboratoire sur le site, nous avons étudié expérimentalement la corrélation entre le module d'élasticité à la compression et à la traction pour caractériser la capacité réelle de résistance aux contraintes et aux déformations du BCR. Cette étude a été confirmée par des essais sur les résistances à la compression et à la traction effectuées dans le laboratoire central chez Mapei SpA. La réduction du module d'élasticité en fonction de l'augmentation de la force de traction, utile pour estimer les tensions dans les domaines où les niveaux de traction sont plus concentrés. Ceci implique une réduction du niveau de la tension grâce à un relâchement des déformations, en conséquence une économie en raison de la résistance inférieur requise. L'évaluation correcte de la courbe de contrainte-déformation permet de mieux évaluer les phénomènes de craquage thermique et améliorer la composition du BCR. L'article met en évidence l'importance de la collaboration entre les concepteurs de projet, contracteurs et fournisseurs en partageant les connaissances techniques. Les fournisseurs de matériaux tel que Mapei, avec un laboratoire avancé et bien équipé, permettent d'effectuer des essais particulières pour évaluer tous les paramètres du BCR au début du projet, lorsqu'il y a la possibilité d'aider le contracteur and les ingénieurs concepteurs du projet dans le choix d'une composition correcte du béton.

Special solutions for mass concrete mixing aggregate handling (cooling & heating) for RCC dams

R. Kletsch & S.J. Hegy

Liebherr-Mischtechnik GmbH, Bad Schussenried, Germany

ABSTRACT: High-quality concrete plant engineering enables the demanding requirements of roller-compacted concrete (RCC) in terms of quality and production output to be met. Modular plant systems that are adapted to the particular application and can be reused for subsequent projects are extremely important. Further advantages of these plants include their low groundwork costs, short preparation times and good availability of consumables and spare parts thanks to the use of standard components. Particular emphasis must be placed on planning from the aggregate and binder storage facilities to placement of the concrete in order to guarantee the plant's security of operation. Careful overall planning also permits interactions (aggregate stores, cooling system, heating systems, settling tanks etc.) to be optimised and interface problems with the plant components to be avoided. This ensures better utilisation of the plant components and plant output and also fewer problems during commissioning and later concrete production. Training of the operating and maintenance staff should (also) be included in the overall planning to guarantee repeatability and high concrete production quality during the entire dam construction.

RÉSUMÉ: L'ingénierie des centrales à béton de haute qualité permet de répondre aux exigences strictes du béton compacté au rouleau (BCR) en termes de qualité et de rendement de production. Des systèmes d'installation modulaires adaptés pouvant être réutilisés pour des projets ultérieurs sont extrêmement importants. Les avantages de ces installations peuvent être le faible coût des travaux de terrassement, les temps de préparation courts et la bonne disponibilité des consommables et des pièces de rechange grâce à l'utilisation de composants standard. Une attention particulière doit être accordée à la planification des installations de stockage de granulats, des liants jusqu'à la mise en place du béton afin de garantir la sécurité d'exploitation de l'ensemble de l'installation. Une planification globale, minutieuse permet d'optimiser les interactions (dépôts de granulats, système de refroidissement, systèmes de chauffage, décanteurs) et d'éviter les problèmes d'interface avec les composants de l'installation. Cela garantira une meilleure utilisation des composants de l'installation et de la production et limitera les problèmes lors de la mise en service de la production de béton. La formation du personnel d'exploitation et de maintenance doit être incluse dans la planification globale afin de garantir une répétabilité et une qualité du béton durant toute la durée du projet.

Design and numerical modelling of concrete dams /
Conception et modélisation numérique des barrages en béton

Best practice in preparing procurement specifications for dam protection gates

R. Digby & K. Grubb
KGAL Consulting Engineers, UK

ABSTRACT: In a review of accidents caused by a failure of machinery control systems the UK's Health and Safety Executive concluded that 44% were caused by inadequate specifications. The current ICOLD Hydromechanical Technical Committee are writing a best practice guide to dam protection gates and this will include guidance on procurement specifications, hence this is a good time to review the issues raised. The custom and practice within the industry is questionable, with functional specifications often being used to disguise the lack of detailed technical knowledge within the originating team. This paper considers the technical and commercial issues relating to the choice of specification type and provides guidance on their advantages and disadvantages. The paper incorporates the latest thinking in hazard assessment and quantitative reliability analysis and how to include this and other related issues into a professional procurement process. A good specification which has followed a comprehensive development procedure will lay the foundations for a successful project outcome and contribute greatly to dam safety. In addition, the paper tackles common mistakes seen in such documents and the inevitable technical and commercial arguments that will flow.

RÉSUMÉ: Dans une étude sur les accidents causés par une défaillance des systèmes de contrôle des équipements, le UK Health and Safety Executive (organe exécutif anglais de la santé et de la sécurité) a conclu que 44 % des cas résultaient de spécifications techniques inadéquates. Le Comité technique sur les équipements hydromécaniques de la CIGB élabore actuellement un guide des meilleures pratiques relatives aux vannes de barrages qui offrira, entre autres, des conseils sur les spécifications techniques pour l'achat de ce matériel. Il est donc opportun d'examiner les problèmes soulevés. Les habitudes et pratiques du secteur sont discutables, les spécifications fonctionnelles servant souvent à masquer l'insuffisance des connaissances techniques de l'équipe à l'origine du projet. Cet article examine les questions d'ordre technique et commercial liées au choix des spécifications et offre des conseils sur leurs avantages et inconvénients respectifs. Il présente les récentes avancées en matière d'évaluation des risques et d'analyse quantitative de la fiabilité et explique comment intégrer ces éléments et d'autres questions connexes dans un processus d'achat professionnel. Des spécifications techniques élaborées selon un processus rigoureux contribueront de manière importante à la réussite d'un projet et à la sécurité d'un barrage. Par ailleurs, notre article aborde les erreurs couramment retrouvées dans ces documents et les inévitables problèmes d'ordre technique et commercial qui en résultent.

Sustainable and Safe Dams Around the World – Tournier, Bennett & Bibeau (Eds)
© 2019 Canadian Dam Association, ISBN 978-0-367-33422-2

Design and operational safety of ultra-deep buried large headrace tunnels of Jinping II hydropower station in China

Chunsheng Zhang, Xiangrong Chen, Futing Sun, Yang Zhang, Feng Wang & Xiaohong Zheng
Power China Huadong Engineering Corporation Limited, Hangzhou, Zhejiang Province, China

ABSTRACT: Jinping II Hydropower station with installed capacity of 4800MW is the backbone of West to East Power Transmission Project in China, four headrace tunnels with the world's largest burial depth and scale are the critical works. The tunnels with an average length of 16.7km run through alpine canyon karst region, facing technical challenges of ultra-large burial depth (maximum value is 2525m), ultra-high geo-stress (maximum measured value is 113.87MPa), groundwater (maximum pressure is 10.22MPa, maximum surge flow is 7.3m³/s in single point), etc. Construction of the main structures started in 2007, some key technical problems (such as the theory and method of excavation and supporting for ultra-deep buried large tunnels, the prevention and control of rock burst as well as surge water with high pressure and large flow) have been successfully broken through, the safe and rapid construction has been achieved in November 2014. The design of the tunnels is introduced and operational safety is analyzed in this paper. The headrace tunnels are proved stable and safe based on the information of emptying inspection, feedback calculation and safety monitoring during operation period.

RÉSUMÉ: La centrale hydroélectrique Jinping II, d'une capacité installée de 4800 MW, constitue l'épine dorsale du projet de transport d'électricité d'ouest en est en Chine. Quatre tunnels d'amenée avec la plus grande profondeur d'enfouissement et échelle du monde sont les ouvrages critiques. Les tunnels, d'une longueur moyenne de 16,7 km, traversent une région karstique du canyon alpin, faisant face à des défis techniques d'enfouissement de très grande profondeur (valeur maximale : 2525 m), de géo contrainte très élevée (la valeur mesurée maximale est de 113,87 MPa), d'eau souterraine (la pression maximale est de 10,22 MPa, avec un débit de pompage maximal de 7,3 m³/s en un point unique), etc. La construction des structures principales a commencé en 2007, avec quelques problèmes techniques clés (tels que la théorie et la méthode d'excavation et le soutien des grands tunnels enfouis très profondément, la prévention et le contrôle de l'éclatement des roches ainsi que l'eau de surtension à haute pression et à grand débit) ont été surmontés avec succès, la construction rapide et sûre a été réalisée en novembre 2014. La conception des tunnels est présentée et la sécurité d'exploitation est analysée dans le présent document. Les tunnels d'amenée sont stables et sûrs sur la base des informations relatives à l'inspection de vidange, au calcul rétroactif et à la surveillance de la sécurité pendant la période d'exploitation.

The design of the Alto Tâmega dam in Portugal. A 106 m high double curvature arch dam

F. Hernando
IBERDROLA GENERACIÓN, Spain

C. Granell & C. Baena
GRANELL Hydraulic Engineers, Spain

ABSTRACT: In the basin of the Tâmega river, in the north of Portugal, Iberdrola is developing the Hydroelectric Energy Production Complex of Alto Tâmega. It's programmed to have an installed power capacity of 1158 MW and consists of three plants: Alto Tâmega, Daivões and Gouvães. The one in Alto Tâmega has been arranged with an exterior power house at the toe of the dam and two free channel spillways, one on each side. It will have an installed power capacity of 160 MW. It consists of a 106 m high double curvature arch dam and it is founded on a mica-schists rock mass from the Paleozoic age. The width of the valley (chord) is 271 m. Two gated spillways are planned, designed for a peak flow of 1826 m^3/s, which pass through the abutments of the dam and continue through open channels until the deflectors, which turn and expand the nappe to return the flow to the riverbed. It is currently under construction and is forecasted to begin operating before 2023.

RÉSUMÉ: Sur le bassin du Tâmega, au nord de Portugal, Iberdrola développe le Complexe Hydro-électrique d'Alto Tâmega. Il est envisagé d'atteindre une puissance installée de 1158 MW, comprenant trois centrales: Alto Tâmega, Daivões et Gouvães. Celle d'Alto Tâmega comporte une centrale au pied du barrage de 160 MW de puissance installée, et deux canaux d'évacuation de crue, un sur chaque rive. Le barrage voûte, de 106 m de hauteur et 271 m de longueur en crête, est fondé sur un substrat rocheux de micaschistes de l'ère Paléozoïque. Les évacuateurs de crue, équipés de vannes, ont été conçus pour un débit de pointe de 1826 m^3/s. Ils traversent les appuis du barrage et se poursuivent en canaux à surface libre jusqu'aux déflecteurs, qui tournent et dissipent le jet d'eau avant sa restitution à la rivière. Le barrage est actuellement en construction et son achèvement est programmé avant 2023.

Sustainable and Safe Dams Around the World – Tournier, Bennett & Bibeau (Eds)
© 2019 Canadian Dam Association, ISBN 978-0-367-33422-2

Diversion tunnel orifices for energy dissipation during reservoir filling at Site C

J. Bruce
Klohn Crippen Berger Ltd., Vancouver, BC, Canada

J. Croockewit
formerly BC Hydro, Vancouver, BC, Canada

F. Yusuf
BC Hydro, Vancouver, BC, Canada

J. Nunn
Formerly Klohn Crippen Berger Ltd., BC, Canada

A. Watson
BC Hydro, Vancouver, BC, Canada

ABSTRACT: This paper outlines layout and design considerations for reservoir filling at the Site C Clean Energy Project. The Site C Clean Energy Project is an 1,100 MW hydroelectric generating station with a 60 m high dam on the Peace River near Fort St. John, BC, Canada. The project includes two fully submerged diversion tunnels each 10.8 m in diameter with gated inlet structures. The capacity of the diversion tunnels needs to be reduced during reservoir filling to allow the reservoir to fill with normal inflows from upstream. The inlet closure gates are not capable of safely restricting flows, thus alternative methods of maintaining minimum downstream environmental flow releases of 390 m^3/s and providing adequate energy dissipation during reservoir filling were examined. The selected alternative was to install a series of four in-line orifices in one of the diversion tunnels prior to reservoir filling. The orifice design is based on work in China on the Xiaolangdi project, as well as physical hydraulic modelling (PHM) and computational fluid dynamics (CFD) modelling.

RÉSUMÉ: Cette publication présente les considérations d'aménagement et de design de la mise en eau du réservoir du projet de Site C Clean Energy. Le projet de Site C (Site C Clean Energy Project) est un projet hydroélectrique de 1,100 MW qui comprend un barrage de 60 m de hauteur sur la rivière de la Paix près de Fort St. John, BC, Canada. Le projet comprend deux tunnels submergés de 10.8 m de diamètre chacun équipés de vannes de régulation amont. La capacité des tunnels de dérivation doit être réduite durant la mise en eau du réservoir afin de permettre son remplissage dans des conditions normales de débit fluvial. Les vannes amont ne sont pas capables de restreindre suffisamment le débit d'une manière sécuritaire. Par conséquent, des méthodes alternatives de dissipation d'énergie durant la mise en eau ont été étudiées afin de maintenir le débit réservé environnemental minium de 390 m^3/s et de permettre une dissipation d'énergie suffisante. L'option retenue a consisté à installer une série de 4 orifices dans l'un des tunnels de dérivation. Le design de ces orifices a été basé sur les travaux du projet de Xiaolangdi en Chine ainsi que sur un modèle physique hydraulique (MPH), des simulations sur modèle numérique de mécanique des fluides.

Sustainable and Safe Dams Around the World – Tournier, Bennett & Bibeau (Eds)
© 2019 Canadian Dam Association, ISBN 978-0-367-33422-2

3-D-FE models for stability analysis of concrete dams – challenges and solutions

K. Aldermann & U. Beetz
Tractebel Hydroprojekt GmbH, Dresden, Germany

B. Tönnis
Tractebel Hydroprojekt GmbH, Weimar, Germany

ABSTRACT: Stability analysis of dams has to establish that the structure is safe as a whole. It is necessary to take the interaction between the structure and its subsoil into account. A 3-D, at least a 2.5-D modeling is inevitable. The question is, what level of detail is necessary in order to represent the actual characteristics of the structure and subsoil realistically. This topic will be illustrated using the example of the Oker Dam, a combined arch-gravity dam located in the Harz mountains in Germany. The focus will be on the implementation of the chosen idealization as well as the preparation of the required results evaluation within the model generation process.

RÉSUMÉ: L'analyse de la stabilité de barrages doit établir que la structure, dans son ensemble, est sûre. Il est nécessaire de prendre en compte l'interaction entre la structure et son sous-sol. Une modélisation en 3D, ou du moins, en 2.5D, est inévitable. La question est de déterminer le niveau de détail nécessaire pour représenter de manière réaliste les caractéristiques réelles de la structure et du sous-sol. Ce sujet sera illustré par l'exemple du barrage d'Oker, un barrage combinant un barrage poids et un barrage voûte situé dans les montagnes du Harz en Allemagne. Une attention particulière sera portée sur la mise en œuvre de l'idéalisation choisie ainsi que sur la préparation de l'évaluation nécessaire des résultats de génération de modèle.

Sustainable and Safe Dams Around the World – Tournier, Bennett & Bibeau (Eds)
© 2019 Canadian Dam Association, ISBN 978-0-367-33422-2

Biscarrués. The first hardfill dam in Spain

C. Granell & A. Duque
GRANELL Hydraulic Engineers, Spain

J.L. Sanchez
ACUAES, Spain

L.J. Ruiz
FYSEG, Spain

ABSTRACT: The project of the Biscarrués dam, on the Gállego river, in the north-east of Spain has been promoted and directed by the Spanish Government. It is a multipurpose dam: flood prevention, irrigation and environmental protection. It will be the first hardfill dam to be built in Spain of this type, which has been chosen taking into consideration foundation conditions, available materials, structural safety and the implementation of the hydraulic elements, costs and environmental issues. The dam's maximum height is 56 m, and the total volume of hardfill material in the dam body is 330,000 m³. The spillway is located in the central part of the dam body and it is controlled by 6 Taintor gates 11 x 5.37 m. This article explains the reasons why this type was selected in Biscarrués, its advantages and the main features of the design.

RÉSUMÉ: Le projet du barrage de Biscarrués, sur le Gállego, au nordest de l'Espagne, a été promu et dirigé par le Gouvernement Espagnol. Les objectifs du barrage sont plusieurs: prévention des inondations, irrigation et protection de l'environnement. Il sera le premier barrage symétrique en remblai dur (*hardfill*) construit en Espagne, une typologie qui a été choisie en considérant les caractéristiques de la fondation, la disponibilité des matériaux, la sécurité structurale, l'implantation des éléments hydrauliques, les coûts et les enjeux environnementaux. Le barrage a une hauteur maximale de 56 m et un volume de 330 000 m³. L'évacuateur de crue se situe sur la partie centrale du barrage, comprenant 6 vannes *Taintor* de 11 x 5.37 m. Cet article présente les raisons du choix de cette typologie, ses avantages el les principales particularités de son design.

Sustainable and Safe Dams Around the World – Tournier, Bennett & Bibeau (Eds)
© 2019 Canadian Dam Association, ISBN 978-0-367-33422-2

Influence of unbalanced reinforcement of abutments on long term deformation of Lijiaxia Arch Dam

W. Liu, J. Pan, J. Wang & F. Jin
State Key Laboratory of Hydroscience and Engineering, Tsinghua University, Beijing, China

ABSTRACT: Due to special reinforcement of the left abutment, including concrete replacement of faults, consolidation grouting and prestressed anchor ropes, the asymmetric deformation of Lijiaxia arch dam is observed from the monitoring system. The radial deformation of 6# monolith near the right abutment is 20%~30% larger than that of 16# monolith near the left abutment, and the tangential deformation is 2~3 times larger. The asymmetric deformation may affect the long-term behavior of the dam. In this study, the deformation characteristics of the dam were analyzed using the hydrostatic-season-time model, and the different contributions of water level, seasonal and time-varying effects were evaluated. The co-integration test of different pendulums was used to evaluate the integrity of the dam. The analysis results show that the seasonal component is the main component of the deformation. Compared with the right monoliths, the time-varying displacement of the left monoliths has smaller values due to the reinforcement. The better integrity of the left monoliths is found in the co-integration test.

RÉSUMÉ: En raison du renforcement spécial de la culée gauche, y compris le remplacement des défauts avec du béton, le scellement de consolidation et des câbles d'ancrage précontraints, la déformation asymétrique du barrage-voûte de Lijiaxia est observée depuis le système de surveillance. La déformation radiale du monolithe 6# près de la culée droite est de 20 à 30 % plus large que celle du monolithe 16# près de la culée gauche, et la déformation tangentielle est de 2 à 3 fois plus large. La déformation asymétrique peut affecter le comportement à long terme du barrage. Dans cette étude, les caractéristiques de déformation du barrage ont été analysées à l'aide du modèle hydrostatique-saison-temps et les différentes contributions du niveau d'eau, des saisons et des effets variables dans le temps ont été évalués. Le test de cointégration de différents pendules a été utilisé pour évaluer l'intégrité du barrage. Les résultats de l'analyse montrent que la composante saisonnière est la principale composante de la déformation. Comparé aux monolithes de droite, le déplacement variable dans le temps des monolithes de gauche a des valeurs plus faibles grâce au renforcement. Selon le test de cointégration, les monolithes de gauche ont une meilleure intégrité.

Detailed investigations and finite element analysis of Idukki dam in India

V.V. Arora & B. Singh
National Council for Cement & Building Materials, Ballabgarh, Haryana, India

P. Narayan & B.K. Patra
Dam Safety Rehabilitation Directorate, Central Water Commission, Delhi, India

ABSTRACT: The large dams are associated with certain risk hazards to downstream community, property, and environment at the time of natural extreme events like earthquake and unprecedented flood. These are complicated structures, which are expected to withstand these extreme events without unacceptable damages. Due to ageing, the dam materials are subjected to severe weather impacts that affect the strength and ultimately the operational performance of these structures. Therefore, in order to ensure expected operational performance, comprehensive safety review of such massive structures are warranted. This paper presents one of the case studies of Idukki dam, only arch dam in India under ongoing Dam Rehabilitation and Improvement Project (DRIP) in India. The main objective of this paper is to highlight the findings of various material properties of Idukki dam, use the actual material and other input parameters to establish confidence in the numerical modelling by tallying dam behaviour through outcome of FEM model through instrumentation monitoring. Present study scope was limited to the effect of static and thermal loads for the discontinuous model with galleries for the combination of ambient temperature and water level. The thermo-static analysis results, i.e. displacement vectors from the ABAQUS Package, are in conformation with the observed dam behaviour as per instrumentation data and results are more accurate when the vertical joints are taken into consideration.

RÉSUMÉ: Les grands barrages présentent un certain nombre de risques qui sont associés à la population résidant en aval (tels que les risques liés aux biens et aux risques environnementaux) lors de phénomènes naturels extrêmes tels que les séismes et les inondations sans précédent. Ce sont des structures compliquées, qui devraient résister à ces événements extrêmes sans dommages inacceptables. En raison de leur vieillissement, les matériaux du barrage sont soumis à des conditions climatiques extrêmes qui affectent la résistance et, en définitive, la performance opérationnelle de ces structures. Par conséquent, afin de garantir les performances opérationnelles attendues, un examen complet de la sécurité de telles structures gigantesques est nécessaire. Ce document contient l'une des études de cas du barrage d'Idukki, qui concerne uniquement le barrage en arc en Inde, qui est toujours en cours de réhabilitation et d'amélioration du barrage. L'objectif principal de cet article est de mettre en évidence les résultats des différentes propriétés matérielles du barrage d'Idukki, d'utiliser le matériau réel et d'autres paramètres d'entrée pour établir la confiance dans la modélisation numérique en prenant en compte le comportement du barrage à travers les résultats du modèle FEM via le suivi des instruments. La portée de la présente étude était limitée aux effets des charges statiques et thermiques pour le modèle discontinu avec des galeries pour la combinaison de la température ambiante et du niveau d'eau. Les résultats de l'analyse thermo-statique, c'est-à-dire les vecteurs de déplacement du paquet ABAQUS, correspondent au comportement observé du barrage selon les données de l'instrumentation et sont plus précis lorsque les joints verticaux sont pris en compte.

Safe design and operation of spillway gates under extreme conditions – Cold climate

P. Bennerstedt & A. Halvarsson
WSP, Stockholm, Sweden

ABSTRACT: This paper describes different systems used to achieve safe operation of spillway gates in cold climate and evaluates the benefits and drawbacks of the different systems. In addition to this, the paper highlights areas where energy efficiency can be increased and environmental impacts reduced. When designing spillway gates operated in cold climate, engineers have to ensure gates are available even when the temperature drops substantially below the freezing point for water. Thermally expanding surface sheet ice can produce significant pressure to surrounding structures. Most spillway gates in Sweden are not designed for such loads. Instead, they are equipped with systems to ensure open water upstream the gate. Cold climate will also drive heat from the reservoir, through the gate and out to the cold air. This heat-transfer lead to thick ice forming on the skinplate. Insulation of areas in contact with air and adding heat into the gate can eliminate such heat-transfer. Leakage from sealings is another concern, which, over time, will cause large buildups of ice on adjacent structures. Such buildup of ice can overstrain the hoist system when operating the gate, thus rendering the gate inoperable. Buildup of ice can also reduce capacity of the spillway.

RÉSUMÉ: Cet article décrit différents systèmes permettant d'assurer l'opération sécuritaire des vannes d'évacuateur de crues dans des climats froids et évalue leurs avantages et inconvénients. Les vannes évacuatrices doivent être conçues pour pouvoir être opérées en tout temps, même lorsque les températures descendent sous le point de congélation de l'eau. Dans ces conditions, un transfert de chaleur du réservoir s'effectue vers l'air ambiant et au travers des vannes, vers l'aval. Ce transfert de chaleur favorise une accumulation de glace sur la plaque écran des vannes et la majorité des vannes en Suède ne sont pas conçues pour supporter les charges de glace, qui engendrent une poussée significative sur les vannes. Les évacuateurs sont plutôt munis de systèmes assurant la libre circulation de l'eau en amont des vannes. Par exemple, l'isolation des surfaces des vannes en contact avec l'air et l'ajout de systèmes de chauffage dans les vannes permettent d'éliminer le transfert de chaleur et empêcher la formation de glace à l'amont des vannes. D'autres systèmes peuvent être envisagés selon la configuration du site et sont soit mécaniques, thermiques, opérationnels ou manuels. Les fuites aux joints d'étanchéité sont une autre source d'accumulation de glace possible sur les structures adjacentes et cela peut éventuellement surcharger le treuil lors du levage et rendre les vannes inopérables. Une accumulation de glace peut également réduire la capacité d'évacuation.

Concrete assessment and service life extension planning for Morris Sheppard Dam

S.S. Vaghti
Gannett Fleming, Inc., Phoenix, AZ, USA

M. McClendon
Brazos River Authority, Waco, TX, USA

G.S. Lund
Gannett Fleming, Inc., Denver, CO, USA

ABSTRACT: The United States is facing a crisis; addressing aging infrastructure. Morris Sheppard Dam in Graford Texas provides an example of how one owner is dealing with an aging concrete dam; consisting of an 80-year-old, 45.7-meter-high, and 500-meter-long, Ambursen structure. The project retains 686 million cubic meters of water. Changing conditions and environmental exposures are influencing the structure's condition and performance. Foundation issues resulted in 120 millimeters downstream movement of select buttresses, driven by uplift pressures within the horizontal rock strata. Mass concrete ballasts and relief well modifications performed in 1991 stabilized the structure. The original 25-MW hydropower plant ceased operation in 2007 changing the dam's operation, which also impacted the reservoir's water quality. Corrosion-inducing water contaminants (i.e., chloride, sulfate ion, suspected hydrogen sulfide producers) are contributing to concrete and steel deterioration, which are also influenced by drought periods. Visual observations note an advancement in concrete cracking, spalling, delamination, and corrosion of the concrete reinforcement and spillway gates. This paper will discuss the plan and strategy to implement a phased concrete assessment and service life extension project incorporating potential failure modes analysis (PFMA) and risk-informed decision-making (RIDM) methods to prioritize investigations, testing, and repair/replacement of features.

RÉSUMÉ: Les États-Unis sont confrontés à une crise : répondre à l'infrastructure vieillissante. Le barrage de Morris Sheppard à Graford (Texas) fournit un exemple de la façon dont un propriétaire fait face à un barrage en béton vieillissant. Ce barrage du type Ambursen, mesurant 45,7 m de haut et 500 m de long, a 80 ans et retient 686 m³ de l'eau. Des problèmes de fondation ont entraîné un déplacement de 120 mm en aval de certains contreforts, poussés par la sous-pression dans les strates rocheuses horizontales. Les modifications (ballasts en béton massif et puits drainants) effectuées en 1991 ont stabilisé la structure. La fermeture en 2007 de l'usine hydroélectrique originale de 25 kilowatt a changé le fonctionnement du barrage, et ensuite la qualité de l'eau dans le réservoir. Des contaminants de l'eau déclenchant la corrosion (c.-à-d., chlorure, sulfate, et des producteurs du sulfure d'hydrogène présumés) contribuent à la détérioration du béton et de l'acier, un processus influencé également par des périodes de sécheresse. Des observations visuelles révèlent un avancement de la fissuration, de l'éclatement, et du délaminage du béton, et de la corrosion des aciers d'armature et des vannes de déversoir. Ce document traite du plan et de la stratégie pour la mise en œuvre par étapes d'un projet de l'évaluation de béton et de la prolongation de la durée de vie qui intègre la méthode d'analyse des modes de défaillance possibles (PFMA) et le processus décisionnel tenant compte du risque (RIDM) afin de prioriser les études, les essais, et les réparations ou les remplacements des éléments.

Sustainable and Safe Dams Around the World – Tournier, Bennett & Bibeau (Eds)
© 2019 Canadian Dam Association, ISBN 978-0-367-33422-2

Dams in 3D: The importance of considering three-dimensional response of gravity dams

S.L. Jones & A. Jacobs
AECOM, Conshohocken, Pennsylvania, USA

L. Martin
AECOM, Chelmsford, Massachusetts, USA

ABSTRACT: Many concrete gravity dams built in the early-part of the 20th century were designed to less stringent standards than today's state-of-the-practice for dam safety. Often these dams were designed without consideration for uplift pressures or with less conservative estimates of foundation strength than are commonly used in current practice. Some of these dams require stabilization measures to satisfy concrete dam stability criteria for the full range of dam safety loading conditions: primarily normal operations, flood, and earthquake. However, some of these dams were built with curvature and/or in dam sites where analysis considering three-dimensional effects can demonstrate that a dam satisfies safety criteria when the dam's ability to redistribute loads is considered. This paper presents two case studies that illustrate the importance of considering three-dimensional effects and site geology to demonstrate the stability of concrete dams. The case studies include a comparison of the results of the two-dimensional analyses that concluded the gravity sections were inadequate and the three-dimensional analyses that demonstrated that the dams satisfied stability criteria. Discussions on some of the difficulties in demonstrating three-dimensional behavior of these structures and simple methods to identify dams that might benefit from three-dimensional analysis are also presented.

RÉSUMÉ: De nombreux barrages-poids en béton construits au début du XXe siècle ont été conçus sous des normes moins sévères que l'état de la pratique actuelle pour la sécurité des barrages. Souvent ces barrages ont été conçus sans prendre en compte les sous-pressions ou avec des estimations de résistance des fondations moins prudentes que celles couramment utilisées en pratique de nos jours. Certains de ces barrages exigent des mesures de stabilisation pour satisfaire les critères de stabilité des barrages en béton pour toutes les conditions de chargement requises: opérations normales, surcharge hydraulique et tremblement de terre. Toutefois, certains de ces barrages ont été construits avec une courbure ou la configuration particulière du site est telle que l'analyse tenant compte des effets tridimensionnels peut démontrer qu'un barrage satisfait aux critères de sécurité lorsque la capacité du barrage de redistribuer les charges est considérée. Cet article présente deux cas qui illustrent l'importance de considérer les effets tridimensionnels et la géologie du site pour démontrer la stabilité des barrages en béton. Ces études comprennent une comparaison des résultats des analyses bidimensionnelles qui concluaient que les sections des barrages étaient insuffisantes avec les résultats des analyses en trois dimensions qui démontrent que les barrages satisfont les critères de stabilité. Une discussion sur certaines difficultés rencontrées lors de l'étude de comportement en trois dimensions de ces structures ainsi qu'une discussion sur des méthodes simples pour identifier les barrages qui pourraient bénéficier d'une analyse en trois dimensions sont également présentées.

Sustainable and Safe Dams Around the World – Tournier, Bennett & Bibeau (Eds)
© 2019 Canadian Dam Association, ISBN 978-0-367-33422-2

Computation of safety margins of a cracked dam considering drainage efficiency in a coupled hydro-mechanical model

S.-N. Roth
Hydro-Québec Production, Montréal, Canada

P. Léger
École Polytechnique de Montréal, Montréal, Canada

ABSTRACT: The presence of uplift pressures in cracked plain concrete hydraulic structures is a major concern for their durability, serviceability and stability. To assess the performance of cracked structures several mechanical and hydraulic response parameters must be computed. This paper presents the development, implementation and application of a new nonlinear strongly coupled finite element (FE) hydro-mechanical model for concrete dams structural safety assessment. An application of the proposed hydro-mechanical constitutive model, and the related numerical solution strategy, is done on a 3D arch dam. This example, illustrates the effectiveness of the model to predict the structural response in cracked conditions and the effect of drainage on the safety margins. The consideration of drainage is often neglected in 3D complex hydro-mechanical systems as it is not trivial to model and simulate. Neglecting drainage in FE model has the effect of underestimating the safety margins and sometimes may leads to decision to proceed with heavy rehabilitation work when the presence or addition of drains could prevent them.

RÉSUMÉ: La présence de fissures soumises à des pressions hydrauliques dans les structures en béton est une préoccupation majeure pour leur durabilité, leur fonctionnalité et leur stabilité. Pour évaluer les performances des structures fissurées, plusieurs paramètres de réponse mécaniques et hydrauliques doivent être calculés. L'article proposé présente l'élaboration, la mise en œuvre et l'application d'un nouveau modèle hydromécanique utilisant la méthode des éléments finis (MEF) fortement couplés pour l'évaluation de la sécurité des structures de barrages en béton. Une application du modèle constitutif hydro-mécanique et de la stratégie de solution numérique proposées sur un barrage voûte 3D illustre l'efficacité du modèle afin de prévoir la réponse structurelle en condition fissurée et l'effet du drainage sur les marges de sécurité. La prise en compte du drainage est souvent négligée dans les cas complexes de MEF 3D car son calcul n'est pas trivial. Cela a pour effet de sous-estimer les marges de sécurité et conduit parfois à la décision de procéder à des travaux de réhabilitation importants lorsque la présence ou l'ajout de drains pourraient les éviter.

Assessment of apparent cohesion at dam-rock interfaces through multiscale modeling

S. Renaud, T. Saichi & N. Bouaanani
Dept. of Civil, Geological and Mining Eng., Polytechnique Montréal, QC, Canada

B. Miquel
Division of Expertise in Dams, Hydro-Québec, Montréal, QC, Canada

ABSTRACT: Difficulties are still associated with the selection of cohesion and friction coefficients to be used in dam stability analyses, mainly due to uncertainties related to the influence of roughness along dam-rock interfaces. This paper proposes new procedures to assess the shear strength and apparent cohesion of unbounded dam-rock interfaces through multi-scale modeling of rock foundation roughness. An original procedure is first developed to implement the rough geometry of contact interfaces into nonlinear Finite Element models. This procedure is then applied to shear-tested concrete-rock contact specimens drilled from existing dams. The experimentally validated numerical results are analyzed to investigate the effects of roughness and matching properties, and to propose a practical shear strength criterion. LiDAR surveys of large rock foundation surfaces close to existing dam sites are processed to provide realistic rough dam-rock interface geometries. These profiles are then implemented using the proposed procedure into Finite Element models to conduct stability analyses of gravity dams. Overall, the results confirm the important contribution of joint roughness and matching properties to the shear response of dam-rock interfaces, and are used to propose apparent cohesion values. This project is the result of a long-term collaboration between academia (Polytechnique Montréal) and dam engineering industry (Hydro-Québec).

RÉSUMÉ: D'importantes difficultés sont toujours associées à la sélection des valeurs de cohésion et d'angle de friction employées pour les analyses de stabilité des barrages, notamment du fait des incertitudes vis-à-vis de l'influence de la rugosité le long des interfaces barrage-fondation. Ce travail propose de nouvelles approches pour évaluer la résistance au cisaillement et la cohésion apparente d'interfaces barrage-fondation non-liées en modélisant à différentes échelles la rugosité des surfaces de fondation rocheuses. Une procédure originale est d'abord développée pour modéliser la rugosité de contacts roc-béton au moyen d'éléments-finis non-linéaires. Celle-ci est ensuite appliquée à des échantillons de contacts roc-béton forés de barrages existants et cisaillés expérimentalement. Les résultats numériques validés expérimentalement sont analysés pour investiguer les effets de la rugosité et de l'emboîtement afin de proposer un critère de résistance au cisaillement pratique d'utilisation. Des relevés de LiDAR de grandes surfaces de fondation proches de barrages existants sont aussi traités pour obtenir des géométries rugueuses d'interfaces barrage-fondation réalistes. Ces profils sont alors implémentés au sein de modèles d'Éléments Finis grâce à la méthode proposée pour conduire des analyses de stabilité de barrage-poids. Au final, les résultats confirment la contribution majeure des propriétés de rugosité et d'emboîtement au comportement en cisaillement des interfaces barrage-fondation, et sont utilisés pour proposer des valeurs de cohésion apparente. Ce projet est le résultat d'une collaboration de longue date entre les mondes de l'académique (Polytechnique Montréal) et de l'industrie en ingénierie des barrages (Hydro-Québec).

Reducing generation loss - operating with ice and debris on the Upper Mississippi River

B. Holman & A. Judd
Stanley Consultants, Minneapolis, USA

A. Peters
Pacific Netting Products, Kingston, USA

ABSTRACT: In this paper we will review the engineering, materials, technology, installation methodology, and economics of a structure placed at the Lower Saint Anthony Falls (LSAF) Generating facility on the Mississippi River in Minneapolis Minnesota designed to pre- vent unplanned shutdowns of the run-of-river facility caused by debris and ice loading. The discussion will include a description of generation losses and other concerns created by ice and debris; a review of the engineering and research conducted: an analysis of the materials and design implemented; a review of the construction methods and challenges and a summary of the outcome of this project. The lessons learnt will have direct application at large dams, especially those with dynamic ice and debris conditions in the forebay. This talk should lead to knowledge exchange regarding the advancement of materials, technology and construction techniques which can be used to improve generation efficiency and reduce operation and maintenance costs. It should be of interest to researchers, engineers, contractors, owners, operators, dam safety personnel and regulators from around the world

RÉSUMÉ: Ce document a pour objet d'examiner l'ingénierie, les matériaux, la technologie, la méthodologie d'installation et l'impact économique d'une structure installée devant la centrale de Lower Saint Anthony Falls (LSAF) sur le fleuve Mississippi à Minneapolis dans l'état du Minnesota. Cette structure a été conçue pour empêcher des arrêts de production imprévus de la centrale par des débris et de la glace. La présentation comprendra une description des pertes de génération d'électricité et des autres problèmes techniques provoquées par les débris et la glace; un examen de l'ingénierie et de la recherche effectuée; de la conception et des matériaux utilisés; une analyse des méthodes de construction et des défis liés à l'installation de cette structure et un résumé des conclusions du projet. Les leçons tirées vont avoir des applications directes sur les grands barrages, sur- tout ceux avec des conditions dynamiques de débris et de glace dans le bief amont. Cette présentation doit amener à un échange de connaissances sur l'avancement des matériaux, la technologie et les techniques de construction qui peuvent être utilisées afin d'améliorer l'efficacité de génération d'électricité et de réduire les coûts de fonctionne- ment et d'entretien. Ce document devrait sera d'"intérêt pour les chercheurs, les ingénieurs, les entrepreneurs, les propriétaires-exploitants, le personnel responsable pour la sécurité des barrages et les régulateurs du monde entier.

Sustainable and Safe Dams Around the World – Tournier, Bennett & Bibeau (Eds)
© 2019 Canadian Dam Association, ISBN 978-0-367-33422-2

Blockage of driftwood and resulting head increase upstream of an ogee spillway with piers

P. Furlan
Laboratory of Hydraulic Constructions (LCH), École Polytechnique Fédérale de Lausanne, Lausanne, Switzerland
CERIS, Instituto Superior Técnico, Universidade de Lisboa, Lisbon, Portugal

M. Pfister
Haute école d'ingénierie et d'architecture Fribourg (HEIA), HES-SO, Switzerland

J. Matos
CERIS, Instituto Superior Técnico, Universidade de Lisboa, Lisbon, Portugal.

A.J. Schleiss
Laboratory of Hydraulic Constructions (LCH), École Polytechnique Fédérale de Lausanne, Lausanne, Switzerland

ABSTRACT: Accumulations of floating debris in reservoirs can have negative impacts on the safe operation of a dam. Thus, adequate spillway design in view of driftwood is of paramount importance. Herein, investigation of driftwood blockage with a reservoir flow approach was conducted. A laboratory facility was used to evaluate blockage of artificial stems at an ogee crested spillway equipped with piers. With a systematic approach, the effect of blocked stems on the head at a reservoir was qualitatively investigated. Experiments with manually blocked stems were performed to study the effect a blockage can have on the reservoir head. Experiments releasing 200 stems were performed to study jam shapes and their probability to cause a head increase. It was found that similar blocked volumes of stems had different effects on the head increase in the reservoir and were dependent on whether stems were in contact or not with the spillway crest. It was also found that an increasing head tends to decrease the blocking probability but not linearly.

RÉSUMÉ: L'accumulation de bois flottants dans les réservoirs peut avoir des effets négatifs sur la sécurité de l'exploitation d'un barrage. Par conséquent, une conception adéquate des déversoirs en ce qui concerne le bois flottant est d'une importance primordiale. Ici, une étude sur le blocage du bois flottant avec une approche d'écoulement de réservoir a été menée. Un modèle physique a été utilisé pour évaluer le blocage des tiges artificielles sur un déversoir à crête standard équipé avec des piliers. Grace a une approche systématique, l'effet des tiges bloquées sur la tête d'un réservoir a été étudié qualitativement. Des expériences avec des tiges bloquées manuellement ont été réalisées pour étudier quel effet, qu'un blocage, peut avoir sur la tête du réservoir. Des expériences en libérant 200 tiges ont été réalisées pour étudier les formes d'encombrement et leur probabilité de provoquer une augmentation de la tête. Il a été constaté que des volumes de tiges bloqués similaires avaient des effets différents sur l'augmentation de la tête dans le réservoir et dépendaient du fait que les tiges étaient en contact ou non avec la crête de l'évacuateur de crue. Il a également été constaté qu'une tête croissante tend à diminuer la probabilité de blocage, mais pas de manière linéaire.

Sustainable and Safe Dams Around the World – Tournier, Bennett & Bibeau (Eds)
© 2019 Canadian Dam Association, ISBN 978-0-367-33422-2

Design aspect of a dam without joint – Chamera-III Power Station

S. Chowdhury, N. Kumar, Y.K. Chaubey & S.C. Joshi
NHPC Ltd, Faridabad, Haryana, India

ABSTRACT: This paper provides aspects that have been dealt while executing the design of dam at Chamera- III, Power Station. The special feature of the Dam of this project is the absence of joints between spillway bays. This choice has been dictated due by site constraints. As the valley is very narrow, all the dam blocks are planned as overflow bays with deep seated spillway and a common pier arrangement to avoid slope excavation of large height. This led to dam without joint. The dam was founded on competent rock and no major shear seams or weak zones have been encountered in foundation, thereby minimizing differential settlement. Further, absence of non-over flow blocks along with deep-seated spillway resulted in significantly less quantity of mass concrete thereby easing management thermal stresses. Temperature monitoring during the construction was undertaken to check the actual thermal behaviour vis-a-vis predicted to take remedial measures, if required. All the bays of main spillway were designed as a single monolith and it was ensured that they are constructed simultaneously without any differential lifts. The dam has been performing as envisaged. This is a unique example which may be adopted if site condition and layout requirement permits.

RÉSUMÉ: Ce document évoque les points qui ont été traités durant l'exécution du projet de barrage à la centrale électrique Chamera-III. La particularité du barrage de ce projet est l'absence de joints entre les pertuis du déversoir. Ce choix a été dicté par les contraintes du site. La vallée étant très étroite, tous les blocs de faces sont prévus pour agir comme des pertuis de débordement avec un déversoir profond et une jetée commune pour éviter des travaux d'excavation d'une grande hauteur. Cela a mené à un barrage sans joint. Il a été construit sur de la roche résistante et aucun joint de cisaillement important ou aucune zone faible n'ont été trouvés dans les fondations, minimisant ainsi le tassement différentiel. De plus, l'absence de blocs de non débordement s'accompagnant d'un déversoir profond a permis d'utiliser bien moins de béton de masse ce qui a facilité la gestion des contraintes thermiques. Le suivi de la température a été effectué durant la construction pour vérifier le comportement thermique réel par rapport à celui estimé en vue de prendre des mesures correctives le cas échéant. Tous les pertuis du déversoir principal ont été conçus comme un seul monolithe et il a été veillé à ce qu'ils soient construits simultanément sans aucun écart de levées. Le barrage agit comme prévu. Il s'agit d'un exemple unique qui pourrait être adopté si les conditions du site et les exigences de la structure le permettent.

Design of embankment dams /

Conception des barrages en remblai

Seepage analysis and control of core-wall rockfill dam and underground powerhouse caverns in Shuangjiangkou hydropower station, China

B. Duan, Z.H. He, J. Yan, J.J. Yan & X.C. Peng
Dadu River Hydropower Development Co., Ltd., Chengdu, China

ABSTRACT: Seepage analysis and control is very important to the safety of high height core-wall rock-fill dam. Shuangjiangkou core wall rockfill dam has a maximum height of 312m, a large scale of underground powerhouse caverns, and complex hydrogeological conditions in the dam area of the project. Four finite element methods were used to analyze seepage calculation and seepage control schemes, the boundary water level and material permeability parameters of natural seepage field are obtained by inversion. Four finite element models were established to calculate and analyze the seepage field distribution, seepage gradient and seepage flow rate under different schemes during the operation period. The feasibility and rationality of seepage control scheme are studied, which lays a foundation for the safe operation of Shuangjiangkou hydropower station.

RÉSUMÉ: L'analyse et le contrôle des infiltrations sont très importants pour la sécurité de grands barrages en enrochement à paroi centrale (HCRFD: high core-wall rock fill dams). Le barrage en enrochement à paroi centrale de Shuangjiangkou a une hauteur maximale de 312 mètres, est attenant à une très grande centrale souterraine et les conditions hydrogéologiques sont complexes. Pour assurer le fonctionnement sûr du projet hydroélectrique de Shuangjiangkou, quatre modèles par éléments finis ont été utilisés pour le calcul et l'analyse des infiltrations, avec les paramètres de niveau d'eau limite du champ d'infiltration naturel et les paramètres de perméabilité des matériaux qui ont été obtenus par inversion. Les quatre modèles par éléments finis ont été construits pour calculer et analyser distribution du champ d'infiltration, les gradients hydrauliques et le flux d'infiltration selon différents scénarios au cours de la période d'exploitation. L'article étudie la faisabilité et la rationalité du système de contrôle des infiltrations à la base de l'exploitation sécuritaire du barrage.

Small embankment dams – benefits and problems

J. Říha

Faculty of Civil Engineering, Brno University of Technology, Czech Republic

ABSTRACT: There are more than 20 000 small dams in the Czech Republic and around several million are estimated to exist within Europe. They have been built to provide considerable benefits to society such as flood attenuation, the reduction of sediments and water pollution, and opportunities for fishing and recreation. Such dams, due to their apparent smaller importance and consequence class, suffer from problems such as improper design, substandard construction work performance and poor technical supervision during construction, and from insufficient maintenance and surveillance. More than twenty small dams have been breached during extreme flood events in the Czech Republic during the past decades. In the paper the benefits and problems of small dams in the Czech Republic are classified and discussed. The results of numerous case studies and remedial works are described. Examples of breached embankment dams are shown, with analyses of the causes of the failures. In the conclusion, lessons learned are summarized and general recommendations are specified.

RÉSUMÉ: Il y a plus de 20 000 petits barrages en République tchèque et plus d´un million sont estimés en Europe. Ils ont été construits pour apporter des avantages considérables comme l'atténuation des inondations, la réduction des sédiments et de la pollution des eaux, de pêche et de loisirs. Cependant, en raison de leur importance apparemment moindre et de leur classe de conséquences, ces barrages souffrent des problèmes tels qu'une conception incorrecte, une discipline technologique insuffisante et une supervision technique insuffisante pendant la construction, ainsi que d'un entretien et d'une surveillance insuffisants. Plus de vingt petits barrages ont été endommagés lors des inondations extrêmes en République tchèque au cours des dernières décennies. Dans le présent document, nous abordons et classons les avantages et les problèmes concernant les petits barrages en République tchèque. Nous présentons des exemples de barrages en remblai percés y compris une analyse des causes des défaillances. Nous résumons les leçons apprises et nous spécifions les recommandations générales dans les conclusions.

Sustainable and Safe Dams Around the World – Tournier, Bennett & Bibeau (Eds)
© 2019 Canadian Dam Association, ISBN 978-0-367-33422-2

Hydro-TISAR and Hydro-SEEP – innovative geophysical techniques for dam safety investigations

D. Campos Halas, J.L. Arsenault, B. McClement & M. Situm
Geophysics GPR International Inc., Montreal, Canada

ABSTRACT: Geophysical methods are part of the tool box for dam safety investigations. Whether it be for leak detection in earth dams, locating structural defects in concrete structures or identifying structural weakness areas in bedrock masses, geophysical tools can be used to improve the knowledge of the structures investigated. However, few innovations have been made in this field in the last twenty years and conventional investigation methods (spontaneous potential (SP), Ground Penetrating Radar (GPR) and seismic refraction) are still the norm. Hydro-TISAR represents a new seismic acquisition and interpretation method based on the analysis of resonant frequencies of earth materials. The technique can detect thin fractures in bedrock, as well as lenses and thin beds of granular material in unconsolidated and building materials. Its application allows a high-resolution structural characterization of earth dams and rock masses. Hydro-SEEp is an innovative methodology integrating electrical, electromagnetic and seismic principles for the detection of leaks in earth dams. Multi-parameter analysis minimizes the limitations of conventional detection methods and allows the establishment of a detailed structural (2D or 3D) model to identify the structures that control the preferential flow of water through and around civil works.

RÉSUMÉ: Les méthodes géophysiques font partie des outils disponibles pour les investigations pour la sécurité des barrages. Qu'il s'agisse de détection de fuites dans les barrages en terre, de la localisation de défauts dans les structures de béton ou de l'identification de zones de faiblesse dans les massifs rocheux, les outils géophysiques peuvent être portés à contribution pour améliorer les connaissances sur les structures investiguées. Cependant, peu d'innovations ont été faites dans ce domaine dans les vingt dernières années et les méthodes d'investigations classiques (potentiel spontané (SP), géoradar, sismique réfraction) sont toujours la norme. Hydro-TISAR propose une nouvelle méthode d'acquisition et d'interprétation sismique basée sur l'analyse des fréquences de résonance des matériaux. Cette dernière permet de détecter des fractures minces dans le roc, de même que des lentilles et lits minces de matériaux granulaires dans les dépôts meubles et les matériaux de construction. Son application permet une caractérisation à haute résolution de la structure des ouvrages et des massifs rocheux. Hydro-SEEp est une méthodologie novatrice intégrant des principes électriques, électromagnétiques et sismiques pour la détection de fuites dans les barrages en terre. L'analyse multi-paramètres minimise les limitations des méthodes de détection classiques et permet d'établir un modèle structural (2D ou 3D) détaillé servant à identifier les structures qui contrôlent l'écoulement préférentiel de l'eau au travers et en périphérie des ouvrages.

Refurbishment of Ontario power generation's Sir Adam Beck Pump Generating Station reservoir, Niagara Falls – Design

S. Kam & F. Barone
Golder Associates Ltd., Mississauga, Canada

M. Aydin & T. Bennett
Ontario Power Generation, Niagara Falls, Canada

ABSTRACT: Ontario Power Generation (OPG) operates the Sir Adam Beck Pump Generating Station (SAB PGS) in Niagara Falls, Ontario. The SAB PGS includes a 300-ha reservoir that is retained by a 7.4 km long, up to 20.5 m high ring dyke. Since the 1980s sinkholes and depressions have developed within the reservoir and downstream of the dyke raising the concern that piping in the dyke foundation may be active. A concept study was completed recommending sealing the entire reservoir with an impervious liner and grouting bedrock in critical areas. OPG subsequently retained Golder Associates Ltd. (Golder) to carry out the Definition Phase of the remediation with the mandate to conduct additional field studies, complete detailed engineering of the conceptual design and provide costing and scheduling support for the construction phase. A comprehensive geotechnical and hydrogeological investigation was completed in the dewatered reservoir in 2011.

This paper summarizes findings regarding dyke stability and foundation piping risk, and discusses rationale of remediation design. The design was based on comprehensive investigation data and a failure modes and effects analysis study. The remediation has involved enhancing instrumentation monitoring, placing a partial liner upstream of dyke and grouting bedrock through the dyke core at critical locations. The preferred alternative was significantly less expensive than the original concept and reduced the PGS downtime to 10 months. Reservoir remediation was completed between 2016 and 2017. Details of construction and reservoir performance are discussed in a companion paper.

RÉSUMÉ: Ontario Power Generation (OPG) possède et exploite la centrale de pompage Sir Adam Beck à Niagara Falls, en Ontario. La centrale comprend un réservoir de pompage de 300 ha retenu par une digue périphérique de 7,4 km de long et jusqu'à 20,5 m de hauteur. Depuis les années 1980, plusieurs affaissements et dépressions se sont formés à l'intérieur et en aval de la digue, ce qui suscite des inquiétudes quant à la possibilité de l'existence d'un phénomène de renard actif dans le socle rocheux. L'étude de conception réalisée recommandait d'étanchéifier l'ensemble du réservoir avec un revêtement imperméable et d'injecter du coulis dans le socle rocheux aux endroits critiques. OPG a par la suite retenu les services de Golder Associates pour réaliser la phase de définition de la réhabilitation avec le mandat de mener d'autres études sur le terrain, de réaliser l'ingénierie détaillée de la conception et de fournir du soutien pour établir les coûts et le calendrier de la phase de construction. En 2011, une étude géotechnique et hydrogéologique complète a été réalisée dans le réservoir asséché.

Cet article résume les constatations concernant la stabilité de la digue et les risques de renard, et traite de la justification de la conception des mesures correctives, basée sur des données d'enquête exhaustives ainsi que sur une analyse des modes de rupture et leurs effets. La réhabilitation a compris l'amélioration de l'instrumentation de suivi, le placement d'un revêtement partiel en amont de la digue et l'injection de coulis dans le socle rocheux à travers le noyau de la digue aux endroits critiques. La solution alternative privilégiée était beaucoup moins coûteuse que le concept initial, ce qui a réduit le temps d'arrêt de la centrale à 10 mois. La réhabilitation du réservoir a été complétée en 2016–2017. Les détails de la construction et de la performance du réservoir sont présentés dans un article complémentaire.

Feedback on the innovative spillway for Crotty Dam – 25 years of performance data

R. Herweynen & P. Southcott
Entura, Hobart, Tasmania, Australia

ABSTRACT: Crotty Dam, part of Hydro Tasmania's generating assets, is a 240m-long and 83m-high gravel and rockfill dam with an upstream concrete face, situated on the west coast of Tasmania, Australia. At the time of design and construction, the dam aroused much interest among dam engineers because it was the first time that a spillway was incorporated into the body of a concrete-faced rockfill dam, with the crest and chute over the downstream rockfill face. To allow for the rockfill settlements, the spillway chute invert was designed as an articulated slab. The spillway chute consists of five separate units, each 24 m long, linked to each other by articulated joints. These articulated joints were incorporated into the design of the spillway aerators. Measurements taken of the downstream face movements of other Hydro Tasmania dams were used as reference when estimating the expected downstream face movements of Crotty Dam. This dam and spillway now has more than 25 years of dam safety performance data, including spillway discharge records, settlement surveys, visual observations and leakage monitoring. This paper will use this data to validate the success of this innovative spillway solution, and provide some guidance on the application of this solution for other projects.

RÉSUMÉ: Le barrage de Crotty, qui fait partie des actifs de production d'Hydro Tasmanie, est un barrage en enrochement de 240 m de long et 83 m de haut avec une paroi amont en béton, barrage qui est situé sur la côte ouest de la Tasmanie, en Australie. Au moment de la conception et de la construction, le barrage a suscité beaucoup d'intérêt auprès des ingénieurs de barrage, car c'était la première fois qu'un évacuateur de crues était intégré au corps d'un barrage en enrochement à revêtement de béton, avec sa crête et son coursier au-dessus du talus en aval. Compte tenu des tassements prévus de l'enrochement, le coursier de l'évacuateur de crues a été conçu comme une dalle articulée. Le coursier se divise en cinq unités distinctes, chacune de 24 m de long, reliées les unes aux autres par des joints articulés. Ces articulations ont été intégrées à la conception des aérateurs de l'évacuateur. Les mesures prises des mouvements de la face en aval d'autres barrages d'Hydro Tasmanie ont été utilisées comme référence lors de l'estimation des mouvements possibles de la face en aval du barrage de Crotty. Ce barrage et son évacuateur de crues contiennent maintenant plus de 25 ans de données sur la performance en matière de sécurité, y compris les registres d'évacuation des déversoirs et de tassements, les observations visuelles et la surveillance des fuites. Cet article s'appuiera sur ces données pour valider le succès de cette solution innovante d'évacuateur de crues et donnera des indications sur l'application de cette solution à d'autres projets.

Sustainable and Safe Dams Around the World – Tournier, Bennett & Bibeau (Eds)
© 2019 Canadian Dam Association, ISBN 978-0-367-33422-2

Jimmie Creek run-of-river project—geohazard and seepage control design of intake structure

E. de A. Gimenes
Gimenes Consulting Ltd, Port Moody BC, Canada

R. Norman
Onsite Engineering Ltd, Nanaimo BC, Canada

ABSTRACT: This paper summarizes the evaluation of a debris flow prone drainage and the mitigation measures and seepage control undertaken to protect the intake structure at the Jimmie Creek run of river project, owned and operated by Innergex Renewable Energy Inc. This 62 MW project is located about 90 km northeast of Powell River, BC in the traditional territory of the Klahoose First Nation. Exit Creek, the debris flow prone drainage, flows into Jimmie Creek and the design process needed a diversion channel able to handle a debris flow impact to protect the intake structure. Due to encroachment of the intake structure into the debris flow fan area and the heterogeneity of the variable and erodible glaciofluvial foundation, a 3D seepage analysis was conducted to assess the magnitude of seepage flows and exit gradients. Given the uncertainties in depths of bedrock, necessary excavations and nonexistence of lower permeability strata, the preferred solution was to install a concrete bentonite secant pile wall strategically placed in an area where bedrock was identified, without the need for large volumes of excavations. Associated cost savings to minimize excavations and impacts to project schedule were the key factors to the preferred solution.

RÉSUMÉ: Cet article porte sur l'étude d'un bassin versant sujet aux coulées de débris et sur les mesures de mitigation et de contrôle de l'écoulement souterrain entreprises dans le but de protéger l'ouvrage de prise d'eau de la centrale au fil de l'eau du ruisseau Jimmie dont Innergex Renewable Energy Inc. est propriétaire et exploitant. Le projet de 62 MW est situé environ 90 km de Powell River en Colombie-Britannique dans le territoire ancestral de la première nation de Klahoose. Le ruisseau Exit, le cours d'eau sujet aux coulées de débris, se jette dans le ruisseau Jimmie et la conception de mandait un canal de dérivation capable de supporter l'impact d'une coulée de débris afin de protéger la prise d'eau. En raison de l'empiétement de la prise d'eau dans la zone du cône de déjection et de l'hétérogénéité de la fondation fluvio-glaciaire de nature variable et érodable, une analyse d'écoulement tridimensionnelle a été effectuée afin d'évaluer la magnitude des débits d'écoulement. En raison de l'incertitude quant à la profondeur du substratum rocheux, de la nécessité des excavations et de l'absence d'un horizon de faible perméabilité, la solution préférée fut d'installer une paroi de pieux sécants en béton stratégiquement placée dans un endroit où le roc a été rencontré, sans devoir requérir à de grands volumes d'excavation. Les économies associées à la réduction des excavations et des impacts sur l'échéancier du projet ont été les facteurs clés dans le choix de la solution retenue.

Sustainable and Safe Dams Around the World – Tournier, Bennett & Bibeau (Eds)
© 2019 Canadian Dam Association, ISBN 978-0-367-33422-2

The failure of homogeneous dams by internal erosion—the case of Sparmos Dam, Greece

G.T. Dounias & M.E. Bardanis
EDAFOS SA, Athens, Greece

ABSTRACT: Sparmos embankment dam was built in 1990, forming an off-stream reservoir. It is built on rock foundation using weathered gneiss classified as SC with 25% fines. It has a maximum height (crest to downstream toe) of 15.8m. The dam developed wet patches and leakages at the downstream slope soon after the first filling of the reservoir. The leakages that were observed for many years, but left unattended, intensified in March 2016 and led to the breach of the dam and the rapid emptying of the reservoir. Immediately after the reservoir rapid drawdown, a sliding failure was observed on the upstream slope, near the right bank. The paper presents the failure and investigates the mechanism of internal erosion following Bulletin B164. It is most probably a case where contact erosion started along segregated construction layer interfaces and 27 years later developed into piping that caused the breach of the dam.

RÉSUMÉ: Le barrage en terre de Sparmos a été construit en 1990 et forme un réservoir hors cours d'eau de la rivière. Il a été construit sur un fond rocheux, ayant des recharges (amont et aval) de gneiss altéré classé dans la catégorie SC avec 25% de grains fins. Sa hauteur maximale (de la crête au pied aval) est 15.8m. Le barrage a développé des zones humides et des fuites sur la pente en aval peu après le premier remplissage du réservoir. Les fuites observées depuis de nombreuses années, mais laissées sans surveillance, se sont intensifiées en mars 2016 et ont conduit à la rupture du barrage et à la vidange rapide du réservoir. Immédiatement après la vidange rapide du réservoir, un glissement a été observé sur la pente en amont, près de la rive droite. Cet article se réfère à la rupture de barrage et étudie le mécanisme d'érosion interne d'après le Bulletin B164. C'est probablement un cas où l'érosion de contact a commencé au long des interfaces des couches de construction séparées et 27 ans plus tard, s'est transformée en renard qui a été l'origine de la rupture du barrage.

Sustainable and Safe Dams Around the World – Tournier, Bennett & Bibeau (Eds)
© 2019 Canadian Dam Association, ISBN 978-0-367-33422-2

Impact of variable foundation conditions on the design of the Itare Asphalt Core Rockfill Dam (ACRD) in Kenya

L. Lopez-Ortiz, J. Bekker, D.B. Badenhorst & C.R. Fynn
AECOM SA, Centurion, South Africa

ABSTRACT: Itare Dam Water Supply Project is located in the Nakuru County in Kenya and will comprise inter alia a 63 m high Asphalt Core Rockfill Dam with a side spillway on the left bank. The underlying geology and rocks for the dam belong to the Tertiary, Pleistocene and Quaternary aged volcanic suite of central Kenya, comprising alternating lava flows and pyroclastic deposits. The lavas are mainly Phonolites occurring as flows with thicknesses varying between a few metres to tens of metres. The interlayered pyroclastic deposits are variable in composition, weathering degrees and strength, and vary from massive lapilli Tuff to layered Tuff Breccia and Phonolite/Tuff Breccia. These variable settings, along with the uncertainties, complicated the design of the dam foundation to accommodate the structural design requirements of the Asphalt Core Rockfill Dam embankment plinth, the narrow asphalt core, and the rockfill shells. This paper presents the methodology implemented to quantify the rock foundation/structure interface including design aspects such as stability, differential settlements, optimization of plinth location, and seepage control.

RÉSUMÉ: Le projet d'approvisionnement en eau du barrage d'Itare est situé dans le comté de Nakuru au Kenya et comprendra notamment un barrage en enrochement à écran interne d'étanchéité en béton bitumineux de 63 m de haut avec un déversoir latéral sur la rive gauche. La géologie sous-jacente et les roches du barrage appartiennent à la suite volcanique du centre du Kenya datant du tertiaire, du pléistocène et du quaternaire, qui comprend une alternance de coulées de lave et de dépôts pyroclastiques. Les laves sont principalement des Phonolites se présentant sous forme de flux d'épaisseurs variant de quelques mètres à plusieurs dizaines de mètres. Les dépôts pyroclastiques inter-couches ont une composition, des degrés et une résistance aux intempéries variables, et vont de large tufs à lapilli à des couches de brèche tufacée et de Phonolite/ brèche tufacée. Ces paramètres variables, ainsi que les incertitudes, ont compliqué la conception de la fondation du barrage afin de répondre aux exigences de conception structurelle du socle du remblai du barrage en enrochement à écran interne d'étanchéité en béton bitumineux, du noyau étroit en asphalte et des enveloppes en enrochement. Cet article présente la méthodologie mise en œuvre pour quantifier l'interface entre la fondation et la structure rocheuse, y compris les aspects de conception tels que la stabilité, les tassements différentiels, l'optimisation de l'emplacement du socle et le contrôle des infiltrations.

Designing the grain-size distribution of reverse filters

I.N. Belkova, E.D. Gibyanskaya & V.B. Glagovsky
Vedeneev VNIIG, Saint-Petersburg, Russia

ABSTRACT: The report presents a description of the Russian recommendations of selecting the grain-size distribution of reverse filters - intermediate layers of soil that fit into the body of the dams to protect the fine-grained soils from mechanical suffusion. It provides examples of selecting grain-size distribution and soil parameters of reverse filters according to the formulas given in the Russian recommendations.

It reviews estimations of soil suffusion according to geometric criteria, in particular, determining the size of maximum filtering pores in the soil, the maximum size of suffusion particles by gradation curve, satisfying the criterion of practical soil non-suffusion, as well as determining allowable particle sizes, ensuring no clogging of the filter.

For some of the specific compositions of quarry soils, we determine the zones of permissible granulometric composition of the soil, suitable for laying on the protected soil.

A comparison was also made of the results of the selection (design) of the particle size distribution of inverse filters made according to the Russian recommendations with the possible grain-size distribution of the reverse filters developed using the recommendations of the United States Army Corps of Engineers.

RÉSUMÉ: Le rapport présente les recommandations de chercheurs russes pour la sélection de la composition granulométrique des filtres inversés – drains multicouches disposés dans le noyau des barrages afin d'éviter la suffusion mécanique des particules fines. L'article offre des exemples de sélection de la composition granulométrique et des paramètres des couches de filtres inversés sur base des formules données dans les recommandations.

Nous examinons les estimations de la suffusion des sols au moyen de critères géométriques, notamment en déterminant la taille maximale des pores du filtre dans le sol, la taille maximale des particules de suffusion en fonction de la courbe de gradation du sol, le respect du critère de non-suffusion du sol, ainsi que la taille admissible des particules pour éviter tout colmatage du filtre.

En ce qui concerne certaines compositions spécifiques de sols de carrière, nous identifions les zones de compositions granulométriques admissibles adaptées à la pose sur le sol protégé.

Nous avons également comparé les résultats de la sélection (conception) de la composition granulométrique des filtres inversés effectuée selon la méthodologie russe, avec ceux de la composition granulométrique des filtres inversés suggérée dans les recommandations du United States Army Corps of Engineers (Corps des ingénieurs de l'armée américaine).

Sustainable and Safe Dams Around the World – Tournier, Bennett & Bibeau (Eds)
© 2019 Canadian Dam Association, ISBN 978-0-367-33422-2

Measures to prevent internal erosion in embankment dams

A. Soroush
Amirkabir University of Technology (Tehran Polytechnic), Tehran, Iran

P. Tabatabaie Shourijeh
Shiraz University of Technology, Shiraz, Iran

ABSTRACT: Internal erosion presents a serious risk to the stability of earth and rock-fill dams. In recent years, numerous embankment dams were completed or currently are under construction in Iran. For most of these dams modern dam engineering guides/rules are considered/met, and appropriate critical filters are designed with extreme caution in order to prevent internal erosion and piping incidents. This study presents case histories of three high embankment dams recently constructed in Iran. For these dams, critical filters were designed and substantiated, through a series of elaborate NEF (No Erosion Filter) tests. Since NEF testing has been widely reported/repeated in the pertinent literature, the focus of this treatment is mainly statistical studies prerequisite to selecting representative core (base-soil) and filter samples for filtration testing purposes. Moreover, a comparison between the experimentally delineated filters and contemporary filter design criteria, and recommendations for authentic and reliable NEF testing are provided.

RÉSUMÉ: L'érosion interne présente des risques sérieux pour la stabilité des barrages en terre et en enrochements. De nombreux barrages en terre ont été construits ou sont en construction en Iran au cours de ces dernières années. Les nouvelles instructions et les normes modernes sont respectées dans la construction de la majorité des barrages mentionnés; et les filtres sont conçus d'une extrême prudence afin de prévenir les incidents liés à l'érosion interne et au renard hydraulique. Cette recherche s'intéresse au cas de trois hauts barrages récemment construits en Iran. Les filtres critiques sont conçus et déterminés à l'aide des tests de filtrage contre érosion (NEF) élaborés. Vu que le test des filtres contre érosion sont abondamment repris et clarifiés dans les textes techniques, le débat principal de la présente recherche se concentre sur les études statistiques pré-requises pour la sélection des échantillons du noyau représentatif (sol de base) et des filtres à des fins d'essais de filtrage. Par ailleurs on a fait une comparaison entre les filtres déterminés par le test et les nouveaux critères pour la conception des filtres et on a aussi présenté des conseils pour la bonne réalisation du test des NEF.

Sustainable and Safe Dams Around the World – Tournier, Bennett & Bibeau (Eds)
© 2019 Canadian Dam Association, ISBN 978-0-367-33422-2

Underwater visualization for asset management and risk mitigation of dams

K.J. LaBry

Underwater Acoustics International, L.L.C.

ABSTRACT: The paper discusses the application of robotic platforms and remote sensing systems for a knowledge-based comparison of underwater visualization data, enabling historical tracking of condition change. This involves the implementation of underwater remote sensing, and solution based robotic deployment platforms for acquiring repetitive data that modeled to track changes for predictive maintenance determination. This paper describes the acquisition, correlation and comparison of repetitive, data sets, comprised of extremely high resolution acoustic imaging of structure surfaces, which are spatially modeled for subsequent comparison. The correlation of interrelated acoustic profiling data for enhanced relief definition combined with ultra-sound material thickness measurement for metal conduits is also discussed. The paper discusses the efficacy of existing technology, a delivery platform comprised of a geographic mapping application that provides a geographic background for the data with landmark references, for knowledge based, maintenance schedule prediction and planning. Then looking forward a discussion of the status and trajectory of the progressive evolution of large data analytics and machine learning algorithms to mine the depths of the data beyond what can be represented visually. The presentation then discusses the reduction of risk for the owner, the structure, the public and personnel involved in operating, maintaining and inspecting dams

RÉSUMÉ: Cet article démontre l'utilisation de plates-formes robotiques et de systèmes de télédétection pour acquérir des informations qui alimentent une comparaison basée sur les connaissances des données de visualisation sous-marine afin de suivre l'historique des changements de condition. Ceci implique la mise en œuvre de télédétection acoustique sous-marine ainsi que des plates-formes de déploiement robotique basées sur des solutions pour l'acquisition de données répétitives qui sont analysées et modélisées afin de suivre les changements pour la détermination de la maintenance prédictive. Cet article décrit l'acquisition, la corrélation et la comparaison d'ensembles multiples de données comprenant de l'imagerie acoustique sous-marine à très haute résolution de surfaces immergées, y compris les faces des parois de tunnels, qui sont modélisées spatialement et indexées pour des fins de comparaison ultérieure. La corrélation des données interreliées de profilage acoustique permettant une définition améliorée du relief, combinée à une mesure par ultra-sons de l'épaisseur des parois des conduits métalliques, est également discutée. La présentation décrira et discutera de l'utilité de l'outil, de la technologie existante et, pour l'avenir, de l'évolution progressive d'une application de cartographie géographique fournissant un canevas géographique pour les données avec des références spatiales pour la prévision et la planification des calendriers de maintenance. La présentation aborde ensuite la réduction des risques pour la structure, le public et le personnel impliqué dans l'exploitation, la maintenance et l'inspection des barrages.

Sustainable and Safe Dams Around the World – Tournier, Bennett & Bibeau (Eds)
© 2019 Canadian Dam Association, ISBN 978-0-367-33422-2

ICOLD Bulletin 164 on internal erosion – how to estimate the loads causing internal erosion failures in earth dams and levees

R. Bridle
UK Member, ICOLD Embankment Dams Committee; Dam Safety Ltd, Great Missenden, UK

ABSTRACT: ICOLD Bulletin 164 shows that internal erosion causes about half of all earth dam failures, and a similar proportion of levee failures. Failure occurs when the hydraulic loads imposed by water flowing through openings or through the pores are sufficient to erode soil particles from the embankment fill. Once the critical hydraulic load is reached, usually when water level is high during floods, and the erosion cannot be arrested, failure is rapid.

The paper shows how the Bulletin can be used to carry out analyses and estimate the hydraulic load, usually expressed as a water level, that will cause failure by the four modes of internal erosion – concentrated leak erosion, backward erosion and piping, suffusion and contact erosion. In some cases, the fill will have some filtering capability and be capable of arresting erosion. The paper also shows how recent research can be applied to explain failures.

Internal erosion failures occur during floods. The flood hydrology provides the probability of occurrence of the critical flood level, and can be used in the risk equation (risk = probability x consequences) to quantify the risk of internal erosion failures in dams and levees.

RÉSUMÉ: Le bulletin 164 de la CIGB montre que l'érosion interne est la cause d'environ la moitié de toutes les ruptures de barrages en remblai. Une rupture peut se produire lorsque les forces d'écoulement d'eau interstitiel sont supérieures à la résistance à l'érosion des sols. Lorsque la charge hydraulique critique est atteinte, souvent quand le niveau du réservoir est à son maximum historique, le processus d'érosion peut être initié et se poursuivre sans pouvoir être arrêté. La rupture est alors rapide. Cet article montre comment le bulletin 164 peut être utilisé pour déterminer la charge hydraulique critique et estimer le risque d'érosion interne en considérant ses quatre principaux mécanismes: l'érosion de conduit, l'érosion régressive, l'érosion de contact et la suffusion. Dans certains cas cependant, le remblai a une capacité de filtration lui permettant de stopper le processus d'érosion. L'article montre aussi comment les recherches les plus récentes sur l'érosion interne peuvent être appliquées pour expliquer certaines ruptures.

L'érosion interne se produit le plus souvent lorsque les réservoirs sont à leur niveau maximum historique, en particulier lors de crues. Les analyses hydrologiques nous permettent d'estimer les probabilités d'occurrence des niveaux d'eau critiques. Ces valeurs peuvent ensuite être utilisées afin de quantifier le risque de défaillance par érosion interne des barrages en remblai (risque = probabilités x conséquences).

Sustainable and Safe Dams Around the World – Tournier, Bennett & Bibeau (Eds)
© 2019 Canadian Dam Association, ISBN 978-0-367-33422-2

Case histories of tailings dam and reservoir waterproofed with a bituminous geomembrane (BGM)

N. Daly
Axter Coletanche Inc., Montreal, QC, Canada

B. Breul
Axter SAS, Paris, France
Expert Consultant BGM, France

ABSTRACT: With global warming, our earth is getting longer drought periods. Along with this we are seeing heavier precipitations which result in critical overflow. As population is increasing, humanity needs more and more clear water, and it is becoming scarcer. Therefore, we need to store more clear water.

For obtaining permission of opening a mine, authorities ask for a very stringent plan to be sure that no pollution could impact quality of soils and aquifers. This paper will present international case histories for storing clear water and polluted water on dams and reservoirs, using a bituminous geomembrane (BGM) for waterproofing. The structure of BGM is multilayered, composed of a non-woven polyester geotextile and glass fleece impregnated in an elastomeric bitumen, providing the waterproofing properties and ensuring the longevity of the geomembrane.

The presented case studies of BGM in dams and tailings dams are in different international regions: in South America, North America, Europe and Russia

RÉSUMÉ: Le réchauffement climatique fait que notre planète subie de plus en plus de périodes de sécheresse. Parallèlement à cela, nous observons des précipitations plus lourdes qui entraînent un débordement critique. Alors que la population augmente, l'humanité a besoin de plus en plus d'eau claire, qui se raréfie. Par conséquent, nous devons stocker plus d'eau claire.

Pour obtenir l'autorisation d'ouvrir une mine, les autorités demandent un plan très strict, afin de s'assurer qu'aucune pollution ne puisse compromettre la qualité des sols et des nappes. Cet article présentera des cas d'expérience internationaux, en matière de stockage d'eau claire et d'eaux polluées sur des barrages et des réservoirs, en utilisant une géomembrane bitumineuse (BGM) pour l'imperméabilisation. La structure de la BGM est multicouche, composée d'un géotextile en polyester non tissé et d'un voile de verre imprégné dans un bitume élastomère, offrant les propriétés d'imperméabilisation et assurant la longévité de la géomembrane.

Les études de cas présentées sur la géomembrane bitumineuse dans les ouvrages des barrages et des barrages de résidus miniers se situent dans différentes régions internationales: en Amérique du Sud, Amérique du Nord, Europe et Russie.

Sustainable and Safe Dams Around the World – Tournier, Bennett & Bibeau (Eds)
© 2019 Canadian Dam Association, ISBN 978-0-367-33422-2

Application of Ground-Penetrating Radar (GPR) as supporting technology for monitoring cracks at Bening Dam, East Java, Indonesia

N. Sadikin
Research Center for Water Resources, Ministry of Public Works and Housing, Bandung, Indonesia

ABSTRACT: A dam is an obstruction constructed across a stream or river. The structures were quite complex and high risk to collapse or damaged. Behavior of each dam must be continuously monitored. The development of science and technology has provided supporting investigations for monitoring structures performance. Deformation on dams can occurs continuously due to the differences of the material and geometry of the dam. Therefore, deformation occurrence needs to be monitored in order to ensure the dam operations and dam safety. Ground-penetrating radar (GPR) monitoring was applied in Bening Dam, East Java. There were some cracks in some parts of the dam. The monitoring done by deviding the measurements into 4 (four) segments with a total of 25 long section lines and 37 cross section lines. GPR monitoring identified several anomalies such as unconformities of layers and weak zones, especially in segment 2, which indicated a layer decreasing with slope from upstream to downstream.

RÉSUMÉ: Un barrage est une construction bâtie en travers d'un cours d'eau. Les structures sont très complexes et présentent un risque élevé d'effondrement ou de dommages. Le comportement des barrages doit faire l'objet d'une surveillance continue. La science et le développement technologique ont fourni des recherches sur la surveillance du fonctionnement des structures. Un barrage peut subir régulièrement des déformations en raison des différents matériaux utilisés et de sa géométrie. En conséquence, il importe d'examiner la survenance de déformations pour assurer la sécurité des barrages et de leurs opérations. L'examen par radar à pénétration de sol (RPS) a été appliqué au barrage de Bening, situé à Java Est. Certaines parties du barrage comportaient des fissures. L'examen a été mené en divisant les mesures en 4 (quatre) segments avec un total de 25 lignes verticales et 37 lignes horizontales. L'examen par RPS a identifié plusieurs anomalies telles que la non-conformité des couches et des zones d'affaiblissement, notamment dans le segment 2 où l'on a décelé une diminution de couche inclinée d'amont en aval.

Sustainable and Safe Dams Around the World – Tournier, Bennett & Bibeau (Eds)
© 2019 Canadian Dam Association, ISBN 978-0-367-33422-2

Construction of diversion culverts on compressible foundations – Large Earthfill Dams

M. Safavian

GHD, Sydney, Australia

ABSTRACT: Using a diversion culvert under embankment dams is one of the most common and econom-ical ways of diverting river flood during construction of embankment dams. This method is straightforward, routine, and economical when a proper bedrock foundation is available. However, when a suitable rock foundation is not available, this rigid structure should sit on a deformable bed where a considerable amount of deflection is expected, and the situation is more complicated. Therefore deflections and internal stresses especially differential settlements at construction joints should be evalu-ated, precisely. Although the risk of construction of culverts on soft foundations is high, there are different ways of design and construction of these structures on the alluvial foundation to fulfill the required criteria. This study was conducted on a large embankment dam, which resulted in an evaluation of several methods to manage the significant deflections of the diversion culvert as well as structural stresses.

RÉSUMÉ: L'utilisation des ponceaux de dérivation sur le lit d'une rivière est l'une des méthodes le plus courant et économiques pour la dérivation des crues lors de la construction de barrages en remblai. Cette méthode est simple, courante et économique lorsqu'une fondation rocheuse appropriée est disponible. Cependant, lorsqu'il n'y a pas de fondation rocheuse disponible et cette structure rigide doit se reposer sur un lit déformable où une déflexion est attendue, toute les conditions géotechniques, en particulier le tassement et la déformation doit être évaluée avec précision. Bien que le risque de la construction des ponceaux sur des fondations molles soit haut, il existe plusieurs manières pour concevoir et construire ces structures sur des lits alluviaux afin de répondre aux critères demandés. Cette étude était réalisée sur un des grands barrages en remblai, ce qui a permis d'évaluer les différentes méthodes pour gérer les déflexions et les contraintes structuraux.

Numerical modeling of embankment dams /

Modélisation numérique des barrages en remblai

Sustainable and Safe Dams Around the World – Tournier, Bennett & Bibeau (Eds)
© 2019 Canadian Dam Association, ISBN 978-0-367-33422-2

Reliability-based safety factors for earth dam stability calculations

G. Molinder, I. Ekström & R. Malm
Sweco Energuide AB, Stockholm, Sweden

J. Yang
Vattenfall Research and Development, Älvkarleby, Sweden

ABSTRACT: Probability based stability analysis is of rising prevalence in dam safety around the world, though it is most commonly used for concrete structures. The stability of a Swedish rockfill dam has been analyzed with deterministic and probabilistic stability analyses. The probabilistic analysis was made using the Rosenblueth method (point estimation method), where the safety factor and reliability index β has been calculated for circular slip surfaces. A comparison between deterministic and probabilistic stability analysis concludes that reliability-based stability analysis is a useful method for integrating uncertainties into a stability analysis. However, it in our opinion is more suitable as a complement to deterministic analysis rather than as a replacement. High quality material data and a deep understanding of both geotechnical engineering and probability theory is essential for reliability index β to be useful.

RÉSUMÉ: La stabilité d'un barrage suédois en enrochement a été étudiée à l'aide d'analyses déterministe et probabiliste. L'analyse probabiliste a été basée sur la méthode de Rosenblueth (méthode d'estimation ponctuelle) pour laquelle le facteur de sécurité ainsi que l'indice de fiabilité β ont été calculés pour des surfaces de glissement circulaires. Une comparaison entre les analyses déterministe et probabiliste montre que l'approche probabiliste est une méthode pratique permettant la prise en compte d'un ensemble d'incertitudes dans le calcul. Toutefois, cette méthode est, à notre avis, plus adaptée comme un complément d'analyse venant appuyer les résultats d'une approche déterministe que comme une méthode d'analyse propre. Pour être efficace, la méthode de l'indice de fiabilité β requiert d'une part une base de données conséquente et de qualité concernant les matériaux à l'étude mais également des connaissances approfondies en géotechnique et analyses probabilistes.

Dynamic reliability analysis of earth dam's slope stability

S. Mousavi
Department of Civil, Water and Environmental Engineering, Shahid Beheshti University, Tehran, Iran

A. Noorzad
ICOLD and Iranian Committee on Large Dams, Water and Environmental Engineering, Shahid Beheshti University, Tehran, Iran

ABSTRACT: Probabilistic seismic analysis provides a tool for considering uncertainty of the soil parameters and earthquake characteristics. In this paper, by considering soil uncertainties by using Monte Carlo simulation (MCs) along with Finite Element Method (FEM) dynamic time-series slope stability analysis of an earth dam has been investigated. For reliability assessment, the reliability index and probability of failure of slope stability safety factor in time domain are determined. Soil parameters uncertainties are modeled with normal distributions with and without consideration the cross correlation between cohesion and internal friction angle. To assess the effects of seismic loading, the slope stability reliability analysis is made with modified San-Fernando earthquake record. The results indicate that reliability assessment as dynamic time-series analysis is an efficient tool for safe design of dams.

RÉSUMÉ: L'analyse sismique probabiliste est une méthode pour la prise en compte de l'incertitude des paramètres du sol et des caractéristiques du séisme. Dans cet article, l'analyse dynamique série-chronologique de la stabilité de la pente des barrages en terre a été étudiée en considérant l'incertitude du sol par la méthode de simulation Monte Carlo et la méthode d'élément fini. Afin d'évaluer la fiabilité, l'index de la fiabilité et le coefficient de la certitude de la stabilité pour la probabilité de la destruction de la pente dans le domaine temporel ont été déterminés. L'incertitude des paramètres du sol aux distributions normales avec/sans considération de la corrélation croisée entre la cohésion et l'angle de friction interne ont été modélisés. De plus, la stabilité de la pente a été analysée par la méthode modifiée d'enregistrement des ondes sismiques de San Fernando afin d'évaluer les effets de la charge sismique. Les résultats montrent que l'évaluation de la fiabilité par l'analyse série-chronologique dynamique est une méthode efficace pour le design sûr des barrages.

Global sensitivity analysis in the design of rockfill dams

R. Das & A. Soulaïmani
École de technologie supérieure, Montreal, Quebec, Canada

ABSTRACT: Computational models play a crucial role in understanding the complex behavior of rockfill dams. Such models help to achieve optimal designs, and in determining causes of dam failures. With powerful computers, it is now feasible to generate models that are more complex having high fidelity. To achieve this goal, constitutive laws used for soils incorporate numerous input parameters. These parameters are often set using either measured data on small-size samples in the laboratory, or empirical data from the literature. The parameters for a real-scale dam are thus uncertain during the design process necessitating characterization. Global sensitivity analysis (GSA) can assist in identifying such uncertainties and their impact. The method involves simultaneous variations of model inputs over their uncertainty range, and quantifying how these uncertainties propagate in the model. For an optimal design or risk assessment, it can establish the confidence intervals of displacement and stresses. This paper presents a framework that uses GSA in the analysis of rockfill dams. A 2D computational model of an actual dam is constructed using Plaxis comprising of multiple zones having different material properties, the latter acting as the input parameters. Statistical sampling techniques are applied to generate experimental designs., The proposed framework is implemented using open-source statistical and visualization tools such as Python, OpenTurns, Pandas, and NumPy to create the Plaxis interface and perform computations. This method provides an effective approach to calibrate and validate models, simplify them, and reduce uncertainties in rockfill dams.

RÉSUMÉ: Les modèles numériques jouent un rôle crucial dans la compréhension du comportement des barrages. De tels modèles aident à optimiser la conception des barrages et à déterminer les causes de leurs ruptures. Il est maintenant possible de générer des modèles de plus en plus complexes. Les lois de comportement utilisées pour les sols intègrent de nombreux paramètres d'entrée. Ces paramètres sont souvent définis à l'aide de données mesurées sur des échantillons de petites tailles en laboratoire ou de données empiriques tirées de la littérature. Les paramètres d'un barrage à échelle réelle sont donc incertains au cours du processus de conception nécessitant une caractérisation. Une analyse de sensibilité globale (GSA) peut aider à identifier de telles incertitudes et leur impact. La méthode implique des variations simultanées des entrées du modèle sur leur plage d'incertitude et la quantification de la manière dont ces incertitudes se propagent dans le modèle. Pour une conception optimale ou une évaluation des risques, on peut établir les intervalles de confiance des déplacements et des contraintes. Cet article présente un cadre générique qui utilise la GSA dans l'analyse des barrages en enrochement. Un modèle de calcul 2D d'un barrage réel est construit en utilisant le logiciel Plaxis comprenant plusieurs zones ayant différentes propriétés matérielles, ces dernières jouant le rôle de paramètres d'entrée. Des techniques d'échantillonnage statistique sont appliquées pour générer des données expérimentales qui serviront pour la GSA. Cette méthode offre une approche efficace pour calibrer et valider les modèles, les simplifier et réduire les incertitudes.

Sustainable and Safe Dams Around the World – Tournier, Bennett & Bibeau (Eds)
© 2019 Canadian Dam Association, ISBN 978-0-367-33422-2

Considering geosynthetic-reinforced piled embankments as Cemented Material Dam (CMD) foundation

A. Noorzad
Shahid Beheshti University, Tehran, Iran ICOLD, France IRCOLD, Iran

E. Badakhshan
Shahid Beheshti University, Tehran, Iran

A. Bouazza
Monash University, Melbourne, Australia

ABSTRACT: It is becoming necessary to construct dams on sites that might once be considered unacceptable in terms of geotechnical issues. One of the advantages of the cemented material dams (CMD) is that they can be constructing even on poor foundation. In this paper soft soil improvement techniques using a network of rigid inclusions and geosynthetic reinforcement are investigated to improve understanding of load transfer mechanisms towards piles in a CMD. A three-dimensional model has been proposed, which fulfils the validation on the geosynthetic-reinforced piled embankments as CMD foundation. As the thickness of geosynthetic affects the overall response, the solid elements are used to simulate the reinforcement layer with scaled thickness. Based on finite element analyses CMDs can be constructed directly on existing soft deposits using a geosynthetic-reinforced piled embankment.

RÉSUMÉ: Il est devenu nécessaire de construire des barrages dans les endroits qui étaient auparavant considérés inacceptables du point de vue géotechniques. Un des avantages principaux des barrages en matériaux cimentés est la possibilité de les construire sur les fondations faibles. On étudie dans cet article les techniques de l'amélioration du sol par l'utilisation des inclusions rigides et des matériaux de renforcement géosynthétiques afin de mieux comprendre les mécanismes de transfert des charges aux remblais de terre des barrages en matériaux cimentés. À cette fin, un modèle tridimensionnel a été proposé qui permet de vérifier les remblais en terre armés de matériaux géosynthétiques utilisés comme la fondation pour les barrages. Vu que l'épaisseur de la couche géosynthétique influence la réponse globale, on a utilisé des éléments cubiques solides pour simuler la couche d'armement ayant une épaisseur mise à l'échelle. En considérant les analyses d'éléments finis, on peut construire les barrages aux matériaux cimentés directement sur les dépôts de terre en utilisant les remblais de terre armés de matériaux géosynthétiques.

Sustainable design considerations in the construction of earth dams: Case study of "Yammoune" earth dam (Lebanon)

A. Barada
Lebanese University, Tripoli, Lebanon

H. Haidar
Lebanese University, Hadath Campus, Lebanon

J. Halwani
Lebanese University, Tripoli, Lebanon

ABSTRACT: This paper explores the suitability of use of solid waste in the construction of earth dam. The main objective of the present paper is to investigate the use of tire bales as substitute material in the embankment of an earth dam in order to minimize the required quantities of fill materials, and to assist in mitigating the waste problems in Lebanon. Once the dimensions of the lake and dam are set, two theoretical cases of design were analyzed and the results of calculation compared. The first design case was performed without the use of tire bales while the second design case was computed considering the use of tire bales in the construction of the dam. In both alternatives, we performed a slope stability check, a seepage analysis, a settlement study, and a seismic examination in addition to providing protection against overflow and erosion.

The results of the theoretical analysis show that the use of tire bales in the construction of dam's embankment can improve the stability of the dam. The paper ends with providing of benefits of use of tire bales for the construction of earth dam and slopes.

RÉSUMÉ: Cet article explore la pertinence d'utiliser des déchets solides dans la construction de barrages en terre. L'objectif principal du présent article est d'examiner l'utilisation de balles de pneus comme un matériau substituant dans le remblai d'un barrage en terre afin de minimiser les quantités requises en matériaux de remblai et d'aider à atténuer les problèmes de déchets au Liban. Une fois les dimensions du lac et du barrage définies, deux cas théoriques de conception ont été analysés et les résultats des calculs comparés. Le premier cas de conception a été réalisé sans utiliser de balles de pneus, tandis que le deuxième cas de conception a été calculé en utilisant les balles de pneus dans la construction du barrage. Dans les deux cas, nous avons effectué une vérification de la stabilité des pentes, une analyse des infiltrations, une étude de tassement, une vérification sismique, et une protection contre les débordements et l'érosion.

Les résultats de l'analyse théorique montrent que l'utilisation de balles de pneus dans la construction du remblai du barrage pouvait améliorer la stabilité de ce dernier. La fin du papier montre les avantages d'introduire les balles de pneus dans la construction de barrages en terre et des pentes.

Numerical modelling of construction and impoundment of the Romaine-2 Asphaltic Core Rockfill Dam (Québec, Canada)

R. Plassart & F. Laigle
EDF Hydro – Centre d'Ingénierie Hydraulique, Le Bourget-du-Lac, France

H. Longtin & E. Péloquin
Hydro-Québec Production, Montréal, Canada

ABSTRACT: In a partnership framework in multiple scientific domains, EDF Hydro (CIH) and Hydro-Québec Production have shared their knowhow on the behaviour of rockfill dams. One of the topics focuses on Asphaltic Core Rockfill Dams (ACRDs), pursuant to the recent construction of the La Romaine-2 dam, a new large ACRD within the Hydro-Québec power grid. Until now, EDF experience with this type of embankment has been limited to the Lastioulles dam (France), a smaller asphalt core dam with quite different characteristics. Nevertheless, EDF has experienced the modelling of numerous Concrete Faced Rockfill Dams (CFRDs) and therein adopted a specific analysis process using a rheologic constitutive model for rockfill called *L&K-Enroch*. This process has been adapted to the Romaine-2 dam, using laboratory tests results, and then compared to monitored data recorded during the construction phase (2010-2013) and after reservoir filling (2015). At the end, with respect to specific internal mechanisms (in particular the volumetric behaviour) and a thorough characterization of the *in situ* rockfill properties provided by laboratory tests, the *L&K-Enroch* model shows good agreement with real construction and impoundment behaviors and validates the global process of the analysis.

RÉSUMÉ: Dans le cadre d'une collaboration technique multi-métiers visant à partager leurs pratiques, leurs méthodes et leurs expériences, EDF Hydro (CIH) et Hydro-Québec ont proposé d'échanger sur leurs connaissances du comportement des barrages en enrochements. Le sujet d'étude s'est concentré en particulier sur le cas des barrages en enrochements à noyau en béton bitumineux (*Asphaltic Core Rockfill Dam*, ou ACRD), en s'appuyant sur l'opportunité offerte par la réalisation récente du barrage de La Romaine 2, nouvel ACRD de grande taille sur le parc d'Hydro-Québec. L'expérience d'EDF sur ce type d'ouvrage se limite jusqu'ici au barrage à noyau bitumineux de Lastioulles (France) aux caractéristiques assez différentes, mais son expérience plus large sur les barrages en enrochements, notamment à masque amont (CFRD), a permis de réaliser une modélisation numérique du barrage de La Romaine 2, adaptée de la démarche spécifique établie par EDF et utilisant le modèle rhéologique *L&K-Enroch*. Cette démarche « en aveugle » a été confrontée aux mesures d'auscultation réalisées depuis le début de la construction du barrage (2010) jusqu'à son achèvement (2013) puis jusqu'à la fin de la mise en eau de la retenue (2015). Au final, grâce à une meilleure prise en compte des phénomènes physiques à l'œuvre dans ce type d'ouvrage (comportement volumique notamment) et une démarche spécifique de caractérisation des matériaux en place au moyen d'essais de laboratoire, le modèle *L&K-Enroch* a montré sa capacité à assurer une bonne représentation et une meilleure prédiction du comportement que d'autres modèles traditionnellement utilisés pour ce type d'étude.

Comparison of cracks and settlements in Givi Dam body in two periods, before and after earthquake (case study, Givi Dam, Iran)

A. Negahdar
Faculty of Engineering, University of Mohaghegh Ardabili, Iran

R. Eshragi
Earthquake Approach, Ardebil, Iran

H. Negahdar
Islamic Azad University Central Tehran Branch - Faculty of Engineering, Iran

ABSTRACT: The prognoses of dam displacement is very important, especially after small and large earthquakes. In this study, the dam that we studied is Givi dam (Iran). Due to initial conditions change, in this earth dam, modification after the earthquake are neither designed nor applied. So, we have decided to re-control the parameters of the dam, according to the new conditions. In fact, effective parameters in design have been investigated. For this purpose, modeling and analysis of this earth dam are done before and after the earthquake. Accordingly, it is modeled using Ansys software and compared with the initial results performed with the FLAC software. For verification purposes, the time history analysis will be used and for dynamic analysis will be used the Newmark method. As we know, at during and after the construction of dam, displacements, strains and cracks are mainly creep phenomena in soil. In the first, the relevant loads are applied at the time of modeling, and in the absence of earthquake and dynamic loads, changes in displacements are investigated by creep behavior. In the second, based on the El-Centro earthquake, the seismic response of the Givi dam is obtained under the influence of horizontal and vertical components.

RÉSUMÉ: Le pronostic du déplacement du barrage est très important, en particulier après les petits et les grands séismes. Dans cette étude, le barrage que nous avons étudié est le barrage de Givi (Iran). En raison du changement des conditions initiales, dans ce barrage en terre, les modifications après le séisme ne sont ni conçues ni appliquées. Nous avons donc décidé de contrôler à nouveau les paramètres du barrage, en fonction des nouvelles conditions. En fait, les paramètres efficaces de la conception ont été étudiés. À cette fin, la modélisation et l'analyse de ce barrage en terre sont effectuées avant et après le séisme. En conséquence, il est modélisé à l'aide du logiciel Ansys et comparé aux résultats initiaux obtenus avec le logiciel FLAC. À des fins de vérification, l'analyse de l'historique temporel sera utilisée et, pour l'analyse dynamique, la méthode de Newmark. Comme on le sait, pendant et après la construction du barrage, les déplacements, déformations et fissures sont principalement des phénomènes de fluage dans le sol. Dans la première, les charges pertinentes sont appliquées au moment de la modélisation et, en l'absence de charges sismiques et dynamiques, les modifications des déplacements sont étudiées par comportement au fluage. Dans le second, basé sur le séisme El-Centro, la réponse sismique du barrage de Givi est obtenue sous l'influence de composantes horizontales et verticales.

Dam foundation and geology /

Géologie et fondation des barrages

Mechanical characteristics of class-I columnar jointed basalt of Baihetan hydropower station

L.Q. Li, J.R. Xu & Y.L. Jiang
Powerchina Huadong Engineering Corporation Limited, Hangzhou, China

H.M. Zhou & Y.H. Zhang
Yangtze River Scientific Research Institute, Wuhan, China

ABSTRACT: Baihetan Hydropower Station has a double-curvature arch dam with 289m high. Columnar jointed basalt appears in the dam foundation, slopes. The anisotropic properties of columnar jointed basalt have an important influence on the stability of dam foundation. In this study, the investigation on rock mass structure, a series of true tri-axial field tests and bearing plate tests are conducted to understand the mechanical properties of class-I columnar jointed basalt. The columnar joint is uniformly distributed in all directions and the accumulative length of sides along all directions is equal. According to the field investigation, the mechanical properties of joints are similar and the weakening effect along the horizontal plane is the same. The columnar jointed basalt rock mass can be considered as transversely isotropic material beyond the dimension of representative elementary volume. The deformation modulus of unaltered or slightly relaxed rock mass in horizontal direction, vertical direction, directions along the column and normal to the column are obtained from bearing plate tests and vertical loading tri-axial tests. Finally, considering Poisson's ratio between 0.2~0.3, the deformation modulus of class-I columnar jointed basalt in all directions are obtained based on the generalized form of Hooke's law.

RÉSUMÉ: La centrale hydroélectrique Baihetan a un barrage en voûte de double courbure avec une hauteur de 289 mètres. Le basalte articulé en colonne apparaît sur les pentes et dans la fondation du barrage. Les propriétés anisotrope de ce type de basalte ont une influence importante sur la stabilité de la fondation. Dans cette étude, l'investigation de la structure de masse de roche, une serie de véritables essais tri-axiaux sur le terrain et des essais de plaque de palier sont menées afin de comprendre les propriétés mécaniques de ce basalte de classe I. Le joint de colonne est uniformément réparti dans toutes les directions et la longueur accumulée des côtés le long de ces directions est égale. Selon l'enquête sur le terrain, les propriétés mécaniques des joints sont similaires et l'effet d'affaiblissement le long du plan horizontal est le même. La masse de roche basaltique articulée en colonne peut être considérée comme une matière transversalement isotrope au-delà de la dimension du volume élémentaire représentatif. Le module de déformation de la masse de roche non altérée ou légèrement détendue dans la direction horizontale et verticale, les directions le long de la colonne et les directions normales de la colonne sont obtenus à partir des essais de plaque de palier et des essais triaxial avec un chargement vertical. Enfin, en considérant un rapport de poisson qui est entre 0,2 ~ 0,3, le module de déformation de ce type de basalte de classe I dans toutes les directions peut être obtenu, qui est basé sur la forme généralisée de la Loi de Hooke.

Sustainable and Safe Dams Around the World – Tournier, Bennett & Bibeau (Eds)
© 2019 Canadian Dam Association, ISBN 978-0-367-33422-2

Challenges in engineering of Pare dam on weak foundation

A. Mehta & D.V. Thareja
SNC Lavalin Engineering India Pvt. Ltd., New Delhi, India

V. Batta
SNC Lavalin Inc., Vancouver, British Columbia, Canada

ABSTRACT: Bedrock of the 63m high Pare concrete gravity dam is low strength, friable, fine to medium grained sandstone with occasional intercalations of claystone, shale and pebbles. Test results in the dam area indicated that the rock mass exhibited very low values of the deformation modulus (0.45 GPa) and the allowable bearing pressure (2.6 MPa). Water percolation and groutability tests also indicated generally very low permeability and low grout intake, although erratic at locations. Major concerns in the design of the dam in such ground conditions were to prevent or minimize undue settlement including differential displacements of the dam blocks, minimize erosion of the dam foundation material during seepage and ensure efficient sealing, grouting and drainage arrangement. Design of the dam had to be adapted as the construction progressed. This paper discusses the challenges involved in engineering of Pare dam on a weak foundation.

RÉSUMÉ: Le substrat rocheux du barrage Paré, barrage poids en béton d'une hauteur de 63m, est constitué d'un grès de faible résistance, friable, à grains fins à moyens, avec des intercalations occasionnelles d'argilite, de schiste et de galets. Les résultats des essais réalisés dans la zone du barrage ont révélé que la masse rocheuse présentait un module de déformation (0,45 GPa) et une capacité portante admissible (2,6 MPa) faibles. Les essais de perméabilité et les essais d'injections ont également révélé une perméabilité et une absorption de coulis généralement faibles, bien que variables par endroits. Les principales préoccupations lors de la conception du barrage sur une pareille fondation étaient d'empêcher ou de minimiser les tassements, y compris les déplacements différentiels entre les différents blocs du barrage, d'empêcher l'érosion de la fondation du barrage due aux infiltrations d'eau et d'assurer l'efficacité des injections et du drainage. La conception du barrage a dû être adaptée à mesure que la construction progressait. Cet article discute les défis rencontrés lors de la conception du barrage Paré sur une fondation difficile.

Sustainable and Safe Dams Around the World – Tournier, Bennett & Bibeau (Eds)
© 2019 Canadian Dam Association, ISBN 978-0-367-33422-2

Innovative 3D ground models for complex hydropower projects

J. Weil
iC consulenten ZT GmbH, Vienna, Austria

I. Pöschl & J. Kleberger
iC consulenten ZT GmbH, Salzburg, Austria

ABSTRACT: Digital 3D geotechnical models have become indispensable for the design of today's large hydropower projects. The amount of data, complex design requirements, and the necessary flexibility throughout the design and construction periods demand innovative tools and workflows. This paper presents approaches that were developed and successfully applied for: (1) compiling, analyzing and visualising large amounts of factual data, (2) describing heterogeneous and complex rock mass properties in models suitable for large-scale 3D design software, (3) verifying and updating models during on-going investigation and excavation works, and visualizing, planning and guiding (4) grouting operations and monitoring programs.

RÉSUMÉ: Les modèles géotechniques 3D numériques sont devenus indispensables pour la conception des projets de centrales hydrauliques de grande envergure. Le nombre de données, les exigences de conception, la flexibilité, des outils et des workflows innovants sont nécessaires pendant toute la période de conception et de construction. Le présent document présente les approches qui ont été développées et mises en œuvre avec succès pour : (1) la compilation, l'analyse et la visualisation de grands volumes de données factuelles, (2) la description de masses rocheuses hétérogènes et complexes dans des modèles adaptés à des logiciels de conception 3D à grande échelle, (3) la vérification et la mise à jour des modèles pendant les travaux d'étude et d'excavation, ainsi que (4) la visualisation, la planification et le guidage des opérations d'injection de béton et des programmes de suivi.

A story telling, dam stability issue and design review, a plea for early empirical geological/geotechnical assessment of adverse conditions in foundation

J.B.O. Adewumi
Nigeria Committee on Large Dams, Decrown West Africa Company Ltd, Abuja, Nigeria

T. Genton & L. Frobert
Tractebel Engineering, Paris, France

E.O. Ajayi
Federal Ministry of Power, Abuja, Nigeria

ABSTRACT: Geological joints in foundations have always represented potential challenging adverse conditions for the stability of hydraulic structures. This matter of concern is better addressed in the early stages of design of the hydraulic structures. Zungeru dam currently under construction in Nigeria is a good example of the need to acquire sufficient geotechnical knowledge before starting the construction. Indeed, the initial design of the Zungeru dam did not foreseen the presence of sets of joints that could affect the foundation of the dam. Several complementary site investigation campaigns were made necessary to better assess the geological context and propose a reliable representation of the foundation. The estimation of the joint characteristics using Barton's approach revealed the weak geotechnical parameters of the rock foundation. This led to adjust the design of the excavation in order to ensure the long-term dam stability and safety. This paper describes the progressive approach implemented to reach a representative model definition and explains how a better knowledge of the geological conditions in the early stages of the design would have allowed avoiding time and cost overrun during construction.

RÉSUMÉ: La présence de joints dans les fondations a toujours constituée des conditions défavorables pour la stabilité des grands ouvrages. Ce problème doit être traité dès les premières étapes de la conception d'un projet. Le barrage de Zungeru actuellement en construction au Nigéria illustre parfaitement cette nécessité d'acquérir une connaissance suffisante des conditions géotechniques avant tout démarrage d'un chantier. En effet, la conception initiale du projet de Zungeru n'a pas considéré la présence d'une série de joint dans la fondation. Plusieurs campagnes de reconnaissances complémentaires ont été nécessaires pour mieux appréhender le contexte géologique et proposer une représentation fiable de la fondation. Une estimation des propriétés mécaniques des joints selon la méthode de Barton a montré la faiblesse géotechnique de ces joints. Les excavations ont dû être modifiées de manière à garantir la stabilité à long-terme du barrage. Cet article décrit l'approche mise en œuvre pour arriver à une pleine compréhension des conditions géologiques et explique comment une meilleure connaissance de ces mêmes conditions géologiques auraient permis d'éviter un dépassement des délais et des coûts de construction.

Stabilization of abutments for dam safety: A case of Punatsangchhu-I dam with adverse geology

R.K. Gupta
Polavaram Project Authority, India

V. Tripathi
Central Water Commission, India

ABSTRACT: Dam abutments are critical structural components which require special attention throughout the life time of the dam. Presence of adverse geological conditions in foundation and abutments causes stability problems and necessitate special care in planning and design. All dam sites with heterogeneous geological conditions in abutments are generally problematic. The problems get aggravated if dam is to be founded on deep foundation as it requires deep rock cutting in abutments also. Such deep excavation in abutment having poor geological features threatens its stability. In Punatsangchhu-I Hydroelectric Project, which is under construction in Bhutan, the foundation of concrete dam is 75 m below river bed with many adverse geological features at right abutment. Highly heterogeneous geo-technical environment has posed several challenges during construction. During excavation of dam foundation, rock slope in right abutment destabilized. This necessitated further geological investigations, extensive stabilization measures and constant monitoring. For tackling large slides in highly variable geological strata, monitoring based approach is useful as it is difficult to simulate the exact problem in a model. The paper describes challenges faced in stabilization of right dam abutment of Punatsangchhu-I Project in Bhutan.

RÉSUMÉ: Les culées de barrage sont des composants structurels essentiels qui nécessitent une attention particulière tout au long de leur vie. La présence de conditions géologiques défavorables dans les fondations et les culées pose des problèmes de stabilité et nécessite des précautions particulières dans la planification et la conception. Tous les sites de barrages présentant des conditions géologiques hétérogènes dans les culées sont généralement problématiques. Les problèmes s'aggravent si le barrage doit être fondé sur des fondations profondes, car il nécessite également de creuser en profondeur les roches dans les culées. Une telle excavation profonde en culée ayant de mauvaises caractéristiques géologiques menace sa stabilité. Dans le projet hydroélectrique de Punatsangchhu-I, en cours de construction au Bhoutan, les fondations d'un barrage en béton se trouvent à 75 m sous le lit de la rivière, avec de nombreuses caractéristiques géologiques défavorables à la culée droite. L'environnement géotechnique hautement hétérogène a posé plusieurs problèmes lors de la construction. Lors de l'excavation de la fondation du barrage, la pente rocheuse de la culée droite s'est déstabilisée. Cela a nécessité des investigations géologiques plus poussées, des mesures de stabilisation extensives et une surveillance constante. Pour aborder de grandes lames dans des couches géologiques très variables, une approche basée sur la surveillance est utile car il est difficile de simuler le problème exact dans un modèle. Le document décrit les défis rencontrés dans la stabilisation du pilier droit du projet Punatsangchhu-I au Bhoutan.

Sustainable and Safe Dams Around the World – Tournier, Bennett & Bibeau (Eds)
© 2019 Canadian Dam Association, ISBN 978-0-367-33422-2

Développement de nouveaux coulis cimentaires pour l'injection des fondations en milieu froid

K. Champagne & G. Touma
Hydro-Québec, Montréal, Canada

A. Yahia
Université de Sherbrooke, Sherbrooke, Canada

ABSTRACT: The design of foundation grouting of main reservoir dams of the Romaine3 and 4 hydro-electric complexes required adjustments to the standard Hydro-Québec grouting practices because of low substrate temperatures Indeed, the Romaine-3 and 4 sites are located north of 51st parallel in Quebec province, Canada. At this latitude, the rock substrate temperatures are usually below 4°C and according to Hydro-Québec practices, this is considered to be the lowest acceptable grouting substrate temperature. Moreover, in some locations, the rockmass temperature is yearlong between 1 and 2°C, which makes it difficult to respect the initial grout setting time less than of 24 hours. Therefore, an experimental investigation was carried out to optimize the mixture parameters, including the water to cement ratios, type of cement and type and dosage of admixture to allow grouting at rock temperatures as low as 1°C and achieving required properties. Laboratory tests were conducted between 2012 and 2016 in temperature controlled test chambers in order to optimize cement grouts to be used at temperatures of 2°C and 1°C. Moreover, in-situ pilot tests were performed in order to measure the grout penetrability in the rock. The paper presents laboratory and field testing results and design modifications that lead to the optimization of the work schedule.

RÉSUMÉ: La conception de l'injection de la fondation rocheuse des barrages des aménagements hydro-électriques de La Romaine-3 et 4 a nécessité la modification de critères d'injection usuels d'Hydro-Québec en raison de conditions particulières. En effet, ces aménagements étant situés au nord du 51e parallèle, la température du rocher est habituellement de moins de 4°C, soit la température minimale pour injecter les fondations avec les coulis usuels. De plus, dans certains secteurs, la température maximale du rocher se situe entre 1°C et 2°C à l'année longue et il n'était pas possible de respecter le critère de temps de prise initiale du coulis de moins de 24 heures. Les formulations de coulis d'injection ont donc été modifiées en optimisant le rapport Eau/Ciment (E/C), les types de ciment et d'adjuvants pour permettre la prise initiale visée dans un rocher ayant une température de 1°C ou plus. Une étude expérimentale a été réalisée en laboratoire afin d'optimiser les paramètres de formulation, pour obtenir les propriétés recherchées. Les essais ont été réalisés entre 2012 et 2016, dans une chambre froide contrôlée à une température de 2°C et de 1°C. Lors des travaux de chantier, des bancs d'essais ont été réalisés pour valider les propriétés des nouveaux mélanges et leur pénétrabilité dans la fondation rocheuse. Les principaux résultats en labora-toire et aux sites des travaux sont présentés ainsi que certaines modifications apportées aux spécifications de l'injection pour optimiser la période disponible pour réaliser les travaux d'injection et assurer les cri-tères de performance visés.

Instrumentation / Instrumentation

Research and practice on key technologies of intelligent construction and operation of cascade hydropower stations in the river basin

Y.J. Tu & B. Duan
Dadu River Hydropower Development Co., Ltd., Chengdu, China

ABSTRACT: The cascade hydropower stations on Dadu River basin is characterised by frequent earthquakes, complex water and weather conditions, different kinds of equipment, long construction period, and wide distribution. To address these issues, the Dadu River Company initiated an intelligent management and control platform for the early warning and control of safety risks in the reservoirs, easy scheduling for multiple hydropower stations, intelligent diagnosis for the operating conditions of the hydropower station equipment, and intelligent construction for super-high earth and rockfill dams. The purpose of this paper is to report on the implementation of this platform.

RÉSUMÉ: Les centrales hydroélectriques en cascade dans le bassin versant de la rivière Dadu sont caractérisées par des tremblements de terre fréquents, des conditions hydrauliques et des conditions météorologiques complexes, des équipements variés, une longue période de construction et un large territoire. Afin de résoudre ces problèmes, la société de la Rivière Dadu a mis en œuvre une plate-forme intelligente de gestion et de contrôle des réservoirs, pour laquelle elle a développé des technologies telles que la détection et le contrôle des risques pour la sécurité des barrages et réservoirs, la planification des centrales en cascade, le diagnostic intelligent des conditions d'opérations des centrales ainsi que la construction intelligente du très haut barrage en terre et en enrochement. Le but de cet article est d'étudier et de résumer la mise en œuvre de cette plateforme.

Recent remote underwater surveys: Advances in methods and technologies for structural assessments of dams and spillways

K.W. Sherwood
ASI Marine, Canada

ABSTRACT: This paper examines recent advances in technologies and methods for remote underwater structural surveys of dams. Various inspection cases are included to show how imaging and multibeam sonar, photogrammetry, underwater laser, and HD video can be used to bolster a facility's permanent record while adding an invaluable contribution to risk assessment data. Processes for calculating volumes are discussed, be they loss of eroded material or debris and sediment accumulation. The presentation covers issues such as sonar range and resolution, positioning and navigation, hydroacoustic and other methods for leak detection, as well as new technology such as GPR for void detection behind penstock and tunnel liners and concrete condition assessments. Examples of sonar renderings, multiple and disparate types of date sets stitched together, and other reporting methods are included.

RÉSUMÉ: Cet article présente les progrès récents des technologies et des méthodes pour les relevés structurels sous-marins des barrages. Deux cas réels seront présentés. Le premier concerne l'examen en cours d'un déversoir d'un grand barrage canadien en érosion, au moyen de sonar multifaisceaux, de photogrammétrie, de laser et de vidéo HD. En particulier, les processus de calcul de la perte volumétrique de matière érodée sont discutés. La présentation couvre des questions telles que la portée et la résolution du sonar, le positionnement, la navigation, les méthodes hydro-acoustiques et autres pour la détection des fuites, ainsi que les défis logistiques rencontrés lors de la collecte de données sur le terrain. Des exemples de rendus sonar et d'autres méthodes de rapport sont également présentés.

Dam monitoring flaws and performance issues: Some thoughts and recommendations

M.G. de Membrillera
Universitat Politècnica de València, Spain

R. Gómez
Ebro Water Authority, Water Commissioner, Spain

M. De la Fuente
Ebro Water Authority, Dam Safety Department, Spain

ABSTRACT: Dam surveillance is one of the dam safety cornerstones and, in turn, dam monitoring represents one of the key pillars of dam surveillance. It is a control action that involves measuring physical parameters to assess their development, either by means of geotechnical and structural monitoring or by other methods, such as topographic monitoring, satellite radars, GPS, geophysics, etc. The monitoring activity is controlled in several ways by defining how and to what degree of precision measurements are taken, always aiming at getting robust, reliable and sound data. However, several monitoring flaws and weak performance may occasionally arise in practice. For instance, pendulum wires can present problems associated with borehole verticality, air circulation, readout units or humidity; whereas inclinometer metal casings can be affected by corrosion, vibrating wire sensors may present some kind of drift, or geodetic pillars may not be stable over time. The Ebro Water Authority is the most important dam regulator in Spain, and as a dam owner, it is also responsible for the planning, designing, building, and operating of 55 dams, flood protection systems, environmental and ecosystem restoration. Based on its hands-on experience when dealing with monitoring flaws, some thoughts and recommendations are put forward herein.

RÉSUMÉ: La surveillance des barrages est l'une des pierres angulaires de la sécurité des barrages et, à son tour, l'auscultation des barrages constitue l'un des principaux piliers de la surveillance des barrages. C'est une action de contrôle qui consiste à mesurer certains paramètres physiques afin d'en suivre leur évolution, soit par un suivi de type géotechnique et structurale, soit par d'autres méthodes, telles que l'auscultation topographique, les radars satellitaires, le GPS, la géophysique, etc. L'activité de l'auscultation est contrôlée de plusieurs manières en définissant comment et avec quelle exactitude les mesures sont prises, visant toujours à obtenir des données solides, fiables et robustes. Cependant, plusieurs failles et des performances médiocres peuvent parfois apparaître en pratique. Par exemple, les fils des pendules peuvent présenter des problèmes liés à la verticalité du forage, à la circulation de l'air, aux unités de lecture ou à l'humidité; alors que les tuyaux métalliques des inclinomètres peuvent être affectés par la corrosion, les capteurs à fil vibrant peuvent présenter une sorte de dérive, ou les piliers géodésiques peuvent ne pas être stables au fil du temps. L'Agence du Bassin de l'Ebro est le régulateur des barrages le plus important en Espagne. En tant que propriétaire, elle est également responsable de la planification, la conception, la construction et l'exploitation de 55 barrages, de systèmes de protection contre les inondations. Sur la base de son expérience pratique lorsqu'elle aborde des défauts de l'auscultation, certaines réflexions et recommandations sont présentées.

Reservoir Safety System (RSS) V2.0: A highly automated platform for managing the operation of reservoirs

K. Murray, L. Mason & T. Judge
Scottish Water, Dunfermline, Fife, Scotland

ABSTRACT: This paper describes the recently improved RSS (reservoir safety system) used to manage the operation of 260 dams owned by Scottish Water and regulated under the Reservoirs Scotland Act (2011). Broadly, RSS V2.0 has three elements, these are; i) A Mobile app to gather surveillance & monitoring (S & M) field data. ii) A cloud based Web app that allows for validation and detailed custom analysis of the S&M data captured with the Mobile app, as well as databases to track, prioritise and update remedial works from engineer's statutory inspection reports and a reservoir record system that is fully compliant with the form of record required by legislation. iii) Live business intelligence reports for all stakeholders to measure compliance with S&M directions, the progress of remedial works and the display of statutory reservoir records. By incorporating all of the above elements into one highly automated platform Scottish Water now has a powerful tool for the management of their dams. What follows is a description of the challenges with the old RSS an overview of the key features of the RSS V2.0 and their benefits, a description of how this was implemented, drivers for this change and finally future work.

RÉSUMÉ: Cet article décrit le Système de sécurité des réservoirs (Reservoir Safety System - RSS) récemment amélioré et utilisé pour gérer l'exploitation de 260 barrages appartenant à Scottish Water et réglementés par la loi intitulée Reservoirs Scotland Act (2011). En résumé, RSS V2.0 se compose de trois éléments qui sont: i) Une application mobile pour recueillir des données de terrain d'inspection et de surveillance. ii) Une application Web basée dans le nuage qui permet la validation et l'analyse personnalisée détaillée des données capturées par l'application mobile, ainsi que la gestion des bases de données requises pour suivre, prioriser et mettre à jour les travaux correctifs proposés dans les rapports d'inspection statutaire de l'ingénieur et pour maintenir un système d'enregistrement des actions touchant le réservoir selon un format conforme à la législation. iii) Des rapports de veille stratégique en direct pour toutes les parties prenantes afin de mesurer le respect des directives d'inspection et de surveillance, l'état d'avancement des travaux de réfection et l'affichage des fichiers réglementaires liés au réservoir. En intégrant tous les éléments mentionnés dans une plate-forme hautement automatisée, Scottish Water dispose désormais d'un outil puissant pour la gestion de leurs barrages. Ce qui suit est une description des défis rencontrés avec l'ancien RSS, un aperçu des principales fonctionnalités du RSS V2.0 et de leurs avantages, une description de la manière dont cela a été mis en œuvre, des facteurs ayant favorisé ce changement et, enfin, des travaux à venir

"regObs", a tool to share observations in safety management

P.H. Hiller & G.H. Midttømme
Norwegian Water Resources and Energy Directorate, Trondheim, Norway

R. Ekker
Norwegian Water Resources and Energy Directorate, Oslo, Norway

ABSTRACT: The early detection of deviations, problems and undesirable incidents is crucial for intervention during floods and other geohazard events. Dam and levee owners and responsible authorities must follow the development of such events from an early stage. Sharing of information is valuable for all involved. By inviting professionals and the public to contribute with observations, the number of observers within safety management increases. In Norway, a crowd-sourcing tool called regObs, gives the public and dam owners an easy way to report and share relevant observations. regObs can be used to contribute with observations within the pre-defined topics "water", "soil", "snow" and "ice". The tool is available on www.regobs.no and as mobile application. It uses an open data policy and everybody can register observations as well as see all observations. Observations are georeferenced, and follow a predefined form adapted to the specific topic. Pictures and notes can be added easily to the observations. The observations provide useful information during emergency actions and in the national flood, landslide and avalanche forecast services. The use of regObs are illustrated with examples and the advantages for dam and levee owners are highlighted.

RÉSUMÉ: La détection précoce d'anomalies, de problèmes et d'incidents indésirables est cruciale pour une intervention lors d'inondations et autres risques naturels. Les propriétaires de barrages et de digues ainsi que les autorités responsables doivent suivre l'évolution de ces événements dès le début. Le partage d'informations est précieux pour toutes les personnes impliquées. En invitant les professionnels et le public à contribuer aux observations, le nombre de contibuteurs à la gestion des risques naturels et de la sécurité civile augmente. En Norvège, un outil de collecte d'information appelé regObs offre au public et aux propriétaires de barrages un moyen simple de signaler et de partager leurs observations. regObs peut être utilisé pour contribuer aux observations dans des thèmes prédéfinis comme «eau», «terre», «neige» et «glace». L'outil est disponible sur www.regobs.no et sous forme d'application mobile. Il utilise une politique de données ouvertes. Toute personne peut enregistrer des observations et voir les observations existantes. Les observations sont géoréférencées et suivent une forme prédéfinie adaptée au sujet considéré. Des images et des commentaires peuvent être facilement ajoutées aux observations. Les observations fournissent des informations utiles pour les services d'urgence et de prérvention lors des alertes nationales d'inondations, de glissements de terrain et d'avalanches. Des exemples d'utilisation de regObs sont illustrés avec un accent particulier sur les avantages pour les propriétaires de barrages et de digues.

The need for instrumentation; experiences on irrigation dams of Ethiopia

Y.K. Hassen
Ethiopian Construction Works Corporation (ECWC), Addis Abeba, Ethiopia

M. Abebe
Eastern Nile Technical Regional Office (ENTRO), Addis Abeba, Ethiopia

ABSTRACT: This article will give a brief insight about the status of instrumentations in irrigation dams of Ethiopia. For healthy operation and safety of dams, installing, routinely data collecting and analyzing as well as close follows up of instrumentation plays a vital role. Despite accelerated rate of construction, instrumentation has given poor attention especially for irrigation dams of Ethiopia, which in turn challenges the management. A review was conducted on five existing embankment dams; Kessem, Tendaho, Alwero, Koga and Ribb. All of the dams do not have properly functioning instruments or do not have instruments even the simple reservoir water level measuring staff gauge. The need for instrumentation was witnessed during the last rainy season while Kessem dam was filling for the first time in its existence. The radar was not functioning and all staff gauges were submerged; although highly leaking there is no measuring device. Decisions such as to evacuate people from downstream reach were forwarded based on extrapolated data. The experience gave us lessons that proper use of instruments is very helpful to manage and operate the dams especially when emergency actions are important. It has been taken as a warning to rethinking instrumentation of dams in Ethiopia.

RÉSUMÉ: Cet article donnera un bref aperçu de l'état des instruments utilisés dans les barrages d'irrigation en Éthiopie. Pour le bon fonctionnement et la sécurité des barrages, l'installation, la collecte et l'analyse de données en routine ainsi que le suivi rapproché des instruments jouent un rôle essentiel. Malgré un rythme de construction accéléré, l'instrumentation n'a guère prêté attention aux barrages d'irrigation en Éthiopie, ce qui complique la gestion. Un examen a été effectué sur cinq barrages en remblai existants; Kessem, Tendaho, Alwero, Koga et Ribb. Tous les barrages ne disposent pas d'instruments fonctionnant correctement ou ne possèdent pas d'instruments, pas même la simple jauge de mesure du niveau d'eau du réservoir. La nécessité d'une instrumentation a été constatée lors de la dernière saison des pluies, alors que le barrage de Kessem se remplissait pour la première fois de son existence. Le radar ne fonctionnait pas et toutes les jauges étaient submergées; bien qu'il y ait beaucoup de fuites, il n'y a pas d'appareil de mesure. Des décisions telles que l'évacuation de personnes situées en aval ont été transmises sur la base de données extrapolées. L'expérience nous a appris qu'une utilisation correcte des instruments est très utile pour gérer et exploiter les barrages, en particulier lorsque les mesures d'urgence sont importantes. Cela a été pris comme un avertissement pour reconsidérer l'instrumentation des barrages en Ethiopie.

Dam operation support system utilizing Artificial Intelligence (AI)

Y. Hida, H. Takiguchi, K. Kudo & M. Abe
IDEA Consultants,Inc. AI Promotion Office, Tokyo, Japan

ABSTRACT: In Japan, droughts and flood damages caused by abnormal heavy rain have occurred frequently due to the influence of climate change, so flexible operation that maximizes the function of the existing dam is required. With the change of social situation, efficient dam operation by only a few operators is required. On the other hand, in recent years, with the improvement of the processing capacity of computers, the utilization of artificial intelligence (AI) is becoming widespread. By recreating the dam operation made by using human intelligence by computer, it is expected to improve efficiency and speed up process judgment. Here, in order to realize the advanced flood routing in dams by only a few operators, we studied the dam operation support system utilizing artificial intelligence (AI).

RÉSUMÉ: Au Japon, sécheresses et inondations causées par des pluies anormalement abondantes sont de plus en plus fréquentes en raison de l'influence du changement climatique. Il est par conséquent indispensable de pouvoir opérer de façon flexible en exploitant au maximum les fonctions des barrages existants. La baisse des naissances, le vieillissement de la population et la réduction des dépenses de travaux publics ont par ailleurs conduit à une diminution du nombre de dirigeants expérimentés et de cadres.D'un autre côté, les progrès réalisés ces dernières années au niveau de la capacité de traitement des ordinateurs ont contribué à l'extension de l'utilisation de l'intelligence artificielle (IA).En reproduisant de manière numérique les opérations auparavant effectuées par l'intelligence humaine, il devrait être possible d'améliorer l'efficacité des tâches et d'accélérer la prise de décision.Afin de permettre à un nombre réduit d'opérateurs de procéder à une gestion performante des inondations, nous avons réalisé des recherches sur les systèmes d'aide à l'exploitation des barrages basés sur l'intelligence artificielle.

Lessons learned in application of automated monitoring systems on hydraulic structures in Slovakia

M. Minarik, T. Meszaros & L. Tulak
Vodohospodarska Vystavba Soe, Bratislava, Slovakia

E. Bednarova
Slovak University of Technology, Bratislava, Slovakia

ABSTRACT: The paper deals with the development of automated monitoring systems on hydraulic structures in Slovakia. The first larger and more complex applications date back to the eighties of the 20th century, when the automated systems were implemented at Gabcikovo and Cierny Vah dams. For over 30 years the systems have been continuously developed and improved. One of the most significant modern applications of automated monitoring systems was implemented in 2014, when 40 significant dams were automated throughout Slovak territory. The system containing 1070 sensors is combined, consisting of battery-supplied piezometers with GPRS transmission of measured data and from power-supplied sensors with data transmission through a central GPRS router to a dispatching centre. This paper presents lessons learned in construction of automated monitoring systems and its advantages and disadvantages compared to traditional manual measurement. Benefits of automation in clarifying anomalies and during extraordinary events when there are rapid changes in measured quantities that cannot be captured by manual measurements are described on particular dams. The undisputed advantage is also sending warnings when the limit values are exceeded in real time.

RÉSUMÉ: Cet article traite de l'évolution de l'automatisation des instruments de mesure utilisés sur les ouvrages hydrauliques slovaques. Les premières mises en application de l'automatisation remontent aux années 80 du 20ème siècle, époque à laquelle les systèmes implantés sur les ouvrages hydrauliques Gabcikovo et Cierny Vah ont été automatisés. En plus de 30 ans, ces systèmes ont constamment évolué et ont été modernisés. Un des plus importants projets récents en matière d'automatisation des systèmes de mesure a été réalisé en 2014. Dans le cadre de ce projet, 40 barrages importants situés sur l'ensemble du territoire slovaque ont en effet été automatisés. Ce système intégrant 1070 capteurs est combiné et il se compose d'une part, de capteurs surveillant le niveau des eaux souterraines, alimentés par des batteries et qui transmettent les données GPRS mesurées et d'autre part, de capteurs alimentés par le réseau électrique et transmettant leurs informations au poste de dispatching par l'intermédiaire d'un routeur GPRS central. Cet article traitera des expériences liées à la mise en place de ce système et de ses avantages et désavantages par rapport aux mesures manuelles classiques. En s'appuyant sur des cas pratiques d'ouvrages hydrauliques, cet article décrira la contribution de l'automatisation pour l'évaluation de la sécurité de l'ouvrage hydraulique en question lorsque des anomalies apparaissent, ainsi qu'en cas d'événements extraordinaires dans le cadre desquels les valeurs mesurées sont sujettes à des variations brusques, qu'il ne serait pas possible d'enregistrer par le biais de mesures manuelles. L'envoi d'avertissements en cas de dépassement des valeurs limites en temps réel est un autre avantage incontestable de ce système.

Updating the dam safety instrumentation systems of concrete gravity dams: A case study from the Kootenay River, British Columbia, Canada

A.I. Bayliss, L. Hurlbut & A. Hughes
Stantec Consulting Ltd, Calgary, Canada; Denver, USA

P. Hamlyn & G. Johnston
FortisBC, Castlegar, Canada

ABSTRACT: Five concrete-gravity dams: Brilliant, Corra Linn, Lower Bonnington, South Slocan and Upper Bonnington, were constructed on the Kootenay River between 1907 and 1944 to generate hydro-electricity for the local mining industry in the Southeast British Columbia. Whilst these dams have been performed adequately over their lifespan, FortisBC are currently updating the dam safety management systems at these dams. This paper describes the approach to undertaken execute the project including the review of potential failure modes; development of a site geology model; a review of the original construction and post-construction modification records; archived photographs and contemporary construction techniques; and the design and implementation of a geotechnical investigation, instrumentation system and an automated data acquisition system.

RÉSUMÉ: Cinq barrages à gravité de béton: Brillant, Corra Linn, Lower Bonnington, South Slocan et Upper Bonnington, ont été construits sur la rivière Kootenay entre 1907 et 1944 afin de générer de l'hydroélectricité pour l'industrie minière locale du sud-est de la Colombie-Britannique. Alors que ces barrages ont été correctement construits tout au long de leur vie, FortisBC met actuellement à jour les systèmes de gestion de la sécurité des barrages de ces barrages. Ce document décrit la démarche à suivre pour exécuter le projet, y compris l'examen des modes de défaillance potentiels; développement d'un modèle de géologie de site; un examen des enregistrements originaux de construction et de modification post-construction; photographies archivées et techniques de construction contemporaines; et la conception et la mise en œuvre d'un système géotechnique d'investigation, d'instruction et d'un système automatisé d'acquisition de données.

Sustainable and Safe Dams Around the World – Tournier, Bennett & Bibeau (Eds)
© 2019 Canadian Dam Association, ISBN 978-0-367-33422-2

Fiber optic temperature sensors in under-documented dams

M.C.L. Quinn & C. Engel
U.S. Army Corps of Engineers, Cold Regions Research Laboratory, Hanover, USA

T. Coleman
Silixa LLC, Houston, USA

S. Johansson
HydroResearch, Täby, Sweden

C.D.P. Baxter
University of Rhode Island, Civil and Environmental Engineering, Kingston, USA

ABSTRACT: Fiber optic distributed sensing systems with continuous monitoring capability have been permanently deployed within earthen dams in Canada and Sweden since 2004. Most of these systems measure temperature changes along an optical fiber cable as a means of detecting possible seepage and erosion. Permanently installed fiber optic cables act as the sensing element and are installed horizontally along the downstream toe of a dam, within a toe berm, or vertically down standpipes. These systems can provide high spatial resolution data along and within a dam's geometry. Instead of having water pressure at the point location of a well or flow data at the location of a flow meter, today's fiber optic sensing systems can provide spatio-temporally continuous monitoring data at a resolution less than one meter along the fiber over several kilometers of cable, enabling continuous coverage of the entire structure. Since early installations in the 1990s, sensor resolution, accuracy, cost, and means of data evaluation have all improved to benefit the end user. This paper illustrates how fiber optic distributed sensors could provide incomparable interim monitoring support on under documented dams with non-critical deficiencies.

RÉSUMÉ: Des systèmes de détection distribués sur fibres optiques dotés d'une capacité de surveillance continue sont installés en permanence dans des barrages en terre au Canada et en Suède depuis 2004. La plupart de ces systèmes mesurent les variations de température le long d'un câble à fibres optiques afin de détecter les infiltrations et l'érosion possibles. Les câbles à fibres optiques installés en permanence jouent le rôle d'élément de détection et sont installés horizontalement le long du pied aval d'un barrage, à l'intérieur d'une berme, ou verticalement. Ces systèmes peuvent fournir des données de haute résolution spatiale le long et à l'intérieur de la géométrie d'un barrage. Au lieu d'avoir la pression de l'eau à l'emplacement précis d'un puits ou les données de débit à l'emplacement d'un débitmètre, les systèmes de détection à fibre optique actuels peuvent fournir des données de surveillance spatio-temporellement continues à une résolution inférieure à un mètre le long de la fibre sur plusieurs kilomètres de distance câble, permettant une couverture continue de toute la structure. Depuis les premières installations dans les années 90, la résolution du capteur, la précision, le coût et les moyens d'évaluation des données se sont tous améliorés pour le bénéfice de l'utilisateur final. Cet article montre comment les capteurs distribués à fibres optiques pourraient fournir un support de surveillance intérimaire incomparable pour les barrages sous-documentés présentant des déficiences non critiques.

Theme 2 – *SUSTAINABLE DEVELOPMENT*

Planning, design, construction, operation, decommissioning and closure management strategies for water resources or tailings dams, e.g. climate change, sedimentation, environmental protection, risk management.

Thème 2 – *DÉVELOPPEMENT DURABLE*

Stratégies de gestion pour la planification, la conception, la construction, l'exploitation, la mise hors service et la fermeture de barrages hydrauliques ou des barrages de résidus miniers, par exemple, changement climatique, sédimentation, protection de l'environnement, gestion des risques.

Sedimentation / Sédimentation

Sustainable and Safe Dams Around the World – Tournier, Bennett & Bibeau (Eds)
© 2019 Canadian Dam Association, ISBN 978-0-367-33422-2

Research on risk assessment of sediment depositing at the deep intakes of reservoir dams

C. Jiang, J.B. Sheng & L.R. Fan
Nanjing Hydraulic Research Institute, Nanjing, Jiangsu, China

ABSTRACT: The risk of sediment depositing at the deep intakes of reservoir dams is mainly affected by factors such as water & sediment conditions, deep intake properties, and operation & scheduling of the dam. In this study, 10 indicators including runoff, sediment concentration, sediment characteristics, reservoir geological conditions, location of intake, orifice discharge capacity, monitoring & forecasting, scheduling plan, maintenance, and underwater cleaning were selected to form an indicator system for assessing sediment risk at the deep intakes. A hybrid weighting method that combines the advantages of subjective weighting and objective weighting was used to determine the weights of the indicators. The criteria for quantifying indicators were formulated based on a statistical analysis on data collected from various sources. A formula for calculating the sediment risk at the deep intakes was created, and four risk levels (low, medium, moderately high, and high) were defined. The proposed method was applied in an example reservoir project and yielded good results, thus proving its applicability and effectiveness.

RÉSUMÉ: Le risque de sédimentation à l'entrée des prises d'eau profondes d'un barrage avec réservoir se rapporte principalement aux conditions d'eau, aux conditions d'ensablement, aux caractéristiques de la prise d'eau et au schéma d'exploitation du réservoir. Un système d'indicateurs pour l'évaluation des risques de sédimentation à l'entrée des prises d'eau profondes a été établi en basant sur les dix éléments suivants: débit de ruissellement, teneur en boue et sable, caractéristiques des sédiments, conditions géologiques du réservoir, position de la prise d'eau, capacité de la prise d'eau, auscultations et prévisions, programmes de dispatching, entretien et maintenance et dégagement en eau. La méthode de pondération combinée cumulant les pondérations subjective et objective a été introduite pour déterminer la pondération des indicateurs. Sur la base de la collecte et de l'analyse statistiques des données, des critères quantitatifs ont été déterminés. Une formule de calcul des risques de sédimentation au niveau des prises d'eau profondes a été proposée, et 4 niveaux de risque ont été obtenus, soit risque faible, risque modéré, risque élevé et risque très élevé. Un bon résultat a été mis en évidence lors de l'application de cette méthode pour un ouvrage qui montre qu'elle est pratique et opérationnelle.

The study on optimization of sediment flushing efficiency from cascade reservoirs as mitigation to the secondary impact of volcanic hazard

P.T. Juwono
Brawijaya University, Malang, Indonesia

F. Hidayat, R.V. Ruritan, A. Rianto & M. Taufiqurrachman
Jasa Tirta I Public Corporation, Malang, Indonesia

ABSTRACT: Wlingi and Lodoyo reservoirs in the Brantas River basin, Indonesia, provide numerous benefits including reliable irrigation water supply, flood control, power generation, etc. The functions of both reservoirs have declined due to severe sedimentation that has reduced their storage capacities. The sedimentation in both reservoirs is mainly caused by sediment inflow from the areas most affected by ejecta from eruptions of Mt. Kelud, one of the most active volcanoes in Indonesia. After the latest eruption in February 2014, the total remaining capacities of Wlingi and Lodoyo reservoirs in 2015 were 2.20 million m^3 (corresponds to 9.2% of the initial capacity) and 1.33 million m^3 (25.8% of the initial capacity) respectively. To cope with the extreme sedimentation problem in both reservoirs, sediment flushing operations have been conducted since 1990. Sediment flushing efficiency as ratio of the volume of flushed sediment to the corresponding volume of water discharged during flushing operation should be optimized to promote integrated water and sediment management in order to achieve sustainable use of dams and reservoirs. This study shows that the efficiency of sediment flushing operation from Wlingi and Lodoyo on 24–26 March 2016 can be optimized by setting the water level of both reservoirs at 162.00 and 126.50 respectively at the beginning of sediment flushing operation.

RÉSUMÉ: Les réservoirs Wlingi et Lodoyo sur le bassin de la rivière Brantas, en Indonésie, procurent de nombreux avantages, notamment l'approvisionnement fiable en eau d'irrigation, le contrôle des inondations, la production d'électricité, etc. L'utilité de ces deux réservoirs a diminué en raison d'un fort volume de sédiments qui a réduit leur capacité de stockage. La sédimentation dans ces deux réservoirs est principalement causée par l'apport de boues provenant des zones les plus touchées par les éjecta des éruptions du mont. Kelud, l'un des volcans les plus actifs d'Indonésie. Après la dernière éruption de février 2014, les capacités totales résiduelles des réservoirs Wlingi et Lodoyo en 2015 étaient respectivement de 2,20 millions de m^3 (soit 9,2% de la capacité initiale) et 1,33 million de m^3 (25,8% de la capacité initiale). Pour gérer le problème de sédimentation extrême dans ces deux réservoirs, des opérations de vidange des sédiments sont réalisées depuis 1990. L'efficacité de la purge des sédiments est définie par le rapport du volume de sédiments expulsés sur le volume d'eau évacué pendant l'opération. Elle devrait être optimisée afin de parvenir à une utilisation durable des barrages et des réservoirs. L'étude actuelle démontre que l'efficacité des opérations de vidange des sédiments de Wlingi et Lodoyo, réalisée du 24 au 26 mars 2016, a pu être optimisée en imposant des niveaux d'eau de 162.00 et 126.50 m, respectivement, aux deux réservoirs au début de l'opération de purge des sédiments.

Sustainable and Safe Dams Around the World – Tournier, Bennett & Bibeau (Eds)
© 2019 Canadian Dam Association, ISBN 978-0-367-33422-2

Experimental study on effective sediment channel with reservoir topography and morphology

Y. Kitamura & T. Ishino
Chigasaki Research Institute, Electric Power Development Co., Ltd. (J-POWER), Kanagawa, Japan

T. Okada
Chigasaki Technical Business Division, JP Design Co., Ltd, Kanagawa, Japan

ABSTRACT: Measures to exclude the sedimentation in dam reservoirs are important for the sustainable maintenance and operation of dam reservoirs. There is sediment flushing and pass-through method for measures for reservoir sedimentation. This method is to lower reservoir water level during flooding, to increase tractive force, to accelerate erosion of sediment, to form sediment channel, and to pass sediment through spillway or sediment release gate. This method is economical measure because of utilizing the stream power during flooding. On the other hand, sediment channel formed in the reservoir has a great change in shape of meander and water passages depending on the plan shape of reservoir. Flushing efficiency also greatly differs. For this reason, in order to conduct flushing smoothly sediment in reservoir during flood period and passing effectively through reservoir, a hydraulic study on the sediment channel formed in reservoir is important.

In this paper, we report results of consideration about sediment channel to improve the efficiency of sediment flushing and pass-through during flooding. We investigate about characteristics concerning the sediment channels naturally formed in reservoir and artificially constructed beforehand by excavating and dredging in dry season through the mathematical and the hydraulic scale modelling experiments.

RÉSUMÉ: Les méthodes visant à empêcher la sédimentation dans les réservoirs des barrages sont importantes pour l'entretien et l'exploitation durable de ceux-ci. Il existe une méthode de vidange des sédiments pour empêcher la sédimentation. Cette méthode consiste à abaisser le niveau d'eau du réservoir pendant les crues afin d'augmenter les forces d'entraînement, d'accélérer l'érosion des sédiments, de former un chenal à travers les sédiments et de faire transiter les sédiments par l'évacuateur ou la grille de vidange des sédiments. Cette méthode est une mesure économique en raison de l'utilisation de la puissance du courant pendant les crues. Par ailleurs, le chenal formé à travers les sédiments dans le réservoir est caractérisé par une variété de méandres et de passages pour l'eau en fonction de la topographie du réservoir. L'efficacité de la vidange est aussi très variable. Pour cette raison, une étude hydraulique du chenal formé à travers les sédiments dans le réservoir est importante pour réaliser la vidange des sédiments pendant les périodes de crues et pour les faire transiter à travers le réservoir.

Dans cet article, les résultats de considérations au sujet des chenaux à travers les sédiments pour améliorer l'efficacité de la vidange et du transit des sédiments pendant les crues sont rapportés. Les caractéristiques des chenaux naturellement formés dans le réservoir et artificiellement construits au préalable par excavation et dragage pendant la saison sèche sont étudiées à l'aide d'expériences de modélisation mathématique et hydraulique.

Sustainable and Safe Dams Around the World – Tournier, Bennett & Bibeau (Eds)
© 2019 Canadian Dam Association, ISBN 978-0-367-33422-2

Study on water diversion and sediment control of diversion type hydropower station downstream of high dam with large reservoir

Xiangrong Chen, Hongliang Sun, Yimin Chen & Fei Yang
Huadong Engineering Corporation Limited, Power China, Hangzhou, China

ABSTRACT: Jinping II is a large diversion type hydropower station. Further upstream is Jinping-I hydropower station with a high dam and large reservoir. This has a significant influ-ence on the sediment control of Jinping II hydropower station. Therefore, based on the meas-ured sediment data and model experiment results, the sediment problem of the diversion type hydropower station intake down-stream of high dam was analyzed. The results show that the sediment problem mainly occurs in the initial stage of operation. At this time, the river bed has not been stabilized, and due to the scouring of upstream high dam floods, a large amount of sediment has been transported downstream. It leads to serious sedimentation ahead of the intake, and has serious threat on the safe operation of the power station. The lower generation water level is another reason for the serious sedimentation in front of the intake, which should be raised during the flood season. Finally, for the reservoir desilting, a scheme combining sedi-ment flushing and mechanical excavation is put forward. The study results can provide technical support for sediment control of Jinping II and reference for similar projects design and operation.

RÉSUMÉ: Jinping II est un aménagement hydroélectrique installé en dérivation sur le cours de la riv-ière Yalong. La centrale hydroélectrique Jinping-I possède un grand barrage et un grand réservoir et cette centrale est installée en amont de l'aménagement de Jinping II. Ainsi, la centrale de Jinping I a une influence notable sur le contrôle des sédiments à la centrale hydroélectrique Jinping II. Par conséquent, sur la base des données de sédiments mesurés et des résultats de modélisation, le problème de sédimen-tation en avant de la prise d'eau de la centrale hydroélectrique Jinping II a été analysé. Les résultats montrent que le problème de sédimentation est principalement survenu durant la phase initiale d'exploi-tation et à ce moment, le lit de la rivière n'était pas stabilisé. En raison de l'affouillement causé par le barrage Jinping I, une grande quantité de sédiments a été transportée vers l'aval. Cela entraîne une sédi-mentation importante en avant de la prise d'eau et constitue une menace sérieuse pour l'exploitation sécuritaire de la centrale électrique Jinping II. Le niveau minimal d'exploitation est une autre raison de la sédimentation devant la prise d'eau, qui devrait être augmenté pendant la saison des crues. Enfin, pour l'élimination des sédiments dans le réservoir, une méthode associant l'évacuation des sédiments et l'excavation mécanique est proposée. Les résultats de l'étude peuvent fournir un soutien technique pour le contrôle des sédiments de Jinping II et une référence pour la conception et l'exploitation de projets similaires.

Turbidity control and sediment management using sluicing tunnel at hydropower dam

H. Okumura, C. Onda & T. Satoh
Electric Power Development Company, Tokyo, Japan

T. Sumi
Kyoto University, Kyoto, Japan

ABSTRACT: Hydropower emits no green-house effect gas and is renewable and domestic energy. It is necessary to solve the problems around dams and reservoirs which will be described in this paper to secure the stability of hydropower supply by effective and sustainable countermeasures. A dam stores not only clear water but also turbid water and sediment in a reservoir during flood. Turbid water stored causes long-term persistence of turbid water in the downstream area of the dam, because this turbid water is discharged repeatedly during generation. Sedimentation causes the loss of the reservoir capacity, obstacle against intake and outlet function, rising water level in the upper area of the reservoir and bad influence on river environment in the downstream area. In this paper, a countermeasure against problems at Futatsuno dam located in Kii peninsula, Japan is studied. It is planned that a sluicing tunnel which connects up- and downstream areas of the dam will make volume of turbid water stored after flood smaller and make sediment bypassing the dam. The numerical simulation has been implemented for the validation on capability of the plan. Then it is concluded that the sluicing tunnel is an effective countermeasure for turbidity control and sediment management.

RÉSUMÉ: Les aménagements hydroélectriques n'émettent pas de gaz à effet de serre et ils génèrent une énergie renouvelable d'origine locale. Il est nécessaire de résoudre les problèmes liés aux barrages et aux réservoirs qui seront décrits plus bas afin d'assurer la stabilité de l'approvisionnement en énergie hydro-électrique grâce à des contre-mesures efficaces et durables. Un barrage emmagasine non seulement de l'eau claire, mais aussi de l'eau trouble et des sédiments dans le réservoir pendant une crue. Les eaux turbides stockées entraînent une persistance à long terme de la turbidité de l'eau dans la zone en aval du barrage, car cette eau trouble s'écoule de manière répétée pendant la production d'énergie. La sédimentation entraîne une perte de capacité du réservoir, nuit aux fonctions d'adduction et de restitution, augmente le niveau d'eau dans la partie supérieure du réservoir et exerce une mauvaise influence sur l'environnement fluvial dans la zone aval. Dans cet article, une contre-mesure face aux problèmes du site du barrage F est envisagée. Il est prévu qu'une galerie sous le barrage reliant les zones amont et aval sera construite afin de réduire le volume d'eau turbide stockée après les inondations et de faire en sorte que les sédiments contournent le barrage. Une simulation numérique a été effectuée pour valider la capacité de cette approche. Il a ensuite été conclu que la galerie de vidange est une contre-mesure efficace pour le contrôle de la turbidité et la gestion des sédiments.

Sediment management plan in Sakawa River – the results of the first phase

Y. Fukuda, R. Akita & K. Doke
NIPPON KOEI CO., LTD. Tokyo, Japan

ABSTRACT: Many sediment management plans are being planned in Japan to manage or recover its sediment routing systems. Among many sediment management plans, one for Sakawa River is characterized by the long-term environmental monitoring which consists of biological (vegetation, fish, benthos, algae) and geological (riverbed materials, riverbed elevation, suspended sedimentation) data. These data have been accumulated in more than 10 years in normal and flood conditions and these are still being accumulated so far. These long-term data of the sediment routing system in Sakawa River are very valuable to investigate the environmental conditions in the downstream area of the dam. The results of the investigation of Sakawa River's geological and biological data monitored until 2017 indicate that coarsening riverbed was temporarily recovered by sediment deposit in upstream area, and the catastrophic damage of severe flood caused by Typhoon Malou in 2010 is recovered in the ecosystem, the condition of riverbed materials and its elevation.

RÉSUMÉ: De nombreux plans de gestion des sédiments sont planifiés au Japon pour gérer ou améliorer les systèmes de transport des sédiments. Parmi les nombreux plans de gestion, celui de la rivière Sakawa se caractérise par une surveillance environnementale à long terme comprenant des données biologiques (végétation, poissons, benthos, algues) et géologiques (matériaux du lit de la rivière, élévation du lit, sédiments en suspension). Ces données ont été répertoriées depuis plus de 10 ans dans des conditions normales ainsi qu'en crue et elles sont encore accumulées jusqu'à nos jours. Ces données à long terme sur le système de transport des sédiments de la rivière Sakawa sont très utiles pour étudier les conditions environnementales dans la zone aval du barrage. Les résultats des recherches sur les données géologiques et biologiques de la rivière Sakawa, suivies jusqu'en 2017, indiquent que l'évolution du lit de la rivière vers des sols plus grossiers a été temporairement stoppée par la déposition de sédiments dans la zone en amont. L'écosystème se remet des dommages catastrophiques causés par les graves inondations générées par le typhon Malou en 2010, tant par l'état des matériaux du lit de la rivière que par son élévation.

Study on siltation downstream of sluice and risk response measures regarding building sluice on Jiao River

L.H. Gao & L. Ouyang
PowerChina Huadong Engineering Corporation Limited, China

X.D. Zhao
Nanjing Hydraulic Research Institute, Nanjing, China

ABSTRACT: The Jiao River sluice pivotal project is located in the middle of the tidal reach of the mainstream of Jiao River, the third largest river in Zhejiang province, China. The project is approximately 40 kilometers away from the estuary and it is a backbone project for utilization of water resources in Wenhuang plain of southeast Zhejiang province, with an annual water diversion volume of more than 400 million cubic meters. The river is 209 kilometers long with catchment area of 6603 square kilometers. It has uneven runoff distribution and complicated water-sediment conditions. Preliminary works are focused on the research of site selection and layout of the sluice, siltation downstream sluice and risk response measures. According to physical model experiment and mathematical model analysis, the balance volume of siltation downstream the sluice is about 23~30 million cubic meters. The rising flood level and other negative influences caused by siltation can be eliminated by the optimal operation of the sluice, dredging and widening of the channel, and heightening of the embankment. Risk response measures are also analyzed for the situation of more than 30 million cubic meters sediment volume. The results show that building sluice on mainstream of Jiao River has remarkable benefits and controllable risks, and the scheme is reasonable and feasible.

RÉSUMÉ: Le projet de l'ouvrage hydraulique (écluses) de la rivière Jiao est situé au milieu du tronçon tidal du cours d'eau principal de la rivière Jiao qui est la troisième la plus grande rivière de la province du Zhejiang en Chine. Étant situé à environ 40 kilomètres de l'estuaire, il est l'un des projets de base en matière de l'utilisation des ressources en eau de la Plaine de Wenhuang (Wenling – Huangyan) du sud-est de la province du Zhejiang avec un débit d'amenée annuel de plus de 400 000 000m³. Le cours d'eau principal de la rivière Jiao est de 209km de long et avec un bassin versant de 6603 km². La répartition des eaux de ruissellement dans ce bassin versant est non homogène et les conditions de l'eau, des boues et sables sont complexes. Les travaux de la première période portent principalement sur les études du choix et l'implantation du site de l'ouvrage, de la sédimentation sous l'écluse et des mesures de prévention et de traitement des risques. À l'aide du modèle et de l'analyse numérique, le volume pour la sédimentation équilibre sous l'écluse a été trouvé, soit de 23 - 30 millions de mètre cube. Des impacts défavorables tels que l'augmentation du niveau d'eau de crues due à la sédimentation de boues et sables peuvent être éliminés à travers la mise en œuvre des mesures telles que l'optimisation de dispatching d'exploitation, l'élargissement de la voie fluviale, le renforcement de la digue et d'autres mesures. Dans le cas où le volume de sédimentation dépasse 30 millions de mètre cube, des analyses sur les risques et les mesures de traitement ont également été réalisées. Les résultats des études montrent que le programme de la construction du projet est faisable, les risques y relatifs sont contrôlables, la construction du projet présente des avantages remarquables.

Filling with sediment of the reservoir "Shpilje"

S. Milevski
Macedonian power plants, Technical monitoring and maintenance at dams and other civil structure, Macedonia

ABSTRACT: The reservoir "Shpilje" is located in the western part of the Republic of Macedonia on the river Crn Drim. The reservoir was formed with the construction of the 112.5 m high "Shpilje" dam in 1969, and since then it has been in regular use. In the reservoir inflow several erosive tributaries and therefore sediment is deposited in the reservoir. In the past period, several measurements of the sediment were performed. The abstract will show the results of the measurements of the sediment, the impact of sediment at the reservoir and predictions in the future.

RÉSUMÉ: Le réservoir "Shpilje" est situé dans la partie ouest de la République de Macédoine, sur la rivière Crn Drim. Le réservoir a été créé par la construction du barrage de "Shpilje" en 1969, d'une hauteur de 112,5 m, et depuis lors, il est utilisé régulièrement. Plusieurs rivières érosives transportent des sédiments qui s'y accumulent. Récemment, plusieurs mesures des sédiments ont été faites. Cet article présente les résultats des mesures des volumes de sédiments, leur impact sur le volume disponible et les prédictions pour l'avenir.

Sustainable and Safe Dams Around the World – Tournier, Bennett & Bibeau (Eds)
© 2019 Canadian Dam Association, ISBN 978-0-367-33422-2

Sediment replenishment as a measure to enhance river habitats in a residual flow reach downstream of a dam

S. Stähly & A.J. Schleiss
École Polytechnique Fédérale de Lausanne (EPFL), Lausanne, Switzerland

M.J. Franca
IHE Delft Institute for Water Education & Delft University of Technology, Delft, The Netherlands

C.T. Robinson
Swiss Federal Institute of Aquatic Science and Technology (EAWAG), Dübendorf, Switzerland

ABSTRACT: Floodplains downstream of a dam, where the natural flow regime is replaced by a constant residual flow discharge, often lack sediment supply and periodic inundation due to the absence of natural flood events. In this study, a flood with a one-year return period was released from an upstream reservoir and combined with sediment replenishment. The aim was to enhance hydraulic habitat conditions in the Sarine river downstream of Rossens dam in Western Switzerland. A special configuration of sediment replenishment was applied. It consisted of four sediment deposits distributed as alternate bars along the river banks, a solution which was previously tested in the laboratory. The morphological evolution of the replenishment and of the downstream riverbed were surveyed including pre- and post-flood topography. The hydro-morphological index of diversity (HMID) was used to evaluate the quality of riverine habitats in the analyzed reach. It is based on the variability of flow depth and flow velocity. The combination of the artificial flood with sediment replenishment proved to be a robust measure to enhance sediment dynamics.

RÉSUMÉ: Les plaines inondables en aval d'un barrage, où le régime d'écoulement naturel est remplacé par un écoulement résiduel constant, manquent souvent l'alimentation de sédiment et d'inondations périodiques à cause de l'absence des crues naturelles. Dans cette étude, une crue artificielle avec une période de retour d'un an a été relâché d'un réservoir en amont et combinée avec du réapprovisionnement des sédiments. L'objectif était d'améliorer les conditions des habitats hydrauliques dans la Sarine en aval du barrage de Rossens, en Suisse romande. Une configuration spéciale du réapprovisionnement des sédiments a été appliquée consistant en quatre dépôts de sédiments formés en barres alternées le long des rives du fleuve. Cette solution avait déjà été testée et optimisée en laboratoire. L'évolution morphologique de la reconstitution et du lit de la rivière en aval a été étudiée, y compris la topographie avant et après la crue. L'indice hydro-morphologique de la diversité (IHMD) a été utilisé pour évaluer la qualité des habitats riverains dans le tronçon analysé. Il est basé sur la variabilité de la profondeur et de la vitesse d'écoulement. La combinaison d'une crue artificielle et du réapprovisionnement des sédiments s'est révélée être une mesure robuste pour alimenter les rivières en sédiments et améliorer la dynamique sédimentaire.

Sustainable and Safe Dams Around the World – Tournier, Bennett & Bibeau (Eds)
© 2019 Canadian Dam Association, ISBN 978-0-367-33422-2

Sustainable sediment management of small capacity Pandoh dam reservoir of Beas Satluj Link Project

D.K. Sharma
Chairman, Bhakra Beas Management Board, Chandigarh, India

ABSTRACT: Problem of sedimentation leading to reduction in storage capacities is being faced to a varying degree by almost all reservoirs worldwide. Pandoh dam, a 76.2 m high diversion dam has live and dead storage capacity of 1,855 hectare meter and 2,245 hectare meter respectively. It is located on the Beas River, a tributary of the Indus system. Annual sediment inflow in the reservoir of Pandoh dam envisaged during design stage was 409 hectare meter. Pandoh dam diverts water into a 13.1 km long and 7.6 m diameter Pandoh Baggi tunnel, which forms part of the water conductor system of 990 MW Beas Satluj Link Project. Drawdown flushing operation of sediments from the reservoir during monsoon season was started in 1986, nine years after its commissioning. Suspended sediments entering in the water conductor system are flushed out through a silt ejector provided at the end of the Pandoh Baggi tunnel. Live and dead storage capacities of the balancing reservoir are 370 hectare meter and 111 hectare meter respectively. Sediments which settle in the balancing reservoir are removed by mechanical dredging. This paper shares the experiences of sustainable sediment management techniques for maintaining the required live storage capacity of Pandoh Reservoir such that minimum amount of sediments find entry into the Pandoh Baggi Tunnel and through turbines of the power plant.

RÉSUMÉ: Presque tous les réservoirs du monde font face à un problème de sédimentation menant à une réduction des capacités totale de la retenue. Le barrage de Pandoh, un barrage de dérivation d'une hauteur de 76,2 m, a une réserve vidangeable et une tranche non-vidangeable de 1855 hectares mètre et 2245 hectares mètre respectivement. Il est situé sur la rivière Beas, un affluent du système de l'Indus. L'entrée annuelle de sédiments dans le réservoir du barrage de Pandoh prévue au stade de la conception était de 409 hectares mètre. Le barrage de Pandoh détourne de l'eau vers un tunnel de Pandoh Baggi ayant une longueur de 13,1 km et ayant un diamètre de 7,6 m, qui fait partie du système de conduite d'eau du projet de liaison Beas Satluj de 990 MW. L'exploitation de l'évacuation des sédiments du réservoir pendant la saison de la mousson a commencé en 1986, neuf ans après sa mise en service. Les sédiments en suspension qui pénètrent dans le système de conduite d'eau sont éliminés à travers un évacuateur de sédiments fourni au bout du tunnel de Pandoh Baggi. Les réserves vidangeables et la tranche non-vidangeable du reste du réservoir sont de 370 hectares mètre et 111 hectares mètre respectivement. Les sédiments qui se déposent dans le reste du réservoir sont éliminés par le dragage mécanique. Cet article présente les techniques de gestion durable des sédiments permettant de maintenir la capacité totale de la retenue du réservoir du barrage de Pandoh, de sorte qu'une quantité minimale de sédiments puisse pénétrer dans le tunnel de Pandoh Baggi et à travers les turbines de la centrale.

Morphological modelling of sediment-induced problems at a cascade system of hydropower projects in hilly region of Nepal

S. Giri & A. Omer
Deltares, Delft, The Netherlands

P. Mool
Hydroconsult Engineering, Nepal

Y. Kitamura
Chigasaki Research Institute, Kanagawa, Japan

ABSTRACT: In this paper, we have presented morphological study of a cascade system of hydropower dams, namely Middle Marsyangdi (MMHEP) and Marsyangdi (MHEP) in Nepal. These two plants provide more than 20% of the total energy. However, the upstream reservoir (MMHEP) has been suffering from significant sedimentation problem since its commissioning as it has lost more than half of its storage capacity just within 4 years of exploitation. Current study is mainly focused on modelling and analysis of sedimentation problems, particularly at MMHEP, that can be attributed to the consequences of ignoring the river planform and sediment inflow while selecting the reservoir site. Morphological process at MMHEP as well as downstream river reach and MHEP has been modelled using Delft3D model with Feedback Control Tool to simulate synchronized operation of two reservoirs in a cascade system. Effects of flushing operation as well as sensitivity of different sediment transport formulae on simulation results have been revealed and analyzed. The results show consistent model behavior and trends despite the complexity involved in morphological modelling with synchronized operation of two reservoirs in a cascade as well as data scarcity. Recommendation has been made for further improvement of the models based on proper data and information in future.

RÉSUMÉ: Dans cet article, nous avons présenté une étude morphologique d'un système en cascade de barrages hydroélectriques, à savoir le Marsyangdi moyen (MMHEP) et le Marsyangdi (MHEP) au Népal. Ces deux centrales fournissent plus de 20% de l'énergie totale. Cependant, le réservoir en amont (MMHEP) souffre d'un important problème de sédimentation depuis sa mise en service car il a perdu plus de la moitié de sa capacité de stockage en l'espace de quatre ans d'exploitation. L'étude actuelle porte principalement sur la modélisation et l'analyse des problèmes de sédimentation, en particulier à MMHEP, qui peuvent être attribués aux conséquences de l'ignorance de la forme de la rivière et de l'afflux de sédiments lors de la sélection du site du réservoir. Les processus morphologiques à MMHEP, en aval de la rivière et MHEP ont été modélisés à l'aide du modèle Delft3D avec Feedback Control Tool pour simuler le fonctionnement synchronisé de deux réservoirs dans un système en cascade. Les effets de l'opération de rinçage ainsi que la sensibilité de différentes formules de transport des sédiments sur les résultats de la simulation ont été révélés et analysés. Les résultats montrent un comportement et des tendances de modèle cohérents malgré la complexité de la modélisation morphologique avec le fonctionnement synchronisé de deux réservoirs en cascade ainsi que la rareté des données. Il a été recommandé d'améliorer à l'avenir les modèles fondés sur des données et informations appropriées.

Sustainable dams in vital river systems – relevance of sediment balance

L. Bolsenkötter, J. Küppers & R. Lothmann
DB Sediments, Duisburg, Germany

ABSTRACT: While reservoir sedimentation is the key factor making reservoirs not durable, dams are often not a sustainable endeavour. The average worldwide annual sedimentation rate is expected to be ~1%. There are several effects of reservoir sedimentation upstream and downstream contradicting dam sustainability: loss of storage capacity, safety problems, downstream and coastal erosion and greenhouse gas emissions. Besides, many rivers worldwide are confronted with increased solids entry due to anthropogenic impacts within the catchment area. Agriculture and waste water drainage result in increased nutrient supply and industrial influence can lead to intrusion of contaminants. Due to these points sediment retention in impoundments can also be a chance to improve the rivers' ecology. It can be stated that not the sedimentation process itself leads to the unsustainability of dams but missing appropriate sediment management. To regain sustainability and improve the river systems' ecology an adopted sediment management strategy focussing the systems' sediment balance is needed. Solution concepts could for example include different management techniques like sediment transfer to the downstream river system and sediment extraction and processing depending on sediment characteristics, hydrology and sediment delivery from the catchment area. Analysis methods and durable sediment management solutions are available now.

RÉSUMÉ: La sédimentation des réservoirs est le facteur clé pour rendre les réservoirs non durables ; les barrages ne sont pas une initiative durable. Le taux de sédimentation annuel moyen dans le monde entier devrait être d'environ 1%. Il y a plusieurs effets contre la durabilité des barrages : perte de capacité de stockage, problèmes de sécurité, érosion en aval et des côtes, émissions de gaz à effet de serre. En outre, des nombreux fleuves sont confrontés à une entrée accrue de solides à cause des impacts anthropiques dans le bassin versant. L'agriculture et le drainage des eaux usées entraînent une augmentation de l'apport en nutriments et l'influence industrielle peut entraîner l'intrusion de contaminants. En raison, la rétention des sédiments dans les réservoirs peut être une chance d'améliorer l'écologie des rivières. Ce n'est pas le processus de sédimentation lui-même qui cause la non-durabilité des barrages, mais l'absence d'une gestion appropriée des sédiments. Pour récupérer la durabilité et pour améliorer l'écologie du système fluvial, il est nécessaire d'adopter une stratégie de gestion des sédiments axée sur l'équilibre des sédiments du système. Les concepts de solution pourraient inclure des différentes techniques en dépendance des caractéristiques des sédiments, de l'hydrologie et de l'apport de sédiments du bassin versant. Par exemple la gestion peut inclure le transfert des sédiments dans le système fluvial en aval et l'extraction et le traitement des sédiments. Le concept de gestion durable des sédiments intégrant le bilan sédimentaire est essentiel pour la conception de durabilité.

Sediment management of Nathpa Dam from heavy silt in river Satluj (India)

V.K. Thakur
SJVN Limited, Shimla, Himachal Pradesh, India

ABSTRACT: Most of India's hydropower potential exists in the Himalayan and north eastern region, where, due to the fragile geology of the hills and steep slope of the valley, the rivers carry a lot of sediment during monsoon. Hence, the storage capacity of reservoirs in these regions is lost rapidly due to sediment deposition. Such projects are required to be designed on different criteria from the conventional reservoir projects. They are required to be designed for sediment management rather than water storage. Handling of sediments is a major challenge in the design and operation of hydropower plants. At medium and high-head hydropower plants on sediment-laden rivers, hydro abrasive erosion on hydraulic turbines is an important economic issue because it increases maintenance costs, and reduces turbine efficiency, electricity generation and hence revenues. Reservoir sedimentation may have the many negative effects such as loss of active storage volume, and thus reduced ability to compensate in- and outflows for hydropower, irrigation, drinking water and flood retention, increased turbine erosion because of higher suspended sediment concentration (SSC) and coarser particles in power waterways due to reduced trap efficiency of the reservoir. The sediment deposition in the reservoirs can be controlled by different methods such as reducing the sediment reaching the reservoir by catchment area treatment or diverting sediment concentrated flows, passing sediment-laden flows through the reservoir by sluicing and thereby reducing the settlement of sediment in the reservoir and removing the already deposited sediment hydraulically by drawdown flushing or mechanically by dredging. This paper presents the sedimentation problems and management methods being adopted to tackle the sediment of the reservoir of Nathpa Jhakri Hydro Project (1500 MW) in Himachal Pradesh, India.

RÉSUMÉ: Le plus gros potentiel hydroélectrique de l'Inde est situé dans l'Himalaya et la région nord-est du pays où, en raison de la géologie fragile des collines et de la pente abrupte de la vallée, les rivières charrient une grande quantité d'alluvions durant la mousson. En conséquence, la capacité de stockage des réservoirs dans ces régions diminue rapidement à cause de l'envasement. L'envasement des réservoirs peut avoir de nombreux effets négatifs tels qu'une diminution du volume de stockage actif, et donc une moindre capacité à compenser les flux entrant et sortant pour les centrales hydroélectriques, l'irrigation, l'eau potable et la rétention des crues, et l'érosion accrue des turbines en raison d'une plus forte concentration de sédiments en suspension et de la présence de particules de plus grosse taille dans les cours d'eau servant à la production d'électricité, la performance des pièges à sédiments du réservoir étant réduite. Il est possible de contrôler le dépôt de sédiments dans les réservoirs par différents moyens, par exemple en traitant les bassins d'alimentation pour réduire le volume de sédiments entrant dans les réservoirs ou en détournant les flux chargés de sédiments dans les réservoirs au moyen de vannes. Cela permet de réduire la sédimentation dans les réservoirs et d'évacuer les dépôts existants soit hydrauliquement par rinçage, soit mécaniquement par dragage. Cet article présente les problèmes liés à la sédimentation et les méthodes adoptées pour gérer l'envasement du réservoir de la centrale hydroélectrique de Nathpa Jhakri (1500 MW) à Himachal Pradesh, en Inde.

Study on the sediment discharge regulation of the Xiaolangdi reservoir during flood season

W. Ting, W. Yuanjian, Q. Shaojun, L. Xiaoping & D. Shentang
Yellow River Institute of Hydraulic Research, MWR Key Laboratory of Yellow River Sediment, Zenghou, Henan, China

ABSTRACT: As the Xiaolangdi reservoir has entered its final stage of sediment trapping operations, because of its persistent low levels of water and sediment, water storage and sediment trapping have been the most commonly used modes of its operation during the flood season. From 2007 to 2016, the overall sediment discharge was low, with a sediment discharge ratio of 26.7% and fine sediment discharge ratio of approximately 38.7%; during the early flood season, which is when most of the sediment discharge takes place, the sediment discharge ratio was 29.4%. Analysis results showed that from 2007 to 2016, only five flood events with discharge greater than 1500 m³/s for two consecutive days and sediment discharge greater than 50 kg/m³ occurred at the Tongguan station during the early flood season. The amount of inflow sediment during these five events accounted for 72.5% of the early flood-season sediment, making it an optimal time for sediment discharge and regulation. Simulation results demonstrated that the optimization of reservoir regulation during such flood events can effectively slow reservoir deposition, with most of the deposition in the lower Yellow River occurring in the Xiaolangdi–Jiahetan reach. Moreover, measurement data and previous studies show that sediment deposited in the Xiaolangdi–Jiahetan reach has limited effect on the downstream channel, because it can be transported during the subsequent clear-water discharge from the Xiaolangdi Reservoir. The results of the present study provide a technical basis for flow and sediment regulation of the Xiaolangdi Reservoir during pre-flood season.

RÉSUMÉ: Alors que le réservoir de Xiaolangdi est entré dans son stade final d'opération d'accumulation de sédiments, en raison de la persistance des faibles niveaux d'eau et des sédiments piégés, le stockage de l'eau et des sédiments ont été les modes de gestion les plus couramment utilisés pendant la saison des crues. De 2007 à 2016, l'évacuation globale de sédiments a été faible avec un taux de rejet de 26,7% et un taux de rejet de sédiments fins d'environ 38,7%. Au début de la saison des crues, qui correspond à la période où la majeure partie des sédiments est rejetée, le taux de rejet a été de 29,4%. Les résultats de l'analyse ont montré qu'entre 2007 et 2016, cinq crues se sont produites à la station de Tongguan, en début de la saison, avec un débit supérieur à 1500 m³/s pendant deux jours consécutifs et un rejet de sédiments supérieur à 50 kg/m³. La quantité de sédiments qui est entrée dans le réservoir lors ces cinq événements a représenté 72,5% des sédiments que l'on retrouve au début de la saison des crues, ce qui en fait une période optimale pour le rejet et la régulation des sédiments. Les résultats de la simulation ont pu montrer que l'optimisation de du mode de gestion du réservoir pendant de telles crues pouvait effectivement ralentir le dépôt de sédiments dans le réservoir, la majeure partie du dépôt dans le bas fleuve Jaune se produisant dans le tronçon Xiaolangdi – Jiahetan. De plus, les données de relevés et les études antérieures montrent que les sédiments déposés dans le tronçon Xiaolangdi-Jiahetan ont des effets limités sur le chenal en aval. Ils peuvent en effet être transportés lors de déversements ultérieurs par des eaux claires en provenance du réservoir de Xiaolangdi. Les résultats de la présente étude fournissent une base technique pour le mode de gestion des débits et des sédiments du réservoir de Xiaolangdi pendant la période précédant la saison des crues.

Sustainable and Safe Dams Around the World – Tournier, Bennett & Bibeau (Eds)
© 2019 Canadian Dam Association, ISBN 978-0-367-33422-2

Theoretical framework of dynamic game-theory model for water and sediment allocation between cascade reservoirs and lower channel

X. Wang, Y. Wang & E. Jiang
Yellow River Institute of Hydraulic Research, Zhengzhou, China;
Key Laboratory of Yellow River Sediment Research, MWR, Zhengzhou, China

ABSTRACT: Compared with those traditional quantitative-analyzing methods and optimal methods, game theory has some unique advantages for water and sediment allocation, which can better be used in discriminating and simulating contradictions in decision making processes for water and sediment allocation, investigating coupling influencing patterns for different contradictions. Through literature analysis, this paper set up a theoretical framework of dynamic game-theory model for water and sediment allocation, which includes three parts: the categories of applying modes, the applying technology road-map, the dynamic game-theory model for water and sediment allocation between cascade reservoirs and lower channel. The work will give a theoretical support for the practice of water and sediment optimal allocation in a reservoir-channel system under changing circumstances.

RÉSUMÉ: Comparé aux méthodes traditionnelles d'analyse quantitative et d'optimisation, la théorie des jeux permet de mieux identifier et simuler les conflits dans les mécanismes de décision pour la gestion des eaux et des sédiments, et aussi d'examiner les schémas d'interactions entre les différents conflits. En se basant sur une revue de la littérature, ce papier propose un cadre théorique d'un modèle dynamique de la théorie des jeux pour la gestion des eaux et des sédiments. Ce modèle inclut trois parties: les catégories de modes applicables, les schémas de technologies applicables et le modèle dynamique de la théorie des jeux pour la gestion des eaux et des sédiments entre des réservoirs en cascades et le cours d'eau en aval. Les travaux fourniront une base théorique pour l'optimisation de la répartition des ressources en eau et en sédiments dans les réservoirs et les cours d'eau, dans des conditions qui évoluent constamment.

Reservoir operation of Mangdechhu project and safety of the structure

B. Joshi, N. Kumar, K. Deshmukh, R. Baboota & M. Mishra
NHPC Limited, Faridabad, Haryana, India

ABSTRACT: Mangdechhu Hydroelectric Project (IC:720 MW) is a run-of-the-river type scheme, planned along the Mangdechhu in Bhutan. This paper aims at sharing the experience of deciding reservoir operation and sediment management for this project to achieve optimum benefits for which the project is planned and to ensure smooth running of plant. These guidelines are particularly important due to small reservoir, extremely steep river and sensitivity to change in inflow and/or reservoir levels, leading to highly turbulent flow conditions, having potential to damage the structure if not attended properly during reservoir operation. Hydraulic model study for spillway predicted tumultuous flow conditions upstream of spillway for high floods (more than 1200 m^3/sec, 18% of Probable Maximum Flood (PMF)) in free flow situation. Due to these distinctive conditions, it is suggested to adopt sluicing (controlled gate operation) during high flood events, and to keep reservoir level higher than Minimum Drawdown Level (MDDL). For appropriate formation of jump in Ski Jump Bucket, it is proposed to evade free flow condition and adopt suitable arrangement of gates.

RÉSUMÉ: Le projet hydroélectrique de Mangdechhu (capacité installée de 720 MW) suit un schéma de type au fil de l'eau, prévu tout le long du Mandgechhu au Bhoutan. L'objet du présent document est de partager l'expérience en matière de décision concernant l'exploitation du réservoir et la gestion des sédiments afin que ce projet retire le plus d'avantages possibles de ceux pour lesquels il est prévu et d'assurer le bon fonctionnement de la centrale. Ces directives sont particulièrement importantes du fait que le réservoir est petit, le fleuve extrêmement encaissé et de la sensibilité aux changements de l'afflux et/ou des niveaux du réservoir, entraînant des écoulements très turbulents qui pourraient endommager la structure si on ne s'en occupe pas correctement durant l'exploitation du réservoir. L'étude de modèle hydraulique pour le déversoir a prédit des flux tumultueux en amont du déversoir lors de fortes crues (plus de 1 200 m^3/sec, 18 % de Probable Maximum Flood (PMF)) en situation de flux libre. En raison de ces conditions particulières, il est suggéré de procéder au lavage durant les fortes crues et de maintenir un niveau de réservoir supérieur au niveau d'abaissement minimal. Pour une bonne formation du saut dans le Ski Jump Bucket, nous proposons d'éviter d'être en flux libre et d'adopter une disposition appropriée des vannes.

Change in river basin morphology due to climate change led extreme flood event

D.V. Singh & R.K. Vishnoi
THDC India Limited, Rishikesh, Uttarakhand, India

ABSTRACT: A flood event in June'2013 in India's higher Himalayas, mainly due to excessive rainfall concentrated in a small catchment area caused a very large transport/deposition of sediments into downstream areas. The region is characterized by a fragile nature of terrain formed by a continuous deposition of sediments caused by glacial retreat due to the impact of climate change. The receding glaciers have left behind large amounts of unconsolidated loose material of rock debris and sediment. Excessive rains/lake burst have caused large quantities of sediments to be mobilized resulting in significant causalities amongst humans and animals. The sediment movement along the Khirao Ganga (tributary of Alaknanda), was temporarily blocked at a number of places. The risk of breaching this feature is anticipated to lead to amplified flood surges down the valley over very short time intervals. Large boulders can be lifted and transported down valley and cause clogging of the gates of downstream spillway structures. The paper provides the assessment of the risks of these large deposits being mobilized along the Khirao Ganga at high altitude, and presents possible solutions for safe passage of such large sediment flow through hydro projects. Furthermore, the paper proposes that a comprehensive study of the entire basin be undertaken in order to make an estimate of sediments to mitigate future reoccurrences.

RÉSUMÉ: L'événement de crue de juin 2013 dans la partie supérieure de l'Himalaya en Inde, due principalement aux précipitations excessives concentrées dans une zone plus petite, a entraîné un énorme transport/dépôt de sédiments dans la zone en aval. La région présente la nature fragile du paysage et le dépôt continu de sédiments par le recul des glaciers en raison de l'impact du changement climatique. Les glaciers en recul ont laissé une grande quantité de débris de roche et de sédiments non consolidés. Ces matériaux, avec l'aide de pluies excessives/d'explosions de lacs, ont provoqué l'écoulement d'une quantité énorme de sédiments, ce qui a entraîné de lourdes pertes en vies humaines et animales. Le mouvement des sédiments le long d'un des affluents appelé Khirao Ganga a été temporairement bloqué à plusieurs endroits. Le risque de brèche de tels barrages de grande ampleur devrait conduire aux vagues d'amplification des inondations dans la vallée par intervalles de temps très courts. Les gros galets seraient soulevés et transportés dans la vallée et causeraient le colmatage des vannes des structures avec des galets et des débris. La vallée de Khirao Ganga a une quantité extrêmement élevée de transport des matériaux par ruissellement diffus et de matériel transporté par la rivière le long de son plafond. Deux options: l'une consiste à traiter ce tronçon de rivière et l'autre consiste à prendre en compte un incident similaire lors de la planification de projets futurs.

Bener Dam as the management efforts of Bogowonto Watershed

M. Yushar Yahya Alfarobi
Serayu Opak River Basin Unit, Ministry of Public Works and Housing, Yogyakarta, Indonesia

ABSTRACT: Bogowonto Watershed is one of the watershed that stretches in the southern region of Central Java and Yogyakarta and the total width of area is 641 km2. At this moment, the forest in Bogowonto Watershed have become residential, industrial and other land. Based on data from Ministry of Public Work and Housing (2017), since 2002 to 2016 the forest in Bogowonto Watershed area was reduced by 43.73% and the residential was increased by 74.89%. So that, the erosion in upstream and sedimentation in downstream is increasing. The management of Bogowonto Watershed is an important effort to reduce the land degradation. The author divides a management of Bogowonto Watershed into two (2) methods, constructive methods and non-constructive methods. A constructive methods are the construction of the Bener Dam (national strategic project) and the construction of check dam (proposed by the author). A non-constructive method is a strengthening of institutional management of Bogowonto Watershed with community empowerment (proposed by the author). It is expected, with the integration between those methods, the increasing of land degradation from year to year in the Bogowonto Watershed can be reduced.

RÉSUMÉ: Le bassin versant de Bogowonto est l'un de ceux qui s'étendent entre la partie sud de Java Centre et une partie du Territoire spécial de Jogjakarta, couvrant une surface de 641 km². Il a depuis peu été transformé, d'une étendue boisée à une zone d'habitation, d'industrie ou autre. Selon un rapport du Ministère des travaux publics et de l'habitat (2017), au cours de l'année 2002 jusqu'en 2016; la superficie de cette étendue forestière a baissé de 43.73%, tandis que celle de l'habitation a augmenté de 74.89%. La baisse de la zone forestière du bassin versant de Bogowonto a été la cause de nombreuses érosions en amont et l'augmentation des sédiments en aval. Il faut donc une bonne gestion du bassin versant de Bogowonto afin de réduire la dégradation de son environnement. Dans ce cadre, je souhaite présenter les deux méthodes suivantes: par construction et hors-construction. La méthode dite construction correspond aux travaux de construction du barrage de Bener (qui constitue un projet stratégique national) et à l'installation de contrôle des sediments (proposition de l'auteur). Tandis que la méthode hors-construction se renforcement institutionnel de la gestion des bassins versants de Bogowonto avec autonomisation des communautés (proposition de l'auteur). Je suis persuadé qu'en appliquant ces deux méthodes, nous arriverons à réduire la dégradation de la zone dudit bassin versant qui ne cesse d'augmenter d'année en année.

Climate change and environmental issues /

Changements climatiques et environnement

Impact of Tibet Xianghe water conservancy project to the black-necked crane and protection measures

Xuhang Wang, Gaojin Xu, Jian Guo & Jiayue Shi
PowerChina Huadong Engineering Corporation Limited, China

Le Yang
Tibetan Plateau Institute of Biology, China

Ning Miao
Sichuang University, China

ABSTRACT: The Xianghe water conservancy and irrigation channel project is located in Nanmulin County, Shigatse City, Tibet. The project will change the hydrological situation and the wetland ecology of the Xianghe River valley, a wintering place for black-necked cranes. Based on the analysis and simulation of river hydrology situation after construction, riverside ecology changes of black- necked cranes was calculated, and then the impact to the black-necked cranes was studied by the method of ecological mechanism analysis, the result showed that ecological flows is enough. To minimize the negative impact to the black-necked crane and the nature reserve, the project proposed all kinds of optimization measures, such as canceling upgrade of the irrigation channel in the nature reserve, restoring the habitat, increasing the grain falling in farmland, adjusting the planting structure and stopping construction operation nearby the activity area of black-necked crane during the overwintering period. Through the implementation of the above measures, the tasks of irrigation, power generation and improving the regional ecology will be realized, the black-necked crane will be able to overwinter in the Xianghe River valley for a long time.

RÉSUMÉ: Le projet de canal de conservation des eaux et d'irrigation Xianghe est situé dans le comté de Nanmulin, dans la ville de Shigatse, au Tibet. Plus précisément, ce dernier est situé dans la Réserve naturel national des grues à cou noir, dans les biefs centraux de la Vallée de Brahmaputra, dans l'estuaire du fleuve Xianghe. Le projet entrainera des changements hydrologiques au niveau du fleuve et des milieux humides de l'estuaire. Ces changements auront des impacts sur l'hivernage des grues à cou noir, une espèce d'oiseau rare et en voie de disparition présente dans le sud-ouest de la Chine. Les impacts du projet sur le milieu naturel ont été déterminés à l'aide de modélisations hydrologiques. Les impacts du projet sur l'hivernage des grues à cou noir ont quant à eux été déterminés à l'aide de l'analyse des mécanismes écologiques. Plusieurs mesures d'optimisation et de mitigation des impacts ont été proposées, telles que l'abandon de la phase d'agrandissement du canal et de l'empreinte de construction du projet, la restauration de l'habitat, l'augmentation des sources d'alimentation, l'ajustement des structures de plantation et l'arrêt des travaux près des zones d'activité des grues à cou noir lors de la période d'hivernage. Les mesures d'atténuation mentionnées ci-haut vont grandement réduire l'impact de l'irrigation, de la production d'énergie et des différents travaux sur la Réserve naturel national des grues à cou noir.

Sustainable and Safe Dams Around the World – Tournier, Bennett & Bibeau (Eds)
© 2019 Canadian Dam Association, ISBN 978-0-367-33422-2

Comparison of reproducibility of water temperature and water temperature stratification formation by different methods in dam reservoir water quality prediction model

F. Kimura & T. Kitamura
Water Resources Environment Center, Japan, Tokyo, Japan

Y. Tsuruta & T. Kanayama
CTI Engineering Co., Ltd., Tokyo, Japan

R. Kikuchi
Dai Nippon Construction Co., Ltd., Tokyo, Japan

Y. Kitamura
Electric Power Development Co., Ltd., Tokyo, Japan

T. Morikawa & Y. Okada
Nihon Suido Consultants Co., Ltd., Tokyo, Japan

Y. Fukuda
Nippon Koei Co., Ltd., Tokyo, Japan

T. Shoji & A. Mieno
Pacific Consultants Co., Ltd., Tokyo, Japan

T. Suzuki & M. Kobayashi
Yachiyo Engineering Co., Ltd., Tokyo, Japan

ABSTRACT: In order to properly maintain the water quality of the dam reservoir, it is necessary to properly operate the dam facility and the water quality preservation facility installed. In determining these operation methods, simulation using the water quality prediction method plays an important role. However, since there are differences in the basic formula and the discretization method of each water quality prediction method, it is inferred that the reservoir characteristics simulated do not always harmonize ones by other methods from the reproducibility point of view. In this paper, we focused on the water temperature, which is the most basic item among water quality predictions of the dam reservoir. We picked up some methods of water quality prediction that have been ever applied in dam reservoirs. The simulation results are compared in term of the formation conditions of water temperature and water temperature stratification in three case studies to verify the reproducibility and the distinction of each method.

RÉSUMÉ: Afin de maintenir adéquatement la qualité de l'eau du réservoir, il est nécessaire d'exploiter correctement l'aménagement ainsi que les outils de préservation de la qualité de l'eau. Lors de la définition des méthodes d'exploitation, la simulation utilisant une méthode de prévision de la qualité de l'eau joue un rôle important. Cependant, comme il existe des différences dans la formule de base et l'approche de discrétisation de chaque méthode de prédiction de la qualité de l'eau, il est pris pour acquis que les caractéristiques simulées du réservoir ne sont pas toujours en accord avec celles provenant d'autres méthodes du point de vue de la reproductibilité. Dans cet article, l'accent a été mis sur la température de l'eau, l'élément le plus fondamental parmi les prévisions de la qualité de l'eau du réservoir. Quelques méthodes de prévision de la qualité de l'eau déjà utilisées pour les réservoirs ont été choisies. Les résultats de la simulation sont comparés en termes des conditions de détermination de la température de l'eau et de sa stratification dans trois études de cas pour vérifier la reproductibilité et les particularités de chaque méthode.

Sustainable and Safe Dams Around the World – Tournier, Bennett & Bibeau (Eds)
© 2019 Canadian Dam Association, ISBN 978-0-367-33422-2

Development of a prediction model used in measures for reducing mold odor in dam reservoirs

Y. Okada, K. Shima, K. Okabe, N. Arakawa & Y. Watabe
River Engineering Division, Nihon Suido Consultants CO., Ltd., Tokyo, Japan

M. Hongou & H. Kushibiki
Sapporo Development and Construction Department, Hokkaido Regional Development Bureau, Ministry of Land, Infrastructure, Transport and Tourism, Government of Japan, Hokkaido, Japan

ABSTRACT: The introduction of water quality conservation facilities is an effective measure for reducing mold odor in dam reservoirs. However, depending on the hydraulic and water quality conditions, the countermeasures of changing the dam operations both by shortening detention time and by lowering surface water temperatures may be efficient and effective. This paper analyzes the results of field investigation and past surveys, clarifies the mechanism of mold odor occurrence in T dam, and develops a simple model that enables prediction and prevention of mold odor occurrence. The model makes it possible that dam administrators pre-vent mold odor by entering daily dam management data (inflow, outflow, and reservoir water temperature).Main factor of mold odor occurrence in T Dam is growth of Cyanobacteria in dam reservoirs. And we clarified Cyanobacteria could grow under certain situation, such as long detention time, a lot of nutrient salts and higher water temperatures. The developed simple model can estimate the degree of risk of mold odor. Therefore, it enables to predict the effects of the countermeasures by the revised dam operation.

RÉSUMÉ: L'introduction d'installations de maintien de la qualité de l'eau est une mesure efficace pour atténuer les odeurs de moisissure dans les réservoirs. Toutefois, selon les conditions hydrauliques et celles de la qualité de l'eau, les contre-mesures liées à l'exploitation du barrage comme la réduction du temps de rétention et l'abaissement de la température de surface de l'eau peuvent être efficaces. Cet article analyse les résultats des investigations de terrain et les relevés antérieurs; il clarifie le mécanisme d'apparition des odeurs de moisissure à la digue T et il développe un modèle simple permettant de prévoir et de prévenir l'apparition d'odeurs de moisissure. Le modèle permet aux exploitants de barrages d'empêcher les odeurs de moisissure en saisissant les données de gestion quotidiennes du réservoir (débit entrant et sortant ainsi que température de l'eau). Le principal facteur d'apparition des odeurs de moisissure à la digue T est la croissance des cyanobactéries dans le réservoir. Il a été démontré que celles-ci pouvaient se développer sous certaines conditions, comme une longue période de rétention, un grand apport de sels nutritifs et des températures d'eau élevées. Un modèle simple a été développé pour estimer le degré de risque d'avoir des odeurs de moisissure. Par conséquent, il permet de prévoir les effets des contre-mesures obtenues en révisant le mode d'exploitation du barrage.

Integrating climate change impacts in the valuation of hydroelectric assets

K. Pineault, E. Fournier, A. Lamy & A. Hannart
Ouranos, Montreal, Quebec, Canada

R. Arsenault
École de technologie supérieure, Montreal, Quebec, Canada

ABSTRACT: Many decisions are taken based on the value of hydroelectric assets. However, the main value components of these assets, such as future revenues from electricity generation, may be impacted by climate change (CC). To date, these impacts are rarely considered in the valuation techniques, and there is no explicit framework to guide their integration. Potential consequences include suboptimal investment decisions and maladaptation to CC. The ongoing project aims to foster the integration of CC impacts into the organization's process of valuing hydroelectric assets. The goals of the project are twofold. The first goal is to produce a framework linking the impacts of CC to the associated value components. It considers different types of valuation, according to their use in business activities. The preliminary framework presented in this article illustrates several paths for integrating the effects of CC into the asset's value. This work reflects the information collected from scientific literature, gray literature of five partners from the Canadian hydroelectric industry and a series of workshops. The second goal is to develop step-by-step protocols to integrate the CC impacts related to hydrology. The protocols will be tested on case studies, thus, ensuring a real applicability in the industry.

RÉSUMÉ: Plusieurs décisions sont prises en se basant sur la valeur des actifs hydroélectriques. Or, les composantes principales de la valeur de ces actifs, tels que les revenus futurs de la production d'électricité, sont susceptibles d'être impactées par les changements climatiques (CC). Jusqu'à présent, ces impacts sont rarement considérés dans les techniques d'évaluation, et il n'existe aucun cadre explicite pour guider leur intégration. Les conséquences potentielles incluent les décisions d'investissements sous-optimales et la maladaptation aux changements climatiques. Le projet en cours vise à favoriser l'intégration des impacts des changements climatiques dans le processus d'évaluation des actifs des organisations. Deux objectifs sont poursuivis à cet effet. Le premier objectif est de produire un cadre méthodologique liant les impacts des changements climatiques aux composantes de valeur associées. Celui-ci considère différents types d'évaluation, selon leur utilisation dans les activités des entreprises. Le cadre méthodologique préliminaire présenté dans cet article illustre plusieurs voies possibles pour intégrer les effets des CC dans la valeur des actifs. Ce travail reflète l'information collectée à travers la littérature scientifique, la littérature grise de cinq partenaires de l'industrie hydroélectrique canadienne et une série d'ateliers de travail. Le deuxième objectif du projet est de rédiger des protocoles détaillés pour intégrer les impacts des CC sur l'hydrologie. Les protocoles seront testés par le biais d'études de cas, assurant ainsi une réelle applicabilité dans l'industrie.

Effects of a salt-contained formation on Gotvand reservoir, an overview on a 7-year monitoring

A. Zia, H. Hassani & N. Kamjou
Mahab Ghodss Consulting Engineering Company, Iran

ABSTRACT: Gachsaran Geological massive formation constituted by alternating halite, anhydrite and marl forms a portion of upper Gotvand reservoir. The reservoir capacity is about $5*10^9$ m^3; the volume of this formation is about $600*10^6$ m^3 which contains roughly 20 percent of salt. The slat is distributed along the reservoir in depth with outcrops few meters above the bottom up to the normal water level. The dam was impounded in 2011 and reservoir quality parameters continuously have been collected since then. This paper aims to provide a summary of the monitoring data apart from the data on water quality immediately downstream of the dam before and after impounding. To get satisfactory results for this challenging engineering issue, special measures have been taken before, during and after impounding, which will be mentioned briefly.

RÉSUMÉ: La formation géologique massive de Gachsaran constituée par l'alternance d'halite, anhydrite et marne forme un réservoir supérieur de Gotvand. La capacité du réservoir est d'environ $5x10^9$ m^3; le volume de cette formation est d'environ $600x10^6$ m^3, soit environ 20 pourcent de sel. Le sel est distribué le long du réservoir en profondeur avec des affleurements situés à quelques mètres au-dessus du fond jusqu'au niveau de l'eau normal. Le barrage a été mis en eau en 2011 et les paramètres de qualité du réservoir ont été continuellement collectés depuis. Ce document a pour objectif de fournir un résumé des données de surveillance en dehors des données sur la qualité de l'eau immédiatement en aval du barrage avant et après la mise en eau. Pour obtenir des résultats satisfaisants sur ce problème technique complexe, des mesures spéciales ont été prises avant, pendant et après la mise en eau, qui sera brièvement mentionnées.

Sustainable and Safe Dams Around the World – Tournier, Bennett & Bibeau (Eds)
© 2019 Canadian Dam Association, ISBN 978-0-367-33422-2

Potential effects of the soluble formation of Gachsaran on reservoir water quality of Persian Dam reservoir

N. Tavoosi
Lar Consulting Engineers, Tehran, Iran

A. Farokhnia
Department of Water Resources Research, Water Research Institute, Tehran, Iran

F. Hooshyaripor
Department of Civil Engineering, Architecture and Art, Science and Research Branch, Islamic Azad, Tehran, Iran

ABSTRACT: The compound of geological formations, particularly soluble compounds, plays a pivotal role in the water quality of reservoirs. Persian Dam is under construction on the Fahlian River, in the south of Iran. Gachsaran Formation, which is mainly a compound of gypsum ($CaSO_4.2H_2O$) and anhydrite ($CaSO_4$), has outcropped in some parts of the reservoir area of the Persian Dam. Due to the high solubility of gypsum, there is a major concern about the reservoir water quality in the future. In this regard, a mathematical water quality simulation model, CE-QUAL-W2, was used to determine the potential effects of the soluble formation on the water quality. As the gypsum solubility in the particular compound in Gachsaran Formation is a critical input for this modeling, laboratory tests on 24 setups on samples taken from different parts of the reservoir were performed in which a range of approach speed of water to the soluble compound were examined. According to the results, the rate of dissolution of the Gachsaran Formation is about 4-12 cm/y which shows the Total Dissolved Solids (TDS) average of water would increase from 1429 mg/l to 1658-1722 mg/l (at the reservoir outlet). The result of this study could be very prominent for the reservoir water quality management and similar reservoirs.

RÉSUMÉ: Les composés de formations géologiques, en particulier les composés solubles jouent un rôle important dans la qualité de l'eau des réservoirs. Le barrage de Parsian est un barrage en cours de construction sur la rivière Fahlian dans le sud de l'Iran. La formation de Gachsaran, dont les composants essentiels sont le gypse ($CaSO_4.2H_2O$) et l'anhydrite ($CaSO_4$), se trouve dans les parties du réservoir du barrage de Parsian. À cause de la grande solubilité du gypse, il y aura dans le futur de nombreuses inquiétudes par rapport à la qualité de l'eau du réservoir du barrage de Parsian. À cet égard, un modèle de simulation mathématique CE-QUAL-W2 a été utilisé pour déterminer l'effet de la formulation soluble sur la qualité de l'eau.Vu que la quantité de dissolution du gypse dans la formation de Gachsaran est considérée comme un paramètre d'entrée important, par conséquent, les 24 essais dans les installations d'essai ont été effectués à des vitesses différentes, proches des échantillons prélevés des différentes parties du réservoir.Selon les résultats obtenus, la quantité de dissolution de la formation de Gachsaran a été estimée entre 4 à 12 cm par an, ce qui indique que le TDS (les sels solubles totaux dans l'eau) sera augmenté de 1429 mg/l à 1658-1722 mg/l. Les résultats de cette étude peuvent être très utiles pour gérer la qualité de l'eau du réservoir et des réservoirs similaires.

Sustainable and Safe Dams Around the World – Tournier, Bennett & Bibeau (Eds)
© 2019 Canadian Dam Association, ISBN 978-0-367-33422-2

Water quality management of an artificial lake, case study: The lake of the Martyrs of the Persian Gulf

J. Bayat & S.H. Hashemi
Environmental Sciences Research Institute, Shahid Beheshti University, Tehran, Iran

M. Zolfagharian
Tehran Municipality, Tehran, Iran

A. Emam & E.Z. Nooshabadi
EDOCT, Tehran Municipality, Tehran, Iran

ABSTRACT: The Lake of the Martyrs of the Persian Gulf is a shallow artificial water body inside Tehran city with an area of 132ha. The lake has been exploited in 2013 and due to its special position in the urban environment and climate conditions; three strategies were applied for the lake's water quality management to meet the National Iranian Water Quality Standard for recreational use. This paper deals with the strategies impacts on the lake's water quality and its trophy level during years 2013 to 2018. Despite setting rules for the source water intake based on its phosphorous level and fish introduction for biological control of the lake's water quality, the chlorophyll a level has been showed a significant incremental trend before the treatment plant went under operation. The results show a combination of aligned strategies should be applied to meet the strict water standard for recreational purposes.

RÉSUMÉ: Le lac des Martyrs du golfe Persique est une masse d'eau artificielle peu profonde située dans la ville de Téhéran et couvre une superficie de 135 ha. Le lac a été exploité en 2013 et en raison de sa position particulière dans l'environnement urbain et les conditions climatiques; Trois stratégies ont été appliquées pour que la gestion de la qualité de l'eau du lac respecte la Norme nationale iranienne de qualité de l'eau pour un usage récréatif. Cet article traite des impacts de la stratégie sur la qualité de l'eau du lac et de son niveau de trophée au cours des années 2013 à 2018. Malgré des règles pour la prise d'eau de source basées sur son niveau de phosphore et l'introduction de poissons pour le contrôle biologique de la qualité de l'eau du lac, la chlorophylle a niveau a été montré une tendance incrémentielle significative avant la mise en service de la station de traitement. Les résultats montrent qu'une combinaison de stratégies variées devrait être appliquée pour répondre à la norme stricte en matière d'eau pour les porpus de loisir.

The study on the impetus mechanism into resettlement due to reservoirs in China–the analyses based on WDD hydropower station's immigration

S. Yanguang

Three Gorges Corporation, China

ABSTRACT: Based on our fieldwork towards WDD hydropower station's immigrants, we find that, on one hand, resettlement due to reservoir and voluntary immigrate have same traits, which can be explained by the push-pull theory of migration.; On the other hand, the resettlement due to reservoir, which is leaded by the government, is different from the voluntary immigration.That is, the willing of resettlement and the willing of cooperation with the government will influence resettlers behavior a lot during the process of resettlement. Based on it, we promote a impetus mechanism into the resettlement due to reservoir. In this paper, we'll summarize the main impact factors of resettlers' will of resettlement and cooperate.

RÉSUMÉ: Sur la base de notre travail sur le terrain auprès des migrants de la centrale hydroélectrique de la WDD, nous constatons que, d'une part, la réinstallation de communautés causée par un réservoir et la migration volontaire partagent des caractéristiques similaires, lesquelles peuvent être expliquées par la théorie de migration push-pull. D'autre part, la réinstallation de population causée par un réservoir, dirigée par le gouvernement, est différente de la migration volontaire. En d'autres termes, la volonté de réinstallation et la volonté de coopérer avec le gouvernement influenceront beaucoup le comportement des personnes réinstallées pendant le processus. Sur cette base, nous présentons un mécanisme dans la réinstallation causée par un réservoir. Dans cet article, nous allons résumer les principaux facteurs qui impactent la volonté et la coopération des migrants.

Greenhouse gas emissions from newly-created boreal hydroelectric reservoirs of La Romaine complex in Québec, Canada

M. Demarty & C. Deblois
Englobe Corp, Montréal, Canada

A. Tremblay & F. Bilodeau
Hydro-Québec, Montréal, Canada

ABSTRACT: Hydro-Quebec is one of the largest electric power companies in North America. In the early 2000s, the international concern regarding the long-term contribution of freshwater reservoirs to atmospheric greenhouse gases (GHG), led Hydro-Quebec to launch extensive studies of the net reservoir GHG emissions; the most comprehensive is the one carried out in the Eastmain-1 project context, which was commissioned in 2006. The experience gained in these former efforts has driven subsequent studies, as the research program aiming to determine the net GHG emissions related to the commissioning of the Romaine-2, Romaine-1 and Romaine-3 generating stations, which occurred respectively in 2015, 2016 and 2017. Dissolved gas concentrations in the water flowing through the three generating stations were continuously monitored to estimate their annual gross diffusive and degassing emissions. The results indicate that the gross GHG emissions from Romaine complex are low compared to other Quebec reservoirs of the same age. This observation is likely associated to the large ratio of volume to land surface flooded that characterizes this exceptionally deep boreal reservoir. The next step of the study will seek to estimate net emissions using these first gross emission measurements the study will seek to estimate net emissions using these first gross emission measurements.

RÉSUMÉ: Hydro-Québec est l'une des plus grandes entreprises de production électrique en Amérique du Nord. Au début des années 2000, la préoccupation internationale concernant la contribution des réservoirs hydroélectriques aux émissions de gaz à effet de serre (GES) atmosphériques a amené Hydro-Québec à lancer des études approfondies sur les émissions nettes de GES de ses installations. L'étude la plus exhaustive est celle réalisée dans le cadre de l'aménagement Eastmain-1, mis en service en 2006. L'expérience acquise a mené à un programme de recherche visant à déterminer les émissions nettes de GES liées aux aménagements de la Romaine-2, de la Romaine-1 et de la Romaine-3, respectivement mis en service en 2015, 2016 et 2017. Les concentrations de gaz dissous dans les eaux turbinées des trois centrales ont fait l'objet d'une surveillance continue afin d'estimer les émissions brutes annuelles par diffusion et dégazage. Les résultats indiquent que les émissions brutes de GES du complexe de la Romaine sont faibles par rapport aux autres réservoirs québécois du même âge. Cette observation est probablement liée au grand ratio volume / surface inondée qui caractérise ces réservoirs boréaux exceptionnellement profond. La prochaine étape de l'étude consistera à estimer les émissions nettes du complexe de la Romaine.

Monitoring of water quality and planktonic production in Romaine Estuary, three years after impoundment

M. Demarty & C. Deblois
Englobe Corp, Montréal, Canada

A. Tremblay
Hydro-Québec Montréal, Canada

ABSTRACT: Hydro-Quebec is one of the largest electric power companies in North America and one of the world's leading producer of hydropower. At the end of 2014, the Romaine Project was launched with the commissioning of the Romaine-2 generating station (GS; 640 MW). This was followed by the commissioning of Romaine -1 GS (autumn 2015; 270 MW) and Romaine-3 GS (spring 2017; 395 MW). Romaine-4 GS (245 MW) should be commissioned in 2020. These four GS are located on the Romaine River, where an estuary forms a delta in the Mingan Chanel, which in turn flows into the St Lawrence River. Comprehensive studies dealing with the impact of hydropower on coastal environments are scarce. In order to better describe the environmental changes, Hydro-Quebec conducted an exhaustive follow-up of several physical, chemical and biological parameters in the Mingan Chanel. A monitoring program was carried out over 5 months of summers 2013, 2015 and 2017, involving the installation of two moored instrumented buoys which continuously recorded many variables. Several sampling campaigns were also conducted and more than 900 vertical profiles were performed at different tidal cycles. The results presented focus on the variability in salinity and chlorophyll *a* as a proxy for planktonic production before and after the commissioning of the Romaine GS. Results indicate that there is no significant modification of these variables in the three years following the impoundment.

RÉSUMÉ: Hydro-Québec est l'un des plus importants producteurs d'électricité en Amérique du Nord et l'un des principaux producteurs d'hydroélectricité au monde. Fin 2014, le projet Romaine a été lancé avec la mise en service de la centrale Romaine-2 (640 MW). Cette opération a été suivie par la mise en service des centrales Romaine-1 (automne 2015; 270 MW) et Romaine-3 (printemps 2017; 395 MW). L'aménagement de la Romaine-4 (245 MW) devrait être terminé en 2020. Ces quatre centrales sont situées sur la rivière Romaine, dont l'estuaire forme un delta dans le chenal de Mingan, qui se jette à son tour dans le fleuve Saint-Laurent. Les études approfondies portant sur l'impact des aménagements hydro-électriques sur les environnements côtiers sont rares. Afin de mieux décrire les changements environne-mentaux liés au projet Romaine, Hydro-Québec a effectué un suivi exhaustif de plusieurs paramètres physiques, chimiques et biologiques dans le chenal de Mingan. Un programme de suivi a été mis en œuvre durant les étés 2013, 2015 et 2017, impliquant l'installation de deux bouées instrumentées enregis-trant de nombreuses variables en continu. Plusieurs campagnes d'échantillonnage ont également été menées et plus de 900 profils verticaux ont été réalisés à différents cycles de marée. Les résultats présentés se concentrent sur la variation de la salinité et de la chlorophylle *a* (en tant que proxi de la production planctonique) avant et après la mise en service des aménagements de la Romaine. Les résultats indiquent qu'il n'y a pas de modification significative des variables étudiées après les mises en eau des réservoirs.

Sustainable and Safe Dams Around the World – Tournier, Bennett & Bibeau (Eds)
© 2019 Canadian Dam Association, ISBN 978-0-367-33422-2

Numerical simulation of sea water intrusion due to partial gate opening of the Nakdong Estuary Dam

Kyung Soo Jun
Graduate School of Water Resources, Sungkyunkwan University, Suwon, Korea, Republic of (South)

Jin Hwan Hwang
Department of Civil and Environment Engineering, Seoul National University, Seoul, Korea, Republic of (South)

Dong Hyeon Kim
Department of Civil and Environment Engineering, Seoul National University, Seoul, Korea, Republic of (South)

ABSTRACT: Nakdong Estuary Dam in South Korea was constructed in 1987 to secure fresh water of the Nakdong River reach upstream. Currently, gates of the estuary dam are opened only when the upstream water level is higher than the coastal water level to prevent seawater intrusion to the upstream. Now, the management policy has changed such that the gates of the estuary dam will be opened continually to improve the water quality and restore the estuarine ecosystem by circulating the coastal and fresh waters. This study simulated the seawater intrusions for various partial gate-opening scenarios with a numerical model utilizing the finite volume method and unstructured grids. The simulation results in that the salt intrusion developed up to 27 km from the estuary dam under the worst condition in the scenarios. Since major withdrawals are located at 15 km from the dam, salt intrusion is not allowed to reach that place. Therefore, the present simulations suggest the operational strategies to prevent salinity from being taken in and simultaneously circulate freshwater and seawater through the dam. Along with the operational strategies, we showed how salt intrusion responds to the tidal and fresh water conditions. Finally, at given conditions, the optimal gate operations are proposed.

RÉSUMÉ: Le Barrage de l'Estuaire de Nakdong, en Corée du Sud, a été construit en 1987 pour sécuriser l'eau douce de la rivière Nakdong en amont. Actuellement, les portes du barrage de l'estuaire ne sont ouvertes que lorsque le niveau d'eau en amont est supérieur au niveau de la côte, afin d'empêcher l' intrusion d'eau de mer en amont. Maintenant, la politique de gestion a changé pour que les portes du barrage de l'estuaire soient ouvertes en permanence afin d'améliorer la qualité de l'eau et de restaurer l'écosystème de l'estuaire en faisant circuler les eaux douces et les eaux côtières. Cette étude a simulé les intrusions d'eau de mer pour divers scénarios d'ouverture partielle de la porte avec un modèle numérique utilisant la méthode des volumes finis et des grilles non structurées. La simulation a abouti à ce que l'intrusion de sel se soit développée jusqu'à 27 km du barrage de l'estuaire dans les pires conditions des scénarios. Les retraits importants sont situés à 15 km du barrage, l'intrusion de sel n'est pas autorisée à atteindre cet endroit. Par conséquent, les simulations actuelles suggèrent les stratégies opérationnelles pour empêcher la salinité d'être absorbée ainsi que la circulation simultanée d'eau douce et d'eau de mer à travers le barrage. Parallèlement aux stratégies opérationnelles, nous avons montré comment l'intrusion de sel réagissait aux conditions de marée et d'eau douce. Finalement, dans des conditions données, les opérations de porte optimales sont proposes.

Water management / Gestion de l'eau

Analyzing the water supply effect of Three Gorges Reservoir on Dongting Lake during the dry season

L.Q. Dai & H.C. Dai
China Three Gorges Corporation Co., Ltd., Beijing, China

H.B. Liu, Z.Y. Tang & Y. Xu
China Yangtze Power Co., Ltd., Yichang, Hubei Province, China

ABSTRACT: To quantitatively calculate the spatial differences in the water supply effect of Three Gorges Reservoir, the ecological water level of Dongting Lake during the dry season was assessed using a hydrological index method. Three typical falling modes were proposed, namely, the falling in advance, uniform falling (regular design), and falling at a high water level modes. Based on an integrated 1D-2D coupled hydrodynamic mathematical model, the spatial distribution of the Dongting Lake water level and power generation of Three Gorges Hydropower Station were analyzed under different scenarios. The results showed that the effects of the falling in advance and falling at high water level scenarios on the Dongting Lake water level exhibited obvious spatial heterogeneity, and the influence in the northern part of eastern Dongting Lake was obvious, while the effects in the southern and western portions of Dongting Lake were small. The water level at Chenglingji increased by 0.120 m on average, and power generation was reduced by 0.30% in scenario 1. In scenario 3, the water level at Chenglingji decreased by 0.09 m on average, and power generation increased by 0.28%. The research results provide a beneficial reference for the falling mode of the TGR considering the ecological water requirements of Dongting Lake.

RÉSUMÉ: Pour évaluer quantitativement les différences spatiales des débits sortants du réservoir des Trois Gorges, l'impact sur le niveau d'eau écologique du lac Dongting durant la saison sèche a été étudié à l'aide d'une méthode basée sur un indice hydrologique. Trois scénarios d'abaissements typiques sont proposés, soit l'abaissement à l'avance, l'abaissement homogène et l'abaissement à niveau d'eau élevé. Sur la base d'un modèle mathématique hydrodynamique couplé 1D-2D, la distribution spatiale du niveau d'eau du lac Dongting et la production d'électricité de la centrale hydroélectrique des Trois Gorges ont été analysées pour différents scénarios. Les résultats ont montré que les impacts des scénarios d'abaissement anticipé et d'abaissement à niveau d'eau élevé présentaient une hétérogénéité spatiale évidente sur le niveau du lac Dongting. L'influence dans la partie nord de l'est du lac Dongting est notable, tandis que l'influence dans les parties occidentales du lac Dongting est réduite. Le niveau d'eau à Chenglingji a augmenté en moyenne de 0,120 m, mais la production d'électricité a diminué de 0,30% pour le premier scénario. Pour le troisième scénario, le niveau d'eau à Chenglingji a diminué en moyenne de 0,09 m alors que la production d'électricité a augmenté de 0,28%. Les résultats de cette recherche peuvent être une référence utile pour établir la formulation du programme d'abaissement du réservoir des Trois Gorges, compte tenu des débits écologiques du lac Dongting.

Sustainable and Safe Dams Around the World – Tournier, Bennett & Bibeau (Eds)
© 2019 Canadian Dam Association, ISBN 978-0-367-33422-2

Flexible approaches to maximum supply water level of multi-purpose dams

M. Möller
Thüringer Fernwasserversorgung, Erfurt, Germany

W. Thiele
Thiele + Büttner GbR, Erfurt, Germany

ABSTRACT: Recent changes in climate and flow regime require larger water storage volumes than in the past in order to cope with increasing hydrological variability. In multi-purpose dams, reallocating storage volume away from the flood protection function towards the water supply function appears easy, but might not always acceptable from a societal perspective. Dam heightening on the other hand is costly and time consuming and might face constraints in protected or densely populated areas. Addressing this conundrum, our paper describes a third approach for multi-purpose dams: adjustable management of maximum supply water level (MSWL). This involves four pillars at decreasing time scales: (1) seasonal MSWL because of distinct risk and magnitude of flooding during the summer and winter, (2) in the winter, additional lowering of MSWL based on snowpack measurements in the dams catchment area, (3) in the summer, additional lowering of MSWL based on current reservoir inflow using the ISD method, and (4) pre-flood water releases based on meteorological forecasts. Applying these techniques enables dam operators to run a generally higher water level for the water supply function without unduly increasing flood risks downstream. Application of this combined approach is illustrated with examples from several multi-purpose dams in central Germany.

RÉSUMÉ: Les changements récents du climat et du régime d'écoulement nécessitent des volumes de stockage d'eau plus importants que par le passé afin de faire face à la variabilité hydrologique croissante. Pour les barrages à usages multiples, le changement d'utilisation du volume d'emmagasinement de la fonction de protection contre les inondations vers la fonction d'approvisionnement en eau semble facile, mais ce n'est pas acceptable du point de vue de la société. D'autre part, le rehaussement des barrages est coûteux, requiert du temps et pourrait être soumis à des contraintes dans des zones protégées ou densément peuplées. Face à ce dilemme, notre article décrit une troisième approche pour les barrages à usages multiples: la gestion variable du niveau d'exploitation maximal de l'eau (MSWL). Celle-ci implique quatre principes à des échelles de temps décroissantes: (1) un niveau maximal saisonnier en raison du risque et de l'ampleur des inondations en été et en hiver; (2) en hiver, une diminution supplémentaire du niveau maximal en fonction des mesures du stockage de la neige dans le bassin versant; (3) en été, un abaissement additionnel du niveau maximal en fonction des apports réels dans le réservoir en utilisant la méthode ISD; (4) rejets d'eau avant inondation sur la base des prévisions météorologiques. L'application de ces techniques permet aux exploitants de barrages d'utiliser un niveau d'eau généralement plus élevé pour la fonction d'approvisionnement en eau, sans augmenter indûment les risques d'inondation en aval. L'application de cette approche est illustrée par des exemples tirés de plusieurs barrages à usages multiples situés en Allemagne centrale.

Sustainability of water resources development: A case study from the southwest of Iran

A. Heidari
Iran Water and Power Resources Development co., Iran

ABSTRACT: Water resources management deals with conflicts resolution among stakeholders and sectors on available water in a basin. Khuzestan province that shares available water with 15 other provinces in upstream, located in south west of Iran where 4 major IRAN's rivers run through. The dams developed in upstream basins and climate variations have decreased inflows to Khuzestan province in the last decade. Water allocation that is entitled to each province and sector, has been updated a couple of times based on updated data. Currently, the water entitlement does not satisfy the demands due to high irrigation area and low efficiency of agricultural sector in Khuzestan. The majority of wetlands have dried out, and dust sources have increased 60% in the last decade. Endangering people's health besides disrupting public services is the consequence of dust storms. Estimations show that the damage from dust storms notably outweighs agricultural benefits; however, the local authorities are unfortunately pursuing policies to develop more agricultural lands. This paper presents the amount of water entitled to different sectors in Khuzestan province and wetlands' water requirements, and it introduces demand reduction scenarios in agriculture sector. The results show that omitting rice and sugar cane from existing crop patterns would save at least 50% of the agricultural water entitlement. The existing agricultural lands must be reduced by 25% along with changing crop pattern to ensure compliance with the water entitlement.

RÉSUMÉ: La gestion des ressources hydriques administre principalement les conflits entre les parties prenantes au sujet de leur part de l'eau disponible dans le bassin de la rivière. Située dans le sud-ouest de l'Iran où coulent quatre rivières importantes, la province du Khuzestan partage l'eau disponible avec 15 autres provinces. Construits dans les bassins en amont, des barrages ont diminué le débit entrant vers la province de Khuzestan. Une allocation de l'eau disponible a été accordée à chaque province et région. Cette allocation a été mise à jour deux fois au cours de la dernière décennie. Cependant, il était difficile de satisfaire les demandes à partir de ces allocations en raison de la faible efficacité du secteur agricole. La majorité des zones humides se sont asséchées et les sources de poussière ont augmenté de 60% au cours des dix dernières années. Les tempêtes de poussière et de sable ont pour conséquence de mettre la santé de la population en danger de même que de causer des désordres dans les services publics. Les estimations ont montré que les dommages causés par les tempêtes de poussière et de sable sont substantiellement plus coûteux que les bénéfices agricoles. Cependant, les autorités locales poursuivent malheureusement des politiques visant à développer l'agriculture. Cet article présente la quantité d'eau autorisée pour les différents secteurs de la province de Khuzestan ainsi que les besoins en eau pour les zones humides; des scénarios de réduction de la demande sont introduits. L'omission du riz et de la canne à sucre du modèle de cultures existant permettrait d'économiser 50% des allocations d'eau pour l'agriculture. En outre, les surfaces agricoles existantes doivent diminuer de 25% en même temps que le changement de modèle de cultures.

Sustainable and Safe Dams Around the World – Tournier, Bennett & Bibeau (Eds)
© 2019 Canadian Dam Association, ISBN 978-0-367-33422-2

Practice and optimization of the flood control operation mode for the Three Gorges Project

S. Li, Y. Gao, L. Xing & H. Wang
China Three Gorges Corporation, Yichang, Hubei, People's Republic of China

ABSTRACT: The Three Gorges Project (TGP) is a key backbone project of developing and harnessing the Yangtze River in China. It has comprehensive benefits in flood control, power generation, navigation improvement and utilization of water resources. The TGP's primary task is flood control, with an emphasis on flood-flowing safety of the Jingjiang River reach in the middle and lower reaches of the Yangtze River (MLRYR). Since the TGP has been in operation from 2003, the design flood control operation mode of the TGP is being optimized gradually in accordance with the change of reservoir operating conditions. A series of studies and practices have been conducted successively, including the operation for detaining small and medium floods and the flood control compensation operation for the Chenglingji reach. Flood control benefits of the TGP have been further expanded. According to the flood control needs in the MLRYR, 47 flood control operations of the TGP has been carried out by flood peak reduction and peak staggering. Over 140 billion m³ of accumulative flood volume were impounded since 2003. Flood control function is fully exerted, which provide the flood control safety support for the development of the Yangtze River Economic Belt.

RÉSUMÉ: L'aménagement des Trois Gorges (TGP) est un projet majeur pour le développement et l'exploitation du fleuve Yang Tsé en Chine. Il présente les avantages combinés du contrôle des inondations, de la production d'électricité, de l'amélioration de la navigation et de l'utilisation des ressources hydriques. L'objectif principal du TGP est de lutter contre les inondations, en mettant l'accent sur le passage sécuritaire des inondations dans la rivière Jingjiang dans les tronçons moyen et inférieur du fleuve Yang Tsé (MLRYR). Le TGP est en exploitation depuis 2003, le mode de fonctionnement face aux inondations prévu dans la conception préliminaire a été progressivement optimisé en fonction des changements des conditions d'exploitation du réservoir. Les avantages du TGP pour la lutte contre les inondations ont été encore étendus par une série d'études et de directives qui ont été successivement mises en œuvre, y compris le contrôle dynamique des niveaux d'eau du réservoir pendant la saison des inondations, des opérations de compensation du contrôle des inondations pour le cours du Chenglingji et des manœuvres de retenue des crues petites ou moyennes. Conformément aux besoins de lutte contre les inondations du MLRYR, 47 opérations ont été effectuées par réduction des pics de crue et par décalage de ces pics; un total de 140 milliards de m³ d'eau a été retenu entre 2003 et 2018, exerçant pleinement la fonction de lutte contre les inondations, ce qui fournit une amélioration à la sécurité contre les inondations favorisant le développement de la zone économique du fleuve Yang Tsé.

Sustainable and Safe Dams Around the World – Tournier, Bennett & Bibeau (Eds)
© 2019 Canadian Dam Association, ISBN 978-0-367-33422-2

Analysis of joint optimization scheduling rules for Jinsha River cascade and Yalong River cascade

Zhang Hairong, Tang Zhengyang, Li Peng, Ren Yufeng & Liang Zhiming
China Yangtze Power Co., Ltd., Yichang, China

ABSTRACT: The Yalong River and the Jinsha River Basin are the important hydropower bases in China, where a large number of hydropower stations such as Lianghekou, Ertan, Wudongde and Xiluodu are planned and built. The joint optimal operation of these hydropower stations can effectively improve the utilization of water resources and ensure the safety of downstream flood control. Using the runoff data from 1956 to 2010, the joint optimization of the Yalong River cascade and the Jinsha River cascade is calculated firstly. Based on this, by exploring the operation rules between different reservoirs and different cascades, the joint operation rule charts are formed, and the order of water storage of the relevant hydropower stations is analyzed. The results have shown that the releasing sequence of the reservoirs before the flood season should be: Lianghekou - Longpan - Jinping I - Ertan - Xiangjiaba - Baihetan - Xiluodu - Wudongde. The storaging order of the reservoirs at the end of the flood season should be: Jinping I - Longpan/Ertan - Lianghekou - Wudongde - Baihetan/Xiluodu - Xiangjiaba.

RÉSUMÉ: La rivière Yalong et le bassin de la rivière Jinsha sont les bassins hydroélectriques importants de la Chine. Un grand nombre de centrales hydroélectriques telles que Lianghekou, Ertan, Wudongde et Xiluodu sont planifiées et construites. Le fonctionnement conjoint optimal de ces centrales hydroélectriques peut effectivement améliorer l'utilisation des ressources en eau et assurer la sécurité du contrôle des inondations en aval. En utilisant les données de ruissellement de 1956 à 2010, l'optimisation conjointe de la cascade de la rivière Yalong et de la cascade de la rivière Jinsha est calculée en premier lieu. Sur cette base, en explorant les règles de fonctionnement entre différents réservoirs et différentes cascades, les diagrammes de règles de fonctionnement communs sont formés et l'ordre de stockage de l'eau des centrales hydroélectriques correspondantes est analysé. Les résultats ont montré que la séquence de libération des réservoirs avant la saison des inondations devrait être: Lianghekou - Longpan - Jinping I - Ertan - Xiangjiaba - Baihetan - Xiluodu - Wudongde. L'ordre de stockage des réservoirs à la fin de la saison des inondations devrait être le suivant: Jinping I - Longpan/Ertan - Lianghekou - Wudongde - Baihetan/Xiluodu - Xiangjiaba.

Unknown DPRK's dam water level analysis applying artificial intelligence and machine learning method

J.B. Park, S.H. Lee & S.J. Kim
K-water, Daejeon, Republic of Korea

ABSTRACT: The North Korea's Dam's difficult to obtain the minimum amount of data such as water level. We study used Big Data, Artificial Intelligence and Machine Learning Method to find out the current status of the unknown DPRK's dam. The method uses the hydrology data, satellite images of South Korea located downstream of the same river system as the unknown DPRK's dam. We analyze changes the area of reservoir at the time series satellite images of the three dams (Peace, Hwachon, DPRK's Dam). Peace and Hwachon Dam's the hydrological data are can easily accurately known. But DPRK's dam's data are acquired weather related data from Global Telecommunication System (GTS), which can recognize world weather information. (Cloudiness, temperature, humidity, precipitation, etc.) A large data set was constructed using the statistical program R based on the weather, the GTS, and the area change value of the dam in satellite photographs for the P and H dams for more than 10 years. We construct a learning-based prediction model through ANN, SVM, R.F, etc., and build an optimal model of South Korea's hydrology data. Using the constructed model, we predict the unknown North Korea's Dam water level change situation with South Korea's weather data.

RÉSUMÉ: Il est difficile d'obtenir des données de base, tel que les niveaux d'eau, pour un barrage nord-coréen. Des méthodes de « megadonnées » (big data) d'intelligence artificielle et d'apprentissage automatique (machine learning) ont été utilisées afin de déterminer l'état actuel d'un barrage anonyme de la RDPC. La méthode utilise des données hydrologiques et des images satellites d'une région de la Corée du Sud située en aval du barrage anonyme de la RDPC. Les changements de superficies en fonction du temps de trois réservoirs (de la Paix, Hwachon, et le barrage de la RDCP) ont étés analysés grâce aux images satellites. Les données hydrologiques relatives aux réservoirs de la Paix et Hwachon ont pu être collectées facilement. Les données météorologiques relatives au réservoir de la RDPC ont été obtenues à l'aide du Système mondial de télécommunications (SMT), qui permet l'accès aux données météorologiques à l'échelle mondiale (température, humidité, précipitations, présence de nuages, etc.). Un vaste ensemble de données sur les réservoirs de la Paix et Hwachon, incluant les conditions météorologiques, les changements de superficies des réservoirs identifiés par imagerie satellite et les données provenant du SMT ont été intégrées à une base de données construite à l'aide du programme d'analyse statistique R. Les données colligées couvrent une période de plus de 10 ans. Un modèle de prédiction basé sur l'apprentissage a été construit par l'entremise de ANN, SVM, RF, etc, qui a permis d'établir un modèle optimal des données hydrologiques sud-coréennes. Ce modèle a permis de prédire, grâce aux données météorologiques de la Corée du Sud, les variations des niveaux d'eau du barrage anonyme de la Corée du Nord.

A study on water level management criteria of reservoir failure alert system

B. Lee & B.H. Choi

Rural Research Institute of Korea Rural Community Corporation, Ansan-si, Gyeonggi-do, South Korea

ABSTRACT: Climate change and aging facilities decrease the safety of reservoirs, and it leads to reservoir failures. Therefore, there is a need to effectively utilize the reservoir failure alert system to prevent and reduce loss of life & property damage in the event of a reservoir failure. One of the most important elements for the effective use of a failure alert system is the management criteria that can respond to abnormal behaviors and signs of failure which are detected in real-time. In order to verify the existing water level management criteria, 10 reservoirs were selected on the basis of reservoir capacity and their water level data were analyzed. Weight factors and trend lines were applied to the rapid change sections derived from the analysis of the water level data for the period of a year. The water level management criteria were equally divided into three parts. According to the analysis results, the water level management criteria show less than 7% of standard deviation. Therefore, it is considered that the established water level management criteria are adequate.

RÉSUMÉ: L'effondrement des réservoirs peut être engendré par le changement climatique et le vieillissement des réservoirs. Lors de l'effondrement, pour prévenir et diminuer le plus possible les dégâts corporels et matériels, la mise en place d'un système de la prévision de l'effondrement des réservoirs est indispensable. Pour l'utilisation efficace de ce système, il faut un modèle (une valeur référentielle) de la gestion, qui va définir les mouvements anormaux et les signes de l'effondrement. Nous avons ainsi choisi 10 réservoirs selon les volumes de l'eau retenus, pour analyser leurs changements du niveau d'eau, afin de déterminer la convenance du modèle. Pendant un an, nous avons repéré les sections présentant des changements les plus violents pour y appliquer le coefficient pondérateur et la ligne de tendance. Les 3 valeurs référentielles du modèle de la gestion représentées en 3 niveaux, possèdent une déviation normale inférieure à 7 %, ce qui montre que ces valeurs sont convenables.

Sustainable and Safe Dams Around the World – Tournier, Bennett & Bibeau (Eds)
© 2019 Canadian Dam Association, ISBN 978-0-367-33422-2

Optimal water resources allocation and water supply risk assessment under changing environment in the Mid-lower Hanjiang River Basin, China

X. Hong, L. Zhang, Y. Huang, Q. Zou, R. Zhang, X. He & L. Wang
Changjiang Institute of Survey, Planning, Design and Research, Wuhan, China

X. Hong
State Key Laboratory of Water Resources and Hydropower Engineering Science, Wuhan University, Wuhan, China

ABSTRACT: Rapid socio-economic development and human-induced climate change, have presented challenges on global water security. Mass constructions and improving operation skills of large-scale dams have provided resilience against growing threat of water shortage. An integrated water resources management model of Mid-lower Hanjiang River Basin in central China incorporating future climate scenarios generation, hydrological modeling, water demand prediction, reservoir operation and water resources allocation was constructed. Adaptive water resources allocation schemes were obtained according to combined scenarios considering climatic change, increasing off-stream water demands and planned expanding water diversion pro-jects in short-, mid- and long-term planning period. Then water supply risks were evaluated under projected changing environments. The results indicated that expansions of water demand and inter-basin water diversion amount, are likely to have significant adverse effects on the water supply reliability of water users along the mainstream of Hanjiang River. Moreover, climate variation is projected to impact the water supply of the study area with a wide range and a strong magnitude. Generally, the water supply risk in the Mid-lower Hanjiang River basin would be gradually enlarged under most scenarios. The proposed method offers a practical tool towards more robust decision-making for regional water resources planning and management.

RÉSUMÉ: Le développement social et économique rapide, ainsi que le changement climatique induit par l'homme, ont présenté des défis pour la sécurité mondiale de l'eau. Les constructions de masse et l'amélioration des compétences opérationnelles des grands barrages ont permis de résister aux menaces croissantes de pénurie d'eau. Un modèle intégré de gestion des ressources en eau du bassin moyen et inférieur du Hanjiang en Chine centrale, intégrant la génération de scénarios climatiques futurs, la modélisation hydrologique, la prévision de la demande en eau, l'exploitation des réservoirs et l'allocation des ressources en eau, a été élaboré. Les programmes d'allocation adaptative des ressources en eau ont été obtenus selon des scénarios combinés tenant compte des changements climatiques, de la demande croissante en eau en aval et des projets de dérivation en expansion prévus dans les périodes de planification à court, moyen et long terme. Ensuite, les risques liés à l'approvisionnement en eau ont été évalués dans les environnements en évolution projetée. Les résultats ont indiqué que les augmentations de la demande en eau et la quantité de détournement de l'eau entre les bassins pourraient avoir des effets négatifs importants sur la fiabilité de l'approvisionnement en eau des utilisateurs de l'eau le long du fleuve Hanjiang. Les variations climatiques devraient avoir un impact sur l'approvisionnement en eau de la zone d'étude, avec une large plage et une grande amplitude. Le risque d'approvisionnement en eau dans les bassins moyen et inférieur du fleuve Hanjiang serait progressivement élargi dans la plupart des scénarios.

Sustainable and Safe Dams Around the World – Tournier, Bennett & Bibeau (Eds)
© 2019 Canadian Dam Association, ISBN 978-0-367-33422-2

Operation of large Norwegian hydropower reservoirs after quantifying the downstream flood control benefits

B. Glover & K.L. Walløe
Multiconsult, Oslo, Norway

ABSTRACT: Norwegian dam owners have long recognized the benefits of large reservoirs in reducing flood damage downstream. However, only now are these benefits being quantified and brought into the decision-making process on how to operate the reservoirs in the future, both in the mandatory re-licensing process and in evaluation of rehabilitation works on dams and flood protection embankments. Multiconsult have carried out pilot analyses on several large regulated river systems on behalf of the electricity industry association of Norway, which includes hydropower dam owners (Energy Norway). The pilot project demonstrates that it is possible to combine information from extreme flood frequency analysis for a future climate with mapping of flood prone zones and statistics on damage from historic severe flood events to produce a new quantification methodology. This provides reliable estimates for avoided flood damage attributable to any reservoir and any particular operating rule. The new tools and methodologies are being tested by NVE and early results are providing quantitative valuations of each reservoir's contribution to reducing flood damage. This benefits the dam owners, the licensing authorities and the flood –prone communities, and makes trade-offs between differing interests more easily understood and decisions better justified.

RÉSUMÉ: En Norvège, depuis longtemps, les propriétaires de barrages apprécient les avantages de grands réservoirs pour la réduction de dégâts suivant des grands débits de crues. Cependant, c'est seulement récemment que l'on a commencé à quantifier ces avantages et à les prendre en compte dans les prises de décision pour l'opération des barrages et des digues de protection d'inondation. Multiconsult a réalisé des analyses pilotes de plusieurs grands réseaux fluviaux pour le compte de l'association des producteurs d'électricité de Norvège, qui inclue les propriétaires de centrales hydroélectriques. L'étude pilote démontre qu'il est possible de combiner des données provenant de l'analyse de fréquence de crues extrêmes dans un futur climat, avec une représentation cartographique des zones en danger d'inondation et avec des données statistiques sur les dégâts suivant des crues historiques, tout cela pour établir une nouvelle méthodologie de quantification. Celle-ci fournit des estimés fiables des dégâts d'inondation évités, attribuable à n'importe quel réservoir et à n'importe quelle règle d'opération particulière. Les nouveaux outils sont actuellement testés par NVE (The Norwegian Water Resources and Energy Directorate) et les premiers résultats fournissent une valorisation quantitative de la contribution de chaque réservoir pour la réduction des dégâts d'inondation. Ceci représente un profit pour les propriétaires de barrages, pour les autorités octroyant les concessions ainsi que pour les communautés dans les zone en risque d'inondation, et facilite en même temps le fait d'équilibrer différents intérêts et de prendre des décisions bien fondées.

The method for increasing the waterpower generation by using the storage volume for flood control in the multipurpose dams

H. Takeuchi
Ministry of Land, Infrastructure, Transport, and Tourism, Chubu Regional Development Bureau, Tenryugawa Integrated Dam and Reservoir Group Management Office, Nagano, Japan

T. Ikeda, S. Nagasawa & S. Tada
Civil Engineering & Eco-Technology Consultants, Tokyo, Japan

ABSTRACT: In Japan, in recent years, it has become increasingly important to make the maximum effective use of dams now in operation. At multipurpose dams managed by the Ministry of Land, Infrastructure, Transport, and Tourism (MLIT) of Japan, the capacity for water use is clearly discriminated between the capacity for flood control and for water use such as power generation etc., but storing part of reservoir capacity for flood control and using it for hydropower generation etc. is considered as a method of more effective use of reservoir capacity. In this case, it is necessary to perform preliminary discharge quickly when flooding is predicted to ensure capacity for flood control, and when performing preliminary discharge, it is necessary to avoid abrupt raise of the water level in the river downstream from the dam. Considering such restrictive conditions, possible capacity for power generation in the capacity for flood control was calculated at two multipurpose dams on T River System, M dam and K dam. And the capacity which can be stored newly in two dams is 27% and between 4 and 6% of capacity for flood control respectively. And the results of a simulation have shown that when the new capacity for power generation has been used up, it is difficult to recover it because of the small inflow into the reservoirs. And the increase of power generation obtained from the capacity newly stored at two dams was small at only about 0.89%. But, in the future it will be necessary to expand such studies to cover all dams in Japan in order to consider the feasibility of increasing generated power.

RÉSUMÉ: Au Japon, il devient important de reconstruire le corps des barrages ou de réorganiser le volume des réservoirs de barrages à usages multiples pour en obtenir un usage plus efficient. Cet article présente l'étude de faisabilité de la méthode pour augmenter la production hydroélectrique en utilisant le volume de stockage pour le contrôle des inondations des barrages à usages multiples. L'étude a été réalisée pour deux barrages existants au Japon. Afin de conserver le volume de stockage d'eau pour le contrôle des inondations, il est nécessaire d'abaisser le niveau de l'eau avant que la crue ne pénètre dans le réservoir. Il est donc important de prévoir les précipitations et de contrôler le débit sortant du réservoir. Le résultat de la simulation a montré qu'il était possible de partager l'eau jusqu'à un volume de 58~84% pour le contrôle des inondations. Mais en raison du faible débit de la rivière, il devient difficile de récupérer le niveau d'eau, de sorte que l'augmentation de la production hydroélectrique ne représente que 0,89% de la production totale. Il est nécessaire de poursuivre les études de faisabilité pour d'autres barrages à usages multiples au Japon.

Sustainable and Safe Dams Around the World – Tournier, Bennett & Bibeau (Eds)
© 2019 Canadian Dam Association, ISBN 978-0-367-33422-2

National census on river and dam environments in Japan and utilization for appropriate dam management using the results

T. Osugi, E. Akashi, K. Yamaguchi & H. Kanazawa
Water Resources Environment Center, Tokyo, Japan

M. Nishikawa
IDEA Consultants Inc. Kanagawa, Japan

ABSTRACT: National Census on River and Dam Environments in Japan is a periodical investigation for the purpose of collecting basic information about the environment of dam reservoirs and covers biological investigation and investigation on the number of tourists of the dam reservoir in Japan. This census targets at eight categories of plants and animals, such as fish, benthic animal, plankton, birds, etc. for the purpose of nationwide assaying the environment of a dam reservoir and its surrounding by accumulating data with keeping the survey accuracy. It has been carried out more than 20 years since 1990. In this paper, the objective species were selected and analyzed among the alien species expanding these population from the viewpoint of the dam and its lake management and environmental continuity of up- and downstream of the dam. For example, it has been found that Golden Mussel clogs water pipes and makes a great influence on hydroelectric power generation and that other alien species expanding its distribution makes a great influence on fishery activity. By utilizing this National Census Data we believe it is possible to upgrade dam management appropriately.

RÉSUMÉ: Le Recensement national de l'environnement des cours d'eau et des barrages au Japon est une étude réalisée de façon périodique dont le but est de recueillir des informations de base sur l'environnement des lacs de barrage. Il porte notamment sur l'aspect biologique et le nombre de touristes visitant ces réservoirs. Ce recensement vise sept espèces animales et végétales. (poissons, animaux benthiques, plancton, oiseaux, etc.) afin de pouvoir effectuer une évaluation nationale de l'environnement des réservoirs et de leurs environs. Il est en cours depuis une vingtaine d'année et a débuté en 1990.Dans cet article, nous avons sélectionné et analysé les espèces visées du point de vue de la continuité des cours d'eau en amont et en aval des barrages et de la propagation des espèces exotiques.Par exemple, nous avons constaté que la moule Limnoperna Fortunei, qui obstrue les conduits d'eau et a ainsi un impact important sur la génération hydraulique d'électricité et les activités de pêche, ne montre aucune tendance à se propager.Nous considérons que les données du Recensement national peuvent être mises à profit pour l'amélioration du fonctionnement des barrages.

The role of sreamflow forecast horizon in real-time reservoir operation

K. Gavahi & S.J. Mousavi
Amirkabir University of Technology, Tehran, Iran

K. Ponnambalam
University of Waterloo, Waterloo, Canada

ABSTRACT: This study investigates the impact of forecast time horizon (FTH) on the performance of an adaptive forecast-based monthly real-time reservoir operation (AFRO) model. The model consists of three modules; a streamflow forecasting module, which predicts future monthly inflows, a reservoir operation optimization module, determining monthly optimum reservoir releases up to a predefined forecast horizon, and an updating module, updating the current state of the system and provides the other two modules with the latest observed information on future inflows. The main question addressed in this study is how sensitive the performance of the AFRO model is to FTH, an AFRO model's parameter that can be optimized for each season (month). Optimum FTHs are determined using a genetic algorithm (GA) optimizer in which the AFRO model is embedded. The GA algorithm maximizes the AFRO model's objective function by searching for possible values of the seasonal FTH vector while the AFRO model is run for the GA objective function evaluations. The performance of the proposed GA-AFRO framework is tested in the case study of Bukan reservoir system in Lake Urmia Basin, Iran, and compared with a constant-FTH AFRO model and an ideal reservoir operation model benefiting from perfect foresight assumption on future inflows. Results reveal about seven percent increase in optimal objective function value for the variable season-dependent FTH AFRO model compared to the fixed-FTH AFRO model while achieving 92% of the best possible objective function value of the ideal model that can ever be reached.

RÉSUMÉ: Cette étude examine l'impact de l'horizon de prévision (FTH) sur la perfor-mance d'un modèle AFRO (Adaptation Operation Operation) mensuel, basé sur des prévisions adaptatives. Le modèle comprend trois modules; un module de prévision du débit, qui prédit les entrées mensuelles futures, un module d'optimisation de l'exploitation des réservoirs, déterminant les rejets optimaux mensuels des réservoirs jusqu'à un horizon de prévision prédéfini, et un module de mise à jour actualisant l'état actuel du système et fournissant les deux autres modules avec les dernières informations observées sur les flux futurs. La principale question abordée dans cette étude est la sensibilité des performances du modèle AFRO à FTH, paramètre du modèle AFRO pouvant être optimisé pour chaque saison (mois). Les FTH optimaux sont déterminés à l'aide des valeurs prédéfinies en tant que chromosome d'entrée d'un optimiseur de type à algorithme génétique (GA) dans lequel le modèle AFRO est intégré. L'algor-ithme GA maximise les valeurs de fonction objectif du modèle de fonctionnement AFRO en recherch-ant les valeurs possibles de FTH pour différents mois, tandis que le modèle AFRO est exécuté pour les évaluations de fonction objectif de GA. Les performances du cadre proposé GA-AFRO sont testées dans l'étude de cas du système de réservoir du barrage de Boukan dans le bassin du lac Urmia, en Iran, et comparées à un modèle AFRO constant et à un modèle de fonctionnement de réservoir idéal offrant une prévision parfaite des flux futurs. Les résultats révèlent une augmentation d'environ 7% de la valeur de fonction objective optimale pour le modèle FTH AFRO variable en fonction de la saison par rapport au modèle FTH fixe-AFRO, tout en obtenant 92% de la meilleure valeur de fonction objectif possible du modèle idéal jamais atteinte.

Sustainable and Safe Dams Around the World – Tournier, Bennett & Bibeau (Eds)
© 2019 Canadian Dam Association, ISBN 978-0-367-33422-2

Assessment of increase in bed level of Ghazi-Barotha reservoir

K. Munir & M. Zain
Dams Safety Organization, WAPDA, Pakistan

ABSTRACT: The most problematic phenomenon in any reservoir is the sedimentation that ultimately causes the reduction of water storage capacity. Monitoring of the sediment concentration is a critical aspect for rational decision making to ensure the intended purpose. In this respect, a sophisticated insight can be obtained by hydrographic surveys at selected locations to determine a generalized situation of the sedimentation process. The current study is aimed at assessing the increase in bed level of the Ghazi-Barotha reservoir by means of analyzing the sedimentation accumulation. At Ghazi-Barotha Hydropower Project, 1600 cumecs of water is diverted from the Indus River through an open power channel which is entirely concrete lined along its 52 km length down to the power complex. In the study at different range lines, variation in bed levels with time was studied and average increase in the bed elevation was calculated; eventually a linear equation is proposed to predict the increase in bed elevation for the impending years. It can be conveniently infer that by the virtue of being located at downstream of Tarbela dam, the Project suffers less with the sedimentation issue; nevertheless, due to ever-increasing trap-efficiency of Tarbela Reservoir, the bed level of Ghazi-Barotha reservoir is expected to rise eventually.

RÉSUMÉ: Le phénomène le plus problématique dans tout réservoir est la sédimentation qui finit par réduire la capacité de stockage de l'eau. La surveillance de la concentration des sédiments est un aspect essentiel d'une prise de décision rationnelle afin d'assurer le but recherché. À cet égard, il est possible d'obtenir des informations sophistiquées en effectuant des levés hydrographiques sur des sites choisis afin de déterminer une situation généralisée du processus de sédimentation. La présente étude vise à évaluer l'augmentation du niveau du lit du réservoir Ghazi-Barotha en analysant l'accumulation de sédimentation. Au projet hydroélectrique de Ghazi-Barotha, 1 600 cames d'eau sont détournées de l'Indus par un canal électrique dégagé entièrement en béton sur une longueur de 52 km jusqu'au complexe énergétique. Dans l'étude, on a étudié la variation des lignes de distance en fonction du temps et calculé l'augmentation moyenne de l'altitude du lit; finalement, une équation linéaire est proposée pour prédire l'augmentation de l'altitude du lit pour les années à venir. On peut facilement en déduire que, du fait de son emplacement en aval du barrage de Tarbela, le projet souffre moins du problème de la sédimentation. Néanmoins, en raison de l'efficacité toujours plus grande du piège du réservoir de Tarbela, le niveau du fond du réservoir de Ghazi-Barotha devrait augmenter à terme.

Multipurpose water uses of reservoirs in Slovenia

N. Smolar-Žvanut, J. Meljo, N. Kodre & T. Prohinar
Slovenian Water Agency, Ljubljana, Slovenia

ABSTRACT: For integrated management of multipurpose water reservoirs in Slovenia, it is crucial to determine the priority of water uses and other activities, although they can contradict at times, but usually they are complementary. The data of 57 reservoirs were collected and analyzed. The data include the following parameters: the main purpose of the dam construction and the actual use of the reservoir, the review of granted water rights, the reservoir manager, the ecological status of the water body, the proportion of financing the dam construction and maintenance of the reservoir, and other physical data of the reservoir and dam related to it. Most of reservoirs are used primarily for hydropower generation and flood protection, but they are also used for irrigation, drought management, fisheries and recreational activities. Only three reservoirs are primarily used for irrigation, but none for water supply. They are managed mostly by the state and hydropower companies. Many of them are important as NATURA 2000 sites, with high biodiversity of flora and fauna. Due to high potential of multipurpose uses of reservoirs in Slovenia, there is a major challenge to find an approach for existing and new water users to achieve sustainable management of them.

RÉSUMÉ: Pour une gestion intégrée des réservoirs polyvalents en Slovénie, il est fondamental de déterminer l'utilisation prioritaire de l'eau ainsi que ses autres utilisations; bien que celles-ci soient parfois contradictoires, elles se complètent dans la majorité des cas. Les données de 57 réservoirs ont été recueillies et analysées. Les données contiennent les paramètres suivants: l'objectif principal de la construction d'un barrage et l'utilisation réelle du réservoir, le contrôle des droits octroyés sur l'eau, le gestionnaire du réservoir, l'état écologique de la masse d'eau, la part de financement de la construction et de l'entretien du barrage et du lac de retenue, ainsi que d'autres caractéristiques physiques sur le réservoir et le barrage. La plupart des réservoirs sont destinés principalement à la production d'énergie dans les centrales hydroélectriques et à la protection contre les inondations, d'autres sont également utilisés pour l'irrigation, la gestion des sécheresses, la pêche et les activités de loisirs. Trois réservoirs sont utilisés essentiellement pour l'irrigation, cependant, il n'y en a aucun pour l'adduction de l'eau. Les réservoirs sont principalement gérés par l'Etat et les sociétés hydroélectriques. Beaucoup d'entre eux se situent dans la zone du réseau NATURA 2000, où la diversité de la flore et de la faune est considérable. En raison du grand potentiel de l'utilisation polyvalente des réservoirs en Slovénie, le défi majeur consiste à trouver un moyen qui permettra aux utilisateurs actuels et aux nouveaux utilisateurs d'eau d'accéder à une gestion durable des réservoirs.

Reestimation of flood control storage and fixing an optimum spill

A.K. Paul

Operations Department, Manappat Group of Companies, Muscat, Oman

ABSTRACT: Globally unprecedented incessant rains have prompted dam authorities to frantically spill water to avert dam overflows and breaches. On many instances including the recent deluge in Kerala, India and Myanmar, the distress discharge without advanced communication, has added to flood miseries of the people, their livelihood and properties. As earth's climate is changing rapidly and is affecting the magnitude and frequency of precipitations, the probability of flooding is expected to increase. The major risks when the dam is filled to the brim during the course of rainy season is the sudden upsurge in inflow (Hazard) from upstream dams and catchment areas. Risk mitigation is achieved only by release of large volume of water through all possible outlets. Since the lead time for flood mitigation is very limited, the most probable consequence is dam overflow, dam breaches, and inundation of lower plains (Vulnerability). In order to reduce effect of dam induced floods, a mathematical model is evolved, and a case study of Idukki dam in Kerala is done to re-estimate the flood control storage and to emphasize the need for an optimum spill and to start the spill in timely coordinated manner to avert flood disasters

RÉSUMÉ: Les pluies incessantes sans précédents au niveau mondial ont amené les responsables du barrage à évacuer l'eau en urgence afin d'éviter des débordements et des brèches sur le barrage. Dans plusieurs cas, y compris le déluge récent du Kérala en Inde et au Myanmar, la détresse due à l'évacuation du barrage inattendue s'est rajoutée aux avaries dues aux inondations comme la perte des moyens de subsistance et des propriétés des gens. On s'attend à une hausse du risque d'inondation en raison du changement rapide du climat de la Terre qui affecte l'ampleur et la fréquence des précipitations. Le risque majeur quand le barrage est sur le point de déborder lors de fortes pluies est la montée soudaine dans l'arrivée d'eau (Hazard) à partir des bassins versants. L'atténuation du risque n'est atteinte qu'en laissant couler une grande quantité d'eau par toutes les sorties d'eau possibles. Puisque le temps minimum requis pour éviter l'inondation est très court, les plus probables conséquences sont le débordement du barrage, des brèches et des inondations dans les basses plaines (Vulnérabilité). Afin de réduire l'effet d'augmentation des crues causées par les barrages, un modèle mathématique est développé, et une étude de cas du barrage d'Idukki au Kérala est effectuée pour réévaluer la capacité de la réserve d'eau pour le contrôle des crues et pour mettre l'accent sur le besoin d'un système d'évacuation d'eau optimal et pour démarrer l'évacuation d'eau d'une manière opportune et coordonnée dans le but d'éviter les catastrophes des inondations.

Performance and monitoring of concrete dams /

Comportement et surveillance des barrages en béton

Sustainable and Safe Dams Around the World – Tournier, Bennett & Bibeau (Eds)
© 2019 Canadian Dam Association, ISBN 978-0-367-33422-2

Application of Laser Doppler Vibrometry in dam health monitoring

M. Klun, D. Zupan, J. Lopatič & A. Kryžanowski
Faculty of Civil and Geodetic Engineering, University of Ljubljana, Slovenia

ABSTRACT: This paper presents an ongoing research of structural vibrations on a hydropower dam using the Laser Doppler Vibrometer (LDV) technology. In-situ structural response measurements have been taken on the Brežice Dam in Slovenia, where the main source of structural excitation is the installed Kaplan turbines under various operating regimes. Rapid development of laser measurement technology in the last decades provides powerful methods for a variety of measuring tasks. The prevailing reason for such measuring versatility is the non-contact nature of measurements. At their early stages, lasers were very delicate equipment used only in laboratories; further development enabled application directly in production facilities and production lines. Despite these recent developments, the use of lasers for measuring has been limited to sites provided with stationary conditions. This paper presents the first application of LDV in non-stationary conditions within a hydropower plant powerhouse, where surface velocities were measured and eigenfrequencies were estimated from these measurements. The paper will explain the elimination of pseudo vibration and measurement noise inherent to the non-stationary conditions of the site. Upon removal of the noise, fatigue of the different structural elements of the powerhouse could be identified if significant changes over time are observed in the eigenfrequencies.

RÉSUMÉ: Le présent article porte sur la recherche actuellement menée sur les vibrations structurales d'un barrage hydroélectrique au moyen de la technologie du vibromètre laser (Laser Doppler Vibrometer ou LDV). Des mesures de la réponse structurale ont été effectuées in-situ à divers régimes opérationnels dans le Barrage de Brežice en Slovénie, où les turbines Kaplan installées sont la principale source d'excitation structurale. Le développement rapide de la technologie de mesure au laser de ces dernières décennies propose de puissantes méthodes pour une variété de tâches de mesure. La raison prédominante d'une telle polyvalence tient à la nature du mesurage sans contact. À leurs débuts, les lasers étaient des équipements très délicats utilisés uniquement dans les laboratoires; leur développement ultérieur a permis leur application directe dans les installations de production et les lignes de production. En dépit de ces récents développements, l'utilisation des lasers de mesure s'est limitée aux sites dotés de conditions stationnaires. Cet article présente la première application du LDV dans les conditions non-stationnaires d'une centrale hydroélectrique où les vitesses de surface ont été mesurées et les fréquences propres ont été évaluées à l'aide de telles mesures. L'article explique l'élimination de la pseudo-vibration et du bruit de mesure inhérent aux conditions non stationnaires du site. Après élimination du bruit, la fatigue des différents éléments structuraux de la centrale peut être identifiée si des changements importants au fil du temps sont observés dans les fréquences propres.

Sustainable and Safe Dams Around the World – Tournier, Bennett & Bibeau (Eds)
© 2019 Canadian Dam Association, ISBN 978-0-367-33422-2

A guideline for ageing management of post-tensioning tendons for dam owners

P. Lundqvist
Vattenfall, Älvkarleby, Sweden

C. Bernstone & A. Marklund
Vattenfall, Solna, Sweden

C.-O. Nilsson
Uniper Energy, Östersund, Sweden

ABSTRACT: Post-tensioning tendons are used within the hydropower industry to increase dam stability. Since the safety of such concrete dam structures depend on the forces in the tendons, ageing management of tendons is of great importance. Currently, no common practice for tendon ageing management exists in Sweden.

This paper presents the results from a study with the purpose to develop the basis for a tendon ageing management programs for hydropower applications. Results from evaluations of performed tendon force measurements showed that large uncertainties are associated with the current methods that uses hydraulic jacks to measure the tendon force. Significant differences, up to 20 %, between measurements performed by different contractors on the same tendons a few years apart were observed. Furthermore, simultaneous measurements with load cells showed that the hydraulic jack measurements tend to over-estimate tendon forces with up to 22 %.

The developed tendon ageing management guideline is based on a review of internationally published reports, research papers, standards and recommendations regarding post-tensioning tendons including: Inspection programs for installed tendons, standardized procedure for measuring tendon forces with hydraulic jacks, acceptance criteria for ten-don forces and instrumentation of tendons.

RÉSUMÉ: Des câbles de poste tension sont utilisés dans l'industrie hydro-électrique pour augmenter la stabilité des barrages. Comme la sureté de telles structures de barrages en béton dépend de la force dans les câbles, la gestion du vieillissement des câbles est d'une grande importance. Actuellement il n'existe aucune pratique courante en Suède pour la gestion du vieillissement de câbles de poste tension.

Ce document présente les résultats d'une étude ayant pour but de développer la base d'un programme de gestion du vieillissement de câbles de poste tension, pour des applications hydro-électriques. Les résultats des évaluations des mesures faites sur la tension sur les câbles ont montré qu'il y a des grandes incertitudes associées aux méthodes actuelles qui utilises des vérins hydrauliques pour mesurer la force. Des différences signifiantes, jusqu'à 20%, ont été observés entre des mesures faites par différents entrepreneurs sur les mêmes câbles avec seulement quelques années d'intervalle. En outre, des mesures simultanées avec des capteurs de force ont montré que les mesures faites avec vérins hydrauliques ont la tendance de surestimer les forces jusqu'à 22%.

Les lignes directrices qui ont été développé pour la gestion du vieillissement des câbles de poste tension sont basés sur la revue des rapports internationaux publiés, des documents de recherche, des standards et des recommandations concernant des câbles de poste tension comprenant: des programmes d'inspection pour des câbles déjà installés, des procédures standardisés pour mesurer des forces effectués sur des câbles avec des vérins hydrauliques, des critères d'acceptances pour des forces et pour l'instrumentation des câbles de poste tension.

Sustainable and Safe Dams Around the World – Tournier, Bennett & Bibeau (Eds)
© 2019 Canadian Dam Association, ISBN 978-0-367-33422-2

Measurement of in situ stresses in the concrete of the Cahora Bassa dam

L. Lamas, J.P. Gomes & A.L. Batista
Portuguese National Laboratory for Civil Engineering – LNEC, Lisbon, Portugal

E.F. Carvalho & B. Matsinhe
Hidroeléctrica de Cahora Bassa (HCB), S. A, Songo, Mozambique

ABSTRACT: The 166 m high Cahora Bassa arch dam, built in the Zambezi River in Mozambique more than 40 years ago, is undergoing a process of swelling reactions of the concrete, which has been accompanied since it was detected in its early stages. Several measures were implemented, namely the upgrade of the monitoring system and the use of numerical models for analysis of the dam's behaviour. From the results of these analyses, it was concluded that the compressive stresses in the concrete dam's body were slowly increasing and it was decided to confirm on site the values obtained by means of in situ stress measurements. A program of stress measurements was established, focusing on critical locations where the calculated stresses reached higher values. The overcoring method was used, with equipment originally developed by the U.S. Bureau of Mines (USBM cell). This method was developed for stress measurements in rock masses, where it is used on a routine basis, but its application in dam's concrete is not usual. This is an innovative aspect of the work done. The paper presents the field work program, details on the USBM stress measurements, the values obtained and some considerations on the results.

RÉSUMÉ: Le barrage voûte de Cahora Bassa de 166 m d'hauteur, qui a été construit sur le fleuve Zambezi au Mozambique il y a plus de 40 années, présente actuellement des réactions de gonflement interne du béton, lesquelles ont été dûment suivies depuis leur détection lors des phases initiales. Plusieurs mesures ont été appliquées, notamment l'amélioration du système de surveillance et l'utilisation des modèles numériques pour l'analyse du comportement du barrage. Les résultats des analyses effectuées ont permis de conclure que les contraintes de compression se sont intensifiées lentement et donc on a décidé de confirmer sur le site les valeurs obtenues par le mesurage des contraintes in situ. Ainsi, un programme de mesurage de contraintes a été établi, en se concentrant sur les zones critiques où les contraintes calculées étaient plus accentuées. La méthode de surcarottage a été adoptée et l'équipement utilisé a été originellement développé par le *Bureau of Mines* des États-Unis (USBM). Cette méthode a été conçue pour le mesurage de contraintes dans les massifs rocheux, en y étant systématiquement utilisée, mais son application au béton des barrages n'est pas usuelle. Ceci constitue un aspect novateur du travail réalisé. Ce document présente le domaine du programme de travail, les détails relatifs au mesurage des contraintes de l'USBM, les valeurs obtenues et quelques considérations sur les résultats.

Evaluating the operational safety of an old run-of-river power plant

J.P. Laasonen
Fortum Power & Heat Oy, Generation Division, Finland

ABSTRACT: Tainionkoski dam structures and the roller gates of the spillway dam are 70 years old. Latest renovations of the roller gates and the repairs of the concrete structures were done in 1980's and in 1990's. The operational safety has been evaluated. A reliable and safe operation of the roller gates is most important factor. The studies show that the roller gates have several mechanical deficiencies, the electrical systems are old and their functions are not reliable. These factors can lead to an incident. However the redundancy of the roller gates and large water storage upstream will provide time for the repair works. The renovations and renewals of the roller gates are required. First task of the upgrading project is to provide auxiliary closing structures for the spillway openings. In addition it is necessary to repair the weathered and deteriorated concrete structures.

RÉSUMÉ: Les structures du barrage de Tainionkoski et les vannes rouleaux du barrage régulateur sont âgées de 70 ans. Les dernières rénovations des vannes rouleaux et les réparations des structures en béton ont été effectuées dans les années 1980 et 1990. La sécurité opérationnelle a été évaluée. Le fonctionnement fiable et sûr des vannes rouleaux en est l'élément le plus important. Les inspections révèlent que les vannes rouleaux présentent plusieurs défauts mécaniques, que les systèmes électriques sont vieux et que leurs fonctions ne sont pas fiables. Ces éléments peuvent conduire à un incident. Cependant, la redondance des vannes rouleaux et un grand réservoir d'eau en amont laisseront du temps pour les travaux de réparation. Les rénovations et les renouvellements des vannes rouleaux sont nécessaires. La première tâche du projet de modernisation consiste à fournir des structures de fermeture auxiliaires pour l'évacuateur de crue. En outre, il est nécessaire de réparer les structures en béton altérées et détériorées.

Structural health monitoring of a buttress dam using digital image correlation

C. Popescu, G. Sas & B. Arntsen
Norut Narvik, Narvik, Norway

ABSTRACT: In order to improve the knowledge of the real behaviour of existing structures, structural health monitoring (SHM) is usually carried out. Initial calculations of a buttress dam located in Norway has been carried out to evaluate dam safety against the design loads. From this analysis, it was concluded that most of the pillars do not satisfy the required sliding safety factor. Despite of this, the dams shows very few signs of damage or damage development. Because of this it was believed that by installing appropriate sensors at critical locations on the dam structure the more informed decisions on future management of the dam could be made, based on the long-term measurements. This paper describes the use of Digital Image Correlation (DIC) technique for displacement monitoring and cracking assessment of a concrete pillar. The SHM monitoring system deployed proved its capability to provide remotely near-real time measurements of displacement, and crack progression. It was shown that the displacements are clearly influenced by the seasonal water level and temperature variations. Despite its extended use in laboratory environment, the current project highlighted the high potential of the DIC method which can readily be deployed for extended use in outdoor environments.

RÉSUMÉ: Afin de mieux connaître le comportement réel des structures existantes, une surveillance de l'état de la santé des structures est généralement effectuée. Les premiers calculs d'un barrage en contrefort situé en Norvège ont été effectués pour évaluer la sécurité du barrage par rapport aux charges nominales. Cette analyse a permis de conclure que la plupart des piliers ne satisfont pas au facteur de sécurité requis par glissement. Malgré cela, les barrages ne montrent que très peu de dommages ou d'évolution de dégâts. À cause de cela, on pensait qu'en installant des capteurs appropriés aux endroits critiques de la structure du barrage, il serait possible de prendre des décisions plus éclairées sur la gestion future du barrage, sur la base des mesures à long terme. Ce document décrit l'utilisation de la technique de corrélation d'image numérique (DIC) pour la surveillance du déplacement et l'évaluation de la fissuration d'un pilier en béton. Le système de surveillance SHM déployé a prouvé sa capacité à fournir des mesures de déplacement et de progression de fissure en temps quasi réel. Il a été démontré que les déplacements sont clairement influencés par les variations saisonnières du niveau de l'eau et de la température. Malgré son utilisation prolongée en laboratoire, le projet en cours a mis en évidence le potentiel élevé de la méthode DIC, qui peut facilement être utilisée pour une utilisation étendue dans des environnements extérieurs.

Guideline for structural safety in cracked concrete dams

E. Nordström, R. Malm & M. Hassanzadeh
SWECO, Stockholm, Sweden

T. Ekström & M. Janz
ÅF, Stockholm, Sweden

ABSTRACT: Several concrete dams show cracking, and their condition and remaining service life must be determined. Assessment and service life prediction of cracked dams should include an investigation to determine the cause and consequences of cracks. Cracks can be caused by different mechanisms, which also may act together. Some mechanisms act during a short period of time, e.g. in the beginning after construction, while other mechanisms may influence the dam during the whole service-life. Therefore, it is important to combine observations, measurements, laboratory tests and theoretical analyses investigating the causes of the cracks, their future development and the influence they may have on the performance of the dam. Lessons learned and knowledge concerning crack propagation in concrete and rock, general material engineering, durability concerns caused by cracks, structural analysis issues connected to cracks, field measurements and design of remedial measures has been compiled in a Swedish guideline. The guideline highlights issues that should be looked for in inspections and contains a methodology to determine the residual strength and serviceability of cracked concrete dams and how to review dam safety criteria's. This in turn will provide the dam owner with a better means to manage and prioritize rehabilitation and maintenance work

RÉSUMÉ: De nombreux barrages en béton sont atteints de fissuration nécessitant une évaluation de leur état ainsi que de leur durée de vie. Ce travail doit inclure une étude permettant d'identifier les types ainsi que les causes de fissuration affectant l'ouvrage. Les fissures peuvent être causées par plusieurs mécanismes, pouvant dans certains cas interagir entre eux. Certains mécanismes apparaissent durant un période de temps limitée, comme au début de la phase de construction, alors que d'autres peuvent être actifs durant l'ensemble de la durée de vie de l'ouvrage. Il est en conséquence important d'associer observations, auscultation et analyses théoriques lors de l'évaluation des types de fissures et de leurs causes, de leur évolution dans le temps ainsi que des éventuelles conséquences que celles-ci peuvent exercer sur la performance future du barrage. Les connaissances ainsi que le retour d'expérience concernant la propagation de fissures dans le béton et les roches, la mécanique des matériaux, les problèmes de durabilité induits par la fissuration, le calcul scientifique, les méthodes d'auscultation et la définition de solutions de confortement ont été consignés dans un guide méthodologique suédois. Ce guide met en exergue les types de pathologies qui doivent être recherchées lors des inspections et présente également une méthodologie pour estimer la résistance et la durée de vie résiduelles de barrages présentant des fissures. Une méthode de présentation des critères de sécurité est également incluse. Ce guide permet à l'exploitant d'optimiser la gestion de l'ouvrage, notamment concernant la hiérarchisation des travaux de maintenance et de confortement.

Investigation of repeated penstock weld ruptures – Case study

C. Sparkes
Newfoundland and Labrador Hydro, St. John's, Newfoundland, Canada

G. Saunders & M. Pyne
Hatch Ltd., St. John's, Newfoundland, Canada

ABSTRACT: In the spring of 2016, a weld ruptured in one of four penstocks at our largest hydroelectric facility. The rupture was repaired; however two subsequent weld failures occurred in the same penstock and in the vicinity of the original rupture over the next year and a half. Each of the three weld failures resulted in progressively extensive repairs and lengthy outages between May 2016 and November 2017. Multiple penstock inspections were completed during this time period and ultimately a highly detailed investigation resulted, including destructive and non-destructive testing, interior laser scanning and strain gauge monitoring. It was determined that a combination of factors was attributed to the weld failures including design, construction and operational components. Given these penstocks were subject to the same design, construction and operational elements, there was concern regarding their condition and an in-depth investigation program was developed and implemented to ensure reliable service.

RÉSUMÉ: Au printemps 2016, une soudure s'est rompue dans l'une des quatre conduites forcées de notre plus grande centrale hydroélectrique. Cette soudure a été réparée mais deux autres soudures ont cédé dans la même conduite forcée et à proximité de la rupture initiale au cours des 18 mois qui ont suivi. Chacune des trois ruptures de soudure a entraîné des réparations de plus en plus étendues et des pannes de plus en plus longues entre mai 2016 et novembre 2017. Plusieurs inspections de conduites forcées ont été effectuées au cours de cette période, éventuellement suivies d'un examen détaillé incluant des essais destructifs et non destructifs, des relevés internes au laser et suivi par jauge de contrainte. Il a été déterminé qu'une combinai- son de facteurs ont contribué aux défaillances des soudures, notamment des facteurs liés à la conception, la construction et l'exploitation. Compte tenu que ces conduites forcées étaient soumises aux mêmes conditions de conception, de construction et d'exploitation, leur état était préoccupant et un programme d'enquête approfondie a été élaboré et mis en œuvre pour garantir un service fiable.

Maintenance management in hydropower project: Safety aspects in Shiroro dam project in focus

E. Imo
Mambilla Hydro power project, Abuja, Nigeria

M. Aminu
Shiroro Hydro power project, Asha, Nigeria

ABSTRACT: Shiroro Hydropower Plant is on the Kaduna River in Niger State, Nigeria. It has a generating capacity of 600 megawatts. The station was commissioned in 1990. One of the major challenges faced by the plant is defect, due to internal movement on the right abutment leading to creak and jamming of spill way gate structure, number 4 on dam and spillway structures. These have to be rectified to enhance safe hydropower generation. Most hydropower dams are designed to operate within fifty percent plant capacity factor and this also applies to the Shiroro Power Plant. It is however observed that seasonal or climate variations are unpredictable as black flood from across the shores of North of Nigeria could lead to overflow of dams and subsequent risks and hazard. This paper enumerates the various periodic checks and actions taken on the dam structure, deformation condition, reservoir and instrument monitoring. The observations and data interpretation from Weir Box, relief wells, piezometers, up lift cells and hydraulic profile gauge are carefully analyzed. The practice for a safe and reliable hydropower operation and maintenance to avoid untold risks on the dam and civil structure of the Shiroro Power Plant are emphasized. In addition, all equipment related to spillway gates are certified operational during the lean in flow period to ensure safe power generation. This is a normal practice adopted and implemented at Shiroro Hydroelectric Power Plant and recommended.

RÉSUMÉ: La centrale hydroélectrique de Shiroro est située sur le fleuve Kaduna dans l'État du Niger, au Nigeria. Sa capacité de production est de 600 mégawatts. La station a été mise en service en 1990. L'un des principaux défis auxquels l'usine est confrontée est la défectuosité des structures du barrage et de l'évacuateur de crues. Ces problèmes doivent être corrigés pour améliorer la sécurité de la production d'énergie hydroélectrique. La plupart des barrages hydroélectriques sont conçus pour fonctionner avec un facteur de capacité de cinquante pour cent et cela s'applique également à la centrale de Shiroro. On observe cependant que les variations saisonnières ou climatiques sont imprévisibles car les inondations noires provenant des côtes du nord du Nigeria pourraient entraîner le débordement des barrages et des risques et dangers qui en découlent. Les observations et l'interprétation des données de Weir Box, des puits de secours, des piézomètres, des piézomètres, des cellules de levage et de la jauge de profil hydraulique sont soigneusement analysées. Un processus réussi et une expérience qui peut être utile. L'accent est mis sur la pratique d'une exploitation et d'un entretien sûrs et fiables de l'énergie hydroélectrique pour éviter des risques indicibles sur le barrage et la structure civile de la centrale de Shiroro. De plus, tout l'équipement lié aux vannes de l'évacuateur de crues est certifié opérationnel pendant la période d'écoulement pauvre pour assurer une production d'électricité sécuritaire. C'est une pratique normale adoptée et mise en œuvre à la centrale hydroélectrique de Shiroro et recommandée.

Construction and rehabilitation of concrete dams /

Construction et réhabilitation des barrages en béton

Sustainable and Safe Dams Around the World – Tournier, Bennett & Bibeau (Eds)
© 2019 Canadian Dam Association, ISBN 978-0-367-33422-2

Restoring treatment engineering on the soleplate of stilling basin of Ankang hydropower station

Liu Dianhai, Wang Jue, Ding Jinghuan & Yang Liu
State Grid Xinyuan Company Technology Center, Beijing

ABSTRACT: The stilling basin of Ankang hydropower station has been damaged many times since it was put into operation. From the year 1996 to 2007, the restoration and reinforcement treatment of the stilling basin had been conducted for 5 times. Although plenty of techniques and materials have been adopted and utilized, these repairing measures did not eliminate the damaged situation of the soleplate of stilling basin essentially. In this paper, we review all the restoration and reinforcement treatment of the stilling basin which had been done before and then analyze the current situation and evaluate the security status of the soleplate of stilling basin. Finally, we put forward an achievable and effective restoration plan for the soleplate of stilling basin and it verified by engineering.

RÉSUMÉ: Le bassin de dissipation de la centrale hydroélectrique d'Ankang a été endommagé à plusieurs reprises depuis sa mise en service. De 1996 à 2007, la restauration et le renforcement du bassin de dissipation a été effectué cinq fois. Bien que de nombreuses techniques et matériaux aient été adoptés et utilisés, ces réparations n'éliminent pas pour l'essentiel la problématique de l'endommagement de la semelle du bassin de dissipation. Dans cet article, nous passons en revue tous les travaux de restauration et de renforcement du bassin de dissipation effectués précédemment, puis nous analysons la situation actuelle et évaluons la sécurité de la semelle du bassin de dissipation. Enfin, nous avons présenté un plan de restauration réalisable et efficace pour la semelle du bassin de dissipation, qui a été vérifié par des ingénieurs.

Anti – seepage technology and defect treatment measures of pumped storage power station

Lei Xianyang, Xiong Yanmei, Chen Xiangrong & Sun Tanjian
Huadong Engineering Corporation, Hangzhou, Zhejiang, China

ABSTRACT: In the past 30 years, with the accelerated development of pumped-storage power stations, the technical level of construction, operation and maintenance of pumped-storage power stations in China has been greatly developed. It has accumulated rich experience in the comprehensive anti-seepage technology of the reservoir basin in China that a large number of pumped storage power stations, such as Tianhuangping Pumped Storage Power Station with the asphalt concrete slab anti-seepage of the whole reservoir basin, Taian Station using the combination of reinforced concrete slab around the reservoir and geomembrane at the bottom of the reservoir to prevent seepage, and Baoquan, Tongbai, Yixing,Xianyou,Liyang,have been built and put into operation one after another .During the operation of the reservoir, the defects of the anti-seepage body of the basin will lead to leakage or even damage to varying degrees, directly affecting the efficiency of the pumped storage power station and seriously even threatening the safety of the project. By summarizing the anti-seepage technology of pumped storage power station in China, analyzing and studying the causes and treatment measures of the defects of the anti-seepage body in the reservoir, the paper provides reference for the design, construction and operation of similar projects.

RÉSUMÉ: Au cours des 30 dernières années, avec le développement accéléré des centrales de stockage d'énergie par pompage-turbinage (STEP), le niveau technique de construction, d'exploitation et de maintenance de ces centrales en Chine s'est considérablement amélioré. La Chine a accumulé une riche expérience dans les techniques d'imperméabilisation des réservoirs avec un grand nombre de STEP, telle que la centrale Tianhuangping où l'imperméabilité est assurée par une dalle de béton bitumineux sur toute la surface du réservoir, la centrale Taian où l'imperméabilité est assurée par une dalle de béton armé autour du réservoir et une géo-membrane au fond, ainsi que les centrales Baoquan, Tongbai, Yixing, Xianyou, Liyang, construites et mises en service les unes après les autres et utilisant différentes techniques pour l'imperméabilité des réservoirs. Durant l'exploitation des ces centrales, des défauts à l'étanchéité des réservoirs pourraient mener à des fuites ou mêmes à des dommages de gravité variée, affectant directement l'efficacité énergétique de la STEP ou encore la sécurité globale de l'installation. En résumant les techniques d'imperméabilisation des réservoirs des STEP en Chine, en étudiant et en analysant les causes des défauts observés et les techniques de remédiation utilisées, cet article constitue une synthèse utile pour la conception, la construction et l'exploitation des projets similaires.

Rehabilitation works of Minab Dam spillway

M. Sadri Omshi & A. Amini
Mahab Ghodss Consulting Engineers, Tehran, Iran

F. Manouchehri Dana
Peace River Hydro Partners, Site C Dam, BC, Canada

ABSTRACT: Minab Dam is a nearly 40-year old reservoir dam located in Hormozgan Province, in southern part of Iran. Damsite has a direct distance of approximately 30 km to Strait of Hormoz. Dam spillway and right wall and parts of floor slab of stilling basin has been damaged due to chloride ion attack. Although, the spillway had been locally repaired several times to date, it was supposed to be entirely rehabilitated. Firstly, an evaluation work was carried out prior to rehabilitation. Some cores were extracted from spillway, walls and slab to determine different characteristics of existing concrete such as compressive strength, splitting tensile strength, density, absorption, voids, chloride and sulfate content and dynamic elastic modulus. Based on the results, a 25-cm-thick concrete removal was considered to be replaced by a premium concrete having low W/C and 7 percent silica fume. For almost 5500 cubic meter concrete removal, two hydro-demolition cutters in addition to a 1200-bar high pressure Powerpack were procured. Since the main reason of deterioration was chloride ion attack, some mechanical and durability tests such as compressive strength, water penetration depth, surficial water absorption and RCPT were conducted on trial concrete mixes to satisfy the specifications.

RÉSUMÉ: Le barrage de Minab est un barrage-réservoir vieux de près de 40 ans situé dans la province d'Hormozgan, dans le sud de l'Iran. Le site a une distance directe d'environ 30 km du détroit d'Hormuz. Le déversoir du barrage et la paroi droite ainsi que les parties de la dalle du bassin ont été endommagés par une attaque par des ions chlorure. Bien que le déversoir ait été réparé localement plusieurs fois à ce jour, il était censé être entièrement réhabilité. Premièrement, une évaluation préalable à la rééducation est effectuée. Certains noyaux ont été extraits du déversoir, des murs et de la dalle pour déterminer différentes caractéristiques du béton existant comme la résistance à la compression, la résistance à la traction, la densité et l'absorption et les vides, la teneur en chlorure et sulfate et module élastique dynamique. Sur la base des résultats, on a considéré qu'un enlèvement de béton de 25 cm d'épaisseur était remplacé par un béton de qualité supérieure ayant une faible teneur en W/C et une fumée de silice de 7%. Pour près de 5500 mètres cubes d'enlèvement de béton, deux coupeurs d'hydro-démolition en dehors d'une pompe à haute pression de 1200 bars ont été fournis. La principale raison de la détérioration étant l'attaque par les ions chlorure, certains essais mécaniques et de durabilité tels que la résistance à la compression, la profondeur de pénétration de l'eau, l'absorption d'eau superficielle et le RCPT ont été réalisés sur des mélanges de béton pour satisfaire les spécifications.

Underwater technologies for rehabilitation of dams: Studena case history

A.M. Scuero & G.L. Vaschetti
Carpi Tech, Balerna, Switzerland

ABSTRACT: The paper discusses design and dry and underwater installation of a project fi-nanced by the World Bank, which has been completed at the end of 2018 in Bulgaria. Studena is a 55 meters high buttress dam in a seismically active region. The dam, composed of 25 blocks, is used for water supply, hydropower, and flood protection. Heavy deterioration of the concrete face required complete rehabilitation to prevent critical situations and extend functional life of the dam. To not disrupt supply of potable water, rehabilitation works had to be performed mostly underwater, adapting the schedule to the water levels while minimising the amount of underwater works. A new watertight synthetic facing covers the upstream face of the dam. The adopted system is a technology used since the 1970ies in more than 300 hydraulic structures worldwide, including more than 150 dams of all types. The technology, modified in the 1990ies to allow underwater installation, uses a synthetic flexible watertight geomembrane installed in exposed position and anchored to the upstream face with mechanical fastening. Particular challenges at Studena were the extremely bad conditions of the upstream face, the complicated geometry with complex intersecting concave corners requiring special fixations, the demanding climate with very low temperatures during works.

RÉSUMÉ: L'article traite de la conception et de l'installation à sec et sous l'eau d'un projet fi-nancé par la Banque Mondiale et achevé à la fin de 2018 en Bulgarie. Studena est un barrage à contreforts de 55 mètres de hauteur, situé dans une région à activité sismique. Le barrage, composé de 25 blocs, est utilisé pour l'alimentation en eau, la production d'énergie hydroélectrique, et la protection contre les crues. La forte détérioration du parement amont a nécessité une réhabilitation complète afin d'éviter des situations critiques et de prolonger la durée de vie fonctionnelle du barrage. Pour ne pas perturber l'approvisionnement en eau potable, les travaux de réhabilitation ont dû être effectués principalement sous l'eau, en adaptant le programme des travaux au niveau de l'eau tout en minimisant les travaux subaquatiques. Un nouveau revêtement synthétique étanche recouvre le parement amont du barrage. Le système adopté est une technologie utilisée depuis les années 1970 sur plus de 300 ouvrages hydrauliques dans le monde, dont plus de 150 barrages de tous types. Cette technologie, modifiée dans les années 1990 pour en permettre la mise en place sous l'eau, utilise une géomembrane synthétique souple et étanche, installée en position exposée et ancrée au parement amont avec des fixations mécaniques. Les défis particuliers à Studena étaient la condition extrêmement mauvaise du parement amont, la géométrie compliquée avec des angles concaves complexes se croisant et nécessitant des fixations spéciales, et le climat exigeant avec des températures très basses pendant les travaux.

Sustainable and Safe Dams Around the World – Tournier, Bennett & Bibeau (Eds)
© 2019 Canadian Dam Association, ISBN 978-0-367-33422-2

Safety by design – the new intake at John Hart generating station project

A.V. Maiorov, A. Kartawidjaja & K. Gdela
SNC-Lavalin, Vancouver, BC, Canada

ABSTRACT: The new 132 MW hydroelectric generating station is ready to replace the 70-year-old 126 MW plant at BC Hydro's John Hart facility located in a provincial park on Vancouver Island in British Columbia, Canada. InPower BC (a wholly owned entity of SNC-Lavalin) was selected to design, build, finance and maintain the new facility. The project involves construction of an underground powerhouse and a power tunnel, as well as removal of existing surface powerhouse and penstocks. Initial design for the new intake considered penetrating the dam at location with reservoir depth of 24m. SNC-Lavalin reviewed the concept as part of its design-build mandate and concluded that shallow water construction will be safer and more economical. The new intake was relocated upstream of a shallower monolith of the dam, which was carefully strengthened to meet the dam safety requirements. The work had to be carried out in an existing reservoir with strict controls against contaminating the water. A disciplined approach was adopted wherein the design team developed a sequential construction procedure which was carefully followed during construction. The paper describes the design-build process encompassing safety-by-design, which led to successful construction and commissioning of the new intake. The design-construction sequence is illustrated with schematics.

RÉSUMÉ: La nouvelle centrale hydroélectrique de 132 MW de John Hart (BC Hydro) est prête à remplacer la centrale de 126 MW, vieille de 70 ans située dans un parc provincial de l'île de Vancouver. InPower BC (entité en propriété exclusive de SNC-Lavalin) a été choisi pour concevoir, construire, financer et entretenir cette nouvelle installation. Le projet comprend la construction d'une centrale hydroélectrique souterraine et d'un tunnel d'amenée, ainsi que le retrait de la centrale hydroélectrique et des conduites forcées existantes. Le concept préliminaire de la nouvelle prise d'eau prévoyait une ouverture dans le barrage à l'endroit où la profondeur du réservoir est 24 m. SNC-Lavalin a revu ce concept dans le cadre de son mandat de conception-construction et a conclu que la construction en eau peu profonde serait plus sécuritaire et plus économique. La nouvelle prise d'eau a été déplacée en amont d'une section moins profonde du barrage, section qui a été soigneusement renforcée pour répondre aux exigences de sécurité du barrage. Les travaux ont été effectués dans le réservoir existant, avec des contrôles stricts pour éviter la contamination de l'eau. L'équipe de conception a mis au point une procédure de construction séquentielle, procédure qui a été soigneusement suivie pendant la construction. Cet article décrit le processus de conception-construction prenant en compte les aspects de sécurité lors de la conception, ce qui a conduit à la réussite de la construction et de la mise en service de la nouvelle prise d'eau. La séquence de conception-construction est illustrée par des schémas.

Sustainable and Safe Dams Around the World – Tournier, Bennett & Bibeau (Eds)
© 2019 Canadian Dam Association, ISBN 978-0-367-33422-2

Development and application of various new technologies for construction of Yamba Dam

T. Hiratsuka
Shimizu Corporation, Naganohara Town, Gunma Prefecture, Japan

N. Yamashita & T. Kase
Shimizu Corporation, Chuo Ward, Tokyo, Japan

ABSTRACT: The Yamba Dam is the concrete gravity dam under construction of 116m high and about 1,000,000m³ in volume on the Agatsuma River nearby Tokyo. Concrete placement was mainly executed by compacting zero-slump-concrete with vibration rollers in summer time, and by the extended layer construction method with slump-concrete in winter time. Also, three conduit spillways with large radial gates were installed in the dam. In order to cope with these backgrounds, we developed "Backhoe with vibrator" with the compaction gauging function of slump-concrete and improved the construction quality. Vibrating rollers can grasp the position information and control the number of rolling compaction for placement of the zero-slump-concrete. In addition, we simulated the construction process by using the Virtual Reality system for the conduit spillways with complicated structure within the dam body. In the 10km-transportation of graded concrete aggregates by belt conveyor, we developed a system for continuously grasping the aggregate grading on the belt conveyor.

RÉSUMÉ: Sur la rivière Agatsuma, près de Tokyo, le barrage de Yamba est un barrage-poids en construction de 116 m de hauteur et faisant environ 1 000 000 m³ de volume de béton. La mise en place du béton a été réalisée en été en compactant principalement le béton sans affaissement avec des rouleaux vibrants. En hiver, le procédé de construction par couches a été réalisé en utilisant surtout du béton avec affaissement. De plus, l'évacuateur de crue du barrage comprend trois passages dotés de grandes vannes radiales. Afin de faire face à ces conditions, une rétro-excavatrice munie d'un vibrateur permettait de mesurer la compaction du béton avec affaissement; cet appareil a amélioré la qualité de la construction. Les rouleaux compacteurs vibrants peuvent connaître leur position et contrôler leur nombre de passages lors de la mise en place du béton sans affaissement. De plus, le processus de construction a été simulé en utilisant un système de réalité virtuelle pour les passages de l'évacuateur de crue caractérisé par une structure complexe incorporée dans le corps du barrage. Pour le transport sur 10 km par convoyeur à courroie des agrégats du béton, un système permettant de mesurer en permanence la granulométrie a été mis au point.

The application of Rubble Masonry Concrete (RMC) construction for African dams and small hydropower projects

R. Greyling
Knight Piésold, Dams and Hydro, Pretoria, South Africa

E. Scherman & S. Mottram
Knight Piésold, Vancouver, Canada

ABSTRACT: The use of Rubble Masonry Concrete (RMC) for the construction of small to medium sized dams is becoming increasingly attractive within the African context. Through recent successful developments in South Africa and the Democratic Republic of the Congo (DRC), RMC designs and construction techniques have been advanced. For projects where labour intensive construction approaches are preferred, RMC application provides the necessary skills training and job creation to regions that are desperately underemployed. From water supply projects in rural areas to remote run of river hydropower schemes, RMC offers a cost-effective, low-maintenance, unskilled labour-based, simple dam construction technology, resulting in a very robust lifelong asset that meets international dam safety standards. This paper and presentation will cover the design methods and standards applied to recent projects that have incorporated RMC weirs and the construction techniques that were successfully implemented. Case studies of RMC Dams constructed for water supply reservoirs and a remote (11 MW) hydroelectric power project will be presented and discussed.

RÉSUMÉ: L'utilisation de maçonnerie de pierre pour la construction de barrages de petite et moyenne dimension devient de plus en plus intéressante dans le contexte africain. Grâce aux récents développements réussis en Afrique du Sud et en République démocratique du Congo (RDC), la conception et les techniques de construction de barrages en maçonnerie a été perfectionnée. Pour les projets ou les concepts de construction à haute intensité de main-d'œuvre sont préférées, la maçonnerie facilite la formation et la création d'emplois nécessaires aux régions à fort taux de chômage. Qu'il s'agisse de projets d'approvisionnement en eau dans les zones rurales ou de projets hydroélectriques au fil de l'eau dans des régions éloignées, la maçonnerie offre une technologie de construction de barrages simple, peu coûteuse, à maintenance minimale et à haute intensité de main-d'œuvre non spécialisée, ce qui en fait un actif à vie robuste et qui répond aux normes internationales de sécurité des barrages. Cet article et présentation porteront sur les méthodes et les normes de conception appliquées aux projets récents qui incluent des dé-versoirs de maçonnerie et sur les techniques de construction qui ont été mises en œuvre avec succès. Des études de cas sur les barrages en maçonnerie construits pour des réservoirs d'approvisionnement en eau et un projet hydroélectrique en région éloignée (11 MW) y seront présentées et discutées.

Dams in Angola, reconstruction of the Matala dam

C.J.C. Pontes & P. Portugal
CAB-Angolan Committee of Dams, Luanda, Angola

ABSTRACT: Since 2008, after signing the peace agreements in 2002, Angola has been carrying out several dam construction and rehabilitation projects, with the aim of developing the country's economy and serving its population better, in agricultural irrigation, potable water supply and power generation.

Some dams were affected by armed conflict and others by other phenomena, such as the aggregate alkali reaction that caused a marked degradation of the concrete.

Most Angolan dams were affected, directly or indirectly, during the armed conflict that took place for about 30 years. Some suffered from sabotage actions, or from the absence of adequated maintenance and/or rehabilitation actions for long periods. Further, in the case of the Matala dam, the concrete has developed alkalis reactions that boosted concrete degradation

RÉSUMÉ: Depuis 2008, après la signature des accords de paix en 2002, l'Angola a mené à bien plusieurs projets de construction et de réhabilitation de barrages dans le but de développer l'économie du pays et de mieux servir sa population, dans les domaines de l'irrigation agricole, de l'approvisionnement en eau potable, de la sécurité alimentaire et de la production d'électricité.

Certains barrages ont été affectés par des conflits armés et d'autres par d'autres phénomènes, tels que la réaction des alcalis qui a provoqué une dégradation marquée du béton.

La plupart des barrages angolais ont été touchés, directement ou indirectement, par le conflit armé qui a duré environ 30 ans. Certains ont souffert d'actions de sabotage, autres n'ont pas eu des actions d'entretien et/ou de réhabilitation adéquates pendant de longues périodes. Pour ce qui concerne le cas particulier du barrage de Matala, le béton a développé des réactions alcalines qui ont accéléré la dégradation du béton.

Långströmmen Dam Safety—best practice project, an additional new spillway with an emergency radial gate and 2.5 km earth-fill dam enlargement

P. Kotrba
Pöyry Austria, Salzburg, Austria

C. Sjöberg
ÅF Energy Scandinavia, Östersund, Sweden

P. Bylander
Fortum Sverige, Östersund, Sweden

ABSTRACT: Updated flood scenarios for the run-of-river HEPP Långströmmen has necessitated the construction of an additional spillway, the fourth, in order to discharge "Klass 1" floods of 2,500 m³/s at all gates. The new spillway is equipped with a radial gate designed to retain the water and manage water discharge from zero up to 563 m³/s. Due to the required availability of the spillway for emergency cases, the radial gate is equipped with a multi redundant oil-hydraulic operating mechanism. Two hydraulic cylinders, one located on each side, move the gate from the closed to open position. The rigid steel construction enables lifting of the gate with only one operational hydraulic cylinder in case of malfunction. In addition, a water-hydraulic system opens the gate in case of rising water level and in the event of total electric power supply failure. Due to extreme winter low temperatures, the gate is further equipped with different ice protection systems installed inside as well as outside of the gate body. In addition to the construction of the new spillway, the 4 earth-fill dams of the reservoir have been increased by 1 m in height for a total length of 2.5 km. The earth-fill dams have been prepared with PVC-sheet-pile sealing and foam-glass core insulation as freeze protection, with a total volume of 150,000m³.

RÉSUMÉ: La révision des crues de référence de l'aménagement hydroélectrique au fil-de-l' eau de Långströmmen a requis la construction d'un quatrième évacuateur de crue pour assurer le passage d'une crue de « Classe 1 » de 2,500 m³/s au total, avec toutes les vannes ouvertes. Ce nouvel évacuateur de crue est équipé par une vanne secteur permettant d'évacuer un maximum de 563 m³/s. Cette vanne secteur doit être pleinement opérationnelle en cas d'urgence. Elle est ainsi actionnée par un système à redondances multiple. L'ouverture et la fermeture de la vanne s'effectue au moyen de deux vérins hydrauliques situés de part et d'autre de la vanne. La structure rigide de la vanne permet son ouverture par un seul vérin, en cas de dysfonctionnement du second vérin. En cas de coupure de l'alimentation électrique un système combinant une mini-turbine avec une pompe hydraulique permet également son ouverture, si le niveau d'eau en amont de la vanne dépasse un seuil critique. Due aux températures extrêmement basses en hiver la vanne est aussi équipée par divers systèmes de protection au gel tant à l'extérieur qu'à l'intérieur du corps de la vanne. En complément à la construction du nouvel évacuateur de crue quatre digues en terre ont été rehaussées de 1 m en hauteur sur une longueur de 2.5 km. Les barrages en terre sont constitués par un rideaux de palplanche en PVC isolé contre le froid par de la mousse de verre et dont le volume total est de 150,000 m³.

Geomembrane sealing systems for rehabilitation and upgrading concrete dams

D. Cankoski
Salini Imnpregilo S.p.A, Milan, Italy

ABSTRACT: The present trend for upgrading/raising existing concrete dams is by using a concrete overlay along the downstream slope of the dam. In raising an existing concrete dam, certain aspects related to the fitness of the dam body in terms of watertightness and the capacity to bear the additional loads, are crucial for securing the height of the raise as well as definition of the size and shape of the new overlay section. This paper presents an overview for the use of Geomembrane Sealing Systems (GSS) for rehabilitation and raising of existing concrete dams with emphasis on design and field application of these modern manmade solutions. The selection of optimal Roller Compacted Concrete (RCC) overlay along with the effects of other problem variables related to the intimate contact between the old and the new structure are also explored. The adoption of the GSS, allows major design redundancy for the dam raise in terms of less stringent joint preparation between the old and new concrete, reducing the size of the overlay section, and most importantly increasing the life span of the dam as a whole.

RÉSUMÉ: La tendance actuelle concernant la modernisation/rehaussement des barrages en béton consiste à utiliser un revêtement en béton sur la face aval du barrage. En surélevant un barrage en béton, certains aspects liés à son étanchéité et à sa capacité de supporter les charges supplémentaires sont essentiels pour garantir la hauteur de rehaussement ainsi que la définition des dimensions et forme de la nouvelle section de recouvrement. Cet article présente une vue d'ensemble de l'utilisation des systèmes d'étanchéité de géomembrane (GSS) pour la réhabilitation et la construction de barrages en béton existants, en mettant l'accent sur la conception et le champ d'application des solutions modernes créées par l'homme. La sélection de la section optimale du béton compacté au rouleau (BCR) ainsi que les effets d'autres problématiques liées au contact entre l'ancienne et la nouvelle structure sont également analysés. L'adoption de la GSS apporte une sécurité majeure dans la conception de la surélévation du barrage en termes de préparation moins rigoureuse des surfaces de contact entre l'ancien et le nouveau béton, réduction de la section sur la zone de recouvrement et, surtout, une augmentation de la durée de vie du barrage.

Acaray generating station life extension and modernization studies

D. Flores, A. Bridgeman & F. Welt
Hatch, Niagara Falls, Canada

J. Aveiro
Manitoba Hydro International Ltd. (MHI), Winnipeg, Canada

D. Benítez & J. Vallejos
Administración Nacional de Electricidad (ANDE), Asuncion, Paraguay

ABSTRACT: A study was conducted to develop an optimal capital investment plan for the Acaray River system that would best contribute to Paraguay's future energy needs. The scope was to consider possible refurbishment of the existing facilities as well as construction of future hydro plants. This led to the definition and evaluation of eight possible development scenarios. Each option was analyzed through a set of detailed numerical simulations that calculated future revenues and costs so that an optimal cost-benefit evaluation can be performed. The energy revenues were obtained using a Power Generation Planning model while an Asset Management model in conjunction with various cost evaluation techniques were used to complete the financial analysis. Many parameters had to be considered, including the complex energy transactions with Brazil and Argentina, and in particular the power sharing agreement with Itaipú Binational and Yacyreta Binational, as well as the environmental constraints and future hydrologic conditions including the effect of climate change. A comprehensive condition assessment of the existing assets was also conducted, including physical efficiency testing performed on the generating units. Refurbishment of the existing facilities was found to be most effective, while construction of a new hydro plant upstream of the river system was recommended within the near fu-ture.

RÉSUMÉ: Une étude a été effectuée visant l'élaboration d'un plan d'investissements à très long terme sur le système hydrique de la rivière Acaray au Paraguay de façon à répondre aux besoins énergétiques futurs du pays. Le plan d'investissement a considéré la possibilité de rénover les installations existantes ainsi que la possibilité de construire de nouvelles centrales hydroélectriques. Ceci a conduit à la définition et à l'évaluation de huit scénarios différents de développement futurs. Chaque option a été analysée au moyen d'un ensemble de simulations numériques détaillées qui ont permis de calculer les revenus et les coûts de chaque option, permettant ainsi de pouvoir déterminer la solution optimale d'un point de vue économique. Les revenus en énergie ont été obtenus à l'aide d'un modèle de planification de la production, tandis qu'un modèle de gestion des actifs a été utilisé pour évaluer les coûts de rénovation des centrales existantes. Diverses techniques d'évaluation des coûts de construction ont été utilisées pour les nouvelles centrales. De nombreux paramètres ont dû être pris en compte, notamment les transactions énergétiques complexes avec le Brésil et l'Argentine qui impliquent le partage de la production avec Itaipú Binational et Yacyreta Binational. Les contraintes environnementales ainsi qu'un grand nombre de conditions hydrologiques futures ont également été considérées, notamment en ce qui concerne les effets du changement climatique. Une évaluation complète de l'état des équipements existants a également été réalisée, comprenant des tests d'efficacité effectués sur place sur les groupes turbines-alternateurs. Les résultats de l'analyse ont démontré que la rénovation des centrales existantes est la solution les plus optimale d'un point économique, tandis que la construction d'une nouvelle centrale hydroélectrique en amont du système hydrique devrait s'avérer rentable et le début des travaux recommandé dans un avenir proche.

Construction and rehabilitation of embankment dams /

Construction et réhabilitation des barrages en remblai

Challenging conditions in the design and construction of Puah Dam in Malaysia

M. Afif
SNC-Lavalin Inc., Vancouver, BC, Canada

H. Fries
SNC-Lavalin Inc., Kuala Lumpur, Malaysia

ABSTRACT: Puah Dam is an 80 m high zoned earthfill embankment constructed in Peninsular Malaysia. The dam was constructed in very challenging conditions which comprised high rainfall with limited time for fill placement, unique river flow conditions with a major part of the river course running parallel to the dam axis and varying geological conditions which were not fully understood at the time of the tender design. The dam design was continually reviewed during construction as the data from the detailed investigations and site observations became available, the foundations were exposed and the availability of construction materials from borrow areas and required excavations was confirmed. Major design changes made during construction included the elimination of extensive grout curtain from the abutments and replacing it with an upstream impervious blanket. The alignment of the dam axis was changed on the right bank to have a proper base for the central core zone. The dam zoning was adjusted to optimize the timely use of available borrow and the rockfill from the spillway excavation. The dam has now been subjected to maximum full supply levels for several years and is performing well.

RÉSUMÉ: Le barrage de Puah est un barrage à zones en remblais de 80 m de haut construit en Malaisie. Le barrage a été construit dans des conditions difficiles notamment, une forte pluviométrie limitant le temps de mise en place des remblais, une condition d'écoulement unique où une majeure partie du lit de la rivière est parallèle à l'axe du barrage, et finalement, une fondation présentant des conditions géologiques difficiles et variables qui n'étaient pas complètement connues pendant la préparation des documents d'appel d'offres. La conception du barrage a été constamment révisée au fur et à mesure que les résultats des investigations détaillées sont devenus disponibles, que les fondations ont été exposées et que la disponibilité des matériaux de construction a été confirmée. Des changements de conception majeurs ont été réalisés pendant la construction, entres autres, l'élimination du rideau d'injection situé sur les rives et son remplacement par un tapis amont imperméable. L'axe d'implantation du barrage a été modifié sur la rive droite afin d'assurer une assise adéquate au noyau. Le zonage du barrage a aussi été ajusté pour optimiser l'utilisation des enrochements provenant de l'excavation de l'évacuateur. Le barrage a maintenant été mis en service au niveau maximum d'exploitation sur plusieurs années et démontre un comportement satisfaisant.

Sustainable and Safe Dams Around the World – Tournier, Bennett & Bibeau (Eds)
© 2019 Canadian Dam Association, ISBN 978-0-367-33422-2

Innovations in drawoff works replacement

A. Bush & B. Cotter
Dŵr Cymru Welsh Water, UK

A.L. Warren & C.E. Woollcombe-Adams
Mott MacDonald, UK

ABSTRACT: Dŵr Cymru Welsh Water operates 131 water supply dams throughout Wales. The outlet pipework and valves within these dams periodically requires replacement. In some cases, this poses considerable engineering challenges in undertaking such works without affecting dam safety, the safety of the construction workers and the security of the water supply for customers. Emptying large reservoirs to carry out valve and pipework replacement is normally impracticable for many reasons.

This paper provides details of a case study where modern technology and innovative approaches successfully allowed for replacement of valves and pipework at Talybont Reservoir, a 30m high embankment dam in South Wales. It will explain how siphons were used to avoid the need to work within the tunnel adjacent to live mains, whilst maintaining the supply and compensation flows throughout the duration of the construction. Isolation of the mid-level drawoff required unusual underwater excavation and engineering. Advanced underwater surveys and the application of robotics enabled the isolation of the low-level drawoff and scour pipework and valves. The paper describes the challenges encountered in facilitating safe replacement of the drawoff works without impacting the security of water supply during one of the driest summers on record in the UK.

RÉSUMÉ: Dŵr Cymru Welsh Water exploite 131 barrages d'approvisionnement en eau dans tout le pays de Galles. La tuyauterie et les vannes de ces barrages doivent être remplacées périodiquement. Dans certains cas, des défis techniques considérables sont posés pour la réalisation de tels travaux sans affecter la sécurité des barrages, la sécurité des travailleurs et la sécurité de l'approvisionnement en eau des clients. Vider de grands réservoirs pour procéder au remplacement des vannes et de la tuyauterie est normalement impossible pour de nombreuses raisons.

Ce document fournit des détails sur une étude de cas dans laquelle une technologie moderne et des approches innovantes ont permis de remplacer des vannes et des tuyauteries au réservoir de Talybont, un barrage en remblai de 30 m de hauteur dans le sud du Pays de Galles. Il expliquera comment les siphons ont été utilisés pour éviter la nécessité de travailler dans la galerie de vidange de fond adjacente au système de tuyauteries en charge, tout en maintenant les débits d'eau d'alimentation et de compensation tout au long de la construction. L'isolement de la prise d'eau de demi-fond a nécessité de l'ingénierie et des travaux d'excavation subaquatiques inhabituels. Les levés sous-marins préalables et l'application de la robotique ont permis d'isoler les tuyauteries et vannes de soutirage et d'affouillement de fond. L'article décrit les difficultés rencontrées pour faciliter le remplacement en toute sécurité des travaux de soutirage sans nuire à la sécurité de l'approvisionnement en eau pendant l'un des étés les plus secs jamais enregistré au Royaume-Uni.

Sustainable and Safe Dams Around the World – Tournier, Bennett & Bibeau (Eds)
© 2019 Canadian Dam Association, ISBN 978-0-367-33422-2

Kangaroo Creek Dam upgrade – A balanced approach to the design of upgrade works

P.A. Maisano, J.P. Buchanan & M.B. Barker
GHD Pty Ltd, Melbourne, Australia

ABSTRACT: Kangaroo Creek Dam is a concrete face rockfill dam (CFRD) constructed in the 1960s. To ensure compliance with modern standards, a number of upgrades are being implemented. The upgrade design is aimed at increasing flood capacity, reducing vulnerability to seismic loading and retrofitting waterstops designed to accommodate large joint openings. Poor quality rockfill used in the dam construction reportedly contains layers of fine material within the rockfill matrix. The presence of these layers reduces the permeability of the rockfill potentially leading to saturation of the embankment and associated instability. Migration of these fines could lead to voids forming and embankment settlement damaging the face slab. Layering of the rockfill could lead to high seepage exit gradients, which could lead to unravelling of the downstream batter. These issues were addressed in the design of the upgrade works, which considered the dam as both an earthfill embankment and a rockfill dam. Earthquake-induced settlement was estimated, and the expected joint openings were estimated based on this settlement. External omega-type waterstops were incorporated into the upgrade design to accommodate the maximum expected joint openings. This is the first reported use of external omega-type waterstops for a CFRD face slab in Australia.

RÉSUMÉ: Le barrage de Kangaroo Creek est un barrage en enrochement avec revêtement en béton (CFRD) construit dans les années 1960. Pour être conforme aux standards actuels, de multiples modifications ont été implémentées. La conception de mise à niveau visait à accroître la capacité, réduire sa vulnérabilité en cas de séismes et à moderniser les joints d'étanchéité conçus pour accommoder de larges ouvertures de joints. L'enrochement de mauvaise qualité utilisé dans la construction du barrage contient apparemment des couches de matériaux fins dans la matrice de l'enrochement. La présence de ces couches réduit la perméabilité de l'enrochement, entraînant potentiellement une saturation du talus et conséquemment de l'instabilité. La migration de ces petites particules pouvait mener à la formation de cavités et à la déformation du remblai endommageant la dalle du masque. Le lessivage de l'enrochement en couche pourrait entraîner de forts gradients de sortie dans la zone d'infiltration, ce qui pourrait mener la pente du remblai aval à s'effondrer. Ces problèmes ont été traités lors de la conception des travaux de modernisation en considérant le comportement d'un barrage en enrochement et un remblai de sols. Le tassement causé par un tremblement de terre a été calculé et a servi au dimensionnement des joints des dalles béton. Des joints d'étanchéités externes de type oméga ont été intégrés à la conception améliorée afin de s'adapter aux ouvertures maximales prévues pour les joints. Il s'agit de la première utilisation de joints d'étanchéités externes de type oméga pour un barrage en enrochement avec revêtement en béton (CFRD) en Australie.

Sustainable and Safe Dams Around the World – Tournier, Bennett & Bibeau (Eds)
© 2019 Canadian Dam Association, ISBN 978-0-367-33422-2

Refurbishment of Ontario Power Generation's Sir Adam Beck Pump Generating Station reservoir, Niagara Falls – Construction execution

P. Merry & B. Andruchow
Golder Associates Ltd, Mississauga, Ontario, Canada

V. Rombough
Golder Associates Ltd, Vancouver, British Columbia, Canada

P. Toth
Ontario Power Generation, Niagara Falls, Ontario

ABSTRACT: Ontario Power Generation (OPG) owns and operates the Sir Adam Beck Pump Generating Station in Niagara Falls, Ontario. The 300 ha pump storage reservoir is retained by a ring dyke that employs an inclined clay core and upstream clay tongue as seepage reduction elements. Since initial filling in 1958, several sinkholes and depressions have developed both within and near the downstream toe of the dyke, raising concern that piping in the bedrock foundation may be active and the dyke integrity may be affected. In 2008 OPG commissioned a study to investigate the cause of sinkholes and possible remediation options. Golder Associates (Golder) was retained by OPG to carry out the Project Definition Phase from 2011 – 2015, which involved field investigations to characterize site conditions, assessment of the reservoir performance, and detailed design of the Short and Long-Term Remedial Measures. This paper presents a case study on the execution of the Long-Term Remedial Measures. The major construction activities included reservoir dewatering and fish rescue, sediment management, installation of a partial liner, and installation of a grout curtain into bedrock through the existing dyke. The construction methodologies and sequencing, challenges, construction quality assurance results, and performance monitoring during re-commissioning of the reservoir are discussed.

RÉSUMÉ: Ontario Power Generation (OPG) possède et exploite la centrale de pompage Sir Adam Beck à Niagara Falls, en Ontario. Le réservoir de pompage de 300 ha est retenu par une digue périphérique qui utilise un noyau d'argile incliné et une bande d'argile en amont dont la fonction est de limiter les exfiltrations. Depuis le remblayage initial en 1958, plusieurs affaissements et dépressions se sont formés à l'intérieur et à proximité du pied aval de la digue, ce qui suscite des inquiétudes quant à la possibilité de l'existence d'un phénomène de renard actif dans le socle rocheux qui pourrait affecter l'intégrité de la digue. En 2008, l'OPG a commandé une étude pour examiner ce qui causerait les affaissements et déterminer les options de restauration possibles. L'OPG a retenu les services de Golder Associates (Golder) pour réaliser la phase de définition du projet de 2011 à 2015, qui comprenait des études sur le terrain pour caractériser les conditions du site, l'évaluation de la performance du réservoir ainsi que la conception détaillée des mesures correctives à court et à long termes. Cet article présente une étude de cas sur la mise en œuvre des mesures correctives à long terme. Les principales activités de construction comprenaient l'assèchement du réservoir et le sauvetage des poissons, la gestion des sédiments, l'installation d'un revêtement partiel ainsi que l'installation d'un rideau d'étanchéité dans le socle rocheux à travers la digue existante. Les méthodes de construction et le séquençage, les défis, les résultats de l'assurance qualité de la construction ainsi que le suivi de la performance pendant la remise en service du réservoir sont abordés.

Retour d'expérience sur les mélanges chaux/ciment dans les écrans « deep soil mixing » des levées de la Loire

S. Patouillard
DREAL Centre–Val de Loire, France

L. Saussaye
Cerema, France

F. Mathieu
Solétanche Bachy, France

A. Le Kouby
Ifsttar, France

R. Tourment
Irstéa, France

ABSTRACT: Since 2012, the Loire levees have been reinforced by the construction of deep soil mixing cut-off walls over several kilometers. The techniques were implemented with dedicated trench-cutting equipment rotating so that cut-off wall could be continuous in the levee structure and its foundation. The low permeability cut-off wall consists of a mixture between the soil in place, a hydraulic binder and water.

Several formulations were tested for the soils of the levees and their foundation. In 2017, mix hardening issues appeared locally, on part of Orleans levee, linked to the presence of organic soils. It led to experiment several lime-cement formulations in the laboratory. Subsequently, the best soil-fitted formulation was tested in the lab and applied on site in real scale to validate the implementation. This included testing new control timeframes in terms of permeability and mechanical resistance.

The purpose of this article is to present the results of the comparative tests of lime-cement blends and to share with the scientific community the new issues that arise regarding the design and control requirements adapted to this technique.

RÉSUMÉ: Depuis 2012, les digues de la Loire ont été renforcées par la réalisation d'écrans de faible perméabilité en « deep soil mixing » sur de grands linéaires (plusieurs kilomètres). La technique testée utilise un engin équipé d'une lame rotative « trancheuse-malaxeuse » qui permet une réalisation continue de l'écran dans la digue et les sols d'assise avec la possibilité d'en faire varier la profondeur. L'écran est constitué d'un mélange entre le sol en place, un liant hydraulique et de l'eau. Ces ouvrages font l'objet d'un suivi pour mesurer la pérennité des caractéristiques de perméabilité et de résistance dans le temps.

Plusieurs formulations ont été testées en fonction des sols constituant la digue et sa fondation. Sur un chantier conduit en 2017, la présence de matière organique dans le sol a conduit à expérimenter plusieurs formulations chaux/ciment. Par la suite, un plot d'essai a été réalisé pour valider la mise en œuvre du liant chaux/ciment le mieux adapté au site. Il a notamment permis de tester de nouvelles échéances de contrôle en termes de perméabilité et de résistance mécanique.

L'objet de cet article est de présenter les résultats des tests comparatifs des liants chaux/ciment et de partager avec la communauté scientifique les nouvelles questions qui se posent sur les prescriptions de conception et de contrôle adaptées à cette technique.

Small earth dam failure in Burkina Faso: The case of the Koumbri dam

A. Nacanabo
Ministry of Water and sanitation, Ouagadougou, Burkina Faso

M. Kaboré
Burkina National Committee on Dams

ABSTRACT: Burkina Faso is a poor country located in the heart of West Africa. 80% of this population lives on agriculture. Sahelian countries, this sector is tributary on the climatic hazards. National Policy of the country, since the drought of 1970 that hit the sub-region, has turned to agricultural development through irrigation and the construction of small dams in earthen embankments. In 2011, the country has updating the database of dams and other reservoir of surface water. It was identified 1 794 reservoirs whose 1 001 are created by dams. It was identified: 221 dams failed and 195 dams at risk of breaking due to severe degradation. The causes of the dam failure and their degradation are: poor design, bad construction, and the lack of maintenance. We have in example Koumbri dam. After completion of the works in 2010 and one month after impoundment of the dam, a breach was formed in the dam body, to the right of the spillway, in the area of the minor bed. The paper intends to present the findings of general survey of Ministry of Water and Sanitation, the diagnosis of the Koumbri dam and the proposal for the repair.

RÉSUMÉ: Le Burkina Faso est un pays pauvre situé au cœur de l'Afrique de l'ouest. Sa population est estimée à 16 millions d'habitants avec une superficie de 274 200 km². Environ 80% de cette population tire ses revenus des produits de l'agriculture. Pays sahélien, ce secteur est très tributaire des aléas du climat. La politique du pays, depuis les années de sécheresses de 1970 qui ont frappé la sous-région, s'est tournée vers le développement de l'agriculture à travers l'irrigation et la construction de petits barrages en terre. En 2011, le pays a mis à jour sa base de données sur les retenues d'eau. Il a été recensé 1 794 retenues d'eau de surface dont 1 001 barrages. Cependant, 221 barrages rompus et 195 barrages fortement dégradés ont été recensés. Les causes de ces ruptures et de ces dégradations sont diverses: mauvaise conception, mauvaise mise en œuvre, manque ou mauvais entretien de l'ouvrage, etc. Le barrage de Koumbri a été choisi comme cas d'étude afin d'illustrer une de ces ruptures. Après l'achèvement des travaux de construction et un mois après la mise en eau du barrage, une brèche s'est formée au droit du déversoir dans le lit mineur. Cet article présentera les résultats du suivi des barrages par le Ministère de l'Eau et de l'Assainissement et plus particulièrement le diagnostic du barrage de Koumbri et les propositions de réparation de cette infrastructure vitale pour la population.

Radius analysis of the distribution mixture of sodium silicate Portland cement grouting material on various types soil of dam foundation

B. Risharnanda, S. Soegiarto, S. Purwaningsih & A.G. Majdi
Ministry of Public Works and Housing, Indonesia

ABSTRACT: The common design approach of compaction grouting for ground improvement works is oversimplified and does not account for the effects of soil properties and grouting variables. Compaction grouting, defined as the ratio of the volume of heave induced at the ground surface to the volume of injected grout, is strongly dependent on grout properties, injection characteristics, and soil properties. This paper presents the radius of distribution of grouting material based on geological data on the foundation of the Bajulmati Dam, Banyuwangi, Indonesia. The method of implementation of down stage grouting with a diameter of 3.65 cm, gel time of 4 minutes, grouting material is a mixture of sodium silicate, portland cement and water, pressure injection of 2 kg/cm^2. The types of soil analyzed are lapilli tuff, tuffaceous sand, gravelly sand, river deposit and talus deposit with a permeability value of $1.20 \times 10^{-5} – 2.20 \times 10^{-2}$. Results show radius of grouting material at the foundation of the dam reaches 8.94 – 1,080 cm.

RÉSUMÉ: L'approche utilisée pour les travaux d'amélioration des sols par l'injection solide refoulante est trop simplifiée et ne tient pas compte de l'effet de la variation des propriétés du coulis, des caractéristiques d'injection et des propriétés du sol. Cet article présente le rayon de distribution du coulis, basé sur des données géologiques des fondations du barrage de Bajulmati, à Banyuwangi, en Indonésie. La mise en œuvre de l'injection d'un diamètre de 3.65 cm, d'un temps de gélification de 4 minutes, avec un mélange constitué de silicate de sodium, de ciment Portland et d'eau, injection de pression de 2 kg/cm^2 sera presentée. Les types de sol analysés sont le tuf de lapilli, le sable tuffacé, le sable graveleux, les dépôts en rivière et de talus avec une valeur de perméabilité de $1.20 \times 10^{-5} – 2.20 \times 10^{-2}$. Les résultats montrent que le rayon du matériau de scellement à la fondation du barrage atteint 8,94 - 1 080 cm.

Investigation and monitoring of embankment dams /

Investigation et surveillance des barrages en remblai

Sustainable and Safe Dams Around the World – Tournier, Bennett & Bibeau (Eds)
© 2019 Canadian Dam Association, ISBN 978-0-367-33422-2

Empirical shear stiffness of embankment dams

D.S. Park
Principal Researcher, K-water Convergence Research Institute, Daejeon, Republic of Korea

D.-H. Shin
Director, Infrastructure Safety Research Centre, K-water Convergence Research Institute, Daejeon, Republic of Korea

S.-B. Jo
Senior Researcher, K-water Convergence Research Institute, Daejeon, Republic of Korea

ABSTRACT: Because many zoned embankment dams are located in high-seismicity areas, reliable seismic analyses have become even more important. In this study, comprehensive geophysical surveys (downhole, SASW, SBF, MASW, HWAW, and seismic reflection surveys) were conducted for 21 existing earth-cored rock-fill dams (ECRD) in Korea. A comparison between empirically derived profiles and the downhole profiles obtained for core layers in this study revealed that Sawada and Takahashi's empirical formula overestimates the shear stiffness of the core. Based on statistical analyses of the geophysical survey data, newly developed Vs profiles for the core layer, and composite core/shell layer on the crest of cored fill dams are proposed. When there is insufficient in-situ data, the proposed empirical model can be utilized as dynamic material properties of zoned embankment dams.

RÉSUMÉ: Étant donné que de nombreux barrages en remblais à zones sont situés dans des régions à forte sismicité, des analyses sismiques fiables sont devenues encore plus importantes. Dans cette étude, des levés géophysiques complets (sondages en fond de trou, SASW, SBF, MASW, HWAW et de réflexion sismique) ont été réalisés pour 21 barrages existants en Corée enrochés avec noyau de terre (ECRD). Une comparaison entre les profils dérivés empiriquement et les profils de fond obtenus pour les couches de noyau dans cette étude a révélé que la formule empirique de Sawada et Takahashi surcstimait la rigidité au cisaillement du noyau. Sur la base d'analyses statistiques des données de levés géophysiques, des profils Vs récemment développés pour la couche centrale et une couche noyau/coquille composite sur la crête des barrages de remblayage sont proposés. Lorsque les données in situ sont insuffisantes, le modèle empirique proposé peut être utilisé comme propriétés matérielles dynamiques des barrages en remblais à zones.

Sustainable and Safe Dams Around the World – Tournier, Bennett & Bibeau (Eds)
© 2019 Canadian Dam Association, ISBN 978-0-367-33422-2

Internal settlement measurements of the Romaine-3 rockfill dam

M. Smith
Hydro Québec, Montréal, Canada

J. Brien
Hydro Québec, Baie-Comeau, Canada

ABSTRACT: The Romaine-3 dam is a 92 m-high rockfill dam located in Northern Québec, Canada. Internal settlements were monitored during construction, impoundment and operation of the dam to estimate rigidity parameters for stress and deformation modelling needed to assess its behaviour. Although these parameters can be derived from laboratory tests, they are not always representative of in situ conditions. Assessment of stress-strain parameters based on field behaviour of rockfill is more representative. Multiple automatic shape-measuring instruments (SAA) installed back-to-back horizontally allowed settlement measurements for each zone in the downstream and upstream shells. The SAA technology consists in a series of rigid segments separated by flexible joints. Settlement profiles are obtained by electronic measurement of the inclination of each segment. Although the effects of submergence on rockfill compressibility are well-known based on laboratory testing, internal settlement measurements of multiple material zones submerged by a reservoir are seldom made in rockfill dams. The measured settlements using the SAA technology allowed the determination of in situ deformation moduli for each material zone of the upstream and downstream shells. Such measurements would have been difficult to realize otherwise.

RÉSUMÉ: Le barrage Romaine-3 est un ouvrage en enrochement de 92 m de hauteur localisé au nord du Québec, Canada. Le suivi des tassements internes des recharges a été réalisé durant la construction, la mise en eau et l'exploitation de l'ouvrage afin d'estimer des paramètres de rigidité pour la modélisation des contraintes et déformations requise pour l'analyse du comportement de l'ouvrage. Même si ces paramètres peuvent être estimés à partir d'essais de laboratoire, les résultats ne sont pas toujours représentatifs des conditions in situ. Les paramètres de rigidité de l'enrochement estimés à partir de tassements mesurés sont plus représentatifs. Des chaînes d'accéléromètres (SAA) installés à la file horizontalement ont permis la mesure des tassements de chaque zone des recharges aval et amont. Un SAA est constitué d'une série de segments rigides reliés par des joints flexibles. Le profil de tassement est obtenu par la mesure électronique de l'inclinaison de chacun des segments. Même si les effets de la submersion de l'enrochement sur sa compressibilité sont bien connus grâce à des essais en laboratoire, la mesure des tassements internes des différentes zones submergées est rarement réalisée dans un barrage. Les tassements mesurés à l'aide des SAA ont permis de déterminer le module de déformation in situ de chaque zone des recharges amont et aval du barrage. Ceci aurait été difficile à réaliser sans l'utilisation des SAA.

Study on the deformation of 200 m concrete face rockfill dam in deep foundation of narrow valley in Houziyan

Fuhai Yao
State Key Laboratory of Water Resources and Hydropower Engineering Science, Wuhan University, China
Dadu River Hydropower development Co.Ltd, China

Xing Chen
State Key Laboratory of Water Resources and Hydropower Engineering Science, Wuhan University, China

ABSTRACT: The Houziyan Concrete Face Rockfill Dam(223.5m) in Dadu river is the second tallest concrete face rockfill dam in China. Its excavation depth of foundation pit (71m) and the ratio of width to height of valley (1.26) rank first in the world among the similar dams of 200 m class. The main deformation control measures is the porosity of cushion material, transition material, upstream rockfill materials, and downstream rockfill materials with a maximum porosity not higher than 17%, 18%, and 19%, respectively; Transition zone was set in the contact area between the rockfill and the levee; long anti-seepage structure was set in peripheral joint; setting permanent horizontal seams in the upper level of reservoir,etc. The author made a comparative study of back-analysis results of deformation calculated by two different universities. During the construction stage of dam, in order to follow the deformations, the construction work of stage III concrete face and wave-proof wall were carried out by using deformation monitoring analytical measures. After two years of water storage of the reservoir, the largest deformation of the biggest section of dam is 1226mm, the dam seepage is 117 L/s, and the operation condition of the dam is normal.

RÉSUMÉ: Le barrage en enrochement de Houziyan (223,5 m) dans la rivière Dadu est le deuxième plus haut barrage en béton de Chine. La profondeur d'excavation du puits de fondation (71 m) et le rapport largeur/hauteur de la vallée (1,26) se classent au premier rang mondial des barrages similaires de la classe 200 m. Les principales mesures de contrôle de la déformation sont les suivantes: la porosité du matériau de rembourrage, du matériau de transition, des matériaux d'enrochement en amont et des matériaux d'enfouissement en aval n'est pas supérieure à 17%, 18% et 19%, respectivement; La zone de transition était située dans la zone de contact entre le remblai et la digue; une longue structure anti-suintement était fixée dans l'articulation périphérique; Réglage de joints horizontaux permanents dans le niveau supérieur du réservoir, etc. L'auteur a réalisé une étude comparative des résultats de la déformation par rétro analyse calculée par deux universités différentes. Au stade de la construction du barrage, afin de respecter la règle de déformation du barrage, les travaux de construction du parement en béton de stade III et du mur anti-vagues ont été réalisés à l'aide de mesures analytiques de suivi de la déformation. La plus grande déformation de la plus grande section du barrage est de 1226 mm (environ 0,55% de la hauteur du barrage), la fuite du barrage est de 117 L/s et les conditions de fonctionnement du barrage sont normales.

Analysis of leakage water sources around dam using water analysis

Jae-Seok Ha, Bong-Gu Cho, Jung-Ryeol Jang & Jung-Ju Bea
KISTEC, Jinju, Republic of Korea

ABSTRACT: In some cases, water leakage occurs around the dam, which can be attributed to leakage of lake water, rainwater infiltration, groundwater, and so on. It is important to investigate the origin of leakage water as it may have a profound effect on the safety of the dam if it is caused by the leakage of lake water.

In this case, we applied water analysis of leakage water, lake water, groundwater around the dam and so on as a primary method to track the leakage path. The purpose of this study was to investigate the origin of the leakage water around a retainning wall of the OOdam.

The water analysis of the OOdam examined this time showed that there was a connection between the lake water and the leakage water. Based on this, we have identified the source of leakage through various survey techniques. As a result, the validity of the analysis through water analysis was confirmed.

It is necessary to manage the leakage from the surrounding area during the maintenance of the dam by checking the relation with the lake water. It is deemed that the correlation can be managed by analyzing water in the first place.

RÉSUMÉ: Dans certains cas, du ruissellement se produit autour des barrages, ce qui peut être attribué à des infiltrations provenant du réservoir, au ruissellement de l'eau de pluie infiltrée, à la nappe phréatique, etc. C'est pourquoi il est important de connaître l'origine des exfiltrations d'eau car elles peuvent avoir un impact significatif sur la sécurité des barrages si elles sont provoquées par des fuites d'eau provenant du réservoir.

Le but de cette étude est de comprendre l'origine des infiltrations autour d'un mur de soutènement du barrage OO et d'employer l'analyse des eaux de fuite, de l'eau du réservoir et des eaux souterraines dans le secteur du barrage comme principale méthode afin d'identifier les chemins d'écoulement. L'analyse des eaux du barrage OO confirme que l'eau du réservoir et les eaux de fuite sont liées. Sur cette base, nous avons confirmé l'origine et le chemin d'écoulement à l'aide de diverses techniques de recherche et prouvé l'efficacité de l'analyse de l'eau.

Les fuites observées autour du barrage devraient être gérées en vérifiant le rapport avec l'eau du lac, et l'analyse des eaux peut être une technique principale pour en confirmer la pertinence.

Vegetation control on embankment dams as a part of remediation work

L. Demers, S. Doré-Richard & D. Verret
Hydro-Québec, Montréal, Québec, Canada

ABSTRACT: For dams designed and build over the last decades, tree growth has been clearly set as not acceptable on the embankments. In the case of older embankment dams, trees and bushes have often been tolerated for a number of reasons, including social and environmental constraints. As a part of planning and implementation of remediation projects located in regions of increasing urbanization, the vegetation control issue is reanalyzed. A brief literature review and a state of practice within Hydro-Québec and outside the organization is presented. Despite the interest of keeping trees and bushes on the dams, the analysis made indicate this could be tolerated only within non critical areas. Given the primary function of the dams to retain the water, safety issues and the needs for inspection and monitoring, it is concluded that remediation works should in general include clearing and grubbing of the dams and their downstream toe area.

RÉSUMÉ: Lors de la conception des barrages en remblai construits dans les dernières décennies, il a été clairement établi qu'aucune végétation arborescente ne doit y être tolérée. Toutefois, dans le cas d'ouvrages de retenue plus anciens, des arbres et arbustes se sont parfois implantés au fil des années. Pour diverses raisons, telles que l'influence du milieu et les contraintes environnementales, le statu quo est parfois maintenu et cette végétation est quelquefois tolérée. Dans le cadre de la planification et de la réalisation de projets de confortement et de réhabilitation de digues situés dans des zones à l'origine non développées mais où l'urbanisation a augmentée, la problématique de maîtrise de la végétation a été revisitée. Pour ce faire, une revue de la littérature ainsi qu'une analyse des pratiques ayant cours chez Hydro-Québec et à l'externe ont été effectuées. Malgré l'intérêt de conserver des arbres ou arbustes, l'analyse effectuée indique que cela pourrait être toléré uniquement dans les zones non critiques. Compte tenu de la fonction première des digues de retenir une charge d'eau, des enjeux de sécurité et de suivi de comportement, il est conclu que les travaux à effectuer lors des travaux de confortement et de réhabilitation doivent inclure le déboisement et l'essouchement sur les ouvrages de retenue et à leur pied aval, sauf exceptions.

Sustainable and Safe Dams Around the World – Tournier, Bennett & Bibeau (Eds)
© *2019 Canadian Dam Association, ISBN 978-0-367-33422-2*

The North Spur story: Two years later

R. Bouchard
SNC-Lavalin Inc., Jonquiere, Quebec, Canada

A. Rattue
SNC-Lavalin Inc., Montreal, Quebec, Canada

J. Reid
Lower Churchill Management Co., St. John's, Newfoundland and Labrador, Canada

G. Snyder
SNC-Lavalin Inc., St. John's, Newfoundland and Labrador, Canada

ABSTRACT: Nalcor Energy's Lower Churchill Muskrat Falls Project is located in the province of Newfoundland and Labrador, Canada. A critical feature of the development is the North Spur, a natural earth embankment that constricts the river at the project location. The North Spur is 1,000 m long, 500 m wide and 60 m high and consists of mixed sand and marine silt and clay. Landslide scarps are visible on the North Spur and all along the Churchill River valley. Two years after the first stage of impoundment to an elevation of 23 m, the effectiveness and efficiency of the stabilization measures can be assessed under the current condition. Instrumentation and visual site observations are the tools that were used to follow the evolution of the stability condition of the North Spur following the completion of the stabilization measures. Understanding what triggers the change of ground water pressure is paramount in understanding the behaviour of the Spur. Explanations are proposed for the observed behaviour and the impact on the stability of the Spur. A good understanding of these changes is essential to arrive at a reasonable forecast of the behaviour during final impoundment phase to Full Supply Level (FSL).

RÉSUMÉ: Le projet de Muskrat Falls développé par Nalcor Énergie est localisé sur la rivière Churchill au Labrador, Canada. Une structure importante du projet est la présence d'un barrage naturel en terre qui est situé au nord du site de construction des ouvrages principaux. Cette pointe de terre, appelée ''North Spur'' mesure environ 1 000 m de longueur, 500 m de largeur et 60 m de hauteur. Elle est constituée d'un mélange d'argile marine, de silt et de sable. Des cicatrices de glissements de terrain sont visibles de part et d'autre du North Spur et le long des 2 berges de la rivière, tant en amont qu'en aval du site. Deux ans après la construction et la mise en eau initiale à une élévation de 23 m, l'efficacité des travaux de stabilisation peut être évaluée sous ces conditions. Les observations visuelles et les lectures des instruments ont été utilisées pour suivre l'évolution de l'état du North Spur sous ces nouvelles conditions. Comprendre les éléments qui contrôlent la stabilité du North Spur est crucial pour évaluer adéquatement cette stabilité. Des interprétations sont proposées pour expliquer les comportements observés et l'interprétation des résultats en regard avec la stabilité du North Spur. Une interprétation correcte des changements observés dans ces matériaux hétérogènes est essentielle pour anticiper le comportement lors de la mise en eau finale prévue prochainement.

Means and methods of evaluating subsurface conditions and project performance at Mosul Dam

G. Hlepas & V. Bateman
United States Army Corps of Engineers

ABSTRACT: Mosul Dam has a complex foundation with a number of variables impacting our understanding of the project overall performance over time. These include a solutioning foundation, ongoing maintenance grouting, and project operations. In order to understand the performance of the project, a variety of factors must be considered including performance monitoring instrumentation results, project geology, construction history, pool variability, results of drilling and grouting efforts, as well as exploratory/verification hole results. As with all dam safety evaluations, all of these must be considered as a whole to provide the most comprehensive understanding of the current project performance. This comprehensive view will guide the path forward for future decisions on project maintenance, modification, and repair. This paper will focus on the means and methods used to evaluate the subsurface conditions and ultimately the project performance at Mosul Dam. Discussions include the use and value of information obtained from exploration holes such as core logs, optical televiewer profiles (OPTV), Drilling Productivity Reports (DPR), flow meter results, and Acoustic Televiewer (ATV) results using them in concert with instrumentation data.

RÉSUMÉ: Les fondations du barrage de Mossoul sont complexes et plusieurs variables impactent notre compréhension des performances globales de l'ouvrage dans la durée, parmi lesquelles les phénomènes de dissolution, les traitements réguliers de consolidation par injection et les activités d'exploitation du barrage. Afin de mieux évaluer les performances de l'ouvrage, différents facteurs sont à prendre en compte, dont les résultats fournis par les outils de contrôle de la performance, la géologie du site, l'historique de construction, les variations du bassin, les résultats des travaux de forage, d'injection et de forage exploratoire ou de contrôle. Comme pour toute évaluation de la sécurité des barrages, il convient d'intégrer l'ensemble de ces éléments pour évaluer avec précision les performances de l'ouvrage. Cette approche globale orientera les décisions futures en matière d'entretien, de modification et de réparation du barrage. Notre article porte sur les moyens et méthodes d'évaluation des conditions de la subsurface et, par voie de conséquence, des performances globales du barrage de Mossoul. Nous étudierons notamment l'utilisation et la valeur des informations fournies par les forages exploratoires sous forme de diagraphies, d'enregistrements de géocaméras optiques (OPTV) et acoustiques (ATV), de rapports sur la productivité des forages (DPR) et d'enregistrements de débitmètres. Ces résultats sont complétés de données d'instrumentation.

Investigation and treatment of buried channels in river valley projects in Himalayas

N. Kumar, I. Sayeed, R.C. Sharma & A. Chakraborty
NHPC Limited, Faridabad, Haryana, India

ABSTRACT: Buried channel is a geomorphic feature often found along river valleys in Himalayas. It is a remnant of an inactive river channel filled or buried by unconsolidated/semi-consolidated sediments which may act as pathways for water transmission. In such condition, if a storage dam or a diversion structure is constructed in the vicinity without properly treating the buried channel at its inlet itself (towards reservoir), the fluctuation in water level and saturation during reservoir filling may cause lot of damages in the downstream. Therefore, it is extremely important to identify the inlet/outlet and the extent of the buried channel at the investigation stage itself so that suitable geotechnical solutions can be suggested at design stage itself. NHPC Limited, India has a lingering legacy of successful negotiation of deep buried channels/fossil valleys at many dam and diversion projects. The paper highlights the methods and techniques used in few projects for prognosis of the buried channel deciphered in the vicinity of dam sites and the extensive treatment carried out to control seepage. It also elaborates how the experience gained from the above projects has been used effectively in finalizing methodology to control seepage through a buried channel in a proposed Hydropower Project.

RÉSUMÉ: Les chenaux enfouis sont une caractéristique géomorphologique souvent trouvée le long des vallées fluviales de l'Himalaya. Ce sont les vestiges de chenaux fluviaux inactifs que les sédiments non consolidés/semi-consolidés ont rempli ou enfoui et qui peuvent servir de voies pour l'acheminement de l'eau. Dans ces cas-là, si un barrage-réservoir ou une structure de dérivation sont construits à proximité sans que la question du chenal enfoui ne soit correctement réglée à l'entrée même (vers le réservoir), les fluctuations du niveau de l'eau et la saturation lors du remplissage du réservoir risquent de causer de nombreux dommages en aval. En conséquence, il est extrêmement important d'identifier l'entrée/la sortie et l'étendue du chenal enfoui au moment même de l'étude afin que des solutions géotechniques appropriées soient proposées à l'étape de la conception. NHPC Limited, Inde, a une grande expérience dans comment gérer avec succès les chenaux profondément enfouis/les vallées fossiles dans le cadre de nombreux barrages et projets de dérivation. Le document met en avant les méthodes et techniques utilisées dans certains projets pour l'évaluation des chenaux enfouis trouvés près de sites de barrage et les mesures exhaustives mises en œuvre pour maîtriser les infiltrations. Il explique également comment l'expérience acquise lors des projets mentionnés ci-dessus a été efficacement mise à profit pour finaliser la méthodologie visant à limiter les infiltrations venant d'un chenal enfoui dans un projet hydroélectrique prévu.

Spillways / Évacuateurs de crues

Sustainable and Safe Dams Around the World – Tournier, Bennett & Bibeau (Eds)
© *2019 Canadian Dam Association, ISBN 978-0-367-33422-2*

"You Don't Know What You Don't Know"

Inspecting and assessing spillways for potential failure modes

P. Schweiger, R. Kline & S. Burch
Gannett Fleming, Inc., Pennsylvania, USA

S.R. Walker
Tennessee Valley Authority, Tennessee, USA

ABSTRACT: The February 2017 incident at both the principal and auxiliary spillways of Oroville Dam brought considerable attention to potential failure modes associated with concrete chute and unlined spillways. Based on the lessons-to-be-learned from this event and the subsequent findings of forensic investigations, many dam owners with similar spillways, such as the Tennessee Valley Authority (TVA) and Federal Energy Regulatory Commission (FERC)-regulated dam owners have initiated their own spillway assessments. The Oroville incident also put a spotlight on the traditional understanding of "potential failure mode" which has been defined as the uncontrolled release of stored reservoir water, regardless of other consequences to the owner and the public, or the ability to manage the reservoir which has raised the question, especially for auxiliary spillways, on how much damage to a spillway during an extreme event is acceptable?

An approach for assessing failure modes for spillways is presented. Each spillway was evaluated and compared to the design of other spillways from the same period and to current best practices, and assessed relative to current spillway design standards. Each spillway was also evaluated relative to its robustness, redundancy, reliability and resiliency. Emphasis was placed on deficiencies and weaknesses in historic spillway designs, and how the integrity of spillways can change over time. The evaluation framework is based on the classic FERC potential failure mode analysis approach with a broadened definition of what constitutes a failure and focusing all efforts on evaluating the spillway alone. Checklists are provided to help practitioners identify potential physical factors that can contribute to the failure of lined and unlined spillways. Recommendations and warning signs for inspectors are discussed.

RÉSUMÉ: L'incident survenu en février 2017 aux déversoirs principaux et auxiliaires du barrage d'Oroville a attiré une attention considérable sur les potentiels modes de défaillance associés à des goulottes en béton et à des déversoirs sans revêtement. Sur la base des enseignements tirés de cet événement et des conclusions d'enquêtes judiciaires ultérieures, de nombreux propriétaires de barrages ayant des déversoirs similaires, tel que l'Autorité de la Vallée de Tennessee « Tennessee Valley Authority (TVA) » et les propriétaires de barrages réglementés par la FERC, ont lancé l'évaluation de leurs propres déversoirs. L'incident d'Oroville a également mis en lumière la conception traditionnelle du mode de défaillance potentiel, définie comme le rejet incontrôlé des eaux emmagasinées d'un réservoir, indépendamment des autres conséquences pour le propriétaire et le public, ou bien de la capacité de gérer les réservoirs en particulier pour les déversoirs auxiliaires, la question est de savoir quels sont les dommages acceptables pour un déversoir lors d'un événement extrême?

Une approche pour évaluer les modes de défaillance des déversoirs est présentée. L'accent est mis sur les déficiences et les faiblesses des conceptions historiques des déversoirs et sur la manière dont l'intégrité des déversoirs peut évoluer avec le temps. Les recommandations et les signes d'avertissement sont discutés pour les inspecteurs.

Effect of boundary layer conditions on uplift pressures at open offset spillway joints

T.L. Wahl
US Bureau of Reclamation, Denver, Colorado, USA

ABSTRACT: Uplift pressures generated at spillway joints or cracks with offsets into the flow have the potential to cause hydraulic jacking failures of spillway chute slabs, demonstrated by failures at Dickinson Dam (1954), Big Sandy Dam (1983), and Oroville Dam (2017). Previous laboratory tests by the Bureau of Reclamation (Johnson 1976; Frizell 2007) demonstrate a relation between uplift pressure, joint or crack geometry, and channel-average velocity head. Unfortunately, these studies were conducted in short flumes or water tunnels with thin boundary layers whose properties were not measured, so the influence of the boundary layer velocity profile has not been demonstrated experimentally. A new research program at Reclamation is planned to investigate boundary layer influences. A review of the previous studies and considerations for the design of the new test facility are presented.

RÉSUMÉ: Les sous-pressions générées au niveau des joints ou fissures d'évacuateurs de crue avec des sauts dans l'écoulement peuvent provoquer la rupture des dalles de coursiers d'évacuateurs par soulèvement hydraulique, comme cela fut le cas lors des incidents des barrages de Dickinson (1954), Big Sandy (1983) et Oroville (2017). Les essais de laboratoire déjà réalisés par le Bureau of Reclamation (Johnson 1976; Frizell 2007) démontrent une relation entre les sous-pressions, la géométrie du joint ou de la fissure et la vitesse d'écoulement moyenne. Malheureusement, ces études ont été conduites dans de courts canaux ou dans des tunnels avec des couches limites minces dont les propriétés n'ont pas été mesurées. L'influence du profil de vitesse de la couche limite n'a donc pas été démontrée expérimentalement. Un nouveau programme de recherche du Bureau of Reclamation est prévu pour étudier les influences de la couche limite. Une revue des études réalisées précédemment et des considérations sur la conception de la nouvelle installation d'essai sont présentées.

The challenge of securing a concrete lined spillway founded on weak fractured rock containing active aquifer layers

D. Ryan
Consultant, Brisbane, Australia

P. Foster
Stantec, Wellington, New Zealand

B. Wark
GHD, Perth, Australia

ABSTRACT: Fairbairn Dam is an 828 metre long, 1.3 million mega-litre capacity zoned embankment dam in Central Queensland, Australia. It has a 168 metre wide uncontrolled ogee crest spillway, converging concrete chute and dissipator basin: total length 195 metres. Both chute and dissipator are underlain by a matrix of longitudinal and transverse drains. While undertaking repairs to damaged concrete chute slabs following a medium flood event, additional damage was identified which included voids under the chute slabs, corroded anchor bars and weakened foundations. Design of the rectification works was urgently required and had to be undertaken in conjunction with construction activity. The design included the upgrade to the sub-surface drainage systems, installation of over 1,500 corrosion protected passive anchors and a reinforced concrete overlay slab. The success of the project required a timely delivery of design. A successful design demanded an understanding of the hydraulic conditions and required a dynamic analysis for direct time history and response of the anchor system to the inertial and damping loads. These issues demanded innovative thinking and challenging traditional approaches to design while addressing construction issues and compliance with the construction program.

RÉSUMÉ: Situé dans la région centrale de Queensland, en Australie, Fairbairn est un barrage en remblai zoné d'une longueur de 828 mètres et d'une capacité de 1,3 million de mégalitres. Il est composé d'un déversoir non contrôlé à crête en doucine de 168 mètres de large, d'une goulotte en béton convergente et d'un bassin de dissipation mesurant 195 mètres de long. La goulotte et le bassin de dissipation reposent tous deux sur un système de drains longitudinaux et transversaux. Lors des travaux de réparation des dalles en béton de la goulotte endommagées durant une inondation d'échelle moyenne, d'autres dommages ont été identifiés, notamment des vides sous les dalles, des barres d'ancrage corrodées et des fondations affaiblies. La conception des travaux de réfection était urgente et devait être entreprise parallèlement aux travaux de construction. La conception comprenait la mise aux normes des systèmes de drainage souterrains, l'installation de plus de 1 500 ancrages passifs protégés contre la corrosion et la construction d'une dalle de recouvrement en béton armé. Le succès du projet reposait sur la rapidité de production de la conception. Quant à la conception, elle était tributaire d'une bonne compréhension des conditions hydrauliques et d'une analyse dynamique en fonction de l'historique du temps direct et du comportement du système d'ancrage quant aux charges d'inertie et d'amortissement. Ces enjeux ont nécessité une réflexion et une approche novatrices en matière de conception, tout en traitant les problèmes de construction et en respectant le programme de mise en œuvre.

High resolution spillway monitoring: Towards better erodibility models (and benchmarking spillway performance)

M.F. George
BGC Engineering, Inc., Golden, CO, USA

ABSTRACT: Advancement in erodibility assessments for unlined spillways in rock continues to be challenging as reliable estimates for rock erosion rates remain elusive. Erodibility of unlined spillways poses significant challenges to owners and engineers regarding anticipated spillway performance during discharge events. This was most recently observed during the 2017 events at Oroville Dam in Northern California where erosion of the unlined emergency spillway resulted in the evacuation of nearly 200,000 downstream residents. The rapidly expanding field of remote sensing technology (such as LiDAR, photogrammetry/structure from motion (SfM), and even video) has permitted capture of high resolution spatial and temporal rock mass and flow data to levels that have previously been unattainable. Combined with quick, cost-effective, acquisition through the use of unmanned aerial vehicles (UAVs), these technologies have the ability to capture vast amounts of site-specific data before, during, and after scour events at actual dam and spillway sites. The detailed monitoring of these sites over time (i.e., through detection of geometric changes) is instrumental to advance understanding of scour processes in actual field conditions (versus laboratory settings) and ultimately facilitate better, more detailed scour prediction methods.

RÉSUMÉ: Les progrès en matière d'évaluations de l'érodibilité des déversoirs non revêtus dans la roche restent difficiles, car des estimations fiables des taux d'érosion de la roche restent floues. L'érodabilité des déversoirs non revêtus pose d'importants problèmes aux propriétaires et aux ingénieurs en ce qui concerne la performance anticipée des déversoirs lors d'événements de décharge. Cela a notamment été observé lors des événements survenus en 2017 au barrage d'Oroville, dans le nord de la Californie, où l'érosion de l'évacuateur de crues non doublé a provoqué l'évacuation de près de 200 000 résidents en aval. Le domaine en pleine expansion des technologies de télédétection (telles que LiDAR, photogramme-essayer / structurer à partir du mouvement (SfM), et même la vidéo) a permis de capturer des données spatiales et temporelles à haute résolution sur la masse et le flux de roche à des niveaux jamais atteints auparavant. capable. Combinées à une acquisition rapide et rentable grâce à l'utilisation de véhicules aériens sans pilote (UAV), ces technologies permettent de capturer de grandes quantités de données spécifiques à un site avant, pendant et après les épisodes d'affrètement sur les sites réels de barrage et de déversoir. La surveillance détaillée de ces sites au fil du temps (c'est-à-dire par la détection des modifications géométriques) est essentielle pour mieux comprendre les processus de l'affouillement dans les conditions réelles du terrain (par rapport aux conditions de laboratoire) et pour faciliter au final des méthodes de prédiction de l'affouillement meilleures et plus détaillées.

Avoiding rock erosion in the discharge channel of the Péribonka spillway

C. Correa & M. Quirion
Hydro-Québec, Montréal, Québec, Canada

ABSTRACT: The Péribonka hydroelectric scheme is located North of Lac St-Jean in the Province of Québec, Canada. It includes an underground generating station, an 80 m high dam, two dikes and one spillway with a capacity of 4900 m^3/s. The spillway was generally excavated in strong anorthosite, however a zone of poor quality rock was identified during geological investigations. During excavation, it was found that the zone was larger than expected. The poor quality rock was related to the presence of a fault zone on the chute channel. The center portion of the fault could be compared to fine grained sand. This type of material didn't offer enough erosion resistance for the designed flow. Among the various options reviewed, a long thick concrete slab was the most technically advantageous solution to reduce the high risks of rock erosion. Lateral walls were also required to protect the right bank of the canal from erosion. After ten years of service, this paper presents the analysis that led to the design of the concrete slab at the exit of the spillway structure and its behavior until present.

RÉSUMÉ: L'aménagement hydroélectrique de la Péribonka est situé au nord du lac St-Jean, dans la province de Québec, au Canada. Il comprend une centrale souterraine, un barrage d'une hauteur de 80 m, deux digues et un évacuateur de crue d'une capacité de 4900 m^3/s. La roche dans laquelle l'excavation a été réalisée est une anorthosite résistante et une zone de roche de mauvaise qualité a été identifiée lors des investigations géologiques. Cependant, durant les travaux d'excavation, il a été constaté que la zone était plus grande que prévue et situé dans le canal de fuite. La partie centrale de la faille est constituée de matériau complétement broyé et comparable à du sable. Ce type de matériau ne peut résister à l'érosion en regard du débit de conception prévu. Parmi les différentes options examinées, une dalle de béton longue et épaisse a été jugée la solution techniquement la plus avantageuse afin de réduire les risques élevés d'érosion du roc. Des murs latéraux de 4 m de hauteur étaient également nécessaires pour protéger le roc sur la rive droite du canal. Après dix ans de service, cet article présente le retour d'expérience et l'analyse ayant conduit à la conception d'un radier bétonné à la sortie de l'évacuateur de crue et son comportement jusqu'à maintenant.

Sustainable and Safe Dams Around the World – Tournier, Bennett & Bibeau (Eds)
© *2019 Canadian Dam Association, ISBN 978-0-367-33422-2*

Determining geomechanical parameters controlling the hydraulic erodibility of rock in unlined spillways

L. Boumaiza & A. Saeidi
Département des Sciences appliquées, Université du Québec à Chicoutimi, Chicoutimi, Canada

M. Quirion
Expertise en barrages, Direction Barrages et Infrastructures, Hydro-Québec, Montréal, Canada

ABSTRACT: Among the methods used for evaluating the potential hydraulic erodibility of rock in dam unlined spillways, the most common are those based on the correlation between the force of flowing water and the capacity of a rock to resist erosion, such as Annandale's and Pells's methods. The capacity of a rock to resist erosion is evaluated based on erodibility indices that are determined from specific geomechanical parameters of a rock mass, such as the unconfined compressive strength of rock, rock block size, joint shear strength, and block's shape and orientation relative to the direction of flow. The assessment of eroded unlined spillways of dams has shown that the capacity of a rock to resist erosion is not accurately evaluated. The key geomechanical parameters to be used for assessing the hydraulic erodibility of rock remain uncertain, and there exists no clear consensus on what geomechanical parameters are indeed relevant for evaluating the hydraulic erodibility of rock. This paper presents a method for determining the relevant geomechanical parameters for evaluating the hydraulic erodibility of rock, where a field data obtained from more than 100 existing case studies is used in this study.

RÉSUMÉ: Parmi les méthodes utilisées pour évaluer le potentiel d'érodabilité hydraulique du roc dans les canaux d'évacuation des barrages, les plus courantes sont celles qui se basent sur une corrélation entre la force érosive de l'écoulement de l'eau et la capacité du roc à résister face à cette force érosive, telles que la méthode d'Annandale et celles de Pells. À cet effet, la capacité de résistance du roc est évaluée en utilisant des indices d'érodabilité étant déterminés à partir de certains paramètres géomécaniques spécifiques du massif rocheux, tels que la résistance de la roche intacte à la compression uniaxiale, la taille des blocs rocheux concernés par l'érosion, la résistance au cisaillement des joints et la forme, ainsi que l'orientation des blocs rocheux relativement à la direction de l'écoulement de l'eau. L'évaluation réelle de l'état d'érosion dans les canaux d'évacuation des barrages a montré que la capacité de la résistance du roc peut être mal évaluée. Les paramètres géomécaniques clés à utiliser pour évaluer l'érodabilité hydraulique du roc restent incertains et il n'existe pas de consensus clair sur les paramètres géomécaniques étant pertinents pour évaluer l'érodabilité hydraulique du roc. Cet article présente une méthode systématique, permettant de déterminer les paramètres géomécaniques étant pertinents à l'évaluation de l'érodabilité hydraulique du roc, où des données de terrain obtenues à partir de plus de 100 études de cas ont été utilisées.

Dam safety / Sécurité des barrages

Sustainable and Safe Dams Around the World – Tournier, Bennett & Bibeau (Eds)
© 2019 Canadian Dam Association, ISBN 978-0-367-33422-2

Consequences of flooding: Comparing different quantitative methods for estimating Loss of Life (LOL)

J. Perdikaris & W. Kettle
Ontario Power Generation, Niagara-on-the-Lake, Ontario, Canada

R. Zhou
Hatch, Niagara Falls, Ontario, Canada

ABSTRACT: Loss of Life (LOL) is one parameter that is used to quantify the consequences of flooding. Different methods are used for quantifying LOL. Empirical-mechanistic and purely mechanistic methods are better suited for evaluating LOL in urban centers with high population densities, whereas empirical and semi-empirical methods are more suited for rural areas with low population densities. Using the Madawaska watershed as a case study, a comparative analysis was undertaken for the different LOL quantitative methods to determine their limitations and identify their uncertainties. The following LOL estimation methods and models were used to represent the different quantitative methods: Ministry of Natural Resources and Forestry (MNRF) 2 x 2 Rule (empirical), US Bureau of Reclamation Method (USBR RCEM, empirical), HEC-FIA model (semi-empirical), HEC-LifeSim model (hybrid empirical-mechanistic) and Life Safety Model (LSM, purely mechanistic). Since, all five methods require hydraulic information and population-at-risk data, both of these parameters are sources of uncertainty. Other sources of uncertainty include fatality rates for the US Bureau of Reclamation Method and HEC-FIA model and evacuation parameters for the HEC-LifeSim model and the Life Safety Model. The results indicate that the MNRF 2 x 2 Rule, is more representative of the population-at-risk then actual loss of life.

RÉSUMÉ: Perte de la vie (LOL) est un paramètre qui sert à quantifier les conséquences des inondations. Différentes méthodes sont utilisées pour quantifier la LOL. Empirique-mécaniste et méthodes purement mécanistes conviennent mieux pour l'évaluation de LOL dans les centres urbains à forte densité de population, tandis que les méthodes semi-empiriques et empiriques sont plus adaptés pour les zones rurales à faible densité de population. En utilisant le bassin Madawaska comme étude de cas, une analyse comparative a été réalisée pour les différentes méthodes quantitatives LOL déterminer leurs limites et d'identifier leurs incertitudes. Les méthodes d'estimation de LOL et les modèles suivants ont été utilisés pour représenter les différentes méthodes quantitatives: ministère des ressources naturelles et forestières (MRNF) 2 x 2 règle (empirique), nous Bureau de Reclamation méthode (RCEM USBR, empirique), HEC-FIA modèle () semi empirique), modèle HEC-LifeSim (hybride empirique-mécaniste) et modèle de sécurité de vie (RMLL, purement mécaniste). Depuis lors, tous les cinq méthodes nécessitent information hydraulique et les données de population à risque, ces deux paramètres sont sources d'incertitude. D'autres sources d'incertitude sont les taux de létalité pour le Bureau de Reclamation méthode et le modèle HEC-FIA; et d'évacuation pour le modèle HEC-LifeSim et le modèle de sécurité de la vie. Les résultats indiquent que règle de 2 x 2 du MRNF, est plus représentatif de la population à risque alors de réelles pertes de vie.

Regulating dams in Canada's nuclear industry

G. Su & G. Groskopf
Canadian Nuclear Safety Commission, Canada

ABSTRACT: Dams at Canada's uranium mines and mills are regulated by the Canadian Nuclear Safety Commission (CNSC), Canada's nuclear regulatory body, through its licensing and compliance activities. This CNSC oversight is based on a risk-informed approach and conducted to obtain assurance that the dams are designed appropriately and maintained with adequate provision for dam safety and for protection of the health and safety of persons and the environment. A licence will be issued only if the CNSC has determined that the applicant is qualified to carry out the licensed activities and will make adequate provision for the protection of the environment, the health and safety of persons, the maintenance of national security, and measures required to implement international obligations to which Canada has agreed. During the licence term, CNSC compliance verification activities, enforcement and reporting on events and changes are in place to ensure that CNSC licensees comply with their requirements. The poster presents CNSC regulatory framework, CNSC licensing process, and CNSC expectations for dam safety. Examples are provided in the presentation to show how the dams are regulated, including maintaining dam safety and environmental protection in Canada's nuclear industry.

RÉSUMÉ: Les digues présentes sur les sites des mines et des usines de concentration d'uranium du Canada sont réglementées par la Commission canadienne de sûreté nucléaire (CCSN), l'organisme de réglementation nucléaire du Canada, au moyen de ses activités d'autorisation et de vérification de la conformité. La surveillance qu'exerce la CCSN repose sur une approche tenant compte du risque et est exercée afin d'obtenir l'assurance que les digues sont conçues de manière appropriée et entretenues en tenant dûment compte de la sûreté des digues, de la santé et de la sécurité des personnes, de la protection de l'environnement, du maintien de la sécurité nationale et du respect des mesures requises pour mettre en œuvre les obligations internationales convenues par le Canada. Les activités de vérification de la conformité de la CCSN, les mesures d'application de la loi et la déclaration des événements et des changements qui surviennent visent à s'assurer que les titulaires de permis de la CCSN respectent les exigences. L'affiche présente le cadre de réglementation de la CCSN, le processus de délivrance de permis de la CCSN ainsi que les attentes de la CCSN en matière de sûreté des digues. Dans le cadre de la présentation, nous donnons des exemples qui illustrent comment les digues sont réglementées, y compris le maintien de la sûreté des digues et de la protection de l'environnement dans l'industrie nucléaire du Canada.

Dam safety surveillance innovation - online remote supervision

S.J. Wang, J.H. Yan & C.B. Ge
Nanjing Hydraulic Research Institute, Nanjing, China
Dam Safety Management Center of the Ministry of Water Resources, Nanjing, China

ABSTRACT: Dam safety is related to national security and public safety and is drawing more attention by government and dam owners. Dam safety surveillance is an irreplaceable ways for dam safety operation. Dam supervision by experts and government officials will be beneficial to guarantee dam safety. National online remote supervision platform is efficient means for government supervision. The paper introduces dam safety surveillance elements and procedures. General framework, function, and feature of the platform is also presented.

RÉSUMÉ: La sécurité des barrages concerne la sécurité nationale et la sécurité publique, ce qui préoccupe grandement le gouvernement et les propriétaires de barrages. La surveillance de la sécurité des barrages est une mesure importante pour assurer une exploitation sécurisée. La supervision des barrages par des experts et des représentants du gouvernement sera bénéfique pour garantir la sécurité des barrages. La plateforme nationale de surveillance à distance en ligne offre un moyen efficace pour une supervision en temps réel des barrages. Cet article présente le système et le processus de la gestion de la sécurité des barrages en Chine. Le cadre général, les fonctions et les caractéristiques de la plateforme nationale de surveillance des barrages sont également présentés.

Sustainable and Safe Dams Around the World – Tournier, Bennett & Bibeau (Eds)
© 2019 Canadian Dam Association, ISBN 978-0-367-33422-2

Safety vs wildlife: Managing conflicting interests during dam projects in the UK

T.A. Williamson
GHD, Brisbane, Queensland, Australia

P. Wells
Arup, Cardiff, Glamorgan, UK

ABSTRACT: Conflicts between people and wildlife are frequent and can be costly to both the wildlife and people involved. It is important for dam safety managers and designers to have a thorough understanding of the numerous regulations associated with the protection of wildlife, and to understand the interests of the various stakeholders, who may be impacted by the management of dams. They need to identify the different legislative and mitigation requirements and stakeholder needs in the specific country, and balance these to avoid any conflicts that may otherwise impact the programme and cost of dam safety works. This paper provides a summary of the relevant regulations in the UK, which aim to protect wildlife, and describes how to best manage dam safety projects to obtain legislative compliance. It identifies situations where conservation conflicts may emerge, highlights barriers and explores strategies for effective management. It provides advice on how to deliver the best wildlife conservation outcomes, with the least impact on the project. Whilst the paper focuses on good practices for maintaining dams in the UK, many of these can be applied during the design of new dams and in other countries.

RÉSUMÉ: Les conflits entre l'homme et la nature sont fréquents, et peuvent être coûteux à la fois pour la faune et flore sauvages et pour les personnes impliquées. Il est important pour les chefs de projet et les concepteurs de travaux d'amélioration de la sécurité des barrages de bien comprendre les nombreuses réglementations associées à la protection de la nature, et de comprendre les intérêts des différentes parties prenantes susceptibles d'être touchées par ces travaux. Ils doivent identifier les différentes exigences législatives et environnementales ainsi que les besoins des intervenants dans le pays spécifique, et les équilibrer pour éviter tout conflit susceptible d'affecter le programme et le coût des travaux proposés. Cet article fournit un résumé des réglementations pertinentes au Royaume-Uni, qui visent à protéger la faune et flore sauvages, et décrit la meilleure façon de gérer les projets de sécurité des barrages afin d'obtenir la conformité à la loi. Il identifie les situations où des conflits de conservation de la nature peuvent émerger, met en évidence les difficultés, et explore les stratégies pour une gestion efficace. Il fournit aussi des conseils sur la manière de procurer les meilleurs résultats en matière de protection de la nature, avec le moins d'impact possible sur le projet. Bien que le document se concentre sur les bonnes pratiques d'entretien des barrages au Royaume-Uni, beaucoup d'entre elles peuvent être appliquées lors de la conception de nouveaux barrages et dans d'autres pays.

Development of new simulator for training of dam operation and its future outlook

K. Tamura & S. Kano
Japan Water Agency, Saitama, Japan

ABSTRACT: In recent years, severe floods caused by super-typhoons, linear rain bands and localized torrential rain, etc. occur frequently in Japan. Based on this fact, more advanced and proper dam operation by grasping the water level of the downstream rivers of dams is required to minimize the occurrence of flood damages in downstream of dams, especially in urban areas etc. Japan Water Agency (JWA) has developed a new simulator which enables acquisition of skill for proper dam operation. The developed simulator abounds in ingenuity for training by reproducing close to reality situations for flood control operation through changing the river flow of downstream along with outflow discharge from the dam after reflecting the river flow situations caused by rainfall in upstream and downstream areas. Furthermore, the simulator replicates the transition of rainfall, inflow to the reservoir and water level in downstream of the dam, in addition to the replication of operational feel of dam control facilities and has functions which enable to simulate all of the past floods which have been experienced since beginning of JWA's operation.

RÉSUMÉ: Récemment, de graves inondations provoquées par des super typhons, des bandes de pluie linéaires et des pluies torrentielles très ponctuelles surviennent fréquemment au Japon. Compte tenu de ces événements, une exploitation adéquate et plus poussée est requise en tenant compte des niveaux d'eau dans les rivières afin de minimiser les dommages causés par les inondations en aval des barrages, notamment dans les zones urbaines, etc. L'Agence japonaise de l'eau a mis au point un nouveau simulateur qui permet l'acquisition des compétences requises pour l'exploitation adéquate des barrages. Le simulateur développé regorge d'ingéniosité en matière de formation en reproduisant des situations proches de la réalité pour le contrôle des inondations en modifiant le débit de la rivière en aval ainsi que le débit sortant du réservoir en considérant les conditions de débit dans tout le bassin versant provoquées par les précipitations. En outre, le simulateur tient compte de la variation des précipitations, des apports vers le réservoir et des niveaux d'eau en aval du barrage, en plus de reproduire la sensation opérationnelle des installations de contrôle des barrages. Il y a aussi des fonctionnalités permettant de simuler toutes les crues antérieures qui ont été recensées depuis le début des opérations de l'Agence japonaise de l'eau.

Necessity of a new public safety program around dams in Korea

D.H. Shin & D.S. Park
K-water Institute, Daejeon, South Korea

ABSTRACT: In October, 2017, according to a report by the National Assembly of Korea, a total of 73 people died in the reservoirs managed by a dam management public enterprise for the last 5 years, however the efforts of the government and the dam management organizations such as Korea Water Resources Corporation and Korea Rural Community Corporation to reduce deaths or accidents at dams and reservoirs are significantly lacking. Though there are around 18,000 dams including about 1,200 large dams in the nation, as in many nations, Korea has an overlook tendency towards public safety at and around dams, and indeed no any formal policies or guidelines for addressing public safety around dams. This paper presents recent statistics on accidents at or around dams or reservoirs in Korea, and current status of public safety system being operated by the responsible governmental and public organizations. In addition, some policies and legal frameworks to be improved near future are discussed.

RÉSUMÉ: En octobre 2017, selon un rapport de l'Assemblée nationale de Corée, 73 personnes seraient mortes à cause de la gestion des réservoirs par une entreprise publique de gestion de barrages au cours des cinq dernières années. Toutefois, les efforts du gouvernement et des organisations de gestion de barrages tels Korea Water Resources Corporation et Korea Rural Community Corporation pour réduire le nombre de décès ou d'accidents provoqués par l'opération des barrages et des réservoirs font cruellement défaut. Bien que le pays compte environ 18 000 barrages, dont 1 200 à forte contenance, comme dans de nombreux pays, la Corée a tendance à négliger la sécurité publique autour des barrages et ne dispose d'aucune politique ou directive formelle en matière de sécurité publique. Ce document présente des statistiques récentes sur les accidents survenus aux abords de barrages ou de réservoirs en Corée ou à proximité de ceux-ci, ainsi que l'état actuel du système de sécurité publique utilisé par les organisations gouvernementales et publiques responsables. En outre, certaines politiques et cadres juridiques à améliorer dans un proche avenir sont discutés.

Study on disaster mitigation measures and emergency management of reservoir dams in strong earthquake region

Peng Lin
China Huaneng Group Co., Ltd.

ABSTRACT: Ten years ago, a magnitude 8.0 earthquake occurred in Wenchuan, Sichuan province, China. The earthquake damaged and affected many hydropower stations around the epicenter. This paper summarizes the disaster analysis, repair treatment and emergency disposal of hydropower station T after wenchuan earthquake and secondary disasters. According to the disaster characteristics of wenchuan earthquake and debris flow, this paper studies the measures to improve disaster prevention and mitigation ability of the dam and to ensure the safe and stable operation of hydropower station. At the same time, the characteristics and countermeasures of disaster prevention and mitigation of medium-sized hydro- power station in the canyon river are further explored.

RÉSUMÉ: Il y a dix ans, un séisme d'une magnitude de 8,0 s'est produit à Wenchuan, dans la province du Sichuan, en Chine. Le tremblement de terre a endommagé et affecté de nombreuses centrales hydro-électriques autour de l'épicentre. Ce document résume l'analyse des catastrophes, le traitement des répar-ations et l'évacuation d'urgence de la centrale hydroélectrique T après le tremblement de terre de Wenchuan et les catastrophes secondaires. En fonction des caractéristiques des catastrophes du tremble-ment de terre de Wenchuan et de la coulée de débris, cet article étudie les mesures visant à améliorer la prévention des catastrophes et la capacité d'atténuation des effets du barrage et à assurer l'exploitation sûre et stable de la centrale hydroélectrique. Dans le même temps, les caractéristiques et les contre-mesures de prévention et d'atténuation des catastrophes des centrales hydroélectriques de taille moyenne de canyon river sont examinées plus avant.

Application of mechanical facilities support system using tablet terminals for dam management

T. Yoshida
Kyuyoshinogawa Estuary Barrage Operation and Maintenance Office, Japan Water Agency, Tokushima Japan

Y. Matsumoto
Tonegawa-karyu Integrated Operation and Maintenance Office, Japan Water Agency, Ibaraki, Japan

K. Sasaki
Kawakami Dam Construction Office, Japan Water Agency, Mie, Japan

ABSTRACT: Activities of operation and maintenance of mechanical facilities for dam management are quite diverse, which include inspection work, support for troubleshooting, and others. There are many management offices, in which only one mechanical engineer is assigned. Therefore, needs for support in improvement of operation and maintenance work, support for troubleshooting, and technical support for young mechanical engineers were growing. To cope with those, we are building a management support system of mechanical facilities using tablet terminals and WEB applications. It helps works such as inputting inspection data, accessing various dates through the network, and several supports by videophone. This paper reports its function and the method of the application.

RÉSUMÉ: Les activités d'exploitation et de maintenance des installations mécaniques pour la gestion des barrages sont très diverses, notamment le travail d'inspection, l'assistance au dépannage et d'autres tâches. Il existe de nombreux endroits dans lesquels un seul ingénieur spécialisé en mécanique est présent. Par conséquent, les besoins de soutien pour l'amélioration de l'exploitation et des travaux de maintenance, la prise en charge du dépannage et l'assistance technique pour les jeunes ingénieurs mécaniciens étaient en augmentation. Pour y faire face, nous construisons un système de gestion des installations mécaniques utilisant des tablettes électroniques et des applications WEB. Ce système aide les travaux tels que la saisie des données d'inspection, la consultation pour diverses dates à travers le réseau et l'accès à plusieurs ressources par vidéophone. Cet article présente sa fonction et sa méthode d'utilisation.

Sustainable and Safe Dams Around the World – Tournier, Bennett & Bibeau (Eds)
© 2019 Canadian Dam Association, ISBN 978-0-367-33422-2

Multifactorial studies for management of operating life of hydroelectric power plants

I.V. Kaliberda
Scientific and Engineering Centre for Energy Safety, Moscow, Russian Federation

ABSTRACT: The hydraulic engineering structures of the hydroelectric power plants located in the Russian Federation have a long service life. According to the design standards, the service life of the dams of Classes 1 and 2 can be 100 years or more, of the hydraulic engineering structures of Classes 3 and 4 – as long as 50 years. The life cycle of the hydraulic engineering structures is inextricably linked with the life cycle of the main equipment of the hydroelectric power plant. The equipment and hydraulic engineering structures of the operating hydroelectric power plants are subject to inspection, repair, and declaration of safety. Once every 25 years, multifactorial studies of the technical condition of the hydraulic engineering structures are carried out. Therefore, the question arises as to how long it is possible to continue to safely operate a hydroelectric power plant, which is in long-term operation, how it is possible to manage the safe operation of the hydroelectric power plants, taking into account the reduced life of the equipment and hydraulic engineering structures. The thesis reviews issues of seismic resistance and regulatory documents in the area of management of the operating periods of the hydraulic engineering structures of the hydroelectric power plants.

RÉSUMÉ: Les ouvrages hydrauliques des centrales hydroélectriques situées sur le territoire de la Fédération de Russie ont une longue durée de vie. Selon les normes de conception, la durée de vie des barrages des première et deuxième classes peut être de 100 ans ou plus, les structures hydrauliques des troisième et quatrième classes – jusqu'à 50 ans. Le cycle de vie des structures hydrauliques est inextricablement lié au cycle de vie de l'équipement principal de la centrale hydroélectrique. Les équipements et les structures hydrauliques des centrales hydroélectriques en service sont soumis à inspection, réparation et déclaration de sécurité. Une fois tous les 25 ans des recherches multifactorielles de l'état technique des constructions hydrauliques sont effectuées. Par conséquent, la question qui se pose est de savoir combien de temps il est possible de continuer à exploiter en toute sécurité une centrale hydroélectrique qui est en exploitation à long terme, et comment il est possible de gérer l'exploitation des centrales hydroélectriques en toute sécurité, tout en tenant compte de la réduction de la durée de vie des équipements et des structures hydrauliques. La thèse revoit les problèmes de résistance sismique et la création de documents normatifs pour la gestion des périodes de fonctionnement des ouvrages d'art hydrauliques de centrales hydroélectriques.

Using maturity matrices to evaluate a dam safety program and improve practices

R. Knott
Dam Safety Intelligence, New Zealand

L. Smith
CEATI International, Canada

ABSTRACT: Dam owners manage many complex activities to maintain and operate their dams safely. Identifying, and continually improving, the key elements of an effective dam safety program and associated practices can be challenging; using the Dam Safety Maturity Matrices (DSMM) is an efficient and thorough way to do this. A maturity matrix is a tool to evaluate how well-developed and effective a process or program is. The matrices were developed within CEATI's Dam Safety Interest Group (DSIG) for owners to assess the effectiveness of their dam safety program against industry practice, and to assist with identifying improvement initiatives. This paper will present the matrices and demonstrate how they are used to evaluate the effectiveness (or maturity) of a dam safety program. It will also highlight the benefits associated with using the matrices as an assessment tool, including the identification of improvements that can be made to a dam safety program, and the prioritization of efforts across multiple facets of a dam safety program. User case studies from dam owners in both Canada and the US will be presented to elaborate on the tool and the process.

RÉSUMÉ: Les propriétaires de barrages gèrent de nombreuses activités complexes pour entretenir et opérer leurs barrages en toute sécurité. L'identification et l'amélioration continue des éléments clés d'un programme efficace de sécurité des barrages et des pratiques associées peuvent être difficiles. L'utilisation de Dam Safety Maturity Matrix (DSMM) est une manière efficace et approfondie de le faire. Une matrice de maturité est un outil qui permet d'évaluer le développement et l'efficacité d'un processus ou d'un programme. Les matrices ont été formées dans le groupe de CEATI « Dam Safety Interest Group (DSIG) » pour permettre aux propriétaires d'évaluer l'efficacité de leur programme de sécurité de barrages par rapport aux pratiques de l'industrie et pour identifier les initiatives d'amélioration. Cet article présentera les matrices et manifestera la façon dont l'outil est utilisé pour évaluer l'efficacité (ou la maturité) d'un programme de sécurité de barrages. En outre, l'article mettra également en évidence les avantages associés à l'utilisation les matrices en tant qu'outil d'évaluation, y compris l'identification d'améliorations ainsi que la hiérarchisation des efforts sur plusieurs aspects d'un programme de sécurité des barrages. Des études de cas réalisées auprès les propriétaires de barrages provenant du Canada et des États-Unis seront présentées pour démontrer l'outil et le processus.

Oroville in retrospect: What needs to change?

S.J. Rigbey
SJR Consulting Inc., Canada

D.N.D. Hartford
BC Hydro, Canada

ABSTRACT: The Independent Forensics Team report on the February 2017 Oroville incident concluded that the spillway failure involved a complicated interplay between physical, organizational and human factors that spanned decades; there was no one simple 'failure mode'. However, many of the lessons to be learned are simple and self-evident, which invokes the question as to why the dam safety industry has not yet learned and applied these. Two and a half years post Oroville, it remains unclear whether any fundamental changes will be implemented. Reliance on current practice without question, and considering this as 'best practice', has become endemic. Rather than placing ever more reliance on 'engineering judgment' to estimate probabilities and consequences in multi-branched event and fault trees, and repeating or 'enhancing' them via semi-quantitative and quantitative analyses, we need to develop new approaches that include consideration of operational factors. We also need to first place emphasis on simple surveillance and monitoring, addressing what is obviously deficient, and developing adequate emergency procedures. Only after understanding how each component of a system is supposed to work, and determining if it's still working the way it's supposed to, can we start to investigate how an overall failure could progress.

RÉSUMÉ: Le rapport de l'Independent Forensics Team sur l'incident d'Oroville, survenu en février 2017, a conclu que le problème impliquait une interaction complexe entre des facteurs physiques, organisationnels et humains s'étendant sur plusieurs décennies. Il n'y avait pas un seul « mode de défaillance ». Cependant, bon nombre des leçons à tirer sont simples et vont de soi, ce qui soulève la question de savoir pourquoi le domaine de la sécurité des barrages ne les a pas encore apprises et appliquées. Deux ans et demi après Oroville, il n'est pas certain si des changements fondamentaux sont mis en œuvre. La dépendance sans questionnement à la pratique courante est devenue endémique, la considérant comme la « meilleure pratique ». Nous devons développer de nouvelles approches intégrant la prise en compte des facteurs opérationnels plutôt que de s'appuyer de plus en plus sur le « jugement de l'ingénieur » pour estimer les probabilités et les conséquences d'arbres d'événements et de défaillances multibranches avec une répétition ou une « amélioration » au moyen d'analyses semi-quantitatives et quantitatives. Nous devons également mettre tout d'abord l'accent sur la surveillance et le suivi des données, remédiant à ce qui est manifestement déficient et mettant en place des mesures d'urgence adéquates. Ce n'est qu'après avoir compris comment chaque composant d'un système est censé opérer et ayant déterminé s'il fonctionnait toujours comme prévu que nous pourrons alors commencer à étudier comment une défaillance généralisée pourrait se dérouler.

A case for innovation in establishing policies, practices and standards for dam safety

D.N.D. Hartford
BC Hydro, Burnaby, British Columbia, Canada

ABSTRACT: The setting of safety standards for dams has changed little over decades with "what seems to work" empiricism playing a major role in the context of the static performance of dams. Design parameters for extreme floods and earthquakes emerged although they often differ between jurisdictions. There has been little public or political debate on these matters, even though the costs of achieving these standards are carried either directly or indirectly by the public. In addition, the consequences of failure of a dam are borne by a fraction of the population that gain benefits from the dam. The weighing of economy against safety has traditionally been a matter of the judgment of the designer of the dam, or some other duly appointed engineer in the context of generally accepted practices and prevailing guidelines. Risk-based or risk-informed practices attempt to provide a measure of safety that would permit more transparent balancing of cost against safety, but transparency and public and political discourse remain lacking. This paper sets out the basis for a case to approach dam safety standards-setting in terms of scientific, moral, ethical, and values-based that is better suited to the expectations of a twenty first century public.

RÉSUMÉ: L'arrangement des normes de sécurité pour les barrages a très peu changé au fil des décennies, en ce qui concerne l'empirisme "ce qui semble fonctionner" jouant un rôle majeur dans le contexte de la performance statique des barrages. Les paramètres de conception pour les inondations extrêmes et les tremblements de terre extrêmes sont apparus bien qu'ils diffèrent souvent entre les juridictions. Il n'y a guère eu de débat public ou politique sur ces sujets, même si le coût de l'application de ces normes sont directement ou indirectement payé par le public et que les conséquences de la défaillance d'un barrage sont supportées par une fraction de la population qui gagne des avantages du barrage. La mise en balance de l'économie contre la sécurité a toujours été une question de jugement du concepteur du barrage ou de tout autre ingénieur dûment nommé dans le contexte des pratiques généralement acceptées et des directives en vigueur. Les pratiques fondées sur les risques ou les risques-actuel essaient de fournir une mesure de sécurité permettant un équilibre plus transparent entre le coût et la sécurité, mais la transparence et le discours public et politique restent manquants. Ce document jette les bases d'une procédure permettant de définir les normes de sécurité des barrages en termes de considérations scientifiques, morales, éthiques et fondées sur les mieux adaptées aux attentes du public du XXIe siècle.

Toward effective emergency action plan of a dam by using a network analysis

B.-H. Choi & B. Lee

Rural Research Institute, Republic of Korea

ABSTRACT: The vulnerability of domestic dams to natural disasters is increasing day by day due to natural disasters, such as draughts, storms, and floods resulted from recently increasing climate variability and frequent inland earthquakes in the Korean Peninsula. The safety issues of the domestic aged dams (aged 50 years or more) and the increase of the aging population in the rural areas, these two are also adding to the vulnerability. The efficiency of the emergency response plan has been a constant issue since it was first established in 2005. Therefore, it is necessary to develop an efficient disaster response system and refine it for evacuating the downstream residents and protecting property in the event of dam failures. However, the actual budget reflection and business implementation are very inadequate, and there is lots of room for improvement in the emergency action plan, as it is not considered as an effective system taking account of the local situation and the residents. The purpose of this study is to examine the status of shelter designation and the evacuation time of the elderly, which are two main issues of the current dam emergency action plan, and to propose an effective countermeasure through network analysis.

RÉSUMÉ: Le changement climatique à la péninsule coréenne a fait une tournure grave. D'une part, la sécheresse, l'inondation, le dégât causé par des tempêtes et les tremblements de terre fréquents dans le pays, et d'autre part, la sécurité des vieillis réservoirs (barrages) ayant plus de 50 ans et le vieillissement de la population dans la région rurale accentuent le désastre naturel et fait augmenter la fragilité des réservoirs (barrages). La question d'efficacité du plan de la mesure d'urgence prend continuellement de l'importance depuis sa création en 2005. Si la rupture du barrage se produit, l'évacuation des habitants et la protection de leurs biens deviendront les questions les plus cruciales. Le développement et le perfectionnement du système de la protection contre la catastrophe naturelle sont très urgents, mais la mise en place du budget effectif et l'exécution du projet sont encore dans un état d'avancement médiocre. Les mesures d'urgence qui ne considère pas vraiment le caractère des régions et des habitants sont loin d'être suffisantes. La présente recherche étudie à travers des analyses du réseau, la circonstance actuelle des abris et le plan d'évacuation rapide et réalisable des personnes âgées. Le but final de la recherche sera la proposition d'une méthode efficace de la mesure d'urgence.

Dam safety framework for decision-making and asset portfolio management

T. Salloum & S. Alrhieh
Ontario Power Generation, Toronto, Canada

ABSTRACT: A framework for decision-making and asset portfolio management is presented from a dam safety perspective. The framework, which is based on the Analytical Hierarchy Process, has the capability of integrating multiple quantitative and qualitative criteria pertaining to dam safety, operational safety, hazard potential, regulatory requirements, and business value. When applied on corporate dam portfolio, the framework gives relative ranking of dams based on a specified objective and weighted criteria. The framework provides for consistency, transparency, engagement, and accountability in the decision-making process. While it incorporates input from multiple business units within the corporation, this framework also elicits multiple stakeholders from various authoritative levels and subject-matter experts. Conceptual application of the proposed framework on a portfolio of four dams is presented to illustrate the process and outline the basic steps involving the construction of the framework, the criteria and sub-criteria used in the analysis, application of simplified qualitative judgment in priority and performance evaluation, and finally interpretation of the outcome. This method can also incorporate other risk-informed approaches to quantify performance or criteria prioritization.

RÉSUMÉ: Un cadre pour l'asset management et la prise de décision est présenté dans le contexte de la sécurité des barrages. Ce cadre, qui repose sur le Processus Hiérarchique Analytique, permet de prendre compte de multiples critères quantitatifs et qualitatifs relatifs à la sécurité des barrages, à la sécurité opérationnelle, au potentiel de danger, aux exigences réglementaires et à la valeur commerciale. Lorsqu'il est appliqué au portefeuille d'activité des entreprises de barrages, le cadre donne un classement relatif des barrages basé sur un objectif spécifié et des critères pondérés. Le cadre assure la cohérence, la transparence, l'engagement et la responsabilité dans le processus de prise de décision. Bien qu'il intègre les contributions de plusieurs unités fonctionnelles au sein de l'entreprise, ce cadre fait également appel à de multiples parties prenantes de différents niveaux d'autorité et à des experts en la matière. L'application conceptuelle du cadre proposé sur un portefeuille de quatre barrages est présentée afin d'illustrer le processus et de décrire les étapes de base menant à la construction du cadre; les critères et sous-critères utilisés dans l'analyse; l'application du jugement qualitatif simplifié en termes de priorité et d'évaluation de performance; et enfin, l'interprétation du résultat. Quoique sans obligation, cette méthode peut intégrer d'autres approches basées sur le risque pour quantifier la performance ou la hiérarchisation des critères.

Lessons learned from dam failures and incidents due to spillway malfunctions

F. Bacchus & F. Champiré
BETCGB, Grenoble, France

L. Deroo
ISL, Lyon, France

F. Lempérière & M. Poupart
France

ABSTRACT: The authors have undertaken an analysis of past accidents of dams due to spillways operation malfunction considering several aspects. A statistical analysis of failures worldwide was first carried out, aiming at identifying historical trends. Those are illustrated with a list of major dam failures including their cause analysis. A more recent sample of incidents reported by operators in accordance with French regulations is then analyzed, which shows the relative weight of certain equipment and sheds light on the beneficial contributions of human factors. Based on these various data, this paper proposes a framework for a thorough assessment of dams' design against the risk of failure during flood events. Beyond this assessment, experience shows how additional safety margins have sometimes played an important role: these margins mainly come from an "intrinsic safe design" which constitutes a barrier for which some illustrations and principles are given. Finally, case histories show that, as a last resort, warning and evacuation can contribute to a substantial reduction in the number of fatalities.

RÉSUMÉ: Cet article propose une analyse de l'accidentologie des barrages liée à la défaillance en exploitation de leurs évacuateurs de crues sous plusieurs aspects. D'une part il effectue une analyse statistique visant à dégager des tendances historiques tant persistantes qu'évolutives. Il présente une liste des ruptures comprenant des éléments synthétiques d'analyses de leurs causes. Puis il analyse un échantillon plus récent des incidents déclarés par les opérateurs conformément à la réglementation française, et qui montre le poids relatif de certains équipements et apporte un éclairage sur les apports bénéfiques du facteur humain. Ce travail a conduit à proposer une nomenclature des types de justifications à apporter pour la conception des barrages vis-à-vis du risque de rupture en crue. Au-delà, l'accidentologie démontre l'existence de réserves de sécurité en raison de dispositions de « conception intrinsèquement sûres » qui constituent des barrières dont on donne quelques illustrations et principes. Enfin, les exemples d'incidents montrent que, en dernier ressort, l'alerte et l'évacuation peuvent contribuer à atténuer substantiellement le nombre de victimes parmi le total des populations impactées.

Importance of emergency management programs for dams and hydropower projects – Canadian perspective and Nepalese context

M. Acharya
Environment and Parks, Alberta, Canada

C.R. Donnelly, J. Groeneveld & J.H. Rutherford
Hatch Ltd., Canada & USA

T. Bennett
Ontario Power Generation, Ontario, Canada

A. McAllister
McAllister & Craig Disaster Management Inc., Ontario, Canada

ABSTRACT: In Nepal, dams are exposed to a broad spectrum of natural hazards which increases potential dam safety risks. Effective disaster management programs are one of the most widely used tools in North America and around the world to help reduce environmental, economic and public safety risks that can occur as a result of an uncontrolled reservoir release.

While efforts by the Government of Nepal and other organizations are being made to improve disaster management capabilities, the nation currently has a relatively weak dam safety management program with no national dam safety regulation or mandated requirements for effective emergency management. This paper briefly discusses how dam incidents and failures around the world have changed the regulatory landscape, emphasizing the need for robust dam safety programs including sound emergency management programs for dams. It explores why effective emergency management programs become even more relevant and critical in mountainous countries such as Nepal and discusses how emergency management "best practices", implemented from the ground up to engage local stakeholders represents an essential and cost effective first step in enhancing public safety.

RÉSUMÉ: Au Népal, les barrages sont exposés à un large éventail de risques naturels, ce qui augmente les risques potentiels relatif à la sécurité des barrages. Les programmes efficaces de gestion des catastrophes sont l'un des outils les plus largement utilisés en Amérique du Nord et dans le monde pour aider à réduire les risques environnementaux, économiques et relatifs à la sécurité publique qui peuvent survenir à la suite de la perte incontrôlée d'un réservoir.

Alors que le gouvernement du Népal et d'autres organisations s'efforcent d'améliorer leurs capacités de gestion des catastrophes, le pays dispose actuellement d'un programme de gestion de la sécurité des barrages relativement faible, sans réglementation nationale sur la sécurité des barrages ni exigence impérative d'une gestion efficace des urgences. Ce document examine brièvement la manière dont les incidents et les défaillances de barrages dans le monde ont changé le paysage de la réglementation, soulignant la nécessité de programmes robustes pour la sécurité des barrages, y compris de solides programmes de gestion des urgences pour les barrages. Il explique pourquoi des programmes efficaces de gestion des urgences deviennent encore plus pertinents et critiques dans des pays montagneux tels que le Népal et explique en quoi les meilleures pratiques de gestion des urgences, mises en œuvre dès le départ pour impliquer les parties prenantes locales, représentent une première étape essentielle et rentable pour renforcer la sécurité publique

Design, construction and operation safety of a reinforced soil dam

A. Maita
Statkraft Peru SA, Lima, Peru

ABSTRACT: One of the reinforced soil dam types has on the downstream slope a composition of soil layers, reinforced with wire mesh that are connected to a front face of gabions, thus ensuring a single section comprising the reinforcement, foundation, face and cover of gabions. Since this type of dam is uncommon, the design, construction and ensuring the safe operation of the dam are of paramount importance, and therefore the dam safety is taken into consideration since the project's conception.

We will also show the dam safety management through a holistic approach -the dam as a system- i.e. taking into consideration all the factors that may cause the risk to increase or decrease. To that effect, we will use the following methodologies: i).- Life Curve of dam components, based on the condition assessment and expert judgment, and ii).- Failure Interaction Flow to identify the critical interactions that may contribute to the dam failure.

The application will be on the Huangush Bajo reinforced soil dam, located in the central region of Peru.

RÉSUMÉ: Un des types de barrages de sol renforcé, a le talus en aval composé par des couches de sol, renforcées de mailles métalliques qui sont liées à un parement frontal de gabions, obtenant ainsi un seul pan constitué d'un renforcement métallique, la base, la face et le couvercle des gabions. Ce type de barrage étant peu commun, la conception, construction et surtout, assurer l'opération sécuritaire du barrage, sont d'une importance essentielle. C'est pourquoi, la fiabilité du barrage est considérée dès la conception du projet.

Nous montrerons également, la gestion de la sécurité du barrage selon une approche holistique – le barrage en tant que système – c'est-à-dire, considérer tous les facteurs qui puissent avoir de l'influence sur la réduction ou augmentation du risque, pour lesquels, nous utiliserons les méthodes suivantes: i).- Courbe de vie des composantes du barrage, basée sur l'évaluation de la condition et jugements d'experts, et ii).- Flux d'Interaction de défaillance qui permet d'identifier les interactions critiques qui puissent contribuer à la rupture du barrage.

L'application sera effectuée pour le barrage de sol renforcé Huangush Bajo, situé dans la région centrale du Pérou.

Sustainable and Safe Dams Around the World – Tournier, Bennett & Bibeau (Eds)
© 2019 Canadian Dam Association, ISBN 978-0-367-33422-2

Safety measures for earth dams on basis of instrumentation data, dam site location and reservoir volume

F. Jafarzadeh
Sharif University of Technology & Abgeer Consulting Engineers, Tehran, Iran

A. Akbari Garakani
Niroo Research Institute, Tehran, Iran

J. Maleki & M. Banikheir
Abgeer Consulting Engineers, Tehran, Iran

ABSTRACT: It is important to ensure long-term safety of dams constructed near populated cities and industrial areas. In this regard, in addition to the adoption of appropriate considerations during design and construction of a dam, the necessary controls should be made during operation periods to ensure its proper functionality and safety.

In this paper, by considering a collection of different instrumentation data a quantitative measure for the estimation and prediction of long-term dams' safety has been suggested. For this purpose, 5 large Earthfill or Rockfill dams in Iran have been selected and their corresponding instrumentation data studied. Studied dams are located near major cities in Iran and it is inevitable to ensure their desirable performance and safety. Among studied dams, Mahabad dam and Doroodzan dam have been operated for about 50 years, Masjed-Soleyman dam has been put to operation 18 years, Izadkhast dam have been operated for about 17 years and Silveh dam has been put to operation for about 1 year.

In accordance with the proposed method in this study and based on various studies and criteria like structural aspects, environmental impacts and dam break consequences; three levels of performance and safety for earth-dams, namely "Safe level", "Relatively safe level" and "Unsafe level", are introduced. It can be used to make management decisions about how the dams can be exploited during operational lifetime, safely.

RÉSUMÉ: Le projet d'approvisionnement en eau du barrage d'Itare est situé dans le comté de Nakuru au Kenya et comprendra notamment un barrage en enrochement à écran interne d'étanchéité en béton bitumineux de 63 m de haut avec un déversoir latéral sur la rive gauche. La géologie sous-jacente et les roches du barrage appartiennent à la suite volcanique du centre du Kenya datant du tertiaire, du pléistocène et du quaternaire, qui comprend une alternance de coulées de lave et de dépôts pyroclastiques. Les laves sont principalement des Phonolites se présentant sous forme de flux d'épaisseurs variant de quelques mètres à plusieurs dizaines de mètres. Les dépôts pyroclastiques inter-couches ont une composition, des degrés et une résistance aux intempéries variables, et vont de large tufs à lapilli à des couches de brèche tufacée et de Phonolite/ brèche tufacée. Ces paramètres variables, ainsi que les incertitudes, ont compliqué la conception de la fondation du barrage afin de répondre aux exigences de conception structurelle du socle du remblai du barrage en enrochement à écran interne d'étanchéité en béton bitumineux, du noyau étroit en asphalte et des enveloppes en enrochement. Cet article présente la méthodologie mise en œuvre pour quantifier l'interface entre la fondation et la structure rocheuse, y compris les aspects de conception tels que la stabilité, les tassements différentiels, l'optimisation de l'emplacement du socle et le contrôle des infiltrations.

Sustainable and Safe Dams Around the World – Tournier, Bennett & Bibeau (Eds)
© 2019 Canadian Dam Association, ISBN 978-0-367-33422-2

Investigation and assessment of interfaces with earthen levees

J. Simm & M. Roca Collell
HR Wallingford, Wallingford, UK

J. Flikweert
Royal HaskoningDHV, Peterborough, UK

R. Tourment
IRSTEA, Aix en Provence, France

C. Neutz
US Army Corps of Engineer, Louisville District, USA

P. van Steeg
Deltares, Delft, The Netherlands

ABSTRACT: This paper presents an ongoing research about interfaces with earthen levees from a flood defence system. Interfaces or transitions zones can be found where there is a change in flood defence structure (e.g. earthen embankment to concrete flood wall), revetment protection (e.g. grass to riprap), cross section and in the construction or foundation materials. The investigation, supported by the Environment Agency in England, aims to consider the presence of transitions during flood defence condition assessment, quantify the effects of transitions on flood defence performance and manage the risk of transitions with improved design and retrofit solutions. The paper sets up an interface or transitions typology and discusses the main failure mechanisms at transitions. A framework to evaluate the performance of transitions in flood defence systems is also presented.

RÉSUMÉ: Cet article présente une recherche en cours sur les interfaces dans les digues (ou levées) de terre d'un système de protection contre les inondations. Des interfaces ou des transitions peuvent être trouvées en cas de changement de la structure de la digue ou du type de revêtement de protection, de section transversale ou des matériaux de construction ou de fondation. Les travaux, financés par l'Environment Agency anglaise, vise à prendre en compte les transitions lors des diagnostics des ouvrages de protection contre les inondations, à quantifier les effets de ces transitions sur les performances de ces ouvrages et à gérer le risque posé par les transitions grâce à des solutions améliorées de conception et de confortement. La communication présente une typologie des interfaces ou des transitions et décrit les principaux mécanismes de défaillance liés aux transitions. Un cadre de méthodologie d'évaluation de la performance des transitions dans les systèmes de protection contre les inondations est également présenté.

Sustainable and Safe Dams Around the World – Tournier, Bennett & Bibeau (Eds)
© 2019 Canadian Dam Association, ISBN 978-0-367-33422-2

A consequence-based tailings dam safety framework

J. Herza, M. Ashley & J. Thorp
GHD Pty Ltd, Perth, Australia

A. Small
KCB, Canada

ABSTRACT: Despite the development of tailings dam safety standards, guidelines, bulletins, risk assessment tools and management tools, tailings dam failures with high consequence have occurred at a similar rate over the last ten years as they did before. At the time of writing this paper (January 2019) another tailings dam failed in Brazil resulting in a large number of fatalities. The authors of this paper concluded that the main underlying reasons for recent failures of large tailings dams is a systematic failure to recognize the potential geotechnical hazards, their consequences and trigger mechanisms together with failure to act when the risk is recognised. The individual prescriptive measures currently applied during some stages of tailings projects to control the risk, such as scaling the design loads based on the consequence, are not considered sufficient to overcome the systematic deficiency. Instead, a holistic dam safety management system overarching all phases of tailings dam projects from planning to closure is required, including the management of the facilities. The authors suggest the widely used and understood consequence-based principles should be extended to cover the entire life span of tailings dams, including the dam safety management system. This approach is an extension of the tailings dam safety frameworks presented in MAC (2017) and Morgenstern (2018) and may provide the minimum requirements for all relevant aspects of the tailings dam safety framework. The suggested approach would respect the risks posed by the tailings dam while taking into account the economic aspects of the project. The approach should considered by the ICOLD Technical Committee for Tailings Dams and Waste Lagoons and the International Council on Mining and Metals.

RÉSUMÉ: Les outils d´évaluation et de gestion, les barrages de résidus miniers ayant de lourde conséquence se produisent à un rythme similaire au cours des dix dernières années. Au moment de la rédaction de cet article (Janvier 2019) encore un barrage de résidus miniers s´est écroulée en Brazil causant un vaste nombre de victimes. L´auteur de cet article a conclu la raison de base la plus importante des défaillances des larges barrages de résidus miniers est le manque systématique de reconnaissance des risques potentiels géotechniques, de leurs conséquences, des mécanismes déclencheurs ainsi que des méthodes appropriées de l´analyse de stabilité. Les mesures normatives individuelles qui sont actuellement appliquées lors de certaines étapes des projets de contrôle de risque des résidus, telles que la réduction des charges de projet en fonction des conséquences, sont considérées comme insuffisantes pour surmonter la déficience systématique. Cependant, un système holistique de gestion de la sureté des barrages de résidus miniers est demandé couvrant toutes les phases de la planification jusqu´à la fermeture y compris la gestion des installations. L´auteur propose des principes fondés sur les conséquences compris et largement utilisés d´être étendues afin de couvrir toute la durée de vie des barrages de résidus, y compris le système de gestion de la sécurité des barrages. Cette approche est une extension du cadre de sécurité débarrages de résidus miniers présentée au MAC (2017) et Morgenstern (2018) et peut fournir les exigences minimales à tous les aspects du cadre de sécurité des barrages de résidus miniers. L ´approche suggérée respecterait les risques posés par les barrages de résidus miniers tout en tenant compte l´aspect économique du projet et devrait être prise en considération par le Comité Technique ICOLD pour des Barrages de Résidus Miniers et les Lagons de déchet ainsi que le Conseil International de L´industrie Minière et des Métaux.

Risk tolerability criteria in dam safety – what is missing?

P. Zielinski

HYDROSMS Inc., Toronto, Canada

ABSTRACT: At the present, when risk assessment is used in support of decision making for dam safety, the common approach follows the decision-making model proposed by the UK Health and Safety Executive. The original HSE model proposed quantitative life safety individual risk criteria and was later augmented by the criteria for group (or societal) risk. The important part of the model is the concept of As Low as Practicable Risk (ALARP) which was characterized by HSE only in qualitative terms. The paper describes the current practice in ensuring that ALARP requirements are met and explores the challenges facing practitioners in applying ALARP concept.

RÉSUMÉ: Actuellement, lorsque l'évaluation des risques est utilisée pour appuyer la prise de décision en matière de sécurité des barrages, l'approche commune suit le modèle de prise de décision proposé par le UK Health and Safety Executive. Le modèle HSE d'origine proposait des critères quantitatifs de risque pour la sécurité des personnes et était ensuite complété par les critères de risque de groupe (ou de société). La partie importante du modèle est le concept de risque aussi faible que possible (ALARP), caractérisé par la HSE uniquement en termes qualitatifs. Le document décrit la pratique actuelle visant à garantir le respect des exigences ALARP et explore les défis auxquels sont confrontés les praticiens dans l'application du concept ALARP.

Sustainable and Safe Dams Around the World – Tournier, Bennett & Bibeau (Eds)
© 2019 Canadian Dam Association, ISBN 978-0-367-33422-2

Challenges and needs for dams in the 21st century

H. Blohm
Consultant, USA

L. Deroo
ISL, France

ABSTRACT: ICOLD Technical Committee on Emerging challenges has prepared a bulletin aiming at identifying the challenges and needs for dams in the 21st century. The bulletin tries to delineate and quantify four major categories of emerging challenges: (1) the great need, in many parts of the world, for additional fresh water resources and for additional electrical production; (2) the mix of energy sources needed to deal with the expanding energy needs worldwide; and the need for adequate energy storage as the world develops more renewable and uncontrolled intermittent energy sources; (3) climate change that has an impact on water supply, flood control, and energy production as the world progresses into the 21st century; and how dams and reservoirs might help mitigating or adapting to climate change; and (4) the need to deal with constraints to development such as financing, environmental needs, and social responsibility. The Committee acknowledged that, in many countries, the pace of dam construction is not fast enough to meet the present and future needs. COEC&S endeavored to compile "Potential Solutions and Recommended Actions" that would foster new dam development, and which are presented in the bulletin. The presentation provides an overview of the committee findings.

RÉSUMÉ: Le Comité technique de la CIGB sur les Nouveaux Défis a préparé un bulletin visant à identifier les défis et les besoins des barrages au 21ème siècle. Le bulletin tente de définir et quantifier quatre grandes catégories de défis émergents: (1) le besoin, dans de nombreuses régions du monde, de ressources supplémentaires en eau douce et de moyens de production électrique abordables; (2) le mix énergétique et la nécessité d'un stockage adéquat de l'énergie à mesure que le monde développe davantage de sources d'énergie intermittentes renouvelables et non contrôlées; (3) les changements climatiques qui ont un impact sur l'approvisionnement en eau, la lutte contre les inondations et la production d'énergie; et comment les barrages et les réservoirs pourraient aider à atténuer les changements climatiques ou à s'y adapter; et (4) la nécessité de traiter les contraintes au développement comme les besoins financiers, environnementaux et la responsabilité sociale. Le Comité constate que, dans de nombreux pays, le rythme de construction des barrages n'est pas assez rapide pour répondre aux besoins actuels et futurs. Il s'est efforcée de compiler les " Solutions potentielles et actions recommandées " qui favoriseraient le développement de nouveaux barrages, et qui sont présentées dans le bulletin. La présentation donne un aperçu des conclusions du comité.

New guidelines and processes for development of additional water storage in the U.S.

B.N. Dwyer & K.J. Ranney
HDR, Denver, Colorado, USA

ABSTRACT: Many recent and on-going federal permitting processes for new water storage projects in the United States have taken more than 10 years to complete, at costs exceeding $10 million each. This paper compares current strategies and guidance, as applied on several notable dam projects, to provide the context under which new guidelines and processes are being proposed by federal, state and local government agencies. These new procedures adhere to the basic requirements of existing U.S. federal environmental laws including the National Environmental Policy Act, the Clean Water Act and the Endangered Species Act, but attempts to streamline the processes, reduce the cost, increase the certainty of compliance, and improve consistency in the analytical methods used to predict environmental effects and sustainability. Examples are drawn involving the U.S. Army Corps of Engineers, Bureau of Reclamation, U.S. Fish and Wildlife Service, state agencies, and engineering and environmental professional societies. Finally, the paper discusses the development of a draft position statement on planning and permitting by the U.S. Society on Dams, and draws comparisons between the current U.S. procedures and information contained in ICOLD planning and environmental bulletins.

RÉSUMÉ: De nombreux processus récents et en cours pour de nouvelles réserves d'eau aux États-Unis ont pris plus de dix ans et coûté plus de 10 millions de dollars pour leur conformité aux règlements fédéraux et l'obtention de permis de bâtir. Ce document compare les stratégies et les programmes utilisés pour plusieurs projets de barrages pour fournir le contexte dans lequel de nouveaux processus et directives sont proposés par des organismes fédéraux, étatiques et locaux. Les nouvelles procédures se conforment aux exigences des lois fédérales environnementales actuelles, notamment la loi sur la politique environnementale nationale (National Environmental Policy Act), la loi sur la qualité de l'eau (Clean Water Act) et la loi sur les espèces en voie de disparition (Endangered Species Act). Toutefois, elles tentent de rationaliser les processus, de diminuer les coûts, d'augmenter la certitude de conformité et d'améliorer la cohérence des méthodes d'analyse utilisées pour prévoir les effets sur l'environnement et la viabilité. Le corps d'ingénieurs de l'armée américaine (U.S. Army Corps of Engineers), le Bureau of Reclamation, le Service de la pêche et de la faune (Fish and Wildlife Service), des organismes étatiques et des sociétés professionnelles environnementales et d'ingénierie figurent dans les exemples présentés. Enfin, la présente communication décrit l'élaboration d'une nouvelle déclaration de position sur la planification et l'octroi de permis par la Société américaine sur les barrages (U.S. Society on Dams) et effectue des comparaisons entre les propositions américaines et les informations figurant dans les bulletins de la CIGB sur la planification et l'environnement.

Sustainable and Safe Dams Around the World – Tournier, Bennett & Bibeau (Eds)
© 2019 Canadian Dam Association, ISBN 978-0-367-33422-2

Classification of Itaipu and Three Gorges dams according to criteria of Brazilian and Chinese government agencies

C. Wenbo & F. Huachao
China Yangtze Power Co. Ltd., Yichang, China

S.F. Matos, E.F. Faria & M. Gayoso
ITAIPU BINACIONAL, Brazil/Paraguay

ABSTRACT: The regulatory agencies responsible for hydroelectric plants have sought to create classification mechanisms to ensure the operational safety of HPP projects. The Brazilian and Chinese agencies have created similar criteria. In general, China has the same structure as Brazil in terms of regulations for Structural Dam Safety. Each enterprise has its management procedures that must obey laws, rules and regulations, and is audited by government agencies. There is a record of compliance with obligations and activities, which record generates a grade for the enterprise as a whole. After on-site inspection and assessment by experts, the agency issues the registration certificate. Among the items assessed are compliance with regulation; implementation of the dam safety procedures appropriate to the enterprise; qualification and training of personnel; management of floods and emergencies; inspections; and monitoring and recording of auscultation data. The registration must be renewed regularly, according to the class of the dam. This work presents the comparison between each country's agencies' criteria and the classification of each dam according to these criteria.

RÉSUMÉ: Les régulateurs responsables des centrales hydroélectriques ont cherché à créer des mécanismes de classification pour assurer la sécurité opérationnelle des projets HPP. Les agences brésiliennes et chinoises ont créé des critères similaires. En général, la Chine a la même structure que le Brésil pour réglementer la sécurité des barrages structurels. Chaque entreprise a ses procédures de gestion qui doivent respecter les lois, règles et règlements, et sont auditées par des agences gouvernementales. Il existe un historique de respect des obligations et des activités, dont l'enregistrement génère un score pour l'entreprise dans son ensemble. Après inspection et évaluation sur site par des spécialistes, l'agence délivre le certificat d'enregistrement. Parmi les éléments évalués figurent le respect de la réglementation, la mise en œuvre de procédures de sécurité pour les barrages appropriés pour l'entreprise, la qualification et la formation du personnel, la gestion des crues et des urgences, les inspections et la surveillance et l'enregistrement des données d'auscultation. L'enregistrement doit être renouvelé régulièrement, en fonction de la classe du barrage. Ce travail présente la comparaison entre les critères des agences de chaque pays et la classification de chaque barrage en fonction de ces critères.

Sustainable and Safe Dams Around the World – Tournier, Bennett & Bibeau (Eds)
© 2019 Canadian Dam Association, ISBN 978-0-367-33422-2

Emergency plans for large dams of hydroenergy sector in Albania

A. Jovani & E. Qosja
ALBCOLD, TIRANA, Albania

ABSTRACT: The paper regards the preparation and implementation of emergency plans for large dams in hydroenergy production sector of Albania. Albania is a rich country with water. All 39 rivers discharge 1300 m³/sec in Adriatic and Ionian Sea. In a territory of 28 748 km², the catchment areas of the above rivers are 43 305 km² and average height of 786 masl. Albania had a peak for large dams construction after the Second World War up to the early 1990s. During this period, there are constructed 652 dams. 307 of them are registered in World Register of ICOLD as large dams. According to ICOLD register, for number of dams for km² of country and number of dams for 1 million people, Albania is in first rank in the Europe. The 12 very large dams of Albania are used for energy production. They are the dams with highest risk in our country. They are part of 6 rivers cascades as Drini River Cascade, Mati River cascade, Devolli river cascade, Bistrica and Mati and Okshtun river cascades. The largest cascade is Drini River cascade. The height, location type of Dams, the basins they created, the installed power capacities and the dynamic of utilization of Power Plants make Drini river cascade unique in Europe The largest dam in Albania is Fierza dam 166.5 meters high. The main challenge for the future in this sector is the safety, maintenance and monitoring of existing large dams. Also, in our focus will be the construction of new dams for hydro energy on Vjosa river. This paper summarizes the performed analyses regarding the preparation and implementation of emergency plans, Albanian legal framework for them, selection of main scenarios regarding of the emergency cases, recommendations regarding of the design, implementation and testing of warning systems in the downstream areas with highest risk for losses of people.

RÉSUMÉ: La présentation concerne la préparation et la mise en œuvre de plans de préparation en cas d'urgences pour les grands barrages dans le secteur de l'hydroélectricité en Albanie. L'Albanie est un pays riche en eau. Toutes les 39 rivières du pays déchargent 1300 m³/sec., dans la mer Adriatique et la mer Ionienne. Sur un territoire de 28 748 km², les zones des bassins versants des rivières ci-dessus sont 43 305 km² et l'hauteur moyenne est de 786 m au dessus du niveau de la mer. L'Albanie a eu un pic pour la construction de grands barrages après la fin de la deuxième guerre mondiale jusqu'au début des années 1990. Pendant cette période on a construit 652 barrages, dont 360 ont été enregistrés sur le Registre Mondial d'ICOLD, comme de grands barrages. D'après le registre d'ICOLD, concernant le numéro de barrages pour km² du pays et concernant le numéro des barrages pour 1 million d'habitants, l'Albanie occupe la première place en Europe. En Albanie, les 10 barrages les plus hauts sont utilisés pour la production de l'énergie. Ces derniers, présentent le plus grand danger pour notre pays. Ils font partie des 6 grandes cascades fluviales, comme la cascade de la rivière Drin, la cascade de la rivière Devoll, la cascade de la rivière Mat et Fan, les cascades des rivières Bistrica et Okshtun. La plus grande cascade est la cascade de la rivière Drin. La hauteur des barrages, leur type, les bassins créés, les capacités installées d'énergie et la dynamique d'utilisation des centrales hydroélectriques construites, rendent la cascade de la rivière de Drini, une cascade unique en Europe. Le plus grand barrage d'Albanie est le barrage de Fierza, d'une hauteur de 166,5 m. Les principaux défis pour l'avenir du secteur sont: la Sécurité, la Maintenance et la Surveillance des grands barrages existants. La présentation comprend des analyses effectuées dans le cadre de la préparation et de la mise en œuvre des plans de préparation en cas urgences, le cadre juridique Albanais, les principaux scénarios d'urgences, les recommandations concernant le projet, la mise en œuvre et les essais de systèmes d'alarme dans les zones en aval des barrages, présentant un risque élevé de vies humaines.

Risk / Aléa

Development of an agile risk management paradigm for under-operation hydropower dams

S. Yousefi
Construction Project Management, University of Tehran, Tehran, Iran

M. Rahbari
Iran Water and Power Resources Development Company (IWPCO), Tehran, Iran

N. Kheyrkhah
Sabir Company, Tehran, Iran

ABSTRACT: Hydropower dams are valuable national assets that provide critical electricity during peak demand consumption. Sustainability of such services is a priority concern for operation and maintenance authorities. Hydropower projects are normally facing many uncertainties such as unexpected shutdown and natural disasters such as floods that may turn to operational threats. If these uncertainties are not managed properly, not only the critical electricity during the maximum demand cannot be provided, but also, life of these key assets is seriously shortened. Many hydropower projects are entering operation in Iran and the concept of Dam Clinic is being developed to better manage these national assets. This research focuses on development of a risk management as a main component of Dam Clinic. The proposed procedure consists of seven steps: 1) Plan risk management; 2) Identify various types of risks; 3) Perform qualitative analysis of the identified risks; 4) Perform quantitative analysis of the identified risks; 5) Plan risk response; 6) Implement risk response; and 7) Monitor risks. The proposed risk model is a practical approach that is suitable for management of risks and uncertainties of complex megaproject. The proposed approach is a robust tool for safe and sustainable operation and maintenance of hydropower projects.

RÉSUMÉ: Les barrages hydro-électriques sont des trésors nationaux qui fournissent l'électricité pendant les heures de pointe. La durabilité de tels projets est de première importance pour les autorités chargées de l'opération et de l'entretien. Les projets hydro-électriques affrontent régulièrement diverses incertitudes qui peuvent menacer leurs opérations, tel que des arrêts inattendus et des catastrophes naturelles. Si ces incertitudes ne sont pas gérées correctement, non seulement l'énergie de pointe ne peut être fournie, mais la durée de vie de ces installations est raccourcie. En Iran, beaucoup de grands projets hydro-électriques entrent en opération, et le concept de « Clinique des Barrages » est créé pour mieux gérer ces biens nationaux. Cette étude se concentre sur le développement de la gestion des risques en tant qu'une composante principale de la Clinique des Barrages. La méthode proposée comprend 7 étapes: 1) Plan de gestion des risques; 2) Identification des types de risques; 3) Analyse qualitative des risques connus; 4) Analyse quantitative des risques connus; 5) Planification de la réponse aux risques; 6) Mise en œuvre de la réponse aux risques; 7) Contrôle des risques.

Le modèle proposé se veut être une approche pratique et robuste de la gestion des risques et des incertitudes liées aux mégaprojets complexes. Il s'agit d'un outil robuste pour l'opération et l'entretien sûrs et durables des projets hydro-électriques.

Sustainable and Safe Dams Around the World – Tournier, Bennett & Bibeau (Eds)
© 2019 Canadian Dam Association, ISBN 978-0-367-33422-2

Incorporation of a time-dependent risk analysis approach to dam safety management

J. Fluixá-Sanmartín
Centre de Recherche sur l'Environnement Alpin (CREALP), Sion, Switzerland

A. Morales-Torres
iPresas Risk Analysis, Valencia, Spain

L. Altarejos-García & I. Escuder-Bueno
Universidad Politécnica de Cartagena (UPCT), Cartagena, Spain

ABSTRACT: In most analysis techniques, dam risk is often assessed at one point in time. However, risk is susceptible to evolve with time as sequence of measures are implemented or as new conditions affecting dam safety are expected (e.g. the alterations due to climate change). A broader perspective to dynamically evaluate time issues in the prioritization sequences of measures is thus required. Risk is tackled as a time-dependent concept which cumulative value must be reduced for a range of timescales. The authors present a new approach that takes into account the potential evolution with time of risk and of the efficiency of measures. This allows long-term investments to be planned more efficiently, specially under new climate change scenarios. Indeed, the definition of adaptation strategies based on such approach would prevent investing in measures that would no longer be necessary in the future or missing some measures that could efficiently reduce the future risk.

RÉSUMÉ: Dans la plupart des techniques d'analyse, le risque des barrages est souvent évalué à un moment donné. Cependant, le risque est susceptible d'évoluer avec le temps avec l'implémentation de telles mesures ou dû à de nouvelles conditions affectant la sécurité des barrages (par exemple, les nouveaux scénarios de changement climatique). Une approche plus ample s'avère nécessaire pour inclure la variable temporelle dans la priorisation des mesures. Dans cet article, le risque est traité comme un concept dépendant du temps, dont la valeur cumulée doit être calculée pour différentes échelles de temps. Les auteurs présentent une nouvelle approche qui prend en compte l'évolution du risque et de l'efficacité des mesures d'adaptation. Cela permettrait de planifier plus efficacement les investissements à long terme, en particulier dans le cadre de nouveaux scénarios de changement climatique et de variation de population. En effet, la définition de stratégies d'adaptation fondées sur une telle approche empêcherait d'investir dans des mesures qui ne seraient plus nécessaires à l'avenir ou de ne pas considérer certaines mesures susceptibles de réduire plus efficacement le risque futur.

Sustainable and Safe Dams Around the World – Tournier, Bennett & Bibeau (Eds)
© 2019 Canadian Dam Association, ISBN 978-0-367-33422-2

Integrated hydrological risk analysis for hydropower projects

T.H. Bakken
SINTEF Energy Research, Norwegian University of Science and Technology (NTNU), Norway

D. Barton
Norwegian Institute for Nature Research (NINA), Norway

J. Charmasson
SINTEF Energy Research, Norway

ABSTRACT: The production of electricity from hydropower is exclusively determined by the availability of water. Upstream water use such as irrigation and drinking water supply, downstream constraints and climate change are just some of the factors that can pose a risk to the hydropower producer. The relationships between these factors can in many river basins be very complex, introducing large uncertainties to future revenues. Tools to analyze the wider understanding of the hydrological risks in river basins with multiple and geographically distributed water uses have to a limited extent been applied in the long-term planning of hydropower projects. The use of such tools will reduce the financial risk of a project, as well as providing a basis for dialogue between stakeholders. We have reviewed a set of different tools/ approaches to assess the hydrological risks of hydropower projects, which include; i) hydrological models with functions to run scenarios with climate change and different allocation and priorities between sectors, ii) integration of model simulation and expert judgement using Bayesian network methodology and iii) other risk assessment approaches, including the decision-tree framework, as proposed by the World Bank.

RÉSUMÉ: La production d'énergie hydroélectrique est largement dépendante de la disponibilité des ressources en eau. Les prélèvements d'eau en amont pour l'irrigation ou l'approvisionnement en eau potable notamment, les contraintes diverses en aval, ainsi que les changements climatiques sont autant de facteurs qui présentent un risque pour la production hydro-électrique. Les interdépendances entre ces différents facteurs peuvent s'avérer relativement complexes dans un grand nombre de bassins versants et engendrer une importante incertitude sur les revenus issus de l'exploitation des centrales. Les outils et méthodes permettant l'analyse du risque hydrologique dans les bassins versants à usage multiple ont jusqu'ici peu été appliqué pour la planification des projets hydroélectriques. L'utilisation de tels outils dans la phase initiale du projet permettrait de réduire le risque financier de ces projets, ainsi que d'établir une discussion entre les différents acteurs et usagers de la ressource en eau. Nous avons étudié différents outils et approches permettant l'évaluation du risque hydrologique des projets hydro-électriques qui sont: i) les modèles hydrologiques ayant une composante pour la planification et gestion des eaux, ii) un système d'aide à la décision basé sur le modèle de réseau bayésien et iii) les méthodes d'évaluation des risques tels que l'arbre de décision proposé par la Banque Mondiale.

Analysis of the probability of failure of the Moste Dam

P. Žvanut

Slovenian National Building and Civil Engineering Institute, Ljubljana, Slovenia

ABSTRACT: The Moste concrete arch-gravity dam was built in 1952. It has a maximum height of 59.80 m, and the dam crest has a length of 72.00 m. Possible causes that could lead to disastrous consequences downstream of the dam were studied and identified as follows: failure of the dam due to either scouring of material under the dam, or an earthquake, or failure of the right-bank abutment of the dam due to overtopping caused by flooding. It was found that the latter possibility was the most likely. In the paper, the probability of this overtopping was calculated using so-called event tree analysis (ETA), taking into account the following course of events: after initial extreme precipitation, first blocking of the bottom outlet, then blocking of the spillway gates, and finally blocking of one or more of the four spillways. A total of twelve event tree analyses were performed, each being evaluated for 64 different combinations of the input data. The different probabilities of the occurrence of the described events were calculated, also taking into account a Poisson distribution. These results need to be considered when defining measures aimed at increasing the stability of the dam and its surroundings.

RÉSUMÉ: Le barrage-poids voûte en béton de Moste a été construit en 1952. Il a une hauteur maximale de 59,80 m tandis que le couronnement du barrage a une longueur de 72,00 m. Les causes possibles pouvant entraîner des conséquences désastreuses en aval du barrage ont été étudiées et identifiées comme suit: rupture du barrage due à l'affouillement de matériaux situés sous le barrage ou à un tremblement de terre, ou rupture de l'appui de la rive droite du barrage en raison de déversements causés par les inondations. Il a été constaté que cette dernière possibilité était la plus probable. Dans l'article, la probabilité d'effet de déversement sur la rive droite a été calculée à l'aide de ce que l'on appelle l'analyse par arbre d'événements (ETA), en prenant en compte le déroulement suivant: après les premières précipitations extrêmes, tout d'abord le blocage de la vidange de fond, puis celui des vannes de l'évacuateur de crue et enfin le blocage d'un ou de plusieurs des quatre évacuateurs de crue. Au total, douze analyses d'arbre d'événements ont été effectuées, chacune étant évaluée pour 64 combinaisons différentes des données d'entrée. Les différentes probabilités d'occurrence des événements décrits ont été calculées en tenant également compte d'une distribution de Poisson. Ces résultats doivent être pris en compte lors de la définition de mesures visant à augmenter la stabilité du barrage et de ses environs.

Dam portfolio risk management: What we learned from analyzing seven dams owned by the Regional Government of Extremadura (Spain)

M. Setrakian-Melgonian
Regional Government of Extremadura, Mérida, Spain

I. Escuder-Bueno & J.T. Castillo-Rodríguez
Universitat Politècnica de València and iPresas Risk Analysis, Valencia, Spain

A. Morales-Torres
iPresas Risk Analysis, Valencia, Spain

D. Simarro-Rey
Paymacotas Extremadura, Mérida, Spain

ABSTRACT: This paper presents recent outcomes from risk analyses conducted for seven dams owned by the Regional Government of Extremadura (Spain) and how results have been used to support decisions for portfolio risk management. Risk analyses performed for Jaime Ozores, Membrío, El Horcajo and San Marcos dams were presented in previous ICOLD conferences, showing how robust and transparent information has been developed to support dam safety governance. Now, quantitative risk analyses for other three dams have been recently conducted and are now used to define future actions for dam safety management. This contribution describes the key aspects of conducted analyses, along with the results used for defining measures to reduce risk at portfolio scale. Conclusions derived from all dam risk analyses have supported decisions made in the last years in terms of dam safety investments and will inform the future strategy. The work conducted represents a consolidated process towards risk-informed portfolio management for dams owned by the Regional Government of Extremadura in Spain.

RÉSUMÉ: Cet article montre les récents résultats de l'analyse de risque réalisée sur sept barrages gérés par le gouvernement régional d'Extremadura (Espagne) et explique comment les résultats ont été utilisés pour l'appui aux décisions en matière de gestion du risque. Les analyses de risque effectuées sur les barrages de Jaime Ozores, Membrío, El Horcajo et San Marcos ont été présentées lors des précédentes conférences de l'ICOLD, montrant comment des informations robustes et transparentes ont servi pour soutenir la gouvernance en matière de sécurité des barrages. Des analyses quantitatives du risque ont récemment été réalisées pour trois autres barrages. Ces analyses sont utilisées désormais pour définir les actions futures concernant la gestion de la sécurité des barrages. Ce travail décrit les aspects essentiels de l'analyse effectuée, ainsi que les résultats qui ont été utilisés pour définir les mesures de réduction du risque à l'échelle globale du portefeuille. Les conclusions de toutes les analyses réalisées ont étayé les décisions prises ces dernières années en termes d'investissements dans la sécurité des barrages et éclaireront la stratégie future. Ce travail représente un processus consolidé à l'échelle globale du portefeuille vers une gestion du risque des barrages gérés par le gouvernement régional d'Extremadura (Espagne).

Sustainable and Safe Dams Around the World – Tournier, Bennett & Bibeau (Eds)
© 2019 Canadian Dam Association, ISBN 978-0-367-33422-2

Hazard management of Nathpa Dam (India) from Parechu lake in Tibet

V.K. Thakur

SJVN Limited, Shimla, Himachal Pradesh, India

ABSTRACT: The Himalayan region contains the largest areas covered by glaciers and permafrost outside the polar region in the world, and is intrinsically linked to global atmospheric circulation, biodiversity, water resources and the hydrological cycle. Being the cradle of nine of the largest rivers in Asia whose basins are home to over 1.3 billion people, the region is susceptible to a whole range of hydro metrological, tectonic and climate induced disasters. With warming in the Himalayas being higher than the global average, climate-induced natural hazards are likely to be exacerbated including severe glacial melting and retreat at an average rate of 30 to 60 meters per decade, with rapid accumulation of water in mountaintop lakes. In the face of accelerated global warming, the glaciers in the Himalayas are retreating at a rapid pace leading to rapid accumulation of water in mountain-top lakes. These glacial lakes which form behind moraine or ice 'dams' can breach suddenly, leading to floods known as Glacial Lakes Outburst Flood (GLOF). Once breached, millions of cubic meters of water and debris are discharged causing catastrophic flooding up to hundreds of kilometers downstream with serious damage to life, livelihoods, property, forest, farms and high value socio-economic and infrastructure assets. Recurrent flash floods, whether small or large like the ones in the years 2000 and 2005, have left short and long term socioeconomic destruction in their wake. They have also caused losses to economic infrastructure like bridges, roads and power projects. The administration is aware of the needs of the region and is working towards a unified system to manage flash flood risks in a comprehensive manner. This paper presents the hazard and mitigation measures to Nathpa Dam & Downstream area from Parechu lake upstream of Nathpa Jhakri Hydro Project (1500 MW) in Northern, India

RÉSUMÉ: L'Himalaya regroupe les plus larges zones de glaciers et de pergélisol au monde en dehors des régions polaires. La région est intrinsèquement liée à la circulation atmosphérique, la biodiversité, les ressources en eau et le cycle hydrologique planétaires. Traversée par neuf des plus grands fleuves d'Asie dont les bassins comptent au total plus de 1,3 milliards d'habitants, la région est vulnérable aux catastrophes causées par de multiples phénomènes hydrométéorologiques, tectoniques et climatiques. Avec l'accélération du réchauffement climatique, le recul des glaciers de l'Himalaya s'accentue, provoquant une augmentation rapide du volume des lacs de haute montagne. Les lacs glaciaires se forment derrière des moraines ou « barrages » de glace qui peuvent se rompre brusquement et causer des inondations, phénomène appelé « vidange brutale d'un lac glaciaire » (GLOF). Suite à la rupture d'un barrage de glace, des millions de mètres cubes d'eau et de débris sont déversés, provoquant des inondations catastrophiques sur plusieurs centaines de kilomètres en aval, avec de graves conséquences pour les populations, leurs moyens de subsistance et leurs biens, les forêts, l'agriculture, ainsi que pour les bâtiments et infrastructures de grande valeur socio-économique. Cet article présente les risques et les mesures d'atténuation dans la zone du barrage de Nathpa et en aval du lac Parechu, en amont du barrage de Nathpa, dans le nord de l'Inde.

Sustainable and Safe Dams Around the World – Tournier, Bennett & Bibeau (Eds)
© 2019 Canadian Dam Association, ISBN 978-0-367-33422-2

Understanding risk communication approaches for dam related disasters

E. Yasui

Applied Disaster and Emergency Studies, Brandon University, Brandon, Manitoba, Canada

ABSTRACT: Extreme weather conditions have become more frequent in the past decade, which correlate with the increase in numbers of hydrological (i.e., flood) and meteorological (i.e., hurricane) events around the world (Guha-Sapir et al. 2017). If this severe weather trend becomes the new normal, dams will be constantly threatened by unpredictable natural forces. This means that there are more chances that a dam not only fails to function, but also triggers flooding that leads to a major disaster for downstream communities. While every disaster event is unique and complex, the increased scale and frequency of hazardous conditions expose dams to devastating consequences. To ensure dam safety, it is critical that the dam operator and community communicate and work closely with each other. This paper looks at the existing studies on dam related disaster events in order to gain preliminary observations of risk communication practiced by dam operators. There are not many in-depth studies focusing on dam emergency/disaster events in terms of public response to warning and evacuation (Sorensen and Mileti 2018). This study attempts to investigate the existing practices of flood risk communication in order to promote a dam-community partnership-based disaster management to enhance their resilience to extreme weather events.

RÉSUMÉ: Les conditions météorologiques extrêmes sont devenues plus fréquentes au cours de la dernière décennie, ce qui est en corrélation avec l'augmentation du nombre d'événements hydrologiques (inondations) et météorologiques (ouragans) dans le monde (Guha-Sapir et al. 2017). Si cette tendance météorologique sévère devenait la nouvelle norme, les barrages seraient constamment menacés par les forces naturelles imprévisibles. Cela signifie qu'il y a non seulement plus de chances qu'un barrage ne fonctionne pas, mais déclenche également des inondations qui entraînent un désastre majeur pour les communautés en aval. Bien que chaque sinistre soit unique et complexe, l'ampleur et la fréquence croissantes des conditions dangereuses exposent les barrages à des conséquences dévastatrices. Pour assurer la sécurité du barrage, il est essentiel que l'opérateur de barrage et la communauté communiquent et travaillent en étroite collaboration. Ce document examine les études existantes sur les catastrophes liées aux barrages afin de recueillir des observations préliminaires sur les pratiques de communication des risques par les opérateurs de barrages. Il n'y a pas beaucoup d'études approfondies sur les évènements d'urgence/de catastrophe d'un barrage en termes de réaction du public à l'alerte et à l'évacuation (Sorensen et Mileti, 2018). Cette étude tente d'étudier les pratiques existantes en matière de communication des risques d'inondation afin de promouvoir une pratique de gestion des urgences fondée sur un partenariat entre les communautés et le barrage afin de renforcer leur résilience aux phénomènes météorologiques extrêmes.

Sustainable and Safe Dams Around the World – Tournier, Bennett & Bibeau (Eds)
© 2019 Canadian Dam Association, ISBN 978-0-367-33422-2

Simulation supported Bayesian network for estimating failure probabilities of dams

K. Ponnambalam & A. El-Awady
Department of Systems Design Engineering, University of Waterloo, Ontario, Canada

S. Jamshid Mousavi
School of Civil and Environmental Engineering, Amirkabir University of Technology, Tehran, Iran

A. Seifi
Department of Industrial Engineering and Management Systems, Amirkabir University of Technology, Tehran, Iran

ABSTRACT: Hydropower dams are complex engineering structures that may fail due to hydrological, soil, structural, mechanical, electrical, control and human factors. Determining failure probabilities of a complex system using exhaustive simulation methods is efficient only when the number of system components is few. In this paper, we propose a Bayesian Network (BN) to solve the same problem in an efficient manner supported by simulations, where they are appropriate; calling this method the simulation supported BN (SSBN). SSBN decomposes the network into smaller sub-networks; each is simulated separately to acquire failure probability information; the BN allows for combining this information to calculate failure probabilities of the entire system. SSBN makes the complex system easy to deal with by reducing the time and effort to solve, and is easily generalizable to multidisciplinary systems. This new concept is validated on a pilot system of two reservoirs of different topologies.

RÉSUMÉ: Les barrages hydroélectriques sont des ouvrages d'ingénierie complexes qui peuvent être défaillants en raison de facteurs hydrologiques, pédologiques, structurels, mécaniques, électriques, de contrôle et humains. La détermination des probabilités de défaillance d'un système complexe à l'aide de méthodes de simulation exhaustives n'est efficace que lorsque le nombre de composants du système est faible. Dans cet article, nous proposons un réseau Bayésien (RB) pour résoudre le même problème de manière efficace, avec l'appui de simulations, le cas échéant; appelant cette méthode le RB pris en charge par la simulation (SSBN). Le SSBN décompose le réseau en sous-réseaux plus petits; chacun est simulé séparément pour acquérir des informations sur la probabilité de défaillance; le RB permet de combiner ces informations pour calculer les probabilités de défaillance de l'ensemble du système. SSBN facilite la gestion du système complexe en réduisant le temps et les efforts nécessaires à sa résolution, et est facilement généralisable aux systèmes multidisciplinaires. Ce nouveau concept est validé sur un système pilote de deux réservoirs de topologies différentes.

Sustainable and Safe Dams Around the World – Tournier, Bennett & Bibeau (Eds)
© 2019 Canadian Dam Association, ISBN 978-0-367-33422-2

Conditional flood risk management

B. Kolen
HKV consultants, Lelystad, The Netherlands
Delft University of Technology, Delft, The Netherlands

M. Zethof & B.I. Thonus
HKV consultants, Lelystad, The Netherlands

ABSTRACT: The modern water manager not only looks at the protection against flooding but also at possible consequences when protection fails and how the risks and consequences can be reduced. In a risk approach (as adopted in 2017 in The Netherlands) the acceptable probability of failure per year of levees is determined based on the acceptable risk (risk = probability x consequence). During operational flood risk control the failure probability per year is not key information, but measurements and forecasts describe the conditional risk. The method 'continuous insight' focuses on daily risk based floodcontrol. The knowledge and information for low frequent assessing and designing of levees, is made continuous available given forecasts of the next days, we speak of the conditional floodrisk. Choices in day-to-day work processes such as inspection, maintenance, operational management can be optimized based on the conditional risk. The same applies for flood fighting, warning and evacuation. All processes are fed from a single point of truth of information (which is dynamic). The water manager is in control and reduces the risk effective. In this article we outline the experiences with this method for a case in the Netherlands, the role of fragility curves and human assessment.

RÉSUMÉ: Le gestionnaire d'eau moderne ne se préoccupe pas seulement de la protection contre les inondations, mais également des conséquences éventuelles en cas d'échec de la protection et de la manière dont les risques et les conséquences peuvent être réduits. Dans une ap-proche fondée sur les risques (telle qu'adoptée en 2017 aux Pays-Bas), la probabilité de défaillance acceptable par année de levées est déterminée en fonction du risque acceptable (risque = probabilité x conséquence). Lors du contrôle quotidien des inondations, la probabilité de défaillance par an n'est pas une information essentielle, mais les mesures et prévisions réelles décrivent le risque conditionnel. La méthode «vision continue» se concentre sur le contrôle des inondations basé sur les risques quotidiens. Les connaissances et les informations permettant l'évaluation à faible fréquence et de concevoir des levées sont rendues disponibles en permanence, en tenant compte des prévisions des prochains jours, nous parlons du risque conditionnel. Les choix dans les processus de travail quotidiens tels que l'inspection, la maintenance, la gestion opérationnelle peuvent être optimisés en fonction du risque conditionnel. Il en va de même pour la lutte contre les inondations, les avertissements et l'évacuation. Tous les processus sont alimentés à partir d'un seul point d'information (qui s'améliore continuellement). Le gestionnaire de l'eau est en contrôle et réduit efficacement les risques. Dans cet article, nous décrivons les expériences avec cette méthode pour un cas aux Pays-Bas, le rôle des courbes de fragilité et les facteurs humains.

Sustainable and Safe Dams Around the World – Tournier, Bennett & Bibeau (Eds)
© 2019 Canadian Dam Association, ISBN 978-0-367-33422-2

Méthode et outil de calcul de l'aléa de rupture des digues de protection contre les inondations appliqués à la Loire

S. Patouillard & S. Braud
DREAL Centre-Val de Loire, France

E. Durand & B. Bridoux
Cerema, France

R. Tourment
Irstéa

ABSTRACT: The Loire river levees are important and presently protect more than 300,000 inhabitants. During Loire levees hazards studies, a new methodology was developed by DREAL Centre - Val de Loire, Cerema and Irstea, for breaching probability assessment. The methodology is based on 5 scenarios initiated by overflow, internal erosion, slope sliding, external erosion (scour) and uplift mechanism. Specific fault tree and criteria were considered. This methodology was implemented in a spreadsheet tool called CARDigues. For several flood events and for each scenario, the tool calculates the breach hazard probability for every 50 m spaced profiles. The tool has been applied on 40 levee systems (500 km). CARDigues was also used to assess alluvial forest impact on levee breach probability. Indeed, for equivalent flow net in the channelized river, the rougher is the riverbed, the higher is the hydraulic level and then the breach hazard probability. CARDigues easily enables to identify the most impacted profiles by the last 20 years alluvial vegetation development. Other CARDigues developments and applications for levee management are currently tested. One deals with existing old levee system valorization. This article presents CARDigues methodology and tool and some applications on hydrographic Loire basin.

RÉSUMÉ: La Loire est un fleuve français dont les levées sont importantes en termes de dimension et de population protégée. Dans le cadre des études de dangers des digues du bassin de la Loire, une méthodologie a été mise au point pour l'estimation de leur probabilité de rupture. Elle fait intervenir 5 scenarios de rupture (surverse, érosion interne, glissement, érosion externe, soulèvement hydraulique) décomposés en arbres de défaillance simplifiés. Cette méthodologie est traduite et intégrée dans un outil de calcul appelé CARDigues. Il calcule la probabilité d'occurrence d'une rupture de digue sur des profils en travers espacés de 50 mètres et pour différentes crues. L'outil a été utilisé sur près de 40 systèmes d'endiguement (500 km). Cet outil a également été utilisé pour qualifier l'influence de la forêt alluviale sur le risque de rupture d'une digue. En effet, en augmentant la rugosité du lit, le développement de la forêt alluviale dans le lit mineur de la Loire augmente le niveau d'eau en crue le long de la digue, et, par conséquent, le risque de rupture de l'ouvrage. L'outil CARDigues a permis d'identifier les secteurs sur lesquels l'aléa de rupture de digue avait significativement augmenté ces 20 dernières années, du fait du développement de la forêt alluviale. D'autres applications, en lien avec la gestion des systèmes d'endiguement, sont en cours de test tels que la valorisation des ouvrages. L'objet de l'article est de présenter ces méthodes, l'outil et leurs applications à l'échelle d'un bassin hydrographique.

A risk-informed approach to justify dam safety improvements

A.R. Firoozfar & K.C. Moen
HDR, Seattle, WA, USA

B. McGoldrick
Idaho Power Company, Boise, ID, USA

A.N. Jones
HDR, Portland, ME, USA

ABSTRACT: Sound dam operation and maintenance can reduce the likelihood of occurrence of potential failure modes (PFMs) and thereby increase the structure and public safety. Risk-informed decision making methodologies developed by United States federal agencies such as the U.S. Army Corps of Engineers (USACE) and U.S. Bureau of Reclamation (USBR) could be utilized to prioritize interventions and lower the risk of occurrence of PFMs. Loss of life is an important parameter for estimating the PFM risk in these methodologies. However, PFMs may only partially develop or not result in loss of life. In this case, the overall benefit of different interventions is not as clear and their value is difficult to articulate. The Event Tree Analysis (ETA) approach is utilized to present the failure sequence, likelihood of occurrence and possible consequences of incident and consequently risk of PFM. After the baseline risk is determined, the ETA is modified to incorporate risk reduction measures and reexamine the risk. Eventually, an economic analysis is performed to build a business case for interventions and/or investigations. This provides a method to develop a structured and quantitative business case, helping to articulate how the lifecycle costs, benefits, and risks are impacted by interventions and allowing decision makers to understand their value to reduce risks.

RÉSUMÉ: L'exploitation et la maintenance solides des barrages peuvent réduire la probabilité d'occurrence des modes de défaillances potentielles et ainsi améliorer la sécurité du public et de la structure. Des méthodologies de prise de décision tenant compte des risques, développés par des agences fédérales américaines tel que USACE et USBR, pourraient être utilisées pour prioriser les interventions et réduire le risque d'occurrence de défaillances. Les pertes humaines représentent un paramètre important pour l'estimation du risque de défaillance dans ces méthodologies. Cependant, certaines défaillances peuvent se développer que partiellement et ne pas entraîner des pertes de vies humaines. Dans ce cas, l'avantage général des différentes interventions n'est pas aussi clair et leur valeur est difficile à exprimer. L'approche AAE (Analyse par Arbre d'Évènement) est utilisée pour présenter la séquence de défaillance, la probabilité d'occurrence et les conséquences possibles de l'incident et, par conséquent, le risque de défaillance. Une fois le risque de base déterminé, l'AAE est modifiée pour intégrer des méthodes de réduction du risque et réexaminer le risque. Finalement, une analyse économique est générée pour développer un analyse de rentabilisation pour d'éventuelles interventions et/ou enquêtes. Ce processus fournit une méthode permettant de développer une analyse de rentabilisation structurée et quantitative qui peut aider à expliquer comment les coûts, les avantages et les risques du cycle de vie sont affectés par les diverses interventions. Cette approche permet aux autorités responsables de mieux comprendre la valeur des interventions pour réduire les risques.

Sustainable and Safe Dams Around the World – Tournier, Bennett & Bibeau (Eds)
© 2019 Canadian Dam Association, ISBN 978-0-367-33422-2

Risk management of new hydropower dams on the White Nile Cascade – A case study of Isimba & Karuma Hydropower Dams in Uganda

W. Manirakiza, F. Wasike, N.A. Rugaba, J. Sempewo, H.E. Mutikanga & L. Spasic-Gril
Uganda Electricity Generation Company Ltd (UEGCL), Kampala, Uganda

ABSTRACT: The development of dams is undoubtedly vital for the Uganda's socio-economic development; however, such dams could pose a high potential risk to the downstream communities. A proactive dam risk management is therefore required to mitigate impacts of potential downstream injury and property damage, as well as catastrophic and long-lasting environmental impacts. This paper presents an integrated decision-making framework for analyzing risks and uncertainties for Hydropower Dams development which takes into account dam design, construction, impoundment and the long term operation. The paper also proposes strategies for mitigating risks that could be caused to property, human life and the environment. The framework uses an integrated Potential Failure Mode Analysis to identify and develop a risk matrix, risk mitigation measures, and Emergency Preparedness Plan. The framework and approach is illustrated on Isimba & Karuma Hydropower Dams, currently under construction on the Victoria and Kyoga Nile Cascade in Uganda. Results indicate that the framework can be used to rank and prioritize risks amidst data scarce scenarios. The approach will help dam managers to rank prioritize dam risk mitigation interventions and investments amidst budget limitations.

RÉSUMÉ: La mise en place de barrages est sans aucun doute vitale pour le développement socio-économique de l'Ouganda; cependant, ces barrages peuvent présenter un risque élevé pour les communautés situées en aval. Une gestion proactive de ces risques est donc nécessaire pour atténuer les impacts liés aux possibles dommages matériels, corporels, ainsi que les dommages catastrophiques et durables environnementaux. Cet article présente une méthodologie de prise de décision concertée, basée sur l'analyse des risques et des incertitudes liés au développement de barrages hydroélectriques et prend en compte la conception, la construction, la mise en eau et l'exploitation du barrage. Cet article propose également des stratégies pour atténuer les risques causés aux biens, à la vie humaine et à l'environnement. La méthode propose une analyse des modes de défaillance possibles pour identifier et développer une matrice de risques, des mesures d'atténuation et un plan d'intervention d'urgence. La méthodologie est actuellement utilisée sur les barrages hydroélectriques d'Isim-ba et Karuma, en construction sur la cascade Victoria et Kyoga Nile en Ouganda. Les résultats indiquent que la méthode peut être utilisée pour classer et hiérarchiser les risques parmi des scénarios rares. Cette approche aidera les gestionnaires de barrages à hiérarchiser par ordre de priorité les interventions et les investissements d'atténuation des risques liés au barrage, dans le respect des limites budgétaires.

Sustainable and Safe Dams Around the World – Tournier, Bennett & Bibeau (Eds)
© 2019 Canadian Dam Association, ISBN 978-0-367-33422-2

In praise of monitoring and the Observational Method for increased dam safety

S. Lacasse & K. Höeg
Norwegian Geotechnical Institute, Oslo, Norway

ABSTRACT: The Observational Method has served the geotechnical profession well in most areas of practice, such as bridge foundations, culvert construction, tunnels and dams. This paper summarizes one case history where the Observational Method played a key role in helping make risk-informed decisions during the construction and operation of the Zelazny Most tailings dam in Poland. The Zelazny Most dam is the largest tailings dam in Europe. For this dam, the *in situ* measurements followed (and continue to follow) the movements and pore pressure in the foundation during operation. The use of the Observational Method resulted in significant design changes, including moving the dam crest, the construction of stabilizing berms and the installation of relief wells in the foundation. The Observational Method, when correctly applied, can be a most useful tool for follow-up of a dam design. The paper describes the Observational Method, its advantages and its affinities with the statistical Bayesian updating approach. It also describes briefly the observations at the Zelazny Most sites and discusses how the Observational Method was a key instrument for "risk-informed" decisions.

RÉSUMÉ: L'approche observationnelle proposée les professeurs Terzaghi et Peck est un outil qui a bien servi tous les domaines de la pratique de l'ingénierie géotechnique, tels que les fondations de ponts, la construction de ponceaux, les tunnels et les barrages. Cet article résume une histoire de cas où la méthode d'observation ("Observational Method") a joué un rôle clé en aidant à prendre des décisions éclairées en fonction des risques pour l'exploitation future de grands barrages, y compris le barrage de résidus de Zelazny Most en Pologne, le plus grand barrage de résidus en Europe. Pour ce barrage, les mesures in situ ont suivi (et continuent de suivre) les mouvements et la pression interstitielle dans le sol pendant la construction et l'exploitation. L'utilisation de la méthode d'observation a entraîné d'importants changements dans la conception, notamment le déplacement de la crête du barrage, la construction de bermes de stabilisation et l'installation de puits de secours dans les fondations. La méthode d'observation, lorsqu'elle est correctement appliquée, peut être un outil très utile pour la gestion des barrages. Le document discute de la méthode d'observation et de ses avantages, et la compare avec la mise à jour bayésienne. La méthode d'observation est considérée comme un instrument clé pour "des décisions éclairées par le risque" ("risk-informed decision making").

Sustainable and Safe Dams Around the World – Tournier, Bennett & Bibeau (Eds)
© 2019 Canadian Dam Association, ISBN 978-0-367-33422-2

Bayesian Network approach for failure prediction of Mountain Chute dam and generating station

A. El-Awady & K. Ponnambalam
Department of Systems Design Engineering, University of Waterloo, Ontario, Canada

T. Bennett & A. Zielinski
Ontario Power Generation, Ontario, Canada

A. Verzobio
Department of Civil and Environmental Engineering, University of Strathclyde, Glasgow, UK

ABSTRACT: Determining cause-effect relation is an important step in a probabilistic failure analysis, which allows for better understanding of the system reliability and for taking mitigation actions. In order to estimate the probability of failure, the interactions among system components should be represented mathematically including any probability measures. In this paper, Mountain Chute Dam system, which is a part of the Madawaska River System, is used as a case study. Bayesian Network (BN) is used to represent various components of dams with associated probabilistic information such as marginal and conditional probabilities to estimate system failure probabilities. Expert judgement, logic inference, and models of reservoir systems, may also be used to aid BN. For Mountain Chute Dam and generating station, presented in this paper, the proposed BN consists of 24 nodes (events, components, or variables) and is used for predicting failure probability of the main dam and earthen dams from overtopping, seepage, sliding, or any operational failure.

RÉSUMÉ: La détermination de la relation de cause à effet est une étape importante de l'analyse probabiliste des défaillances, qui permet de mieux comprendre la fiabilité du système et de prendre des mesures d'atténuation. Afin d'estimer la probabilité d'échec, les interactions entre les composants du système doivent être représentées mathématiquement, y compris les mesures de probabilité. Dans cet article, le système de barrage Mountain Chute, qui fait partie du réseau de la rivière Madawaska, est utilisé comme étude de cas. Le réseau Bayésien (RB) est utilisé pour représenter diverses composantes des barrages avec des informations probabilistes associées telles que des probabilités marginales et conditionnelles pour estimer les probabilités de défaillance du système. Le jugement d'expert, l'inférence logique et les modèles de systèmes de réservoir peuvent également être utilisés pour aider le RB. Pour le barrage et la centrale de Mountain Chute, présentés dans cet article, le RB proposé se compose de 24 nœuds (événements, composants ou variables) et est utilisé pour prédire la probabilité de défaillance du barrage principal et des barrages de terre en cas de débordement, de suintement, de glissement ou toute défaillance opérationnelle.

Scaling risk assessment methods and approaches – From over 200 dams to site-specific studies

J.A. Quebbeman & S.K. Carney
RTI International, Colorado, USA

ABSTRACT: Risk assessments for individual dams can be challenging when considering the variety of probable failure modes, fragility analyses, seismic probabilities, uncertainty in hydrologic hazards, human and operational elements, and consequences of failure events. For portfolio risk assessments, higher level assumptions are used to simplify the analyses. The techniques required for site-specific risk analysis can be simplified and generalized using a range of assumptions to allow efficient scaling towards portfolio risk assessments, including approaches to rapidly assess large-scale consequences or probabilistic hydrologic hazards. In this paper, we will describe a range of screening level cost-benefit analysis techniques used for projects extending from North America and around the world to help quantify the risks. The paper will draw out lessons learned that can be used for future screening assessments.

RÉSUMÉ: L'évaluation des risques pour chaque barrage individuellement peut être difficile lorsqu'on tient compte de la variété des modes de défaillance probables, des analyses de fragilité, des probabilités sismiques, de l'incertitude des dangers hydrologiques, des éléments humains et opérationnels, et des conséquences des événements d'échecs. Pour l'évaluation des risques de portefeuille, des hypothèses du niveau supérieur sont utilisées pour simplifier les analyses. Les techniques exigées pour l'analyse des risques particulières à chaque place peuvent être simplifiées et généralisées en utilisant une série d'hypothèses pour permettre une mise à l'échelle efficace en vue de l'évaluation des risques du portefeuille, y compris des approches pour une évaluation rapide des conséquences à grande échelle ou les risques hydrologiques probables. Dans cet document, nous décrirons une série de techniques d'analyse coûts-avantages au niveau de dépistage préalable utilisées dans le cadre de projets s'étendant de l'Amérique du Nord et autour du monde entier pour aider à quantifier les risques. Le document tirera des leçons apprises qui pourront être utilisées pour les évaluations préalables prochaines.

Design of hydropower scheme /

Conception d'aménagement hydroélectrique

Current investment in dam construction in Indonesia, forward-looking decisions

A. Assegaf

Ministry of Public Works and Public Housings, Jakarta, Indonesia

ABSTRACT: Increasing future uncertainty caused by climate change and socio-economic developments brings challenges for decision makers to plan long-lived infrastructures such as large dams. To deal with these uncertainties, decision-makers need to formulate for-ward-looking decisions to ensure reliable future performances of the infrastructures. This study aims to analyse the extent of "forward-looking-ness" of three dam investment deci-sions (Gondang, Logung, and Raknamo) in Indonesia and iden-tify what drivers and barri-ers turn decisions into forward-looking decisions or away from them. With the application of 'forward-looking decisions' framework and analysis of decisions documents, it is re-vealed that the three decisions about Gondang, Logung, and Raknamo dam have a similar extent of "forward-lookingness"; problem definition of the decisions were not forward looking; how-ever, solution and justification of the decisions were forward-looking. Fur-thermore, sensitizing con-cepts and Constant Comparative Method are used to identify drivers and barriers that can make investment decisions less or more forward looking. From the analysis of 17 semi-structured interviews conducted with government officials within the Ministry of Public Works, Indonesia, it is concluded that several drivers and barriers exist. These findings provide new insights into existing literature on how these drivers and barriers may support or hinder organisations to make forward-looking deci-sions.

RÉSUMÉ: L'incertitude croissante à l'avenir occasionnée par le changement climatique et le développe-ment socio-économique mettent aux défis les décisionnaires à planifier des infrastructures à longue durée de vie telles que les grands barrages. Pour s'impliquer dans ces incertitudes, les décisionnaires doivent for-muler des décisions tournées vers l'avenir pour rassurer les performances futures fiables des infrastruc-tures. Cette étude vise à analyser l'étendue "prospective" de trois décisions d'investissements de barrages (*Gondang, Logung* et *Raknamo*) en Indonésie et d'identifier les facteurs et obstacles transformant des déci-sions en décisions prospectives ou loin d'elles. Avec l'application du cadre de "décisions prospectives" et l'analyse des documents de décisions, il est révélé que les trois décisions sur *Gondang, Logung* et le barrage de *Raknamo* ont le même degré «*prospectif*»; la définition du problème des décisions n'était pas rospec-tive; en revanche, la solution et la justification des décisions étaient bien prospectives. En outre, les con-cepts de sensibilisation et la Méthode Comparative Constante sont utilisés pour identifier les facteurs et les obstacles qui peuvent rendre les décisions d'investissements plus ou moins prospectives. À partir de l'analyse de 17 entrevues semi-structurés menés avec des fonctionnaires de l'État au sein du Ministère Indonésien de la Fonction Publique, il est conclu que plusieurs facteurs et obstacles y existent. Ces résul-tats donnent de nouvelles visions sur la littérature existante sur la manière dont ces facteurs et obstacles peuvent soutenir ou gêner les organisations à prendre des décisions tournées vers l'avenir.

Construction spillway over whole area downstream of CFRD for climate change

J.B. Park, S.J. Kim & S.H. Lee
K-water, Daejeon, Republic of Korea

ABSTRACT: K-water is constructing and managing 37 large dams in Republic of Korea. Unusually heavy rainfall has been increasing due to global climate change, and flooding has caused many damages in ROK as the dam has been overflowed. In response, K-water has been implementing a project to increase flood control capacity for 26 existing dams since 2003. The Peace Dam should be constructed with concrete-face rock-fill dam (C.F.R.D) to be vulnerable to overflow, but should be able to secure dam safety even if Imnam-dam collapses in North Korea. Most dams use a method to increase the height of the dam or to create separate spillway by increasing the ability to control the flood. In the P dam, the discharge from the PMF and the failure of the upstream dam was estimated to be 232,510 CMS; the entire area of the dam, which was made of rock-fill, was reinforced with concrete to be used as a spillway. It is reinforced with concrete, has a width of 601 m, an area of 74,000 m², and a thickness of 1.5 m. At this time, the discharge amount was 18,402 CMS, and the flood amount of 92% was decreased.

RÉSUMÉ: K-water construit et gère 37 grands barrages en République de Corée. Les précipitations extrêmes se sont accrues, en République de Corée, en raison des changements causées par le réchauffe-ment climatique; des inondations ont causé de nombreux dégâts puisque des barrages ont été sub-mergés. Dans ce contexte, K-water a mis en œuvre depuis 2003 un projet visant à augmenter la capacité de contrôle des inondations de 26 barrages existants. Le barrage de la Paix devrait être un barrage en enrochement à masque amont en béton, mais dont la sécurité de ce barrage doit être assurée malgré la rupture du barrage d'Imnam (Corée du Nord). Pour la plupart des barrages, il est prévu d'augmenter la hauteur du barrage ou de construire un déversoir séparé pour augmenter la capacité de contrôle des inondations. Pour le barrage de la Paix, le débit de pointe de la crue maximale probable et de la rupture du barrage amont est estimé à 232 510 m³/s; l'ensemble de la zone du barrage, constituée de remblai rocheux, a été renforcée pour servir de déversoir. La partie du barrage renforcée avec du béton, a une largeur de 601 m, une superficie de 74 000 m² et une épaisseur de 1,5 m. Dans ces conditions, le débit déversé vers l'aval est estimée à 18 402 m³/s et le débit de pointe déversé serait réduit de 92%.

Unexpected risks and work experience in construction of HPP's cascade on the Grande-de-Santiago River, Mexico

A. Kozyrev
Russian National Committee ICOLD, Moscow, Russia & JSC "Lenhydroproject", Saint-Petersburg, Russia

A. Lashin & I. Uskov
PJSC "Power Machines", Saint-Petersburg, Russia

V. Uskov
JSC "VNIIG im. B.E. Vedeneeva", Saint-Petersburg, Russia

ABSTRACT: In the valley of the mountain river Grande-de-Santiago three gorges were used for construction of three large Mexican hydropower plants: Aguamilpa, El Cajòn and La Yesca. These power plants were mainly intended for power supply of the large industrial metropolis Guadalajara City and Nayarit and Jalisco states, where the hydroschemes are located. There were many engineering challenges faced in the development of the HPP's cascade on the Grande-de-Santiago River due to remote location of the sites and the catastrophic flood caused by heavy rains during construction. In view of the HPPs similar layouts, design solutions and equipment configuration, and based on the experience gained in the course of construction of the first two HPPs of the cascade, the contractor realized that building the last HPP per Customer's contract design would incur technical risk. The contractor introduced reasonable changes in the civil engineering design, minimizing thereby the risks during construction and enhancing the structural stability. This alteration of the initial layout increased the overall project cost and lead to unexpected overspending of the project budget and to a delay in power plant commissioning.

RÉSUMÉ: Dans la vallée de la Grande-de-Santiago, trois gorges ont été utilisées pour la construction de trois grandes centrales hydroélectriques au Mexique: Aguamilpa, El Cajòn et La Yesca. Ces stations étaient principalement destinées à l'alimentation en énergie d'une grande métropole industrielle: les villes de Guadalajara et de Nayarit et Jalisco, dans lesquelles des barrages sont situés. Le développement de la cascade de HPP sur la rivière Grande-de-Santiago a posé de nombreux problèmes d'ingénierie en raison de la distance entre les objets et des inondations catastrophiques causées par une pluie abondante pendant la construction. Avec un degré élevé de similitude dans les solutions de conception, la configuration des équipements et l'expérience acquise lors de la construction des deux premières centrales hydroélectriques en cascade de la dernière station, le contractant a identifié un risque technique lié à la poursuite des travaux de construction conformément aux décisions de l'appel d'offres. Le contractant a justifié la nécessité d'apporter des modifications à la partie construction du projet. Il a donc été réduit au minimum les risques pour la sécurité des personnes lors de la réalisation des travaux et augmentant la stabilité des structures de construction. Cette modification de la structure initiale a entraîné une augmentation des coûts globaux du projet, allant jusqu'à un dépassement imprévisible du budget du projet et à un transfert de la mise en service de l'objet.

Sustainable and Safe Dams Around the World – Tournier, Bennett & Bibeau (Eds)
© 2019 Canadian Dam Association, ISBN 978-0-367-33422-2

Site C Clean Energy Project, design overview

A.D. Watson
BC Hydro, Vancouver, BC, Canada

G.W. Stevenson
Klohn Crippen Berger Ltd., Vancouver, BC, Canada

A. Hanna
SNC Lavalin Inc. (retired), Vancouver, BC, Canada

ABSTRACT: This paper provides an overview of the design of the Site C Clean Energy Project. The Project is an 1100 MW hydroelectric generating facility under construction on the Peace River near Fort St. John, British Columbia, Canada. The Project layout is strongly influenced by the geological and hydraulic requirements at the site. On the left (north) abutment the project includes a large excavation for slope stabilisation as well as two diversion tunnels, one of which will be converted with the construction of orifices and later used for reservoir filling. A 60 m high earthfill dam spans the main river channel, and which abuts concrete structures on the right (south) abutment. The project spillway and power intakes for a six unit powerhouse are fed by a large approach channel on the right abutment. The spillway includes a two-stage stilling basin with surface radial gates and vertical lift low level gates, as well as a free crest spillway. The configuration of the site includes an inclined "RCC buttress" supporting the headworks structures, powerhouse and spillway structures. The project also includes an instrumentation program with an initial focus on capturing rebound and movement resulting from project excavations, and a long-term purpose of monitoring during operation.

RÉSUMÉ: Cet article présente un aperçu de la conception du Projet d'Energie Propre de Site C. Le Projet comprend une centrale hydroélectrique de 1100 MW qui est en cours de construction sur la rivière Peace, près de Fort St. John, Colombie-Britannique, Canada. L'arrangement général du Projet est fortement influencé par des contraintes géologiques et critères hydrauliques particuliers du site. Sur la rive gauche (côté nord), le Projet comprend d'importantes excavations pour la stabilisation des talus ainsi que deux tunnels de dérivation, dont l'un est converti avec la construction d'orifices et qui sera utilisé pour le remplissage du réservoir. Un barrage en terre de 60 mètres de haut s'appuie sur des structures en béton sur sa rive droite (côté sud). L'évacuateur de crues, les prises d'eau, et la centrale hydroélectrique composée de six turbines sont alimentés par un large canal d'amené situé sur la rive droite. L'évacuateur de crue comprend un bassin de dissipation à deux niveaux régulé par des vannes radiales de surface, des vannes de vidanges des fonds, ainsi que d'un déversoir à surface libre. La configuration du site comprend un contrefort « en BCR » incliné qui soutient les structures de prises d'eau, la centrale hydroélectrique et l'évacuateur de crues. Le projet comprend également un programme d'instrumentation durant la construction qui a pour objectif de suivre les déplacements liés aux phénomènes de rebond et aux excavations du projet, ainsi qu'un programme d' instrumentation à long terme durant la période d'exploitation du projet.

Sustainable and Safe Dams Around the World – Tournier, Bennett & Bibeau (Eds)
© 2019 Canadian Dam Association, ISBN 978-0-367-33422-2

Small historic dams made safe

D.E. Neeve & M. Jenkins
Arup, Leeds, UK

ABSTRACT: The Leche family created an enclosed park in the 15th century, with the current owners, the Cavendish family, purchasing the estate 1549. Between 1710 and 1843 four interconnected reservoirs were created to feed the famous fountains and garden water features along with the more recent demands of the firefighting system, toilets and hydroturbine. An inspection found inadequate freeboard and insufficient overflow capacity during the design flood. A statutory deadline of three years was imposed to undertake the design, obtain planning permission, secured funding and construct the alterations. The works to the dams included new top water level and auxiliary weirs with associated spillways and discharge channels and embankment raising at Swiss Lake and Emperor Lake. Reinforced grass auxiliary spillways were designed, to minimise visual impact at Mud Pond, Ring Pond and Swiss Lake and an existing estate road was modified to create an auxiliary weir at Emperor Lake. A key challenge was to ensure the statuary requirements were met, whilst balancing the final solution with the minimal visual impact aspirations of the National Park, English Heritage and the Estate. Through considerate design and green engineering techniques, the engineered solution has become an integrated part of the existing landscape.

RÉSUMÉ: Ce parc fut créé par La famille Leche au XVe siècle. Il fut acquis en 1549 par les propriétaires actuels la famille Cavendish. Entre 1710 et 1843, 4 réservoirs interconnectés furent créés pour pourvoir à l'alimentation des fameuses fontaines du parc et plus récemment pour assurer les besoins des toilettes, du système de protection contre les incendies,et faire fonctionner une turbine. Une inspection a permis de constater que la revanche était trop faible et que la capacité d'évacuation des crues était insuffisante. Un délai légal de trois ans a été fixé pour réaliser les études, obtenir les autorisations et permis de travaux, trouver le financement et effectuer les travaux de mise en conformité. Les travaux ont consisté en la modification du niveau de retenue normale, en la création de déversoirs auxiliaires et la surélévation du barrage aux réservoirs de Swiss Lake et Emperor lake. Des sections déversantes enherbées ont été aménagées pour minimiser l'impact visuel aux réservoirs Mud Pond, Ring Pond et Swiss Lake. La route d'accès a été modifiée afin de créer un déversoir auxiliaire à Emperor Lake. L'une des difficultés principales fut de trouver un équilibre afin de respecter les aspects réglementaires, tout en mettant en oeuvre une conception avec un impact visuel minimal, tel que requis par le National Park, English Heritage. Grâce à l'emploi de techniques de construction « durables », les ouvrages finaux sont totalement integrés dans le paysage.

Sustainable and Safe Dams Around the World – Tournier, Bennett & Bibeau (Eds)
© 2019 Canadian Dam Association, ISBN 978-0-367-33422-2

Role of dams and levees in the flood risk management in Romania

A. Abdulamit
Romanian National Committeee on Large Dams – ROCOLD

ABSTRACT: With an area of approx. 237500 km^2, Romania is part of the Danube river basin. The national hydrographic network ensures a good coverage of the territory, but the strong torrential nature of many inland rivers has made it necessary to build hydraulic systems for valorisation of water potential but also for the protection of the population, industrial and patrimonial assets in case of floods with potential to generate floods. The construction of dams and levees, more active in the second half of the 20th century, has experienced a peak in the 70-80s. Following the trend observed in most of the countries with tradition in dam construction, a period of decline began in the 1990s, which extends to the present day. In a period when the frequency of the rainy years has considerably increased, the more remarkable appears the role of dams and levees in flood risk management. In this paper, examples will be given (in this respect) from the recent floods of 2018, highlighting some relevant aspects of the role of each type of construction in flood risk management.

RÉSUMÉ: Avec une superficie d'environ 237500 km^2, la Roumanie fait partie du bassin du Danube. Le réseau hydrographique national assure une bonne couverture du territoire, mais la forte nature torrentielle de nombreuses rivières intérieures a rendu nécessaire la construction de systèmes hydrauliques pour la valorisation du potentiel en eau, mais également pour la protection des actifs démographiques, industriels et patrimoniaux en cas d'inondations. La construction de digues et de digues, plus active dans la seconde moitié du XXe siècle, a connu un pic dans les années 70-80. Suivant la tendance observée dans la plupart des pays avec tradition dans la construction de barrages, une période de déclin a débuté dans les années 1990 et se poursuit jusqu'à nos jours. Quelque 50 années d'expérience ont permis de créer un patrimoine national d'env. 250 grands barrages et env. 2000 petits barrages, ainsi que plus de 11 000 km de digues le long des rivières intérieures et du Danube. Dans une époque où la fréquence des années pluvieuses a considérablement augmenté, le rôle des barrages et des digues dans la gestion des risques d'inondation est de plus en plus remarquable. L'article présente quelques exemples tirés des récentes inondations de 2018 seront donnés (en soulignant certains aspects pertinents du rôle de chaque type de construction dans la gestion des risques d'inondation. On peut observer que les solutions structurelles telles que des barrages et/ou des digues continuent de représenter l'essentiel d'un programme de gestion des risques d'inondation bien conçu, impossible à réaliser uniquement sur la base de mesures purement non structurelles.

Un barrage en milieu aride

L. Deroo & A. Tardieu
ISL, FRANCE

N. Ouchar
ANBT, ALGERIE

ABSTRACT: Central Algeria is an arid region, with less than 200 mm of annual rainfall. Wadis are not sustainable. Flood flows are rare but very violent, and they bring considerable amounts of sediment. Evaporation exceeds 2 m per year. However, water needs are high for cities of several tens of thousands of inhabitants or more. And fresh water is lost: several wadis flow south, and disappear into the saline sebkhas or the sands of the Sahara. This is the case, for example, of the Rhouiba wadi, whose 3000 km² catchment area provides an annual average of 20 million m3. The National Agency for Dams wanted to regulate these flows, mainly for the population's drinking water needs. The study of the variants led to the proposal of a particular solution of an off-river dam, to optimize regulation, avoid siltation, and reduce evaporation, at reasonable investment costs. This type of solution seems well suited for arid or semi-arid countries, and probably deserves to be considered more often. In the case of the Rhouiba wadi basin, this was the only realistic solution. The proposed presentation sets out the site conditions, details the options considered (conventional dam, underground dam, groundwater recharge, off-river dam), presents the characteristics and performance of the selected project

RÉSUMÉ: Le Centre de l'Algérie est une région aride, avec moins de 200 mm de pluviométrie annuelle. Les oueds ne sont pas pérennes. Les écoulements de crue sont rares mais très violents, et ils apportent des quantités considérables de sédiments. L'évaporation dépasse 2 m par an. Pourtant, les besoins en eau sont importants, pour des villes de plusieurs dizaines de milliers d'habitants ou plus. Et de l'eau douce se perd: plusieurs oueds coulent vers le Sud, et disparaissent dans les sebkhas salifères ou dans les sables du Sahara. C'est le cas par exemple de l'oued Rhouiba, dont le bassin versant de 3000 km² apporte en moyenne annuelle 20 millions de m3. L'Agence Nationale des Barrages a souhaité régulariser ces écoulements, essentiellement pour les besoins en eau potable de la population. L'étude des variantes a conduit a proposé une solution particulière de barrage hors rivière, pour optimiser la régularisation, éviter l'envasement, réduire l'évaporation, à des coûts d'investissement raisonnables. Ce type de solution paraît bien adapté pour les pays arides ou semi-arides, et mérite probablement d'être plus souvent envisagé. Dans le cas du bassin de l'oued Rhouiba, c'était la seule solution réaliste. La présentation proposée expose les conditions de site, détaille les options envisagées (barrage classique, barrage souterrain, recharge de nappe, barrage hors rivière), présente les caractéristiques et les performances du projet retenu.

Selection of dam type for Luapula hydropower site at Mumbotuta site CX

M. Simainga & R. Mukuka
ZESCO LTD, Renewable Energy Division, Lusaka, Zambia

M. Muamba & L. Engendjo
Societe Nationale d' Electricite (SNEL-SA), Kinshasa, Democratic Republic of Congo

ABSTRACT: The selection of type of dam includes key aspects such as security, topography, geology, availability of materials and general economy. The right type of dam at a particular site may not be very clear during the early stages of planning of projects. The Luapula River is located on the border of the Democratic Republic of Congo (DRC) and Republic of Zambia and has an estimated potential of 1200 MW that can be developed in a cascade of five locations. The cascaded projects were conceptualized in the 1970s. Further studies were carried out in 2001. Due to abundance of power supply in the southern parts of Zambia and lack of coordination with DRC, Luapula Hydropower sites remained undeveloped until 2016. The occurrence of low water levels in reservoirs in Zambia and the increased power demand in Katanga Province in DRC motivated the need for additional power plants in higher rainfall areas. About five projects sites with dams are located in two main areas, Mambilima and Mumbotuta, have been investigated. This paper is a review of the process of selection of type of dam during the various phases of the project planning and preparation process. It discusses key elements considered and the suitability of Roller Compacted concrete and Rockfill dam types at Mumbotuta.

RÉSUMÉ: Le choix du type de barrage comprend des aspects essentiels tels que la sécurité, la topographie, la géologie, la disponibilité des matériaux de construction et l'économie en général. Le type de barrage approprié sur un site donné peut ne pas être très clair au début de la planification des projets. La rivière Luapula est située à la frontière de la République Démocratique du Congo (RDC) et de la République de Zambie et a un potentiel estimé à environ 1 200 MW pouvant être développé en cascade de cinq sites. Les projets en cascade ont été conceptualisés dans les années 1970. Des nouvelles études ont été menées en 2001. En raison de l'abondance de l'alimentation en électricité dans le sud de la Zambie et du manque de coordination avec la République démocratique du Congo, les sites hydroélectriques de Luapula sont restés inexploités jusqu'en 2016. La présence de bas niveaux d'eau dans les réservoirs en Zambie et l'accroissement de la demande en électricité dans la province du Katanga en RDC a motivé le besoin de construction des centrales hydroélectriques supplémentaires dans les zones à forte pluviosité. Environ cinq projets des sites hydro avec des barrages situés dans deux zones principales, Mambilima et Mumbotuta, ont été étudiés. Ce document passe en revue le processus de sélection du type de barrage au cours des différentes phases du processus de planification et de préparation du projet. Il discute des éléments clés pris en compte et de la pertinence des types de barrage en béton compacté au rouleau et en enrochement à Mumbotuta.

Theme 3 – HAZARDS

Hazards (design, mitigation and management of hazards to water or tailings dams, appurtenant structures, spillways and reservoirs (e.g. floods, seismic, landslides).

Thème 3 – RISQUES

Mesures d'atténuation et gestion des risques liés aux barrages hydrauliques et barrages de résidus miniers, aux ouvrages annexes, aux évacuateurs de crues et aux réservoirs, par exemple, inondations, tremblements de terre, glissements de terrain.

Seismic analysis of concrete dams /

Analyse sismique des barrages en béton

Seismic safety evaluation of Tekeze arch dam

A. Aman & T. Mammo
School of Earth Sciences, Addis Ababa University, Addis Ababa, Ethiopia

M. Wieland
Chairman, ICOLD Committee on Seismic Aspects of Dam Design, Poyry Switzerland Ltd.,
Zurich, Switzerland

ABSTRACT: Earthquakes can create multiple effects on dams such as ground shaking, fault movements in the dam foundation, mass movements into the reservoir generating impulse wave that overtops the dam, slope failure that damage surface structures such as powerhouse and limit access to site after an earthquake, and liquefaction which have to be taken into account during the design of dams. Tekeze dam is located close to the seismically active East African Rift Margin. The project site is characterized by mountainous terrain where slope instability and mass movements into the reservoir that generate impulse waves are possible during strong earthquakes. In this paper, site-specific probabilistic seismic hazard analysis made for the dam site is discussed. The results are presented in terms of peak ground acceleration and response spectral values for various return periods. Based on deaggregation plots the magnitude and distance of seismic events are identified that contribute most to the hazard. The seismic slope stability is checked for the safety evaluation earthquake ground motion obtained from the seismic hazard analysis. Potential mass movements into the reservoir from unstable slopes and the size of impulse waves in the reservoir were determined. The maximum wave run-up and possibility of dam overtopping were estimated. The overall result of the present study highlights the importance of reviewing the seismic safety of the dam for the increased level of ground motion as per current national and international safety requirement recommended for dams.

RÉSUMÉ: Un séisme puissant peut créer de multiples effets sismiques sur le barrage, tels que des tremblements de terre, des mouvements de faille dans la fondation du barrage, des mouvements de masse dans le réservoir générant une onde impulsive qui dépasse le barrage, une rupture de pente qui endommage les structures de surface telles que l'accès au site pour le fonctionnement du barrage après le séisme et la liquéfaction des fondations à prendre en compte lors de la conception des barrages. Le barrage de Tekeze est situé près de la marge du Rift est-africain sismiquement active. Le site du projet est caractérisé par un terrain montagneux où l'instabilité des pentes et les mouvements massifs dans le réservoir qui génèrent une onde impulsionnelle sont possibles lors d'un fort séisme dans la région. Dans cet article, une analyse du risque sismique spécifique au site réalisée pour le site du barrage est discutée. Les résultats du PSHA sont présentés en termes d'accélération maximale au sol et de valeurs spectrales de réponse pour différentes périodes de retour. Une désagrégation des résultats a permis d'identifier l'ampleur et la distance qui contribuent le plus au danger. Sur la base des résultats actuels de l'analyse des risques sismiques, la stabilité de la pente sismique a été vérifiée sous une charge SEE. Les mouvements de masse potentiels dans le réservoir à partir de pentes instables et la taille de la vague impulsionnelle générée en réponse au mouvement de masse dans le réservoir ont été déterminés. La remontée des vagues et la possibilité d'un débordement au-dessus du barrage lors d'un séisme majeur dans la région ont été identifiées. Le résultat global de la présente étude met en évidence l'importance de la révision de la sécurité sismique du barrage en fonction du niveau accru de mouvement du sol, conformément aux exigences de sécurité en vigueur recommandées pour les barrages.

Design check of a river diversion inlet subjected to induced earthquake

F. Vulliet & M. Chapdelaine
SNC-Lavalin, Montréal, Québec, Canada

ABSTRACT: Hydraulic fracturing is known to induce earthquakes, even in regions of low seismic hazard. The dominant frequencies of induced and natural earthquakes may be different. In addition, the peak ground accelerations of induced earthquakes may exceed the ones of natural earthquakes. Therefore, nearby hydraulic fracturing activity, the paraseismic design of structures shall also take into account the effect of induced earthquakes. This paper presents the methodology used in order to check the design of a river diversion inlet against induced earthquakes. Time history analysis is employed.

RÉSUMÉ: La fracturation hydraulique est réputée pour induire des tremblements de terre, même dans les zones de faible sismicité. Les fréquences dominantes des séismes induits peuvent être différentes de celles des séismes naturels. De plus, les accélérations maximales au sol des séismes induits peuvent excéder celles des séismes naturels. Ainsi, à proximité de zones où la fracturation hydraulique est employée, la conception parasismique des structures doit aussi prendre en compte les effets de la sismicité induite. Cet article présente la méthodologie utilisée pour vérifier la conception de la prise d'eau du tunnel de dérivation d'une rivière pour des séismes induits. Une analyse dynamique temporelle est utilisée.

Sustainable and Safe Dams Around the World – Tournier, Bennett & Bibeau (Eds)
© 2019 Canadian Dam Association, ISBN 978-0-367-33422-2

Seismic assessment of a dam-foundation-reservoir system using Endurance Time Analysis

J.W. Salamon
US Bureau of Reclamation, Denver, CO, USA

M.A. Hariri-Ardebili
University of Colorado & X-Elastica LLC, Boulder, CO, USA

H.E. Estekanchi & M.R. Mashayekhi
Sharif University of Technology, Tehran, Iran

ABSTRACT: Quantification of the progressive failure of concrete dams subjected to seismic excitation is a vital step in dam safety risk evaluation. The risk-inform approaches require a comprehensive structural analysis for several specific ground motions to identify the potential failure modes. Probabilistic seismic hazard analysis, ground motion selection, and scaling techniques are complex, time-consuming processes for any particular dam site. Very often, the structural and risk analyses are delayed while seismologists compile the investigation results. The alternative technique is to use the Endurance Time Analysis (ETA). In ETA, a finite element (FE) model of the dam-foundation-reservoir system is excited using artificially generated signals called Endurance Time Excitation Functions (ETEF). These functions, which have a linearly intensifying nature and are compatible with the particular ground motion's response spectrum, excite the model all the way from linear elastic range to nonlinear range and, finally, lead to failure. This paper proposes an original approach for the seismic assessment of concrete dams using ETA. ETEF is developed based on the selected ground motion, and the approach is illustrated by the FE analysis of a gravity dam. A comparison is made between the ETEF excitation and the scaled-up ground motions. A general discussion follows, and then conclusions and recommendations are provided.

RÉSUMÉ: La quantification de la défaillance progressive des barrages en béton soumis à une excitation sismique est une étape essentielle dans l'évaluation des risques pour la sécurité des barrages. Les approches informant sur les risques nécessitent une analyse structurelle complète pour plusieurs mouvements de sol spécifiques afin d'identifier les modes de défaillance potentiels. L'analyse probabiliste des risques sismiques, la sélection des mouvements du sol et leur mise à l'échelle constituent un processus complexe et long pour chaque site de barrage. Très souvent, les analyses de structure et de risque sont retardées, dans l'attente des résultats des sismologues. La technique alternative consiste à utiliser l'analyse du temps d'endurance. Dans cette technique, un modèle en éléments finis (FE) du système réservoir-fondation-barrage est excité à l'aide de signaux générés artificiellement, les fonctions d'excitation dans le temps d'endurance (ETEF). Ces fonctions à intensification linéaire sont compatibles avec le spectre de réponse du mouvement du sol, excitent le modèle dans la plage élastique linéaire, non-linéaire et jusqu'à la défaillance. Dans le présent document, une approche originale est proposée pour l'évaluation sismique des barrages en béton en utilisant l'analyse d'endurance-temps. ETEF est développé sur la base des mouvements de sol sélectionnés et l'approche est illustrée par l'analyse en FE d'un barrage-poids. Une comparaison entre l'excitation de l'ETEF et les mouvements du sol mis à échelle est effectuée et une discussion générale ainsi que des conclusions et des recommandations sont fournies.

Analytical study on effects of fracture energy for crack propagation in arch dam during large earthquake

H. Sato, M. Kondo & T. Sasaki
National Institute Land and Infrastructure Management, Tsukuba, Japan

H. Hiramatsu
Eight-Japan Engineering Consultants Inc., Osaka, Japan

H. Kojima
CTI Engineering Co., Ltd., Tokyo, Japan

ABSTRACT: In the seismic performance evaluation of concrete dams against large scale earthquakes, crack propagation analysis based on smeared crack model is sometimes performed as a method of non-linear dynamic analysis to estimate damage process. But it is not easy to set some parameters required for the analysis appropriately, such as fracture energy which is one of the physical properties related to fracture characteristics of dam concrete, due to shortage of the number of full scale experimental tests. In this paper, we reviewed related past experimental studies including static and rapid wedge splitting tests with comparatively large fracture energy, and conducted analytical studies on the effects of difference in fracture energy for crack propagation in a concrete arch dam considering such experimental results data. The results showed that the fracture energy had an important influence on crack distributions and cracks in dam body were localized as fracture energy increased.

RÉSUMÉ: Dans l'évaluation des performances sismiques des barrages en béton soumis à de forts séismes, l'analyse de la propagation des fissures basée sur un modèle de fissure diffuse est parfois utilisée comme méthode d'analyse dynamique non linéaire pour estimer le processus d'endommagement. Mais, il n'est pas facile de fournir certains paramètres nécessaires à l'analyse, tels que l'énergie de fracturation, qui est l'une des propriétés physiques liées aux caractéristiques de rupture du béton du barrage en raison du nombre insuffisant d'essais expérimentaux à pleine grandeur. Dans cet article, nous avons examiné des études expérimentales antérieures pertinentes, y compris des essais de fissuration en coin statique et rapide avec une énergie de fracturation relativement grande, et réalisé des études analytiques sur les effets de la différence d'énergie de fracturation sur la propagation des fissures dans les barrages-poids et les barrages-voûtes en béton en tenant compte des résultats de ces données expérimentales. Les résultats ont montré que l'énergie de fracturation avait une influence importante sur la distribution des fissures et que les fissures dans le corps du barrage étaient localisées à mesure que l'énergie de fracturation augmentait.

Sustainable and Safe Dams Around the World – Tournier, Bennett & Bibeau (Eds)
© *2019 Canadian Dam Association, ISBN 978-0-367-33422-2*

Towards reliability based safety assessment of gated spillways subjected to severe loadings

R. Leclercq & P. Léger

Department of Civil, Geological and Mining Engineering, Polytechnique Montréal (Montreal University), Québec, Canada

ABSTRACT: Probabilistic safety assessment of gated spillways is complementary to deterministic ana-lyses in support of risk informed decisions. However, for complex structural systems such as gated spill-ways, classical Monte Carlo Simulations (MCS) require the consideration of several random variables (RV) and an enormous computational effort to characterize serviceability and ultimate limit states. This paper presents a global methodology to build fragility curves for gated spillways in an efficient way. In an initial step before conducting MCS, *Tornado* diagrams are used to systematized deterministic sensitivity analyses for selecting the most significant RV. A computationally efficient metamodel is then constructed with the limited number of RV. The metamodel is able to represent input-output relationships of the system analyzed to conduct MCS in an efficient way and construct fragility curves. In the application example, the emphasis is put on seismic safety assessment of a 30 m high gated spillway. It is shown that in addition to the shear strength friction coefficient, the equivalent viscous damping as well as the concrete deformation modulus are the most important RV. Serviceability is controlled by the development of excessive absolute acceleration of electro-mechanical equipment, while stability is controlled by excessive residual sliding displacements of the concrete piers.

RÉSUMÉ: L'évaluation probabiliste de la sûreté des évacuateurs de crue avec vannes est complémen-taire aux analyses déterministes dans le contexte du processus de décision fondé sur le risque. Cepen-dant, pour les systèmes structurels complexes tels que les évacuateurs, les simulations classiques de Monte-Carlo (SMC) nécessitent la prise en compte de plusieurs variables aléatoires (VA) et un énorme effort de calcul pour caractériser l'état de service et les états limites ultimes de stabilité. Cet article pré-sente une méthodologie globale pour construire efficacement des courbes de fragilité pour les évacua-teurs. Avant la réalisation des SMC, des diagrammes *"Tornado"* sont utilisés pour des analyses de sensibilité déterministes systématisées afin de sélectionner les VA les plus importantes. Un métamodèle efficace en termes de calcul est ensuite construit avec un nombre limité de VA. Le métamodèle repré-sente les relations entrées-sorties pour effectuer les SMC et construire efficacement les courbes de fragi-lité. Dans l'exemple d'application, l'accent est mis sur l'évaluation de la sécurité sismique d'un évacuateur de 30 m de hauteur. Il est montré qu'outre le coefficient de friction de résistance au cisaille-ment, l'amortissement visqueux équivalent ainsi que le module de déformation du béton sont les plus importantes VA. L'état limite de service est contrôlée par le développement d'accélérations absolues excessives des équipements électromécaniques, tandis que la stabilité est contrôlée par un déplacement résiduel excessif causé par le glissement des piliers de béton.

Effect of joints behavior on seismic safety of concrete arch dams

A. Noorzad
ICOLD and Iranian Committee on Large Dams (IRCOLD)
Faculty of Civil, Water and Environmental Engineering, Shahid Beheshti University, Tehran, Iran

A. Daneshyar & M. Ghaemian
Department of Civil Engineering, Sharif University of Technology, Tehran, Iran

ABSTRACT: Accurate representation of joints nonlinearity is a deciding factor in seismic simulation of concrete arch dams. Joints response and their precise description are often neglected in most simulations. Thus, it is important to represent contraction and peripheral joints in an acceptable manner. Therefore, adhesive-frictional damage constitutive model is utilized here for this purpose. In this model, rate-dependent adhesion, frictional behavior, and non-penetration condition of contraction and peripheral joints are considered. Initial adhesion of grouting is coupled with friction and vanishes due to interface degeneration. An integrity internal variable, which ranges from zero to one, is employed to characterize interface damage, in which zero represents a fully damaged joint, whereas one indicates a virgin interface. With the desired constitutive response of joint in hand, different combinations of joints nonlinearities are used to model a dam-foundation-reservoir system. Three components of an earthquake are applied to the model in order to investigate the effects of different assumptions for joints behavior. Comparing the results indicates high convergence rate of the model, which leads to fast and stable solutions in implicit time integration.

RÉSUMÉ: La description précise de la non-linéarité des joints est un facteur déterminant dans l'évaluation des conditions sismiques de barrages voûte. La réponse des joints et leur description précise sont souvent négligées dans les analyses. Il est important de représenter la contraction et les joints périphériques de manière acceptable et un modèle constitutif d'endommagement tenant compte de la friction et de la cohésion est utilisé à cette fin. Dans ce modèle, la cohésion est dépendante de la vitesse, le comportement de friction et la condition de non-pénétration de la contraction et des joints périphériques sont pris en compte. La cohésion initiale du jointement est couplée à la friction et s'annule en raison de la dégénérescence de l'interface. Une variable interne d'intégrité, qui va de zéro à un, est utilisée pour caractériser les dommages entre interfaces, dans laquelle zéro (0) représente un joint complètement endommagée, tandis que un (1) indique une interface vierge. En se basant sur la réponse constitutive désirée du joint, différentes combinaisons de non-linéarités du joint sont utilisées pour modéliser un système de fondation de barrage-réservoir. Trois composantes d'un séisme sont appliquées au modèle afin d'étudier les effets de différentes hypothèses sur le comportement des articulations. La comparaison des résultats indique un taux de convergence élevé du modèle, ce qui conduit à des solutions rapides et stables par intégration temporelle implicite

Sustainable and Safe Dams Around the World – Tournier, Bennett & Bibeau (Eds)
© 2019 Canadian Dam Association, ISBN 978-0-367-33422-2

A new approach for dynamic analysis of concrete gravity dam-foundation-reservoir system using different assumptions of foundation

A. Noorzad
Vice President, ICOLD and President, Iranian Committee on Large Dams (IRCOLD) Dean, Faculty of Civil, Water and Environmental Engineering, Shahid Beheshti University, Tehran, Iran

P. Sotoudeh & M. Ghaemian
Department of Civil Engineering, Sharif University of Technology, Tehran, Iran

ABSTRACT: It has been proved that considering massless foundation for analysis of a system of dam-foundation-reservoir yields erroneous (overestimated) results. Number of methods have been developed which could overcome this deficiency and consider the effects of massed foundation on the obtained results. Although considering homogenous massed foundation instead of a massless one would yield more accurate results, it still does not consider the fact that the foundation could be of layered nature. In this paper, the effects of massed layered foundation on seismic response of concrete gravity dams in dam-reservoir-foundation systems are investigated. For this purpose domain reduction method is utilized. This approach is verified with another method named, free-field column. The effect of different modular ratio between layers on the response of the structure is studied in this paper. Results highlight the considerable effects of massed layer foundation assumption for risk assessment of concrete gravity dams.

RÉSUMÉ: Les études ont montré qu'ignorer la masse de la fondation dans l'analyse d'un système barrage-fondation-réservoir aboutit à des résultats erronés (surestimation des efforts sismiques). De nouvelles méthodes ont été développées pour adresser cet aspect et évaluer l'effet de la masse de la fondation sur les résultats. Bien qu'en considérant la masse d'une fondation homogène les résultats obtenus soient plus exacts, cette façon de faire ne permet pas de considérer la nature stratifiée de la fondation. Cet article étudie l'effet de la prise en compte de la masse pour une fondation stratifiée sur la réponse sismique d'un système barrage-fondation-réservoir. La méthode de la réduction de domaine est utilisée à cette fin. Cette méthode est validée en comparant les résultats à ceux obtenus par une colonne de roc simulant la réponse sismique en champ libre. Cet article étudie l'effet de la rigidité des différentes couches sur la réponse de l'ouvrage. Les résultats de cette étude montrent l'effet non négligeable de la prise en compte de la masse pour des fondations stratifiées dans l'évaluation du risque sismique des barrages-poids en béton.

Dynamic analysis of a Piano Key Weir situated on concrete dams

M. Kashiwayanagi
Electric Power Development Co., Ltd., Chigasaki, Japan

Z. Cao
JP Business Service Corporation, Tokyo, Japan

T. Oohashi
JP Design Co., Ltd., Tokyo, Japan

ABSTRACT: Piano Key Weirs (PKW) have been developed as spillways to provide better hydraulic characteristic than conventional free flow ogee-crest. Due to the structural characteristics of PKWs, the seismic safety evaluation is an essential issue in order to apply PKWs for dams located in an earthquake prone area. To clarify the earthquake-resistant capability of PKWs by numerical analyses, the virtual PKW situating on the concrete dam crest is designed so as to discharge 1200 m^3/s. The dynamic characteristics of PKW are investigated by numerical simulations using the PKW unit model, not combined in the dam. The behavior during a large earthquake is analyzed using the PKW model situated on a concrete dam crest of 100 m high. The conclusions are as follows. The predominant frequency of the PKW is almost 10 times of ones of the concrete dam, suggesting that the behavior of the PKW could be lightly affected by the interaction between the PKW and the dam. The investigation of hydrodynamic pressure acting inside of the PKW is challenging for the better seismic design of the PKW. The structural investigation such as reinforcement design and structural detail should be also the challenges to provide adequate earthquake-resistant capacity of the PKW.

RÉSUMÉ: Les déversoirs en escalier (Piano Key Weirs - PKW) ont été développés afin de fournir de meilleures caractéristiques hydrauliques que les déversoirs classiques en doucine (ogee). Compte tenu de leurs caractéristiques, l'évaluation de leur résistance aux séismes est essentielle pour les utiliser dans des zones sismiques. Des analyses numériques ont été réalisées afin de démontrer la capacité des PKW à résister aux séismes. Un PKW virtuel, d'une capacité d'évacuation de 1200m^3/s, est positionné sur la crête d'un barrage en béton. Les caractéristiques dynamiques du PKW sont étudiées par simulations numériques en utilisant un modèle du déversoir non couplé au barrage. Le comportement lors d'un fort séisme est analysé à l'aide d'un modèle situé en crête d'un barrage poids en béton de 100 m de hauteur. Les conclusions sont les suivantes. La fréquence dominante du PKW est près de 10 fois celle du barrage en béton, ce qui suggère que le comportement du déversoir pourrait être légèrement affecté par l'interaction entre celui-ci et le barrage. L'examen de la pression hydrodynamique agissant à l'intérieur du PKW pose des défis relatifs à la conception sismique du déversoir. L'analyse structurale, comme la conception des armatures et les détails de la structure, devrait également poser des défis afin d'assurer une résistance suffisante face aux séismes pour ce type de déversoirs.

Comparative analysis of observed and estimated PGA for Himalayan earthquakes

S.L. Kapil
Parbati II Project, NHPC*, Himachal Pradesh, India

P. Khanna
NHPC CO, Faridabad, Haryana, India

ABSTRACT: Seismic safety of dams constructed in seismically active regions worldwide is of prime importance for an engineer. NHPC as one of the leading hydropower developers of India is committed towards seismic safety of its projects operating throughout the Himalayan stretch spanning a length of more than 2400km. In this connection NHPC has developed a Real Time Seismic Data Center for centralized online monitoring of accelerographs installed at all its power stations. This data center has to its credit more than 320 valuable acceleration records of Himalayan earthquakes. In general, Abrahamson Liteheiser 89, Abrahamson Silva 97, NGA relation Boore Atkinson 08 for crustal events and Boore Atkinson 97 and Youngs et.al 03 for subduction zone attenuation relationships are in use for site specific seismic design parameter studies of hydro projects located in Himalayas. In this study, PGA values of events recorded by NHPC network have been compared with estimated values using these relationships. It is observed that estimated values are much higher than the observed values. This is due to the fact that all the relationships developed and employed for seismic design studies of projects in Himalayas have no representation of any Himalayan earthquake data. It is shown from analysis that percentage overestimation has progressively reduced with refinement of these relationships, however development of Himalayan specific attenuation relationships utilizing acceleration data from Himalayan events will bridge this gap further and help in accurate estimation of seismic design parameters for optimization of the design of structures.

RÉSUMÉ: La sécurité sismique des barrages construits dans les régions à activité sismique du monde entier revêt une importance primordiale pour un ingénieur. En tant que l'un des principaux développeurs d'énergie hydroélectrique en Inde, NHPC s'est engagée à assurer la sécurité parasismique de ses projets opérant sur l'ensemble de la chaîne himalayenne, sur une longueur de plus de 2 400 km. À cet égard, la NHPC a mis au point un centre de données sismiques en temps réel pour la surveillance en ligne centralisée des accélérographes installés dans toutes ses centrales. Ce centre de données a à son actif plus de 320 précieux enregistrements d'accélération des tremblements de terre dans l'Himalaya. En général, Abrahamson Liteheiser 89, Abrahamson Silva 97, relations NGA Boore Atkinson 08 pour les événements de la croûte et Boore Atkinson 97 et Youngs et.al 03 pour les relations d'atténuation de zone de subduction sont utilisées pour des études de paramètres de conception sismiques spécifiques à des sites situés à Himalaya. Dans cette étude, les valeurs PGA des événements enregistrés par le réseau NHPC ont été comparées aux valeurs estimées à l'aide de ces relations. On observe que les valeurs estimées sont beaucoup plus élevées que les valeurs observées. Cela est dû au fait que toutes les relations développées et utilisées pour les études de conception sismique de projets dans l'Himalaya ne présentent aucune représentation des données sismiques sur l'Himalaya. Il ressort de l'analyse que le pourcentage de surestimation a progressivement diminué avec l'affinement de ces relations. Cependant, le développement de relations d'atténuation spécifiques à l'Himalaya utilisant des données d'accélération issues d'événements himalayens permettra de combler cette lacune et d'aider à une estimation précise des paramètres de conception de structures.

Sustainable and Safe Dams Around the World – Tournier, Bennett & Bibeau (Eds)
© 2019 Canadian Dam Association, ISBN 978-0-367-33422-2

The effect of radiation damping on seismic sliding stability of gravity dams

S. Guo, H. Liang & D. Li
China Institute of Water Resources and Hydropower Research, Beijing, China

A. Zhang
Construction and Administration Bureau of South-to-North Water Diversion Middle Route Project,
Beijing, China

ABSTRACT: The purpose of this paper is to obtain an insight into the effect of radiation damping on seismic sliding stability of gravity dams. The time history analysis is used for dynamic response of the gravity dam-foundation system. The foundation models are assumed to be massless model with fixed boundary model and massed model with viscoelastic boundary respectively. A gravity dam of 185m in strong earthquake area of China is taken as a study. The result reveals that as the total seismic effect reduces considering radiation damping, the minimum safety factor may get smaller for individual situation, which should be of concern.

RÉSUMÉ: Le but de cet article est de mieux comprendre l'effet de l'amortissement du rayonnement sur la stabilité au glissement sismique des barrages-poids. L'analyse de l'historique chronologique est utilisée pour évaluer la réponse dynamique du système fondation-barrage gravitaire. Les modèles de fondation se divisent entre des modèles sans masse avec limite fixe et des modèles avec masse avec limite viscoélastique. Un barrage gravité de 185 m situé dans une à risque de fort tremblement de terre en Chine a fait l'objet d'une étude. Le résultat révèle que, étant donné que l'effet sismique total réduit l'amortissement du rayonnement, le facteur de sécurité minimum peut diminuer pour une situation donnée, ce qui doit être pris en compte.

Seismic failure mechanism and safety evaluation of high arch dam-foundation system under MCE

D. Li, J. Tu, S. Guo & L. Wang
China Institute of Water Resources and Hydropower Research, Beijing, China

ABSTRACT: Conducting the seismic safety evaluation for important dam under the Maximum Credible Earthquake (MCE) is stipulated in various seismic design code, guideline and manual of ICOLD, China and many other countries. Because of the complexity of the dynamic response of arch dam-foundation system under strong earthquake, revealing its seismic failure mechanism and proposing the quantitative safety criteria accordingly are always the key issue that great efforts have been made by the dam seismic researcher and designer from China and abroad, but have not been resolved well so far. In this paper, taking a typical arch dam with the dam height of near 300m located in China's south-west high seismicity region as the object of study, the nonlinear dynamic analytical computer software developed by IWHR is utilized to carry out the seismic analysis of dam-foundation system. On the basis of analysis of their dynamic response and seismic failure mechanism, the quantitative safety criterion of arch dam-foundation system under MCE is proposed.

RÉSUMÉ: L'évaluation de la sécurité sismique pour un barrage important pour un Tremblement de terre Maximal Crédible (MCE) est stipulée dans divers codes de conception sismique, guides et manuels d'ICOLD en Chine et dans de nombreux autres pays. En raison de la complexité de la réponse dynamique du système de Fondation de Barrage à voûte sous un fort tremblement de terre, révéler le mécanisme de défaillance sismique et proposer les critères quantitatifs de sécurité en conséquence constituent toujours les sujets clés que les chercheurs et concepteurs chinois et étrangers en séisme de barrage ont étudiés avec beaucoup d'efforts. Mais ils n'ont pas encore été résolus jusqu'à présent. Dans cet article, un barrage à voûte typique avec la hauteur près de 300 m situé dans la région de la haute sismicité de la Chine sud-ouest fait l'objet d'étude. Le logiciel d'analyse dynamique non linéaire développé par l'IWHR est utilisé pour effectuer l'analyse sismique de système de fondation du barrage. Sur la base de l'analyse de leur mécanisme de réponse dynamique et de défaillance sismique, on propose le critère quantitatif de sécurité du système de fondation du barrage à voûte sous le MCE.

Sustainable and Safe Dams Around the World – Tournier, Bennett & Bibeau (Eds)
© *2019 Canadian Dam Association, ISBN 978-0-367-33422-2*

Vibration analysis due to frequent spilling over hollow buttress Chenderoh Dam sector gate spillway

M.R.M. Radzi
TNB Generation Division, Tenaga Nasional Berhad & Department of Civil Engineering, College of Engineering, Universiti Tenaga Nasional

M.H. Zawawi & L.M. Sidek
Department of Civil Engineering, College of Engineering, Universiti Tenaga Nasional

M.H.M. Ghazali & A.Z.A. Mazlan
School of Mechanical Engineering, Engineering Campus, Universiti Sains Malaysia

ABSTRACT: The strength of concrete and steel materials has allowed the design of many dams that are safe against static loads, forces and fluid structure interaction behind the dams but may be susceptible to vibration due to excessive water spilling over the Chenderoh Dam, Malaysia. The 88 years old dam has experienced overflow of water in their spillways due to the construction on 3 more large dam in the upstream of Sg.Perak river forming a cascading hydroelectric schemes. In this study, the analysis of vibration response of the sector gate section due to the effect of water spilling has been investigated. A real scale of sector gate section modeled using SolidWorks software and ANSYS software used for the simulation process. The results of frequency domain response and operational defection shapes (ODS) from the effect of flow-induced vibration are compared with the natural frequencies and mode shapes of the sector gate section. From the results, the second harmonic of the transient vibration responses due to the flow of water occurred at frequency of 4.71 Hz while the natural frequency of the left bank section occurred at 5.09 Hz. Therefore, there is no resonance phenomenon from the effect of water spilling at the sec-tor gate section of the dam structure. However, the sector gate section still experiences some vibrational effect at this frequency since the second transient effect is closed to the natural frequency of the sector gate section

RÉSUMÉ: La résistance du béton et des matériaux en acier ont permis la conception sécuritaire de barrages pouvant résister aux forces statiques et hydrauliques. Certains barrages peuvent toutefois être susceptibles à la vibration causée par l'évacuation des eaux comme c'est le cas pour le barrage Chenderoh en Malaisie. Ce barrage de 88 ans d'âge subit de plus en plus de déversement contrôlé depuis la mise en service de 3 nouveaux barrages en amont de la rivière Sg Perak formant ainsi une série d'aménagements hydroélectriques en cascade. Dans cet article, une analyse de la réponse vibratoire du barrage lors de l'évacuation des eaux est présentée. Les logiciels commerciaux SolidWorks et ANSYS ont été utilisés afin de modéliser et simuler une section complète d'une vanne secteur. Les résultats de la réponse dans le domaine fréquentiel et de la déformée en période d'opération (ODS) causée par l'évacuation de l'eau sont comparés à la déformée modale de la vanne secteur et ses périodes naturelles. D'après les résultats, pendant l'évacuation transitoire des eaux, le deuxième pic de réponse se produit à 4,71 Hz tandis que la fréquence naturelle de la section gauche de la vanne secteur vibre à 5,09 Hz. Ainsi, il n'y a pas de phénomène de résonance de la vanne secteur de la structure pendant l'évacuation des eaux. Il y a tout de même une certaine vibration de la vanne secteur puisque sa période naturelle est très près de la fréquence de résonnance du second mode.

Sustainable and Safe Dams Around the World – Tournier, Bennett & Bibeau (Eds)
© 2019 Canadian Dam Association, ISBN 978-0-367-33422-2

Comparative seismic performance of dams in Canada and China using numerical analysis and shake table testing

S. Li, S. Alam & A.S. Issa
School of Engineering, The University of British Columbia, Kelowna, BC, Canada

T. Alam & R. Austin
Austin Engineering, West Trail, BC, Canada

ABSTRACT: About 2,100 of the operating dams in the United States are considered "unsafe". The seismic safety of concrete dams is becoming one of the most important issues in the engineering field. The performance of the non-overflow sections of the dams have been studied in detail. However, the overflow section (i.e. spillway and pier) have not been as thoroughly investigated. The purpose of this study is to compare and evaluate the seismic performance of an overflow section for concrete gravity dams constructed in Canada and China under differing design seismic events. Shake table tests were performed on reduced scale gravity dam sections to investigate actual performance compared to numerical modeling under full pool and empty pool conditions. After completion of the model testing, the numerical analysis of the dynamic behavior of the dams was carried out for conditions identical to those in the model test. The concrete damage plasticity model (CDP) and hydrodynamic added mass model were used to represent the behavior of concrete and water. The accuracy of the numerical model was verified using the experimental results. Based on the experimental testing and numerical simulation, the most vulnerable locations were identified as pier-spillway interaction locations.

RÉSUMÉ: Environ 2100 des barrages en activité aux États-Unis sont considérés comme « peu sécuritaire ». La sécurité sismique des barrages en béton devient l'un des problèmes les plus importants dans le domaine de l'ingénierie. La performance des sections non déversantes des barrages a été étudiée en détail. Cependant, la section déversante (c'est-à-dire l'évacuateur de crues et le pilier) n'a pas fait l'objet d'une étude aussi approfondie. L'objectif de cette étude est de comparer et d'évaluer la performance sismique d'une section déversante des barrages-poids en béton construits au Canada et en Chine dans le cadre de différents évènements sismiques de conception et de dimensionnement qui sont utilisés pour établir les exigences de performance acceptables du système de ces barrages. Des essais sur table de vibration ont été menés sur des sections du barrage-poids reproduit en modèle à échelle réduite afin d'étudier la performance réelle des barrages. Ces essais ont été réalisés avec le réservoir vide et avec le réservoir plein. Lorsque les essais sur des modèles réduits sont achevés, l'analyse numérique du comportement dynamique des barrages a été menée dans des conditions identiques à celles des essais sur les modèles coulés. Le modèle de plasticité et d'endommagement pour le comportement du béton et le modèle de masse ajoutée hydrodynamique ont été utilisés pour représenter le comportement du béton et de l'eau. La précision du modèle numérique a été vérifiée à l'aide des résultats expérimentaux. La détection des emplacements vulnérables est fondée sur des tests expérimentaux et des simulations numériques. Les emplacements les plus vulnérables ont été identifiés comme étant des zones d'interaction entre l'évacuateur de crues et le pilier.

Assessment of seismic design response spectra for Binaloud dam and pumped-storage project

S. Soleymani
Toossab Consultant Engineering Company, Iran

A. Mahdavian
Shahid Beheshti University, Iran

H.R. Bayati
Regional Water Company of Khorasan Razavi, Iran

H. Bahrami
Ferdowsi University of Mashhad, Iran

ABSTRACT: The Binaloud dam and pumped-storage site is located in north west of Neyshabur city, Iran of high seismicity. A seismic hazard analysis was performed based on the most recent seismo-tectonic data to determine the design ground motion parameters. These parameters estimated four different design levels. The ground motion parameters for the Operating Basis Earthquake (OBE), Design Basis Earthquake (DBE) and Safety Evaluation Earthquake (SEE) were obtained from a probabilistic seismic hazard analysis (PSHA) whereas the Maximum Credible Earthquake (MCE) was derived from a deterministic analysis (DSHA). The PSHA followed the conventional pattern consisting of the following elements: (i) identification of the seismic sources within a certain radius from the site, (ii) definition of the seismicity through a recurrence relationship for each source using the Kijko-Sellevoll approach, (iii) selection of suitable attenuation relationships, and (iv) generating curves showing the probability of exceeding different levels of ground motion at the site during a specified period of time. For the DSHA, the characteristics of faults within the study area was assessed based on topographic, geologic and aeromagnetic maps, air photos, field investigation, and a comprehensive search in the literature. Results are presented in terms of peak ground acceleration (PGA) and design response spectra.

RÉSUMÉ: Le barrage de Binaloud et le site de stockage par pompage se trouvent au nord-ouest de la ville de Neyshabur, en Iran, où la sismicité est élevée. Une analyse des dangers sismiques a été effectuée à partir des données sismo-tectoniques les plus récentes pour déterminer les paramètres de dimensionnement du sol. Ces paramètres ont estimé quatre niveaux de conception différents. Les paramètres de mouvement au sol pour le tremblement de terre de la base d'exploitation (OBE), le tremblement de terre de la base de conception (DBE) et le tremblement de terre de l'évaluation de la sûreté (SEE) ont été obtenus à partir d'une analyse probabiliste des dangers sismiques (PSHA), tandis que le tremblement de terre crédible maximal (MCE) a été dérivé d'une analyse déterministe (DSHA). La PSHA a suivi le modèle conventionnel composé des éléments suivants: (i) l'identification des sources sismiques dans un certain rayon du site, ii) définition de la sismicité par une relation de récidive pour chaque source en utilisant l'approche Kijko-Sellevoll, iii) la sélection de relations d'atténuation appropriées, et iv) la génération de courbes indiquant la probabilité de dépasser différents niveaux de mouvement du sol sur le site au cours d'une période donnée. Pour la DSHA, les caractéristiques des failles dans la zone d'étude ont été évaluées sur la base de cartes topographiques, Géologiques et aéromagnétiques, de photos aériennes, de recherches sur le terrain et d'une recherche exhaustive dans la littérature. Les résultats sont présentés en termes d'accélération maximale du sol (PGA) et de spectres de réponse de conception.

Sustainable and Safe Dams Around the World – Tournier, Bennett & Bibeau (Eds)
© *2019 Canadian Dam Association, ISBN 978-0-367-33422-2*

Topographic amplification on hilly terrain under oblique incident waves

Z.W. Chen[1], D. Huang[2], G. Wang[1] & F. Jin[2]
[1] *Department of Civil and Environmental Engineering, The Hong Kong University of Science and Technology, Hong Kong, China*
[2] *Department of Hydraulic Engineering, Tsinghua University, Beijing, China*

ABSTRACT: Ground motion amplification is important for seismic design of dams and other infrastructure on hilly terrain. In this study, we establish a 3D regional-scale Spectral Element model, using Tuen Mun area in Hong Kong as a testbed to study the topographic amplification of ground motions on steep terrain. High frequency excitation waves lead to a localized amplification pattern, while low frequency waves lead to more global amplification areas. It is found that the shaking direction influences the amplification pattern. A ridge experiences stronger amplification when it is shaken in the direction perpendicular to its ridgeline. The numerical study indicates that the topographic amplification is frequency-dependent, which is well correlated with the curvature smoothed over the half wavelength. Moreover, the influence of wave incidence angles is studied. It is found that for ridges along the wave propagation direction, the oblique incidence will reduce the amplification. If the ridgeline is perpendicular to the wave propagation direction, the two sides of the ridges show opposite trend of variation in amplification. Further studies are needed to quantify the effect of wave incidence.

RÉSUMÉ: L'amplification des mouvements du sol est importante pour la conception parasismique des barrages et autres ouvrages sur terrain accidenté. Dans cette étude, nous établissons une modélisation en 3D à échelle régionale en utilisant la méthode des éléments spectraux. La région de Tuen Mun à Hong Kong nous a servi de terrain d'expérimentation pour étudier l'amplification topographique des mouvements du sol sur terrains escarpés. Les ondes d'excitation de haute fréquence conduisent à une amplification localisée, les ondes à basses fréquences à des zones d'amplification plus élargies. On constate que la direction des secousses influence le degré d'amplification. L'amplification est plus forte au niveau d'un sommet lorsque la direction des secousses est perpendiculaire à la ligne de crête. L'étude numérique indique que l'amplification topographique dépend de la fréquence, ce qui est effectivement corroboré par le lissage de la courbe sur la demi-onde. Nous étudions en outre l'influence de l'angle d'incidence des ondes. On constate que si un sommet est situé le long de la direction de propagation des ondes, l'incidence oblique réduit l'amplification. Si la ligne de crête est perpendiculaire à la direction de propagation des ondes, les deux côtés du sommet enregistrent des variations d'amplification opposées. D'autres études seront nécessaires pour quantifier les effets de l'angle d'incidence des ondes.

Design of seismic reinforcement by post-tensioned anchors in Senbon Dam

H. Kawasaki & S. Ishifuji
Japan Dam Engineering Center, Tokyo, Japan

H. Fukumoto
Water Works Department, Matsue City, Japan

ABSTRACT: Senbon Dam is a water supply dam with 17 meters high operated by Matsue City, which was completed in March 1918. Since this dam is an old gravity type masonry dam and the cross section is also thin, Matsue City will perform the seismic reinforcement with post-tensioned anchors in 2019 and 2020.

As for experiences of the reinforcement by post-tensioned anchors for dams in Japan, there are old cases such as the construction of the auxiliary dam in the Fujiwara dam in 1955 and the reinforcement of the rock abutment in the Kawamata arch dam in 1963. However, under the latest requirement of high durability and high capacity, it is the first domestic experience of dam body reinforcement by the post-tensioned anchor in Japan.

As technical points for applying the post-tensioned anchor to the Senbon Dam, there are following issues: "coping with a large load at narrower dam crest, construction method of the overflow part that occupies 2/3 of the dam length, solution to partial weak zones in the foundation, preservation of masonry dam landscape and others".

RÉSUMÉ: Le barrage de Senbon, achevé en 1918 avec 17 mètres de hauteur, sert à l'approvisionnement en eau et il est exploité par la ville de Matsue. Puisque ce barrage est un ancien barrage-poids en maçonnerie et que sa section transversale est également mince, un renforcement sismique sera réalisé en 2019 et 2020 avec des ancrages post-tendus.

Au Japon, en ce qui a trait aux expériences de renforcement à l'aide d'ancrages post-tendus sur un barrage ou à proximité d'un barrage, il existe des cas anciens comme la construction en 1955 du barrage auxiliaire de Fujiwara et le confortement de l'appui rocheux du barrage-voûte de Kawamata en 1963. Cependant, avec les exigences les plus récentes de durabilité élevée et de grande capacité, il s'agit de la première expérience locale au Japon de renforcement du corps d'un barrage à l'aide d'ancrages post-tendus.

Comme contraintes techniques dans l'utilisation des ancrages post-tendus au barrage de Senbon, il y a les problèmes suivants: soutenir une charge importante où la crête de barrage est la plus étroite; la méthode de construction à utiliser pour la crête déversante occupant les deux tiers de la longueur du barrage; l'approche à prendre pour les zones faibles localisées dans la fondation; la préservation de l'apparence du barrage en maçonnerie; autres contraintes.

Sustainable and Safe Dams Around the World – Tournier, Bennett & Bibeau (Eds)
© 2019 Canadian Dam Association, ISBN 978-0-367-33422-2

Junction and Clover Dams: Risk-based seismic evaluation of two slab-and-buttress dams

S.L. Jones
AECOM, Conshohocken, Pennsylvania, USA

P.E. O'Brien
AECOM, Melbourne, Victoria, Australia

S. Hughes
AECOM, Oakland, California, USA

D.D. Christopher
AECOM, Brisbane, Queensland, Australia

ABSTRACT: Junction and Clover Dams are central spillway slab-and-buttress dams used exclusively for power generation on the East Kiewa River between the townships of Mt. Beauty and Falls Creek in Northeast Victoria, Australia. Previous safety reviews and structural assessments of the dams concluded that neither dam meets modern dam design standards and acceptance criteria in accordance with ANCOLD guidelines. These conclusions, which were based largely on the results of response spectrum analyses of the two dams and the confirmed presence of Alkali-Aggregate Reaction (AAR), led to recommendations for remedial works, including infilling the slab-and-buttress dams with mass concrete. Follow on studies, which included visual observations and a review of the data from AAR testing, indicated that the concrete deterioration was not severe enough to warrant rehabilitation measures. Additionally, detailed finite element analyses of the dams for static and seismic loads indicated that the probability of failure was relatively low for the site-specific seismic design loads. This paper summarizes the AAR assessment and risk-based seismic evaluation of the slab-and-buttress dams that led to the conclusion that the previously recommended upgrade works were not required at either dam, which resulted in a significant cost savings.

RÉSUMÉ: Les barrages Junction et Clover sont deux barrages à contrefort avec déversoir central utilisés exclusivement pour la production d'électricité sur l'East Kiewa River entre les villes de Mt. Beauty et de Falls Creek, dans nord-est de Victoria en Australie. L'analyse des rapports de sécurité précédents et les évaluations structurales des barrages ont conclu qu'aucun de ces barrages ne satisfait les normes modernes de conception de barrage et les critères d'acceptation conformes aux lignes directrices de l'ANCOLD. Ces conclusions, qui reposent en grande partie sur les résultats des analyses spectrales de réponse des deux barrages et sur la confirmation de la présence d'une réaction alcali-granulat (RAG), ont débouché sur des recommandations de contremesures, y compris le remplissage au béton des contreforts. Des études supplémentaires, comprenant des observations visuelles et l'examen des résultats de tests de présence de RAG, ont indiqué que la détérioration du béton n'était pas assez grave pour justifier les contremesures recommandées. En outre, les analyses aux éléments finis pour les cas de charges statiques et sismiques ont indiqué que la probabilité de défaillance des barrages est relativement faible pour les conditions de charges sismiques in situ. Cet article résume l'évaluation de la RAG et des risques sismiques des barrages à contrefort qui a mené à la conclusion que les travaux précédemment recommandés n'étaient pas requis pour ces barrages, ce qui a abouti à une importante réduction des coûts.

Sustainable and Safe Dams Around the World – Tournier, Bennett & Bibeau (Eds)
© 2019 Canadian Dam Association, ISBN 978-0-367-33422-2

The use of Ambient Vibration Monitoring in the behavioral assessment of an arch dam with gravity flanks and limited surveillance records

L. Hattingh
Hattingh Anderson Associates CC, Woodhill, South Africa

P. Moyo
Department of Civil Engineering, University of Cape Town, Cape Town, South Africa

S. Shaanika & M. Mutede
NamWater, Windhoek, Namibia

B. le Roux
SCE Consulting Engineers, Windhoek, Namibia

C. Muir
Chris Muir Consulting Engineer, Windhoek, South Africa

ABSTRACT: Appropriate surveillance including monitoring and regular inspections, receive in many cases very little attention in developing countries. When unexpected behavioral responses (for example crack patterns and/or movements) are observed during visual inspections, the safety and stability of the dam wall structure are normally questioned. Without long-term surveillance records and actual known material properties of the structure and its foundation, any numerical modelling to determine the cause of the unexpected behavior as well as the evaluation of the safety of the structure becomes a gamble as the proper calibration of the numerical model is normally not possible. The application of Ambient Vibration Monitoring (AVM) techniques, however provides a solution of this problem as one can determine the as-built dynamic properties of the existing dam wall structure. These properties can then be used as a very useful tool to calibrate the numerical model. This paper will discuss the use of AVM in the behavioral analysis of Oanob Dam in Namibia (a 53 m high double curvature concrete arch dam with concrete gravity flanks, which was completed in 1991) where appropriate surveillance ceased in 2003.

RÉSUMÉ: Une surveillance appropriée, c'est-à-dire une auscultation et des inspections régulières, est souvent négligée dans les pays en développement. Lorsque des comportements inattendus (par exemple, des motifs de fissure et/ou des mouvements) sont observés lors des inspections visuelles, la sécurité et la stabilité structurelle du barrage sont normalement mises en doute. En l'absence de données de surveillance à long terme et d'information sur les caractéristiques des matériaux de la structure et de ses fondations, toute modélisation numérique permettant de déterminer la cause du comportement inattendu, ainsi que l'évaluation de la sécurité de la structure, devient un défi car une calibration correcte du modèle numérique n'est normalement pas possible. L'application des techniques de mesures vibratoires sous bruit ambiant fournit toutefois une solution à ce problème, car il est possible de déterminer les propriétés dynamiques de la structure existante. Ces propriétés peuvent ensuite être utilisées comme un moyen très utile pour calibrer le modèle numérique. Cet article traitera de l'utilisation des mesures vibratoires dans l'analyse de comportement du barrage d'Oanob en Namibie (barrage voûte à double courbure, de 53 m de haut avec des culées poids en béton, achevé en 1991), où la surveillance appropriée fût interrompue en 2003.

Sustainable and Safe Dams Around the World – Tournier, Bennett & Bibeau (Eds)
© 2019 Canadian Dam Association, ISBN 978-0-367-33422-2

State of the art nonlinear seismic analysis of an arch dam

G.S. Sooch & D.D. Curtis
Hatch Ltd, Niagara Falls, Canada

M. Likavec
Puget Sound Energy, Bellevue, USA

ABSTRACT: A state-of-the-art nonlinear seismic analysis of an Arch Dam is presented in this paper. The arch dam was constructed in the 1920s with unique construction sequencing, i.e., raising the central portion well ahead of the abutment blocks resulting in unusual contraction joint geometry. Performance based testing conducted by others was used to establish the response of the structure to loading supplied by a Cold Gas Thruster and under ambient conditions. Results of the performance-based testing were used to calibrate the numerical model as little information was available on dam concrete and foundation material properties. The model calibration was performed in the frequency domain whereby the computed structure response was compared to its measured response. The effect of various dam-foundation modeling assumptions on the seismic analysis of an arch dam is also presented. Recently, Lokke and Chopra (2017) have presented a direct finite- element method for nonlinear analysis of semi-infinite dam-water-foundation systems. An alternative procedure, based on the Lokke and Chopra (2017) work, was developed for seismic input to a nonlinear arch dam analysis. The new developed procedure is effective when dealing with the foundation domain which includes spatial variation in modulus along the height of the canyon. The new procedure overcomes many problems in properly modeling dam-foundation interaction.

RÉSUMÉ: Cet article présente l'analyse sismique non linéaire sophistiquée d'un barrage-voûte. Le barrage-voûte a été construit dans les années 1920 avec une séquence de construction unique: la partie centrale fut construite avant les blocs de culée, ce qui a entraîné une géométrie inhabituelle des joints de contraction. Des résultats de tests ont été utilisés pour établir la réponse de la structure aux sollicitations créées par un propulseur à gaz froid à condition ambiante. Les résultats des tests ont été utilisés pour calibrer le modèle numérique, car peu d'informations étaient disponibles sur les propriétés du béton du barrage et des matériaux de fondation. La calibration du modèle a été effectuée dans le domaine fréquentiel, comparant ainsi la réponse obtenue par calcul à celle mesurée. L'effet de différentes hypothèses de modélisation de la fondation du barrage sur l'analyse sismique d'un barrage-voûte est également discuté. Lokke et Chopra (2017) ont récemment présenté une méthode directe par éléments finis pour l'analyse non linéaire de systèmes semi-infinis barrage-fondation-réservoir. Une procédure alternative, basée sur les travaux de Lokke et Chopra (2017), a été développée pour servir d'entrée sismique pour l'analyse non linéaire d'un barrage-voûte. La nouvelle procédure développée est efficace dans le cas de fondation dont le module présente une variation spatiale le long de la hauteur du canyon. Cette nouvelle procédure résout de nombreux problèmes pour améliorer la modélisation de l'interface barrage-fondation

Nonlinear seismic analysis of an existing arch dam under intense earthquake

G.S. Sooch & D.D. Curtis
Hatch Ltd, Niagara Falls, Canada

ABSTRACT: A nonlinear seismic analysis of an existing arch dam under intense earthquake has been performed. A 3D finite element model was developed and the analysis was performed using the explicit finite element LS-DYNA program. The analysis was performed under intense earthquake, i.e., peak ground acceleration of about 0.9g. The objective of this analysis is to identify the potential failure modes for an arch under intense earthquake i.e., 0.9g. Also, a reasonable match was achieved with the simulated failure mode and the failure mode was simulated by a scaled shake table test of similar arch dams. The 3D finite element model includes the effects of dam-foundation-reservoir interactions. Also, rock wedges at the abutments were modeled to simulate potential abutment rock block sliding. This paper presents the results of this state-of-the-art dynamic analysis. Non-reflecting absorbing boundaries were modeled along the foundation sides and also the reservoir extents. The vertical contraction joints and the dam-foundation interface were modeled with contact surfaces capable of open/close at vertical contraction joints and along with sliding at joints and dam-foundation interface

RÉSUMÉ: Cet article présente l'analyse sismique non linéaire d'un barrage-voûte soumis à des sollicitations sismiques très importantes. Un modèle 3D par éléments finis a été développé et analysé à l'aide du programme de calculs d'éléments finis explicites LS-DYNA. L'analyse a considéré un séisme intense, correspondant à une accélération maximale au sol d'environ 0,9 g. L'objectif de cette analyse est d'identifier les modes de défaillance potentiels d'une voûte soumise à un séisme intense. Une correspondance raisonnable a été obtenue entre le mode de défaillance simulé et le mode de défaillance provenant de tests sur table vibrante pour des barrages-voûtes similaires. Le modèle 3D par éléments finis prend également en compte les effets de l'interaction barrage-fondation-réservoir. De plus, les coins rocheux aux culées ont été modélisés pour simuler leur glissement potentiel. Cet article présente les résultats de cette analyse dynamique sophistiquée. Des conditions absorbantes non réfléchissantes ont été modélisées le long des limites de la fondation et du réservoir. Les joints de contraction verticaux et l'interface barrage-fondation ont été modélisés avec des surfaces de contact capables de s'ouvrir et de se fermer au niveau des joints de contraction verticaux et autorisant le glissement le long des joints et de l'interface barrage-fondation

Sustainable and Safe Dams Around the World – Tournier, Bennett & Bibeau (Eds)
© 2019 Canadian Dam Association, ISBN 978-0-367-33422-2

Spillway gate-reservoir interaction under earthquakes

N. Bouaanani, C. Gazarian-Pagé & JF. Masse
Dept. of Civil, Geological and Mining Eng., Polytechnique Montréal, QC, Canada

ABSTRACT: Spillway gates are safety-critical structures appurtenant to dams that maintain normal dam operations and preclude release of the reservoir by controlling discharge of excess flows. In many cases, these structures are old, and their initial design does not satisfy modern safety and seismic performance criteria, which are supposed to be stricter than for the dam itself. Moreover, spillway gate-reservoir interaction under the effects of ground motions is still not well understood. In this paper, 3D coupled finite element models of gated spillways with different geometries are developed including solid finite elements (concrete piers and chutes), shell finite elements (steel gates), and potential-based fluid finite elements (reservoir). Seismic fluid-structure interaction is accounted for using special elements at the spillway-reservoir interface. The developed models are first used to obtain the modal properties of the dry and wet structures, i.e. without and with reservoir, respectively, to characterize 3D effects of spillway-reservoir interaction. Results of the dynamic responses of the gated-spillways are discussed to illustrate several effects such as 3D geometry, water modeling assumptions (fluid formulation *vs* added masses) and gate boundary conditions.

RÉSUMÉ: Les vannes d'évacuateurs de crue sont des structures annexes aux barrages qui assure la sécurité de celui-ci et le maintien des opérations normales en contrôlant le débit d'évacuation de l'eau du réservoir lors des crues importantes. Ces structures sont généralement vieillissantes et leur conception originale ne satisfait pas les exigences modernes de sécurité et de performance sismique qui sont supposées être plus restrictives que celles du barrage. De plus, les effets de l'interaction vanne-réservoir sous des accélérations sismiques sont encore mal connus. Dans cet article, des modèles 3D par éléments finis d'évacuateurs de crue avec des géométries variables sont développés en utilisant des éléments finis solides (piles et chute en béton), des éléments de plaque (vannes en acier) et des éléments fluides basés sur le potentiel (réservoir). L'interaction entre l'évacuateur et le réservoir lors d'un séisme est considéré en utilisant des éléments d'interfaces de potentiel de type fluide-structure. Les modèles développés sont premièrement employés pour calculer les propriétés dynamiques modales des structures sans et avec eau afin de caractériser les effets 3D de l'interaction évacuateur-réservoir. Les résultats des analyses sont présentés pour illustrer les effets de différents paramètres tels que la géométrie 3D, les hypothèses de modélisation du fluide (éléments fluides *vs* masses ajoutées) et les conditions aux frontières des vannes.

Sustainable and Safe Dams Around the World – Tournier, Bennett & Bibeau (Eds)
© 2019 Canadian Dam Association, ISBN 978-0-367-33422-2

Modal identification of Karun 4 arch dam using ambient vibration tests

R. Tarinejad, M. Damadipour & H. Golmohammadi
Faculty of Civil Engineering, University of Tabriz, Tabriz, Iran

K. Falsafian
Marand Faculty of Engineering, University of Tabriz, Marand, Iran

ABSTRACT: In this research, two series of ambient vibration tests on the Karun 4 concrete arch dam are performed using the seismometers installed on the dam crest and inside the galleries. The recorded responses are processed using the modal analysis technique, the FDD-WT method, and the natural frequencies, mode shapes and damping ratios are extracted. The permanent installed accelerometers on the dam are recorded the 3 March 2015 earthquake and these records are used to re-identify the modal parameters of the dam. The results from ambient vibration tests and seismic records indicate good consistency. Not considerable changes of natural frequencies and damping ratios are obtained from the results of primary and secondary ambient vibration tests.

RÉSUMÉ: Dans cette recherche, deux séries d'essais de vibrations ambiantes sur le barrage voûté en béton de Karun 4 sont effectuées à l'aide des sismomètres installés sur la crête du barrage et à l'intérieur des galeries. Les réponses enregistrées sont traitées à l'aide de la technique d'analyse modale, de la méthode FDD-WT, et les fréquences propres, les formes de mode et les rapports d'amortissement sont extraits. Les accéléromètres installés en permanence sur le barrage ont enregistré le séisme du 3 mars 2015 et les enregistrements ont été utilisés pour recréer les paramètres modaux du barrage. Les résultats des tests de vibrations ambiantes et des enregistrements sismiques indiquent une bonne cohérence. Les modifications non négligeables des fréquences propres et des taux d'amortissement sont obtenues à partir des résultats des essais de vibrations ambiantes primaires et secondaires.

DamQuake: More than just a database, a powerful tool to analyze and compare earthquake records on dams

E. Robbe & N. Humbert
EDF Hydro, Le Bourget du lac, France

ABSTRACT: In the same way as the monitoring of dams under static loads allows engineers to build and calibrate numerical models that offer a better understanding of the static behavior of dams and assess their safety, earthquake recordings on dams are highly valuable for understanding their dynamic behavior. Even if recording devices are becoming affordable and easier to install and maintain, dam recordings, particularly in countries with low seismic activity, are still rare. Analyses of such recordings can also be particularly time-consuming for engineers and require specific post-processing tools.

The aim of DamQuake is to regroup records from the largest number of dam owners in order to create an international database of earthquake recordings on dams. Dedicated filters will allow users to select specific records based on chosen parameters and to perform specific data analyses. Each contributor will then be able to perform rapid analyses of their records and compare them with dams of similar characteristics.

This type of database should also allow us a better understanding of a hidden pattern behind the complexity of the records. Evaluating and improving safety assessment methods of dams under earthquake are also reasons behind the development of the DamQuake project.

RÉSUMÉ: L'auscultation 'conventionnelle' des barrages a permis, entre autres, de développer et calibrer des modèles numériques permettant de mieux comprendre le comportement statique des ouvrages et d'évaluer leur sûreté. De la même façon, les enregistrements de la réponse des barrages aux sollicitations sismiques apparaissent particulièrement pertinents pour comprendre et analyser leur comportement dynamique. Même si les dispositifs d'enregistrement deviennent plus abordables, faciles à installer et à utiliser, les enregistrements, en particulier pour les pays situés dans des zones de faibles intensités sismiques, restent rares. De plus, l'analyse de ces enregistrements requiert à la fois du temps, des connaissances et des outils de post-traitements spécifiques.

L'objectif de DamQuake est constituer une base internationale d'enregistrements de réponses de barrages sous sollicitations sismiques. Des filtres dédiés permettront à l'utilisateur de naviguer facilement dans les données, de réaliser des analyses rapides sur des enregistrements choisis et de les comparer à ceux obtenus pour des ouvrages similaires. Une telle base de données devrait également permettre de mieux comprendre la complexité de la réponse sismique des barrages. L'évaluation et l'amélioration des méthodes de calcul permettant de justifier la sûreté des ouvrages est également une des raisons du développement du projet DamQuake.

Seismic analysis of embankment dams /

Analyse sismique des barrages en remblai

Sustainable and Safe Dams Around the World – Tournier, Bennett & Bibeau (Eds)
© 2019 Canadian Dam Association, ISBN 978-0-367-33422-2

Seismic analysis of Narmab earth dam and optimization of its parameters using cuckoo

S.R. Anisheh
Mazandaran Regional Water Company, Sari, Iran

S.A. Anisheh
Mazandaran University of Science and Technology, Behshahr, Iran

S.H. Anisheh
Amirkabir University of Technology, Tehran, Iran

ABSTRACT: In this paper the dynamic behavior of the Narmab earth dam (Iran), considering dam-foundation interaction, under normalized Manjil earthquake as input motion has been studied. In order to assess the effect of the dam heights and the foundation widths, in the finite element model on the earthquake response, various dam-foundation coupled models are analyzed by Plaxis, a finite element package for solving geotechnical problems. In this research, the dam heights and the foundation widths has been chosen cuckoo optimization algorithm (COA) method. The simulation results indicate considerable differences in the seismic responses.

RÉSUMÉ: Dans cet article, le comportement dynamique du barrage en terre de Narmab (Iran), en considérant l'interaction entre le barrage et la fondation, sous le séisme normalisé de Manjil comme mouvement d'entrée a été étudié. Afin d'évaluer l'effet des hauteurs de barrage et des largeurs de fondation, dans le modèle à éléments finis sur la réponse au séisme, divers modèles couplés fondation-barrage sont analysés par Plaxis, un ensemble d'éléments finis pour la résolution de problèmes géotechniques. Dans cette recherche, la hauteur du barrage et la largeur des fondations ont été choisies comme méthode d'algorithme d'optimisation du coucou (COA). Les résultats de la simulation indiquent des différences considérables dans les réponses sismiques.MOTS-CLÉS: Analyse dynamique, barrage en terre de Narmab, Tremblement de terre de Manjil, largeur de la fondation, Hauteur du barrage, Algorithme d'optimisation du coucou

Sustainable and Safe Dams Around the World – Tournier, Bennett & Bibeau (Eds)
© 2019 Canadian Dam Association, ISBN 978-0-367-33422-2

Earthquake-induced cracking evaluation of embankment dams

L. Mejia
Geosyntec Consultants, Oakland, California, USA

E. Dawson
AECOM, Los Angeles, California, USA

ABSTRACT: Cracking due to embankment seismic deformation is one of the most hazardous conse-quences of earthquakes on embankment dams. Cracking is commonly observed at the crest of dams and often develops parallel to the dam axis (i.e. longitudinal cracking) or transverse to it. Transverse cracking at the crest is of major concern because, if it extends below the reservoir level, it can lead to leakage from the reservoir. If unimpeded, water flows through cracks can lead to internal erosion, piping, and failure of a dam. Considerable effort has been made by the dam engineering profession over the last few decades to study the nature and effects of earthquake-induced cracking of embankment dams. In addition, defensive design and construction measures to minimize the occurrence of embankment cracking and to mitigate its potential consequences have been developed. This paper provides a synopsis of available methods to assess the potential for earthquake-induced cracking of embankment dams. In addition, the evaluation of potential cracking using three-dimensional nonlinear dynamic analyses is illustrated through a case his-tory of the dynamic response analysis of Lenihan Dam during the (M 6.9) 1989 Loma Prieta Earthquake.

RÉSUMÉ: Les fissures dues à la déformation sismique sont l'une des conséquences les plus danger-euses des tremblements de terre sur les barrages en remblai. La fissuration est couramment observée à la crête des barrages et se développe souvent parallèlement à l'axe du barrage (c-à-d. Fissuration long-itudinale) ou transversalement à celui-ci. La fissuration transversale à la crête est une préoccupation majeure car, si elle s'étend en dessous du niveau du réservoir, elle peut entraîner des fuites du réser-voir. Si elle est dégagée, l'eau qui traverse les fissures peut entraîner une érosion interne, la formation de renard et la défaillance d'un barrage. Au cours des dernières décennies, la profession de génie des barrages a déployé des efforts considérables pour étudier la nature et les effets de la fissuration des barrages en remblai causée par un séisme. En outre, des mesures de conception et de construction protectrices ont été mises au point pour réduire au minimum l'apparition de fissures dans les digues et en atténuer les conséquences potentielles. Ce document fournit un résumé des méthodes disponibles pour évaluer le potentiel de fissuration des barrages en remblai provoquée par un séisme. En outre, l'évaluation de la fissuration potentielle à l'aide d'analyses dynamiques non linéaires tridimension-nelles est illustrée par une étude de cas d'analyse de réponse dynamique du barrage de Lenihan lors du tremblement de terre de Loma Prieta (M 6.9) en 1989.

Sustainable and Safe Dams Around the World – Tournier, Bennett & Bibeau (Eds)
© *2019 Canadian Dam Association, ISBN 978-0-367-33422-2*

Seismic design aspects and first reservoir impounding of Rudbar Lorestan rockfill dam

M. Wieland

Chairman, ICOLD Committee on Seismic Aspects of Dam Design & Poyry Switzerland Ltd., Zurich, Switzerland

H. Roshanomid

Poyry Switzerland Ltd., Tehran, Iran

ABSTRACT: The recently completed Rudbar Lorestan earth core rockfill dam with a height of 156 m is located in a narrow canyon in the seismically very active Zagros Mountain Range in Iran. The dam is subjected to multiple seismic hazards including ground shaking, movements along multi-directional discontinuities in the dam footprint, and rockfalls. A large freeboard was provided to cope with seismic deformations of the dam body and the run-up of impulse waves caused by mass movements into the reservoir. A 5 m thick fine sand filter was provided to cope with movements along discontinuities in the dam footprint and seismic slope movements. To minimize arching effects in the core a 5 m wide contact clay zone was provided along the abutments. In view of the high seismicity and the possibility of reservoir-triggered seismicity, a microseismic monitoring system was installed. The procedure adopted for the first reservoir impounding is discussed as well as the behavior of the dam and the reservoir region. Different slope failures were observed during impounding of the reservoir. Test operation of the ungated spillways and the bottom outlets resulted in severe erosion of the highly erodible rock, which requires further improvement.

RÉSUMÉ: Le barrage en enrochement à noyau de terre de Rudbar Lorestan d'une hauteur de 156 m, récemment achevé, est situé dans un étroit canyon dans la zone sismique très active du «Zagros Mountain Range» en Iran. Le barrage doit résister à de multiples risques sismiques, y compris des secousses du sol, des mouvements le long de discontinuités dans différentes directions à la base du barrage ou à des éboulements de rochers. Une large revanche a été prévue à faire face aux déformations sismiques du barrage et à la montée des ondes de choc dues à des mouvements de masses dans le réservoir. Un filtre de sable fin, de 5 m d'épaisseur, a été prévu pour maitriser les risques dus au mouvements de terrain le long des discontinuités à la base du barrage et aux déformations sismiques des pentes. Pour minimiser les effets de voûte du noyau, une zone de contact en argile de 5 m de largeur a été placée le long des appuis. A cause du grand risque sismique dans la zone du barrage et du dû à une sismicité générée par le remplissage du réservoir, on a installé un système de surveillance microsismique. La méthode adoptée pour la première mise en eau est discutée, de même que le comportement du barrage et de la région du réservoir. Des glissements de terrain ont été observés durant la première mise en eau. Des tests effectués au déversoir libre et à la vidange de fond ont montrés une forte érosion du rocher. Des réhabilitations adéquates sont encore nécessaires.

Key technologies on the harnessing project of Hongshiyan Barrier Lake on Niulan River triggered by the 2014 Ludian earthquake

Z. Zang, K. Cheng & Z. Yang

PowerChina Kunming Engineering Corporation Limited, Kunming, China
Sub-center of High Earthfill/Rockfill Dam, National Energy and Hydropower Engineering Technology R&D Center, Kunming, China
Yunnan Institute for Geomechanics and Engineering, Kunming, China
Technology Research Center on Earthfill/Rockfill Dam of Yunnan Water Resources and Hydropower Engineering, Kunming, China

ABSTRACT: The Hongshiyan barrier lake on Niulan River is a large barrier lake caused by the Ludian 8•03 earthquake in 2014. Based on the uniqueness of the barrier lake, after the completion of the emergency rescue, the treatment concept of *"Eliminating Hazard, Utilizing Resources and Turning Waste into Treasure"* was innovatively proposed and the barrier lake was rebuilt into a large integrated water conservancy complex providing the functions of flood control, water supply, irrigation, and power generation. The project is the first one in the world developed and utilized immediately after the formation of the landslide dam. This paper systematically introduces the formation of the Hongshiyan landslide dam and the emergency rescue as well as the Harnessing in the later period. The project is about to be completed and create benefits. Through the practice of the project, this paper summarizes the key technologies such as emergency treatment technology and harnessing scheme under the lack of information conditions, the comprehensive treatment of 800m-high slope resulting from intense earthquake and comprehensive treatment of 130m-wide landslide dam composed of materials with discontinuous wide gradations, which can provide reference for the development and utilization of similar barrier lake.

RÉSUMÉ: Le grand lac Hongshiyan sur la Rivière Niulan a été formé par un barrage naturel créé par le séisme du 8 mars 2014 à Ludian. Une fois les interventions d'urgence terminées, et basé sur le caractère unique du lac, un concept novateur d'aménagement visant à « éliminer les risques et transformer les rebuts en trésor» a été proposé en transformant le lac Hongshiyan en un grand projet de gestion de l'eau intégrant le contrôle des inondations, l'alimentation en eau, l'irrigation et la production d'électricité. Le projet est le premier au monde à être développé et mis en œuvre immédiatement après la création d'un barrage naturel. Cet article décrit la formation du barrage naturel du lac Hongshiyan, les interventions d'urgence ainsi que l'aménagement ultérieur. Le projet est sur le point d'être achevé et présente de nombreux bénéfices. À travers la mise en œuvre de ce projet, cet article résume des technologies clés comme la technique de traitement d'urgence et le plan d'aménagement développé en l'absence d'information sur les conditions au site, le traitement compréhensif d'une forte pente haute de 800 m résultant du séisme et la technique de traitement compréhensive du barrage naturel de 130 m issu d'un glissement de terrain et composé de matériaux divers de distribution granulométrique très variable. Cet article peut fournir une référence pour le développement et l'utilisation de réservoirs créés par des barrages naturels similaires.

Sustainable and Safe Dams Around the World – Tournier, Bennett & Bibeau (Eds)
© 2019 Canadian Dam Association, ISBN 978-0-367-33422-2

Modified equivalent linear analysis of the Aratozawa dam subjected to the 2008 Miyagi earthquake

Z. Kteich & P. Labbé
Ecole Spéciale des Travaux Publics, France

M. Kham & V. Alves Fernandes
EDF R&D, EDF Lab Paris-Saclay, France

P. Kolmayer
EDF-CIH, Le Bourget du Lac, France

ABSTRACT: One of the main hypotheses accounted herein is associating the dynamic response of a soil profile or of an earth structure to a sample of a Gaussian narrow-band random process. This assumption enables to obtain an information about the number of cycles and the distribution of distortion's values by cycles. The key concept of this approach is a common curve developed based on Byrne's model to evaluate the volumetric deformations generated by the seismic motion. Eventually, we can derive the pore pressure build-up in the model by modal spectral analysis, which means without running any time response analysis. A case study of a real case, the Aratozawa dam hit by the 2008 Iwate-Miyagi Nairiku earthquake. The results are consistent with actual observations of excess pore pressure and constitute a first validation of the proposed analysis.

RÉSUMÉ: *L'une des principales hypothèses évoquées ici associe la réponse dynamique d'un profil de sol ou d'un ouvrage en terre à un échantillon d'un processus aléatoire gaussien à bande étroite. Cette hypothèse permet d'obtenir une information sur le nombre de cycles et la distribution des valeurs de distorsion par cycles. Le concept clé de cette approche est une courbe unique développée sur la base du modèle de Byrne pour évaluer les déformations volumiques générées par le mouvement sismique. En définitive, nous pouvons déduire la montée de pression interstitielle dans le modèle en déployant une analyse modale spectrale, c'est à dire sans recours à des calculs transitoires. Une étude d'un cas réel, le barrage d'Aratozawa, touché en 2008 par le séisme d'Iwate-Miyagi Nairiku est présentée. Les résultats sont cohérents avec les observations de montée de pression interstitielle et constituent une première validation de l'analyse proposée.*

Site effect study of Denis-Perron Rockfill Dam

D. Verret & E. Péloquin
Hydro-Québec, Québec, Canada

D. LeBoeuf
Université Laval, Québec, Canada

ABSTRACT: In this paper, analyses of strong-motion and ambient noise measurements at the Denis-Perron (SM-3) dam were carried out to evaluate possible site effects and the actual frequency of resonance (F_N) of this earth structure. The Denis-Perron Dam is a rockfill embankment dam standing 171 meters high and 378 meters long. It is the highest earthfill dam in Québec. The dam is built in a narrow valley. Three-component digital strong-motion stations were installed on the dam's crest and on bedrock, on the left abutment. The fundamental vibration frequency in each direction is estimated from a series of three small earthquakes that occurred in 1999 and 2002. The site response is also evaluated with the ambient noise records. Ten sets of ambient noise measurements were conducted using six «Tromino» velocimeters on the dam. Analyses of each individual measurement as well as a modal analysis regrouping a set of these measurements synchronized together are presented. Vibration modes calculated from the ambient noise measurements in comparison to those obtained for the earthquakes confirm that ambient noise offers a great potential to accurately determine the vibration modes of a large dam. Finally, a 3D numerical modal analysis made it possible to estimate a profile of the average stiffness of the embankment fill taking into account the characteristics of the site and the vibration modes of the dam.

RÉSUMÉ: Cet article présente une analyse des signaux de séismes et des mesures de bruit ambient réalisées sur le barrage Denis-Perron (SM-3) afin d'étudier les effets de site et la fréquence fondamentale de vibration (F_N) de cet ouvrage en terre. Le barrage Denis-Perron est un barrage en enrochement d'une hauteur maximale de 171 mètres et d'une longueur de 378 mètres en crête. Il s'agit du plus haut barrage en terre au Québec. Ce barrage est construit dans une vallée étroite. Des accéléromètres numériques ont été installés sur la crête ainsi que sur l'appui rocheux en rive gauche. La fréquence fondamentale de vibration dans chacune des directions est estimée pour 3 séismes de faibles amplitudes enregistrés en 1999 et en 2002. La réponse du site est également évaluée avec les enregistrements de bruit ambient. Dix séries de mesures de bruit ambient ont été effectuées à l'aide de six vélocimètres de type «Tromino» sur le barrage. L'analyse des mesures individuelles ainsi qu'une analyse modale regroupant un ensemble de ces mesures synchronisées entre elles sont présentées. Les modes de vibrations calculés à partir des mesures de bruit ambient en comparaison à ceux obtenus pour les séismes confirment que l'usage de bruit ambient offre un grand potentiel pour déterminer avec justesse les modes de vibration d'un grand barrage. En dernier lieu, une analyse modale numérique 3D a permis d'estimer un profil de la rigidité moyenne du remblai du barrage Denis Perron en tenant compte des caractéristiques du site et des modes de vibration du barrage.

Sustainable and Safe Dams Around the World – Tournier, Bennett & Bibeau (Eds)
© 2019 Canadian Dam Association, ISBN 978-0-367-33422-2

Passive seismic interferometry's state-of-the-art – a literature review

C.T. Rodrigues, A.Q. de Paula, T.R. Corrêa, C.S. Sebastião, O.V. Costa, G.G. Magalhães &
L.D. Santana
Tetra Tech Brasil, Belo Horizonte, Brazil

ABSTRACT: Microseismic and seismic monitoring systems share the same physical principle, differencing exclusively from the magnitude of interest. Passive seismic interferometry uses the ambient noise to create a virtual source and continuously monitor the medium and has been employed only in pilot projects to confirm the approach's feasibility. This study aims to gather the state of art regarding passive microseismic monitoring of geotechnical structures in the literature. Passive seismic interferometry measures the seismic velocity changes rate throughout the medium 24/7 and this parameter is relatable to the stiffness variation, which is, in its turn, relatable to pore pressure change, loadings, fracturing or even internal erosion, for example. This method has been employed to slopes (Mainsant et al. 2012), underground mining (Olivier et al. 2015), caves (Dias et al. 2016) and dams (Planès et al. 2016, Olivier et al. 2017, de Wit & Olivier 2018). Studies applying this method to concrete dams have not been found, this fact is credited to the incipient nature of seismic interferometry. However, especially considering the recent applications in embankment dams, these efforts are strongly recommended, as the broadening of this technology is to come convenient for dam owners.

RÉSUMÉ: Les systèmes de surveillance microsismique et sismique partagent le même principe physique, se différenciant exclusivement de la magnitude de l'intérêt. L'interférométrie sismique passive utilise le bruit ambiant pour créer une source virtuelle et surveiller en permanence le support. Elle n'a été utilisée que dans des projets pilotes pour confirmer la faisabilité de cette approche. Cette étude vise à rassembler l'état de la technique en matière de surveillance microsismique passive des structures géotechniques dans la littérature. L'interférométrie sismique passive mesure le taux de variation de la vitesse sismique dans le milieu 24 heures sur 24, 7 jours sur 7 et ce paramètre peut être associé à la variation de la rigidité, qui correspond à son tour au changement de pression interstitielle, aux chargement ou à la fracturation, par exemple. Cette méthode a été utilisée sur les pentes (Mainsant et al. 2012), les mines souterraines (Olivier et al. 2015), les grottes (Dias et al. 2016) et les barrages (Planès et al. 2016, Olivier et al. 2017, de Wit & Olivier 2018). Des études appliquant cette méthode aux barrages en béton n'ont pas été trouvées et ce fait est attribué à la nature naissante de l'interférométrie sismique passive. Cependant, compte tenu en particulier des applications récentes dans les barrages en remblai, ces efforts sont vivement recommandés, car l'élargissement de cette technologie doit être pratique pour les propriétaires de barrages.

Geohazards / Géo-risques

Sustainable and Safe Dams Around the World – Tournier, Bennett & Bibeau (Eds)
© 2019 Canadian Dam Association, ISBN 978-0-367-33422-2

A large landslide, a reservoir and a small inspection gallery – a risk assessment, based on a well-designed instrumentation

F. Landstorfer, A. Blauhut & E. Wagner
VERBUND Hydro Power, Vienna, Austria

ABSTRACT: Brandstatt reservoir, commissioned in 1958, has a storage volume of 1.8 million m³, a depth of 28 m and an asphalt lining on the slopes and the base. One third of the slope is impermeable rock, protected by shotcrete. At the waterside toe of the slopes, a gallery was built, with a transverse connection running across the base. The reservoir is situated on a natural plateau and confined by a rock bar and a large landslide. The basin required a 20 m deep excavation at the toe of the landslide. There is no information about the movement of the landslide before excavation. The measurements over 50 years show a deformation of ~1 mm/year. The landslide caused cracks in the transverse gallery from the very beginning. A geodetic levelling was the only measurement in the gallery. There were no other deformation measurements. In 2000, a sudden increase of deformation was discovered in the transverse connection and the reinforced concrete was cracked. Hence measurements were installed that proved the correlation of the landslide and the deformation of the gallery. Over the years, the instrumentation was improved. Now, the behaviour of the landslide and the consequences for the gallery are well understood.

RÉSUMÉ: Le réservoir de Brandstatt a été mis en service en 1958. Le bassin artificiel a une capacité de stockage de 1,800,000 m³, et une profondeur de 28 m. Il est protégé par du béton bitumineux sur les talus et le fond. Un tiers du talus est constitué de roche imperméable qui est protégé par du béton projeté. Une galerie d'inspection a été construite au pied du talus. Il y a une connexion transversale entre les sections de la galerie en dessus du fond. Le réservoir se situe sur un plateau encerclé d'une traverse de roche et d'un glissement de masse. Une excavation de 20 m au pied du glissement a été nécessaire pour la formation du bassin. Il n'y avait pas de trace de déformation du glissement avant excavation. Des mesures prises pendant 50 ans montrent une déformation de 1 mm/an. Le glissement de masse causa des fissures dans la connexion transversale dès le début. Un nivellement géodésique était la seule mesure dans la galerie. Il n'y avait pas d'autre information. En 2000 une croissance soudaine de la déformation fut découverte à une fin de la connexion transversale et on a découvert également des craquelures dans le béton armé. En conséquence des mesures supplémentaires furent installées. Elles prouvèrent la corrélation entre le glissement de la masse et la déformation de la galerie. Au fil du temps l'instrumentation fut adaptée et perfectionnée. C'est pourquoi le comportement du glissement de la masse et les conséquences pour la galerie sont très bien comprises.

Diversion tunnels – risk management confronting multiple hazards

W. Riemer
Consultant, Germany

K. Thermann
Lahmeyer International GmbH, Germany

ABSTRACT: Most failures of embankment dams have resulted from overtopping and this score does not include incidents of overtopping of cofferdams and flooding of construction sites for all other types of dams. Management of the respective risks largely builds on the design and performance of the river diversion, which specifically for diversion tunnels meets with a range of considerations and concerns. Some hazards can be handled as calculated risk but potentially hazardous geological details may stay hidden and unforeseen and unpredictable hazards may materialize as, for instance, the blockage of an aeration shaft or the failure of a landslide dam in the remote catchment area. If the diversion falls on the critical path of a project, there will be pressure to simplify the design speeding up the construction and, on the other hand, combining multiple purposes with the initial diversion structures can justify increased expenses for more conservative design of the diversion scheme. With a view to relevant experience, the contribution discusses design concepts of diversion tunnels and, referring to case histories, the reasons for specific precautions and options for constraining risks.

RÉSUMÉ: L'inondation d'un chantier de barrage en remblais pendant la construction d'une digue est souvent provoquée par une dérivation de la rivière inadaptée aux particularités du projet. Cette statistique n'inclut toutefois pas des incidents dus à la rupture de batardeaux ou à l'inondation de chantiers pour d'autres types de barrages. La conception et le fonctionnement de la dérivation, doivent respecter une quantité de critères, certains souvent gérés comme risque calculé. Tout particulièrement, les conditions géologiques peuvent présenter des dangers imprévisibles comme, par exemple, l'effondrement d'un puits d'aération ou l'occurrence d'un glissement de terrain ainsi que la rupture d'un barrage de glissement dans un bassin versant éloigné. Si la dérivation de la rivière se trouve sur le chemin critique d'un projet, il convient d'en simplifier la conception. Mais, d'autre part, un coût initial plus élevé pour les ouvrages de dérivation peut se justifier par l'obtention d'infrastructure plus robuste. L'article suivant traite des concepts régissant la construction de tunnels de dérivation et, en se référant à des cas historiques, des raisons pour des précautions spécifiques et des options de gestion de risques.

A multi-disciplinary approach to active fault rupture risk characterization: 3D geological modelling of the Willunga fault, Mt Bold Dam, South Australia

S.R. Macklin, Z. Terzic, J.F. Barter & P. Buchanan
GHD Pty Ltd, Melbourne, Australia

M. Quigley
University of Melbourne, Melbourne, Australia

ABSTRACT: Many dams across the Australian continent are situated on the upthrust blocks of tectonically active faults. Little is known about these faults, including their 3D geometry, their earthquake magnitude potential and expected surface rupture displacements. Collectively, these faults pose a national and poorly characterised hazard to nearby dam infrastructure. Here we demonstrate the utility of a multi-disciplinary investigation program, in order to develop a 3D geological model of the Willunga Fault at the Mt Bold Dam site South Australia, comprising: paleo-seismology; geophysics (seismic reflection and refraction surveys); geospatial mapping (airborne and unmanned aerial vehicle – "UAV or drone" - LiDAR survey and bathymetry surveys); and invasive trenching and drilling. This multi-disciplinary investigative approach has led to new active strands of the Willunga Fault being recognised, which pass through the reservoir 400 m NW of the main dam and close to a proposed saddle dam, presenting challenges to upgrade design and ongoing dam safety. The development of a 3-D geological model has led to improved models of seismic risk, improved communication amongst scientists, engineers, and decision-makers and has assisted in developing the dam upgrade design.

RÉSUMÉ: À travers du continent Australien, il existe plusieurs barrages localisés sur les blocs montants des faille actives. Très peu d'information est disponible sur ces failles, en ce qui concerne leur géométrie 3D, leur potentiel sismique et leurs déplacements anticipés en surface de rupture. Dans l'ensemble, ces failles posent un danger national pour les infrastructures avoisinantes qui est faiblement caractérisé. Cet article présente l'utilité d'un programme d'investigation multidisciplinaire afin de développer un model géologique 3D de la faille Willunga au barrage Mt Bold en Australie du Sud. Le programme inclus: la paleosismologie; la géophysique (levés de sismique réflexion et réfraction); cartographie géospatiale (aéroportés et véhicule aérien non habité- « UAV ou drone»- levés LiDAR et bathymétriques); tranchées et forages. Cette approche d'investigation multidisciplinaire a mené à la reconnaissance des nouvelles branches actives de la faille Willunga traversant le réservoir à 400 mètres Nord-Ouest du barrage principal et à proximité d'un barrage de col envisagé, présentant des défis de l'optimisation de la conception et à la sécurité du barrage. Le développement d'un model géologique 3D a permis d'améliorer les modèles de risques sismiques, ainsi qu'à la communication entre scientifiques, ingénieurs et décideurs et a participé au développement de l'amélioration en conception du barrage.

Sustainable and Safe Dams Around the World – Tournier, Bennett & Bibeau (Eds)
© 2019 Canadian Dam Association, ISBN 978-0-367-33422-2

The 2014 Ludian co-seismic landslide dam (Yunnan, China): Transformation from high hazard to dual purpose water conservancy and hydropower project

S.G. Evans
University of Waterloo, Waterloo, Canada

Jing Luo, Xiangjun Pei & Runqiu Huang
Chengdu University of Technology, Chengdu, China

ABSTRACT: The Hongshiyan landslide, the largest landslide (volume ~12.24 Mm^3) triggered by the August 2014 Mw 6.2 Ludian earthquake, slid into the Niulan river bed and covered the debris of an older pre-existing landslide located on the opposite side of the valley, forming a massive landslide dam with a high risk of failure and possible flood downstream. The landslide dam is 78-m high, with an area extent of 0.21 km^2; the landslide dam created a lake with a volume of 317 Mm^3 and a maximum possible pool elevation of 1222 m asl. Due to inflow from the 11,699 km^2 catchment area, the water level increased from 1136.5 to 1176 m asl after only two days of impoundment. Projection of this rate of filling indicated that the dam would overtop after 13.6 days under a daily average flow rate of 270 m^3/s. Integrated emergency measures were undertaken immediately to reduce the risk of dam failure. Subsequently, engineering and economic considerations pointed to the potential transformation of the Hongshiyan landslide dam into a dual-purpose water conservancy and hydroelectric project with total installed capacity of 201 MW, a total storage volume of 140.9 Mm^3, and a normal storage elevation of 1200 m asl.

RÉSUMÉ: L'éboulement de Hongshiyan – soit le plus grand glissement de terrain (volume de ~12,24 Mm^3) déclenché par le tremblement de terre de Mw 6,2 ayant frappé la région de Ludian en août 2014 – s'est déversé dans le lit de la rivière Niulan et a recouvert le débris d'un éboulement antérieur situé de l'autre côté de la vallée, entraînant la création d'un imposant barrage susceptible de rompre et d'inonder les zones en aval. Le barrage atteint 78 m de haut et possède une étendue de 0,21 km^2, ce qui entraina la formation d'un lac possédant un volume de 317 Mm^3 et une hauteur maximale de réservoir de 1222 m au-dessus du niveau de la mer. En raison de l'afflux en provenance du bassin versant de 11 699 km^2, le niveau de l'eau a passé de 1136,5 à 1176 m au-dessus du niveau de la mer après seulement deux jours de retenue d'eau. Les prévisions basées sur cette vitesse de remplissage laissaient envisager que le barrage allait déborder après 13,6 jours avec un débit quotidien moyen de 270 m^3/s. Par conséquent, des mesures d'urgence intégrées ont été prises immédiatement afin de réduire le risque de débordement. Par la suite, plusieurs considérations économiques et d'ingénierie ont proposé la transformation potentielle du barrage causé par l'éboulement de Hongshiyan en un double projet de conservation d'eau et d'hydroélectricité d'une puissance installée totale de 201 MW, une capacité d'entreposage totale de 140,9 Mm^3 et une élévation d'entreposage normale de 1200 m au-dessus du niveau de la mer.

Sustainable and Safe Dams Around the World – Tournier, Bennett & Bibeau (Eds)
© 2019 Canadian Dam Association, ISBN 978-0-367-33422-2

Review of the mudflow incident at Kafue Gorge Power Station and lessons learnt

M. Silwembe & A. Mutawa
Civil Engineering Services, ZESCO Limited, Lusaka, Zambia

ABSTRACT: Kafue Gorge Power station, located 100 km southeast of Lusaka, the capital city of Zambia, experienced heavy mudflow into its underground hydro power plant on 24th December 2005 causing extensive damage to the generating units leading to loss of 600 MW of power. This happened following unprecedented severe weather activities in form of high intensity, short duration gusts of strong winds which gave rise to heavy mudflow down the steep mountain sides causing erosion of the hillsides comprising loose rocks, trees and soil. Owing to the inundation and breaching of the water tight doors, the drainage system and infrastructure within and around the power house was over-whelmed and vital equipment such as the 330/17.5 kV Transformer and battery charger room, was destroyed. Site investigations were undertaken to establish factors that gave rise to the mudflow and inundation of the underground plant and also to develop immediate and long term remedial measures to ensure resumption and continued production of electricity at Kafue Gorge Power Station.

The location of the Kafue Gorge Power Station in the steep Namalundu gorges predisposes it to ground instabilities and would need continuous monitoring to prevent a reoccurrence of the mud rush into the power station.

RÉSUMÉ: La centrale hydroélectrique de Kafue Gorge, située à 100 km au sud-est de Lusaka, la capi-tale de la Zambie, a subi une importante coulée de boue qui a inondé la centrale souterraine le 24 décembre 2005, causant d'importants dégâts aux unités de production et entraînant une perte de 600 MW. Cela s'est produit à la suite d'événements météorologiques sans précédent sous la forme de vio-lentes rafales de vent, de fortes intensités et de courtes durées, qui ont provoqué un important écoule-ment de boue le long des versants escarpés et l'érosion des flancs de colline comprenant des roches, des arbres et du sol. En raison de l'inondation et de la rupture des portes étanches, le système de drainage et l'infrastructure à l'intérieur et autour de la centrale étaient submergés et des équipements vitaux tels que le transformateur de 330/17,5 kV et la salle du chargeur de batteries ont été détruits. Des investigations du site ont été entreprises afin de déterminer les facteurs à l'origine de la coulée de boue et de l'inonda-tion de la centrale souterraine, ainsi que pour mettre au point des mesures correctives immédiates et à long terme pour assurer la reprise et la production continue d'électricité à la centrale électrique de Kafue Gorge.

L'emplacement de la centrale électrique de Kafue Gorge, dans les gorges abruptes de Namalundu, la prédispose aux instabilités au sol et nécessiterait une surveillance continue pour éviter que l'inondation de la centrale par une coulée de boue ne se répète.

Sustainable and Safe Dams Around the World – Tournier, Bennett & Bibeau (Eds)
© *2019 Canadian Dam Association, ISBN 978-0-367-33422-2*

Study on temporal and spatial distribution characteristics of seismic activities in Shanxi Reservoir, China

X.X. Zeng, T.G. Chang & X. Hu
China Institute of Water Resources and Hydropower Research, Beijing, China

ABSTRACT: The seismic activities that occurred near reservoir region are always seemed to be induced by the construction or the operation of reservoir. Unfortunately, considering the mechanism of reservoir-induced seismicity is still unknown, it is very difficult to make a distinction between the nature earthquake and induced earthquake. Thereupon, the study on temporal and spatial distribution characteristics of seismic activities is considered to play an important role in distinguishing the induced seismic. Shanxi reservoir is located in the upper stream of Feiyun river (Zhejiang Province, China), where is recognized as weak seismic region. However, the seismic activities of Shanxi reservoir region increased significantly since the impoundment in May 12th, 2000. In this study, the double difference method is used to processing the seismic catalogue of Shanxi reservoir to get more accurate seismic parameters. Conclusively, the seismic activities in Shanxi reservoir are closely related to the water level variation. According to our analysis, there are four swarms of earthquake after the impoundment. And, all of the earthquake swarms are happened after the water level drop from the highest point in each hydrological year. Furthermore, the period of these four earthquake swarms is about 4 years. At last, the spatial distribution of seismic events shows obviously zonal distribution along the strike of main fault f11.

RÉSUMÉ: Il semble que les séismes survenus près de la région du réservoir soient induits par la construction ou l'exploitation du réservoir. Malheureusement, il est difficile de distinguer le séisme naturel du séisme induit car le mécanisme de la sismicité induite par un réservoir est inconnu. Donc, cette étude est importante pour la distinction susmentionnée. Le réservoir de Shanxi est situé dans le cours supérieur de la rivière Feiyun (province de Zhejiang, en Chine), région sismique faible. Cependant, Les séismes de la région ont considérablement augmenté depuis la mise en eau le 12 mai 2000. Dans l'étude, la double différence sert à traiter le catalogue sismique et à obtenir des paramètres sismiques précis. En conclusion, les séismes dans le réservoir sont étroitement liées à la variation du niveau de l'eau. Selon notre analyse, il y a quatre essaims de tremblement de terre après la mise en eau. Et tous se produisent après la chute du niveau d'eau du point le plus élevé de chaque année hydrologique. Et la période de ces essaims sismiques est d'environ 4 ans. Enfin, les événements sismiques montre une distribution zonale le long de la direction de la faille principale f11.

Sustainable and Safe Dams Around the World – Tournier, Bennett & Bibeau (Eds)
© 2019 Canadian Dam Association, ISBN 978-0-367-33422-2

Machine learning to predict landslide displacement in dam reservoir

B.B. Yang & K.L. Yin
China University of Geosciences, Wuhan, China

Z.Q. Liu & S. Lacasse
Norwegian Geotechnical Institute, Oslo, Norway

ABSTRACT: This paper proposes a novel machine learning model to predict landslide displacement in dam reservoirs. The machine learning model uses time series analysis and the "long-short term memory (LSTM)" neural network approach. The model is able to reflect the dynamic evolution of landslide deformation by relating observations from one time step to the next, thus introducing a dynamic component in the analysis. The accumulated displacement was divided into a trend and a dynamic component. In the time series analysis, the periodic displacement was related to rainfall and reservoir water level. The performance of the LSTM model was validated with the observations of three typical colluvial landslides in the Three Gorges Dam Reservoir, and compared with other machine learning prediction models. The application of the model to the three landslides demonstrates that the LSTM model gave a more reliable prediction of the observed landslide displacement than a static model. It is concluded that the new model can be used to effectively predict the displacement of colluvial landslides in the Three Gorges Reservoir area. Such reliable predictive models are an essential component for implementing an early warning system and reducing landslide risk.

RÉSUMÉ: Cet article propose un nouveau modèle basé sur l'apprentissage automatique pour prédire le mouvement des glissements de terrain dans les réservoirs de barrages. Le modèle d'apprentissage automatique utilise l'analyse de séries chronologiques et l'approche de réseau de neurones de mémoire à long terme (LSTM). Le modèle est capable de refléter l'évolution dynamique de la déformation des glissements de terrain en reliant les observations et les prévisions d'un pas de temps à l'autre, introduisant ainsi une composante dynamique dans l'analyse. Le déplacement périodique été divisé en une tendance et une composante dynamique. Dans l'analyse de la série chronologique, le déplacement accumulé périodique était lié aux précipitations et au niveau de l'eau du réservoir. La performance du modèle a été validée avec les observations de trois glissements de terrain colluviaux typiques dans le réservoir des Trois Gorges. L'application du modèle aux trois glissements de terrain démontre que le modèle LSTM permet de prédire de manière plus fiable le déplacement observé qu'un modèle statique. Il est conclu que le nouveau modèle peut être utilisé pour prédire efficacement le déplacement des glissements de terrain colluviaux dans la zone du réservoir des Trois Gorges. Ces modèles prédictifs fiables constituent un élément essentiel de la mise en œuvre d'un système d'alerte précoce et pour réduire le risque associé aux glissements.

Sustainable and Safe Dams Around the World – Tournier, Bennett & Bibeau (Eds)
© 2019 Canadian Dam Association, ISBN 978-0-367-33422-2

Seasonal and spatial variation of seismic activity due to groundwater fluctuation in South Korea

Suk-Hwan Jang
Daejin University, Gyeonggi-do, Republic of Korea

Kyoung-Doo Oh
Korea Military Academy, Seoul, Republic of Korea

Jae-Kyoung Lee & Jun-Won Jo
Daejin University, Gyeonggi-do, Republic of Korea

ABSTRACT: In this study, it was hypothesized that groundwater flow could trigger earthquakes both in the lands and seas due to its seasonal fluctuation following the wet and dry seasons.

Using 1,157 earthquake data occurred in South Korea recorded from 1978 till 2017 by Korean Meteorological Agency monthly earthquake energies were analyzed to test the hypothesis. Triggering earthquakes by cyclic groundwater fluctuation was supposed to be the moderating effect of the hydrologic cycle by preventing excessive accumulation of geotectonic stress and the climatic change which could bring about abnormal behavior of groundwater recharge may cause change in earthquake patterns. The static pressure in dams may influence the seismic events in the beginning of construction. However many dams in South Korea seem to play a stabilizing role for earthquake occurrence by providing stable recharge of groundwater.

The earthquake active period in the seas was comprised of two peaks in April and July with descending energy levels with four-month and two-month cycles respectively. For the earthquakes occurred in the seas the six-month earthquake active period was identified which was the inactive period for the land earthquakes.

RÉSUMÉ: Dans le cadre de cette étude, l'hypothèse a été émise que l'écoulement des eaux souterraines pourrait déclencher des tremblements de terre à la fois sur les terres et dans les mers, en raison de ses fluctuations saisonnières suivant les saisons sèches et humides.

En Corée du Sud, 1 157 données sismiques enregistrées de 1978 à 2017 par l'Agence météorologique coréenne ont été analysées. Les énergies mensuelles des tremblements de terre ont été analysées pour tester cette hypothèse. Le déclenchement de séismes par la fluctuation cyclique des eaux souterraines était supposé être atténué par l'effet modérateur du cycle hydrologique en empêchant une accumulation excessive de stress géotectonique. Par ailleurs, les changements climatiques susceptibles de provoquer un comportement anormal de la recharge des eaux souterraines pourraient modifier les caractéristiques des séismes. La pression statique dans les barrages peut influer sur les événements sismiques au début de la construction. Cependant, de nombreux barrages en Corée du Sud semblent jouer un rôle stabilisateur dans la survenue de séismes en assurant une recharge stable des eaux souterraines.

La période d'activité sismique dans les mers s'est composée de deux pics d'avril et de juillet avec des niveaux d'énergie décroissants avec des cycles de quatre mois et de deux mois respectivement. Pour les tremblements de terre survenus dans les mers, il a été identifié une période active de six mois, qui était la période inactive pour les séismes sur les zones terrestres.

Theme 4 – EXTREME CONDITIONS

Management for water or tailings dams (e.g. permafrost and ice loading, arid/wet climates, geo-hazards).

Thème 4 – ENVIRONNEMENT EXTRÊME

Gestion des barrages hydrauliques et barrages de résidus miniers, par exemple, pergélisol et charge de glace, climats secs / humides, géorisques.

Protection / Protection

Sustainable and Safe Dams Around the World – Tournier, Bennett & Bibeau (Eds)
© 2019 Canadian Dam Association, ISBN 978-0-367-33422-2

Riprap upgrade at WAC Bennett Dam in Canada

G. Wu, K. Wellburn, M. Lawrence, F. Sadeque & L. Yan
BC Hydro Engineering, Burnaby, BC, Canada

ABSTRACT: A riprap upgrade project was initiated by BC Hydro in 2011 to replace damaged riprap at WAC Bennett Dam for long-term wave protection to the earthfill dam. An undeveloped limestone rock site 40 km away from the dam was selected for production of new riprap and bedding materials. Quarrying for new riprap started in September 2016. Placement of new riprap and bedding on the dam, after removal of the existing damaged riprap, was completed over two construction seasons in the spring of 2017 and 2018 when the Williston Reservoir is at its lowest levels. A total of 147,777 tonnes of Class 1 Riprap, ranging from 660 to 3200 kg per stone, were placed in "the dry" on the upstream dam face in the zone between elevations 661.4 m and 674.8 m where the most significant wave attack exists. This paper presents the methodologies used in design (for wind/wave parameters, riprap gradation and sizing), geological characteristics of the limestone, riprap durability tests including freeze-thaw testing of full-size Class 1 Riprap, quarry production and freeze-splitting issues, and riprap placement. Other construction aspects discussed herein include procurement strategy, quality management, and mitigation of dam safety risks during construction.

RÉSUMÉ: En 2011 BC Hydro a lancé un projet d'amélioration et de remplacement du riprap endommagé du barrage en terre WAC Bennett afin d'assurer la protection à long terme contre les vagues. Un gisement de roche calcaire situé à 40 km du barrage, a été sélectionné pour la production des nouveaux matériaux pour le riprap et sa sous couche. L'extraction des matériaux a débuté en septembre 2016. La mise en place sur le barrage, après l'enlèvement du riprap endommagé a été achevée en deux campagnes de construction aux printemps de 2017 et 2018, lorsque le réservoir de Williston était à ses plus bas niveaux. Au total, 147 777 tonnes de riprap de classe 1, pesant entre 660 et 3200 kg ont été placées à sec sur le talus amont du barrage entre les niveaux 661,4 m et 674,8 m où les plus fortes vagues se produisent. Cet article présente les méthodologies utilisées lors de la conception (paramètres vent/vagues, granulométrie et dimensionnement des enrochements), les caractéristiques géologiques du calcaire et les tests de durabilité du riprap, y compris les essais de gel-dégel, de l'exploitation de la carrière et de tous les problèmes de fracturation dues au gel et de la mise en place du riprap. La construction, la gestion de la qualité et l'atténuation des risques pour la sécurité des barrages pendant la construction font partie des autres aspects de la construction évoqués dans le présent document.

Modelling of the ice load on a Swedish concrete dam using semi-empirical models based on Canadian ice load measurements

R. Hellgren, R. Malm & D. Eriksson
Department of Civil and Architectural Engineering, KTH Royal Institute of Technology, Stockholm, Sweden

ABSTRACT: In cold regions where the water surface of a river or lake freezes during the winter, concrete dams may be subjected to a pressure load from the ice sheet. This pressure load may constitute a large portion of the total horizontal load acting on a small dam. From a dam safety perspective, it is important to determine the design value of the ice load. In February 2016, a prototype of an ice load panel was installed on a Swedish concrete dam. The 1x3 m² panel measures the ice pressure with three load cells. In this paper, the ice load measured on the Swedish dam is predicted using a Canadian empirical model, previously developed from a 9-year field program to estimate the ice loads caused by thermal effects and variation in water level. The predictions from the model could not accurately predict the measured ice loads. Since the current understanding of ice load is limited, it is not possible to determine whether the measurement, the model or both are inaccurate.

RÉSUMÉ: Dans les régions froides où la surface de l'eau d'une rivière ou d'un lac gèle en hiver, les barrages en béton peuvent être soumis à une charge de pression exercée par la couche de glace. Cette charge de pression peut constituer une grande partie de la charge horizontale totale agissant sur un petit barrage. Du point de vue de la sécurité du barrage, il est important de déterminer la valeur de conception de la charge de glace. En février 2016, un prototype de panneau de chargement de glace a été installé sur un barrage en béton suédois. Le panneau de 1x3 m² mesure la pression de la glace avec trois capteurs de charge. Dans cet article, la charge de glace mesurée sur le barrage suédois est prédite à partir d'un modèle empirique canadien, élaboré précédemment à partir d'un programme expérimental de 9 ans dont le but était d'estimer les charges de glace causées par les effets thermiques et la variation du niveau de l'eau. Les prévisions du modèle n'ont pas pu prédire avec précision les charges de glace mesurées. Les connaissances actuelles sur les charges de glace étant limitées, il est impossible de déterminer si les résultats expérimentaux, le modèle ou les deux sont inexacts.

Sustainable and Safe Dams Around the World – Tournier, Bennett & Bibeau (Eds)
© *2019 Canadian Dam Association, ISBN 978-0-367-33422-2*

Restoration of the upstream slope face of the Itaipu Binacional Rockfill Dam—procedures and characterization of materials

J. Patias
Itaipu Binacional, Brazil

P.C. de Oliveira
Federal Technological University of Paraná, Toledo, Brazil
Dam Security Advanced Research Center/Itaipu Technological Park, Brazil

D.O. Fernandes
Itaipu Technological Park, Brazil

D.P. Coelho & E.F. de Faria
Itaipu Binacional, Brazil

ABSTRACT: The Itaipu Hydroelectric Power Plant is located on the Paraná River on the border between Brazil and Paraguay. The dam structure is composed of different types of dams, among others a Rockfill dam, which is composed basically of blocks of basalt rock with a clay core. In 2016, after 32 years of plant operation, an erosion process was observed in the upstream face of the Rockfill Dam, close to the transition between this structure and the concrete dam, in the water level fluctuation zone of the reservoir. Inspections and topographic studies revealed that the erosion was only affecting the rocky material, without damaging the center-most parts of the structure. In addition, the data from the instrumentation installed near the site showed no behavioral changes. For the restoration of the eroded area, the materials available in deposits close to the plant were investigated, it being required that these should be of a quality equal to or greater than that prescribed in the original project. As a result, rock samples were taken to carry out laboratory tests. In this article we will present the results of this study and the procedures undertaken for the recovery from this anomaly, which is now fully mended.

RÉSUMÉ: La centrale hydroélectrique d'Itaipu est située sur le fleuve Paraná, à la frontière entre le Brésil et le Paraguay. La structure du barrage est composée de différents types de barrages, l'un d'entre eux est le barrage en enrochement, composé essentiellement de blocs de roche basaltique avec un noyau d'argile compactée. En 2016, après 32 ans d'exploitation de la centrale, un processus d'érosion a été observé sur la face amont du barrage en enrochement, près de la transition entre cette structure et le barrage en béton, dans la zone d'oscillation du niveau d'eau du réservoir. Les inspections et les études topographiques ont révélé que l'érosion n'affectait que le matériau rocheux, sans endommager les parties les plus centrales de la structure. De plus, les données de l'instrumentation installée à proximité du site ne montrent aucun changement de comportement. Afin de rétablir la zone érodée, les matériaux disponibles dans les dépôts situés à proximité de l'usine ont été examinés, et ont exigé que ce matériel rocheux ait une qualité égale ou supérieure à celle prescrite dans le projet initial. En conséquence, des échantillons de roche ont été enlevés pour des tests en laboratoire. Dans cet article, nous présentons les résultats de cette étude et les procédures effectuées pour la récupération de cette anomalie, qui est actuellement complètement restaurée.

Sustainable and Safe Dams Around the World – Tournier, Bennett & Bibeau (Eds)
© *2019 Canadian Dam Association, ISBN 978-0-367-33422-2*

Measurement of static ice loads on dams, with varied water level

A.B. Foss
Sweco Norge AS, Oslo, Norway

L. Lia
NTNU, Trondheim, Norway

B. Arntsen
Norut Northern Research Institute AS, Narvik, Norway

ABSTRACT: A field program was undertaken in 2017 to (i) measure the loads in the ice sheet near a dam and (ii) observe the behavior of the ice sheet with controlled water level regulation of the reservoir. The field program was conducted at Dam Taraldsvikfossen in Narvik. Three different experiments were tested with 0.06, 0.22 and 0.35 m water level variations. During the experiment with the lowest water level variation, it was considered that the ice load was reduced due to the variation in water level. The maximum ice load was measured at 85 kN/m during the experiment with the highest variation in water level. It was concluded that the size of cracks, the number of cracks and the % freezing of cracks in an ice cover had a major impact on the ice load. These parameters, together with water level variation, ice thickness and temperature variation, had the greatest impact on both the maximum value of the load and the ice sheet behavior. In an overall assessment of all the components presented in the thesis, it was concluded that today's knowledge of ice loads is insufficient. Since it is a very complicated material to calculate, it is necessary to carry out more measurement programs in the field in the future.

RÉSUMÉ: Une campagne de terrain a été mise en oeuvre en 2017 pour (i) mesurer les charges dans la couche de glace à proximité d'un barrage et (ii) observer le comportement de la couche de glace suite à des variations contrôlées du niveau d'eau de la retenue. La campagne de terrain a été menée au barrage Taraldsvikfossen à Narvik, en Norvège. Trois essais différents ont été menés avec des variations de niveau respectives de 0.06, 0.22 et 0.35 m. Pendant l'essai avec la plus petite variation du niveau d'eau, la poussée de la glace a diminué, et cette diminution a été attribuée à la variation de niveau. La poussée maximale a été mesurée à 85 kN/m durant l'essai avec la plus grande variation de niveau d'eau. Il a été conclu que la taille des fissures, le nombre de fissures et le pourcentage de comblement des fissures par le gel dans une couche de glace avaient un impact majeur sur la poussée de cette couche. Ces paramètres, avec la variation de niveau d'eau, l'épaisseur de la couche de glace et la variation de température sont ceux qui ont le plus grand impact à la fois sur la valeur maximale de la poussée et sur le comportement de la couche de glace. A la lumière d'une évaluation globale de tous les éléments présentés dans la thèse, il a été conclu que la connaissance actuelle du phénomène de poussée de la glace sur un barrage n'est pas suffisante. La glace étant un matériau très complexe à modéliser, il est nécessaire de poursuivre les campagnes de mesures sur le terrain dans le futur.

Sustainable and Safe Dams Around the World – Tournier, Bennett & Bibeau (Eds)
© 2019 Canadian Dam Association, ISBN 978-0-367-33422-2

Protection of embankments and banks against action caused by oscillatory wind waves

M. Spano
Brno University of Technology, Brno, Czech Republic

ABSTRACT: Oscillatory wind waves represent most frequent hydrodynamic load on both dams and reservoir banks. Waves significantly affects durability of dams and endanger lands surrounding the reservoir thanks to the long term action. To prevent abrasion of embankments and banks several types of protective measures can be applied. To be able to find effective measure a load caused by waves has to be evaluated. This article summarizes procedure used for evaluation of hydrodynamic load caused by waves together with technical measures that can be used for protection of dams and reservoir banks.

RÉSUMÉ: Les vagues de vent oscillantes représentent la charge hydrodynamique la plus fréquente sur les barrages et les berges de réservoirs. Les vagues affectent de manière significative la durabilité des barrages et mettent en danger les terres entourant le réservoir grâce à l'action à long terme. Afin de prévenir l'abrasion des remblais et des berges, plusieurs types de mesures de protection peuvent être appliqués. Pour pouvoir trouver une mesure efficace, il faut évaluer une charge provoquée par des vagues. Cet article résume la procédure utilisée pour évaluer la charge hydrodynamique causée par les vagues ainsi que les mesures techniques pouvant être utilisées pour la protection des barrages et des berges de réservoirs.

Sustainable and Safe Dams Around the World – Tournier, Bennett & Bibeau (Eds)
© 2019 Canadian Dam Association, ISBN 978-0-367-33422-2

River management challenges during construction of large hydropower projects in cold climates

J. Malenchak
Water Resources Engineering Department, Manitoba Hydro, Winnipeg, Canada

D. Damov
SNC-Lavalin Inc., Montreal, Canada

J. Groeneveld
Hatch, Calgary, Canada

G. Snyder
SNC-Lavalin Inc., St. John's, Canada

S. O'Brien
Lower Churchill Management Co, St. John's, Canada

ABSTRACT: The development of efficient and cost effective river management plans are an essential design component for the construction of large hydropower projects. Cold climate conditions at northern latitudes, and in particular large river systems, present additional challenges associated with the management of complex river ice processes during the winter season. These processes can generate massive volumes of ice along the river reach throughout the winter which can have significant backwater effects on water levels at the construction site. While site specific characteristics need to be considered in any river management plan, similar features can be found in the mitigation strategies employed at two large hydropower sites presently under construction in Canada. The 824 MW Muskrat Falls Hydroelectric Generating Facility, on the Churchill River in Newfoundland and Labrador (Canada), and the 695 MW Keeyask Generation Project, on the Nelson River in Manitoba (Canada), will be used to compare and contrast the river management challenges faced at these sites as well as the mitigation strategies employed. This paper will illustrate the various aspects that were taken into consideration in the development of successful river management strategies during the different phases of river diversion.

RÉSUMÉ: Le développement d'un plan de gestion de la rivière efficace et rentable constitue une composante essentielle danse la construction de grands projets hydroélectriques. Des conditions climatiques froides aux latitudes septentrionales, et en particulier des vastes systèmes de rivières, présentent des défis supplémentaires liés à la gestion de processus complexes de formation et présence de glace en rivière durant l'hiver. Ces processus peuvent produire d'importants volumes de glace le long de la rivière tout au long de l'hiver ce qui risque de produire une augmentation des niveaux d'eau au site de la construction due au refoulement. Bien que les caractéristiques propres au site doivent être prises en considération dans tout plan de gestion des rivières, des caractéristiques semblables peuvent être trouvées dans les stratégies d'atténuation employées dans deux grands chantiers hydroélectriques actuellement en construction au Canada. Le projet hydroélectrique de 824 MW Muskrat Falls sur le Fleuve Churchill en Terre-neuve et Labrador (Canada) et le projet hydroélectrique de 695 MW Keeyask sur la rivière Nelson au Manitoba (Canada) seront utilisés afin de comparer et contraster les défis présents dans la gestion de rivière à ces deux sites ainsi que les stratégies de mitigation employées. Cet article illustrera les divers aspects qui ont été pris en considération dans l'établissement de stratégies de gestion des rivières réussies dans toutes les phases de la dérivation.

Multi-purpose permanent booms – Design approach and past experience

R. Abdelnour
Geniglace Inc., Montreal, QC, Canada

E. Abdelnour
Geniglace Inc., Ottawa, ON, Canada

ABSTRACT: In this paper the boom design criteria we followed over the past two decades to build multipurpose safety booms in North America will be discussed. Safety Booms are designed for a range of resistance capacities to withstand the environmental forces. Some are permanent installations, while others are deployed only during the summer months. During the last two decades, many owners considered permanent booms as a prime choice. The added cost was justified due to the increased safety they provided at dam intakes and spillways. Since the booms would be in place permanently, the public is protected immediately when the ice is gone; especially during the spring freshet, which is the most dangerous time to be near dams due to higher than average flows. Experience has proven that permanent booms last at least 25 years, and are in fact less expensive in the long run, due to the labour costs associated with the annual removal and deployment of seasonal booms. This paper discusses a number of past projects where permanent booms were installed 25 years ago with excellent performance still today.

RÉSUMÉ: Dans cet article, nous discuterons des critères de conception des estacades de sécurités suivis au cours des deux dernières décennies pour construire des estacades multifonctionnelles en Amérique du Nord. Les estacades de sécurité sont conçues pour une gamme de capacités de résistance afin de résister aux forces environnementales du site. Certaines sont des installations permanentes; d'autres sont déployés uniquement pendant la période estivale. Au cours des deux dernières décennies, certains propriétaires ont privilégié les estacades permanentes. Le coût supplémentaire a été justifié par la sécurité accrue des prises d'eau et des déversoirs du barrage puisque l'estacade sera en place pour toute l'année, quel que soit l'état du débit de la rivière ou du vent, et garantisse la protection du public en toutes saisons, tout au long de l'année. Incidemment, cette expérience a fourni des données qui montrent que les booms permanents durent au moins 25 ans, donc qu'ils sont même encore moins couteux à long terme, lorsqu'ils maintiennent les coûts et demandent du travail pour les enlever et les déployer chaque année. Le document comporte un certain nombre de projets antérieurs où les estacades permanentes sont installées avec une excellente expérience des utilisateurs.

Sustainable and Safe Dams Around the World – Tournier, Bennett & Bibeau (Eds)
© 2019 Canadian Dam Association, ISBN 978-0-367-33422-2

Integrated watershed modeling to support dam safety studies

J. Perdikaris & W. Kettle
Ontario Power Generation, Niagara-on-the-Lake, Canada

R. Zhou
Hatch, Niagara Falls, Ontario, Canada

ABSTRACT: This paper examines the use of the HEC-WAT model to develop an integrated watershed model for the Sturgeon River system. The HEC-WAT model provides a framework combining the individual software of HEC-HMS, HEC-RAS, HEC-RESsim, and HEC-FIA. This allows the modeler to reduce the overall tasks associated with dam safety modelling. This paper examines the accuracy of the integrated model as well as its components with respect to historical observations using the Sturgeon River as a case study.

RÉSUMÉ: Ce document examine l'utilisation du modèle HEC-WAT pour développer un modèle intégré de bassin versant pour le réseau de la rivière Sturgeon. Le modèle HEC-WAT fournit un cadre combinant les logiciels individuels de HEC-HMS, HEC-RAS, HEC-RESsim et HEC-FIA. Cela permet au modélisateur de réduire les tâches globales associées à la modélisation de la sécurité des barrages. Cet article examine la précision du modèle intégré ainsi que ses composants en ce qui concerne les observations historiques utilisant la rivière Sturgeon comme étude de cas.

Applying CFD analysis to scouring river bed caused by discharge flow from the dam and estimating effectiveness of some countermeasures

K. Hirao, F. Watanabe, S. Ohmori & T. Tsukada
TEPCO Research Institute, Tokyo Electric Power Company Holdings, Inc., Tokyo, Japan

T. Kurose
Renewable Power Company, Tokyo Electric Power Company Holdings, Inc., Tokyo, Japan

ABSTRACT: Unexpected scour in a river had been observed at the downstream area nearby the discharge channel of the dam-type hydropower station of the Tokyo Electric Power Company Holdings, Inc. We assumed that rotational or three-dimensional (3-D) water flow induced by complicated river bed shape and retaining wall arrangement could be the cause of the scour described above. Applying 3-D computational fluid dynamics (CFD) analysis, we clarify the flow structure relating the scour and study the main factor of the scour. We also validate the effectiveness of some countermeasures against the scour by the CFD analysis. In one countermeasure, we alter the shape of the discharge channel outlet for the purpose of reducing the flow to the observed scour area, and results from the 3-D CFD analysis show the flow accomplished our aim.

RÉSUMÉ: Un affouillement inattendu dans une rivière avait été observé dans la zone en aval à proximité du canal de restitution de la centrale hydroélectrique de type barrage de la Tokyo Electric Power Company Holdings, Inc. Il a été supposé que l'écoulement rotationnel ou tridimensionnel causé par la forme complexe du lit de la rivière et la disposition du mur de soutènement pourrait être la cause de l'affouillement décrit ci-dessus. En utilisant une analyse numérique tridimensionnelle de la dynamique des fluides, la structure de l'écoulement en lien avec l'affouillement a été clarifiée et le facteur principal d'affouillement a été étudié. L'efficacité de certaines contre-mesures contre l'affouillement a été également ment validée par analyse numérique. Dans une des contre-mesures, la forme de la sortie du canal de restitution a été modifiée afin de réduire le débit vers la zone d'affouillement observée et les résultats de l'analyse tridimensionnelle de la dynamique des fluides montrent que la démarche a atteint l'objectif.

Sustainable and Safe Dams Around the World – Tournier, Bennett & Bibeau (Eds)
© 2019 Canadian Dam Association, ISBN 978-0-367-33422-2

Improving prediction of river-basin precipitation by assimilating every-10-minute all-sky Himawari-8 infrared satellite radiances – a case of Typhoon Malakas (2016)

S. Takino & T. Tsukada
Tokyo Electric Power Company Holdings, Inc., Tokyo, Japan

T. Honda & T. Miyoshi
RIKEN Center for Computational Science, Kobe, Japan

ABSTRACT: To operate hydroelectric power dams more effectively, it is essential to obtain accurate precipitation forecasts. This study aims to improve precipitation forecasts by assimilating every-10-minute all-sky Himawari-8 infrared radiance observations. We use an advanced ensemble data assimilation system developed in RIKEN. This study focuses on a single case of Typhoon Malakas (2016) which induced heavy precipitation in the mountain region of central Japan. The results demonstrate that assimilating the Himawari-8 radiance observations significantly improves the representation of Typhoon Malakas (2016) and cloud patterns. Moreover, ensemble forecasts initiated from the Himawari-8 data assimilation provide more accurate precipitation forecasts with uncertainty information. In particular, the forecasts with a longer lead time exhibit a better forecast skill compared to the Japan Meteorological Agency's operational regional model. These promising results suggest that assimilating the every-10-minute all-sky Himawari-8 radiances be effective for improving hydroelectric power dam operations by providing more accurate precipitation forecasts.

RÉSUMÉ: Pour exploiter plus efficacement les barrages hydroélectriques, il est essentiel d'obtenir des prévisions précises des précipitations. Cette étude vise à améliorer la prévision de précipitations en intégrant les observations en rayonnement infrarouge détectées par le satellite Himawari-8 pour toute la planète toutes les dix minutes. Nous utilisons un système avancé d'intégration des données d'ensemble développé par l'institut RIKEN. Cette étude porte sur le cas particulier du typhon Malakas (2016) qui a entraîné de fortes pluies dans les régions montagneuses du Japon central. Les résultats démontrent que l'intégration des observations du rayonnement faites par Himawari-8 améliore de manière importante la représentation du typhon Malakas (2016) et de son couvert nuageux. De plus, les prévisions d'ensemble obtenues à partir de l'intégration Himawari-8 procurent des prévisions de précipitations plus précises avec des informations sur leur incertitude. En particulier, les prévisions à plus long terme présentent une meilleure justesse en termes de pronostic en comparaison avec le modèle régional opérationnel de l'Agence météorologique japonaise. Ces résultats prometteurs suggèrent que l'intégration des radiations infrarouges détectées pour toute la planète par le satellite Himawari-8 toutes les 10 minutes est efficace pour améliorer le fonctionnement des barrages hydroélectriques en fournissant des prévisions plus précises des précipitations.

Design flood calculation using Tropical Rainfall Measuring Mission (TRMM) data

A. Mayangsari
Dam Safety Unit, Ministry of Public Work and Housing, Jakarta, DKI Jakarta, Indonesia

W. Adidarma
Research Center for Water Resources, Ministry of Public Work and Housing, Bandung, West Java, Indonesia

ABSTRACT: Design flood calculation is one of the important aspects in dam design which is often faced with conditions of limited or even unavailability of data, either rainfall or discharge data. This condition generally occurs in developing countries, including Indonesia especially at east region. Limitations or unavailability of data especially discharge data causes the flood discharge calculation unreliable. In design flood calculation, hydrologist face various obstacles such as the minimum or unavailable rainfall data, the rainfall data is empty or missing, unavailable of rainfall distribution patterns, the recording of rainfall data and discharge flow or water levels based on daily. This paper describes hydrological modeling by using Tropical Rainfall Measuring Mission (TRMM) data for unmeasured watersheds. The data using TRMM should be compared with ground station with coefficient correlation more than 0.6. The approach used in this paper is a mathematical model between rainfall-runoff that considers for the calibration process of the parameters and verification. The result of design flood using TRMM data could be used for dam design, as long as the calculation process is accountable.

RÉSUMÉ: L'un des aspects les plus importants de la conception du barrage est la protection contre la crue de conception qui est souvent confronté à des situations de données limitées, voire inexistantes, soit par précipitation ou par donnée de décharge. Cette situation survient généralement dans les pays en voie de développement tel que l'Indonésie et précisément dans la région Est. Les limitations ou encore l'inexistence des données en particulier des données de décharge rendent le calcul de décharge d'inondation non fiable. En concevant pour la crue de conception, les hydrologues sont confrontés à des difficultés à savoir les données de précipitations minimales voire indisponibles, des données de précipitations vides ou encore manquantes, les modèles de distribution des précipitations indisponibles, l'enregistrement des données de précipitations, le débit des eaux ou les niveaux d'eau au quotidien. Cet article décrit la modélisation hydrologique en utilisant des données de la Mission de Mesure des Précipitations Tropicales (TRMM) pour des bassins versants non mesurés. Les données utilisant la (TRMM) doivent être comparées celle de la station au sol avec une corrélation de coefficient supérieure à 0,6. L'approche utilisée dans cette recherche est un modèle mathématique entre précipitations et ruissellement qui prend en compte le processus d'étalonnage des paramètres et la vérification. Le résultat de la conception de précipitation utilisant les données (TRMM) pourrait être utilisé pour la conception des barrages, à condition que le processus de calcul soit comptable.

An inundation event due to the unbalance of hydraulic design scales of a dam and the downstream levee

Sangho Lee & Yougkyu Jin
Department of Civil Engineering, Pukyon National University, Republic of Korea

ABSTRACT: Large dams may have a hydrologic design scale of probable maximum flood. Levees around cities, however, normally adopt the design scale ranging 50 to 200 years of return period for water-control. An inundation event occurred on October 5, 2016 on the residential area in Korea located downstream of Daeam dam that had spillway capacity expansion in 2009. The study on the inundation event has been performed and the results are presented here. The PCSWMM was used to simulate the watershed runoff and the local inundation. The design flood discharge of the main stream had the return period of 100 years. Whereas, heavy rainfall with the return period of 500 years locally poured in the upstream region of Daeam dam built on a tributary. The release amount of water was increased from the existing and new spillways, then the discharge of main stream exceeded the design flood amount, which resulted in the inundation of the residential area with the lives and property damage. Appropriate flood protection measures are essential to a large dam and the downstream levee that have unbalanced design scales for water-control. (Grant number: 2018-MOIS31-008 funded by the Ministry of the Interior and Safety of the Korean government).

RÉSUMÉ: Les grands barrages utilisent parfois une échelle de conception hydrologique pour calculer la crue maximale probable. Cependant, pour le contrôle des eaux, les digues situées près d'agglomérations adoptent habituellement une échelle de conception calculant des périodes de retour de 50 à 200 ans. Une inondation s'est produite le 5 octobre 2016 dans une zone résidentielle en Corée située en aval du barrage de Daeam dont la capacité de déversement avait été augmentée en 2009. Une étude sur l'inondation a été menée et les résultats sont présentés ici. Nous avons utilisé le logiciel PCSWMM pour simuler les eaux de ruissellement du bassin versant et l'inondation locale. Les résultats indiquaient que la décharge de crue de conception du flux principal avait une période de retour de 100 ans. Or, de fortes pluies ayant une période de retour de 500 ans se sont abattues localement en amont du barrage de Daeam construit sur un affluent. Le débit des déversoirs existants et nouveaux a augmenté, puis le déversement du flux principal a dépassé le niveau de crue de conception. Cela a provoqué l'inondation de la zone résidentielle, causant la perte de vies humaines et d'importants dommages. La mise en place de mesures de protection appropriées contre les inondations est indispensable dans le cas des grands barrages et des digues situées en aval dont les échelles de conception servant au contrôle des eaux ne sont pas équilibrées. (Numéro de subvention: 2018-MOIS31-008, financée par le ministère de l'intérieur et de la sécurité du gouvernement coréen)

Hurricane Harvey rainfall, did it exceed PMP and what are the implications

B. Kappel
Applied Weather Associates, Monument, CO, USA

ABSTRACT: Rainfall resulting from Hurricane Harvey reached historic levels over the coastal regions of Texas and Louisiana during the last week of August 2017. Although extreme rainfall from this type of landfalling tropical system is not uncommon in the region, Harvey was unique in that it persisted over the same general location for several days, producing volumes of rainfall not previously observed in the United States and most of the world. Devastating flooding and severe stress to infrastructure in the region was the result. Coincidentally, Applied Weather Associates (AWA) had recently completed an updated statewide Probable Maximum Precipitation (PMP) study for Texas and is currently completing a regional PMP study for the states of Oklahoma, Arkansas, Louisiana, and Mississippi. This storm proved to be a real-time test of the adequacy of those values. AWA calculates PMP following a storm-based approach. This presentation will compare the results of the Harvey rainfall analysis against previous similar storms and provide comparisons of the Harvey rainfall against previous and current PMP depths. Discussion will be included regarding the implications of the storm on previous and future PMP estimates, dam safety design, and infrastructure vulnerable to extreme flooding.

RÉSUMÉ: Les précipitations résultant de l'ouragan Harvey ont atteint des niveaux historiques sur les régions côtières du Texas et de la Louisiane au cours de la dernière semaine d'août 2017. Bien que des précipitations extrêmes provenant de ce type de système tropical à atterrissage ne soient pas rares dans la région, Harvey était unique en ce qu'il a persisté même emplacement général pendant plusieurs jours, produisant des volumes de précipitations jamais observés auparavant aux États-Unis et dans la plupart des pays du monde. Il en est résulté des inondations dévastatrices et un stress grave pour les infrastructures de la région. Par coïncidence, Applied Weather Associates (AWA) vient de terminer une étude actualisée sur les précipitations maximales probables (PMP) à l'échelle de l'État pour le Texas et achève actuellement une étude régionale sur les PMP pour les États d'Oklahoma, d'Arkansas, de Louisiane et du Mississippi. Cette tempête s'est avérée être un test en temps réel de l'adéquation de ces valeurs. AWA calcule le PMP suivant une approche basée sur les tempêtes. Cette présentation comparera les résultats de l'analyse pluviométrique à Harvey avec des tempêtes antérieures similaires et fournira une comparaison des précipitations pluviales à des profondeurs de PMP antérieures et actuelles. Une discussion sera incluse concernant les implications de la tempête sur les estimations précédentes et futures du PMP, la conception de la sécurité des barrages et les infrastructures vulnérables aux inondations extrêmes.

PMP estimation for mine tailings dams in data limited regions

B. Kappel
Applied Weather Associates, Monument, CO, USA

ABSTRACT: Applied Weather Associates (AWA) has completed hundreds of Probable Maximum Precipitation (PMP) and other meteorological studies since the mid 1990s. The majority of the work has been completed for the dam and nuclear communities in regions where data are plentiful and often included a long period of record. Recently, AWA has completed several PMP and other meteorological analyses for mining facilities in many varied regions across the world. Several of these mine sites have been located in regions of extreme topography with very limited data coverage in both time and space. This has presented unique challenges in the development of storm data, storm adjustments, spatial and temporal patterns of rainfall accumulations, and PMP development. This presentation will discuss the general PMP development background, lessons learned from the many years of PMP work that have been applied to the mining community, how this process is completed for the mine locations where data are limited and terrain is very complex, discuss major challenges encountered, and provide solutions utilized to overcome the challenges.

RÉSUMÉ: Applied Weather Associates (AWA) a effectué des centaines de précipitations probables maximales (PMP) et d'autres études météorologiques depuis le milieu des années 1990. La majorité des travaux ont été achevés pour le barrage et les communautés nucléaires dans des régions où les données sont abondantes et qui incluent souvent une longue période d'enregistrement. AWA a récemment effectué plusieurs analyses PMP et autres analyses météorologiques d'installations minières dans de nombreuses régions du monde. Plusieurs de ces sites miniers ont été localisés dans des régions de topographie extrême avec une couverture de données très limitée dans le temps et dans l'espace. Cela a présenté des défis uniques dans le développement de données de tempête, les ajustements de tempête, les modèles spatiaux et temporels d'accumulation de précipitations et le développement de PMP. Cette présentation traitera du contexte général de développement du PMP, des leçons tirées des nombreuses années de travail sur le PMP qui ont été appliquées à la communauté minière, de la façon dont ce processus est mené à bien pour les emplacements de mines où les données sont limitées et le terrain très complexe, discutez des principaux défis rencontrés et proposer des solutions permettant de surmonter les défis.

Hydrological modelling of ungauged catchments—a case study of the Lower Kariba Catchment

B.B. Mwangala

Zambezi River Authority, Lusaka, Zambia

ABSTRACT: In catchment hydrology, it is practically impossible to measure everything we would like to know about the hydrological system, mainly due to high catchment heterogeneity, the limitations of measurement techniques and the cost involved in collecting and processing the hydrological data, hence many catchments around the world remain poorly gauged. The Lake Kariba lower catchment is such a catchment that is not fully gauged. There is however a prospect of a less costly way of estimating lower catchment inflows using Hydrological modelling techniques coupled with the use of free satellite data. RS MINERVE software was used to simulate surface run-off for poorly gauged Lower Kariba Catchment. The integrated rainfall-runoff model HBV was used for calibration and validation, with the model performing satisfactory at monthly time step, with the average runoff of being approximately 12% of the total yearly runoff recorded at Victoria falls gauging station. The model's results showed good correlation with observed data giving a Nash Sutcliffe coefficient of 0.82, Pearson correlation of 0.89 and Bias score of 0.94 for the Sanyati flows while Gwayi flows gave 0.64, 0.87 and 0.98 respectively for the same indicators after calibration. The simulation results obtained from the model can be used in many water resources management activities.

RÉSUMÉ: En hydrologie, il est pratiquement impossible de mesurer tout ce que nous aimerions sa-voir sur le système hydrologique d'un fleuve, principalement en raison de la forte hétéro-généité des bassins versants, des limites des techniques de mesure et des coûts inhérents à la collecte et au traitement des données hydrologiques; de nombreux bassins versants dans le monde restent mal jaugés. Le bassin ver-sant inférieur du lac Kariba est un exemple de bassin non entièrement jaugé. Il existe toutefois une nou-velle méthode moins onéreuse qui permet d'estimer les apports du bassin inférieur en utilisant des techniques de modéli-sation hydrologique couplées à l'utilisation de données satellitaires gratuites. Le logiciel RS MINERVE a été utilisé pour simuler l'écoulement de surface dans le bassin versant infé-rieur de Kariba. Le modèle intégré pluie-ruissellement HBV a été utilisé pour l'étalonnage et la valid-ation. Le modèle a donné des résultats satisfaisants au pas de temps mensuel. Le ruissellement moyen a été d'environ 12% du ruissellement annuel total enregistré à la sta-tion de jaugeage des chutes Victoria. Les résultats du modèle ont montré une bonne corré-lation avec les données observées donnant un coef-ficient de Nash Sutcliffe de 0,82, une corrélation de Pearson de 0,89 et un score de biais de 0,94 pour les flux de Sanyati, tandis que les flux de Gwayi donnaient respectivement 0,64, 0,87 et 0,98 pour les mêmes indica-teurs après étalonnage. Les résultats de la simulation obtenus à partir du modèle peuvent être utilisés dans de nombreuses activités de gestion des ressources en eau

Sustainable and Safe Dams Around the World – Tournier, Bennett & Bibeau (Eds)
© 2019 Canadian Dam Association, ISBN 978-0-367-33422-2

Sensitivity of Probable Maximum Flood estimates: Climate change, modelling, and adaptation

K. Sagan, K. Koenig & P. Slota
Manitoba Hydro, Winnipeg, Manitoba, Canada

T. Stadnyk
University of Manitoba, Winnipeg, Manitoba, Canada

ABSTRACT: Probable Maximum Flood (PMF) is a significant design and dam safety consideration for dams with extreme consequences of failure, and is commonly estimated using a hydrological model forced with extreme inputs. This paper discusses recent explorations of sensitivity of PMFs for the Lower Nelson River Basin (LNRB; northern Manitoba, Canada) in the context of climate change, longer hydrometric records, and more complex hydrological models. A 2013–2015 study by Natural Resources Canada developed projected changes to PMF inputs across multiple basins between 1971–2000 and 2041–2070 from an ensemble of fourteen Regional Climate Model (RCM) simulations. RCM projections for the LNRB were highly variable and translated into a wide range of future projected PMFs, with particular sensitivity to changes in initial snowpack. PMF estimates in the LNRB were later assessed for sensitivity to hydrological model choice. Existing models of the LNRB were resurrected (SSARR) or recalibrated (HEC-HMS, WATFLOOD) to simulate high flow conditions. Updated calibration periods had a greater impact on PMF than choice of hydrological model; however, different model routing schemes caused simulated PMFs to diverge near the basin outlet. Structural, operational, and regulatory adaptation options noted in the Natural Resources Canada study are also discussed.

RÉSUMÉ: La crue maximale probable (CMP) est importante à considérer pour la conception et la sécurité des barrages ayant des conséquences graves en cas de rupture et celle-ci est généralement estimée à l'aide d'un modèle hydrologique forcé par des apports extrêmes. Cet article traite de certaines récentes explorations sur la sensibilité des CMP du bassin Lower Nelson (LN; nord du Manitoba, Canada) dans un contexte de changement climatique, avec des séries hydrométriques plus longues et des modèles hydrologiques plus complexes. Une étude réalisée en 2013–2015 par Ressources naturelles Canada a simulé des CMP pour quelques bassins, à partir d'un ensemble de quatorze simulations de modèle régional du climat (MRC) pour les périodes 1971–2000 et 2041–2070. Les projections des MRC pour le bassin LN étaient très variables et se traduisaient par une vaste gamme de CMP future, avec une sensibilité particulière reliée au couvert de neige initial. Les estimations des CMP pour le bassin LN ont ensuite été évaluées en termes de sensibilité au choix du modèle hydrologique. Les modèles existants sur le bassin LN ont été ressuscités (SSARR) ou recalibrés (HEC-HMS, WATFLOOD) pour simuler des conditions de débits élevés. Les périodes d'étalonnage mises à jour ont eu un impact plus important sur la CMP que le choix du modèle hydrologique; cependant, les différents scénarios de laminage des modèles ont entraîné la divergence des CMP simulées près de l'exutoire du bassin. Les options d'adaptations structurelles, opérationnelles et réglementaires mentionnées dans l'étude de Ressources naturelles Canada sont également abordées.

Sustainable and Safe Dams Around the World – Tournier, Bennett & Bibeau (Eds)
© 2019 Canadian Dam Association, ISBN 978-0-367-33422-2

Risk assessment on Bribin underground dam, focusing on the effects of Cempaka tropical cyclone 2017, Indonesia

V. Ariyanti
INACOLD, Indonesia

E.A. Frebrianto
Serayu Opak River Basin Organization, Indonesia

ABSTRACT: The Bribin is Indonesia's first underground dam and located in Karst area of Gunungsewu. It was completed in 2010 and since then provided drinking water supply (45 l/sec) to provide DMI for Gunung Kidul Regency. The dam was built with semi-angular form concrete, 100m below the surface where an underground stream flows (1000 l/sec). Some known hydrogeology facts in this Karst region are the underground river systems of Bribin begin at Petung Surface River and disappeared into many sink-holes, before coming to Bribin Cave. With these preconditions, the tropical cyclone visited the Southern part of Java Island by the end of 2017. The precipitation within the three days incident reached more than 50mm/day causing sudden flooding in the underground streams. This condition influenced the discharge of Bribin stream and was reaching 60 m of water level, which at normal operation level is at 15m. The Bribin Dam platform was flooded for more than seven days, damaging the pumps and measuring instruments, even possibly deformed the dam structure. Using qualitative methods of observation and interviews, also quantitative methods for the hydrological inquiries, the paper aims to explain the conditions before, during, and after the cyclone, also the experience of the O&M team in the emergency response.

RÉSUMÉ: Bribin est le premier barrage souterrain d'Indonésie situé dans la région karstique de Gunungsewu. Il a été achevé en 2010 et depuis lors, il a fourni une alimentation en eau potable (45 l/s) pour fournir le DMI à la Régence de Gunung Kidul. Le barrage a été construit avec du béton semi-angulaire, à 100 m sous la surface où coule un ruisseau souterrain (1000 l/s). Certains systèmes hydrologiques connus dans cette région karstique, comme celui de Bribin, commencent à la rivière de surface de Petung et disparaissent dans de nombreux gouffres avant d'arriver à la grotte de Bribin. Le cyclone tropical a passé sur la partie sud de l'île de Java fin 2017. Les précipitations survenues au cours des trois jours qu'a duré l'évenement ont dépassé 50 mm par jour, provoquant une inondation soudaine des cours d'eau souterrains. Cette condition a influencé le déversement du ruisseau Bribin dont le niveau a atteint 60 m, pour un niveau normal à 15 m. La plate-forme du barrage de Bribin a été inondée pendant plus de sept jours, endommageant les pompes et les instruments de mesure, voire susceptible de déformer la structure du barrage. À l'aide de méthodes qualitatives d'observation et d'entretien, ainsi que de méthodes quantitatives pour les enquêtes hydrologiques, le document vise à expliquer les conditions avant, pendant, et après le cyclone, ainsi que l'expérience de l'équipe d'exploitation et de maintenance en matière d'intervention d'urgence.

Etude de régularisation du réservoir du barrage de Guitti

M. Kaboré & A. Nombré
Comité National des Barrages du Burkina, Ouagadougou, Burkina Faso

ABSTRACT: The Guitti Dam is located in the northern part of Burkina Faso, 50km from the city of Ouahigouya. It is an earth dam with a maximum height of 10m on the river bed and a storage capacity of 44 hm³. The main purpose of the dam is to supply drinking water to the city of Ouahigouya and surrounding villages. It is to verify whether the dam reservoir capacity is sufficient to ensure the supply of drinking water to Ouahigouya and the surrounding villages by 2030, taking into account other planned uses of water, with a sufficient guarantee. This paper will deal with the yield hydrology analysis to assess the water resource capability (or "yield"), through a simulation of the operation of the future reservoir to assess the level of satisfaction for the different needs that have been identified in the project.

RÉSUMÉ: Le barrage de Guitti est situé dans la partie Nord du Burkina à 50Km de la ville de Ouahigouya. C'est un barrage en terre avec une hauteur maximale de 10m sur le lit de la rivière et une capacité de stockage est de 44 hm³. Le barrage a pour vocation principale l'alimentation en eau potable de la ville de Ouahigouya et des villages environnant. Il s'agit de vérifier si la retenue telle que dimensionnée est suffisante pour assurer, l'approvisionnement en eau potable de Ouahigouya et des villages environnants à l'horizon 2030 en tenant compte des autres usages planifiés de l'eau avec une garantie suffisante. La communication va consister à une analyse et une simulation du fonctionnement de la future retenue pour évaluer le niveau de satisfaction des différents besoins qui ont été identifiés dans le cadre du projet.

Revisiting Creager flood peak-drainage area relationship using a Bayesian quantile regression approach

Jin-Guk Kim & Yong-Tak Kim
Department of Civil & Environmental Engineering, Sejong University, Seoul, South Korea

Young-Il Moon
Department of Civil Engineering, University of Seoul, Seoul, South Korea

Hyun-Han Kwon
Department of Civil & Environmental Engineering, Sejong University, Seoul, South Korea

ABSTRACT: Estimation of design floods is typically required for hydrologic design purpose. Design floods are routinely estimated for water resources planning, dam safety and risk analysis of the existing water-related structures. However, streamflow data for the design purposes in South Korea are still very limited, and additionally the length of streamflow data is relatively very short compared to the rainfall data. Therefore, this study collected a large number flood data (e.g. design flood, return period) and watershed characteristics (e.g. area and slope) from the national river database. Here, we revisited the Creager flood peak-drainage area relationship for the estimation of design flood using a quantile regression approach. More specifically, this study adopted a Hierarchical Bayesian model for evaluating both parameters and their uncertainties in the Creager model, which aims to evaluate the hydrologic response of ungauged basins in the context of regression framework. The proposed modeling framework was validated through gauged watersheds within a cross-validation scheme. The model showed better performance in terms of correlation coefficient than the existing approach which is solely based on area as a predictor under an ordinary regression approach. Moreover, the proposed approach can provide uncertainty associated with the model parameters to better characterize design floods at ungauged watersheds

RÉSUMÉ: L'estimation des crues de conception est une étape typique de la conception hydraulique. Les crues de conception sont fréquemment estimées pour la planification de ressources en eau, les études de sécurité de barrages ou les analyses de risques portant sur des structures hydrauliques. Les données de mesures de débits en Corée du Sud sont toutefois rares et la période d'enregistrement est généralement courte par rapports aux données de précipitations. Dans le cadre de la présente étude, un grand nombre de données portant sur les crues (crues de conception, périodes de retour, etc.) et les caractéristiques de bassins versants (superficie, pente, etc.) ont été tirées de la base de données nationale des rivières. Le modèle de Creager portant sur la relation entre le débit de pointe et la superficie du bassin versant a été revisité afin de permettre l'estimation de crues de conception en utilisant une approche de régression quantile. Plus spécifiquement, un modèle hiérarchique bayésien a été adopté afin d'évaluer les paramètres du modèle de Creager et leur incertitude. L'objectif de cette méthode est d'évaluer la réponse hydrologique de bassins non-jaugés en utilisant un cadre de régression. Le modèle proposé a été validé sur des bassins jaugés en appliquant un schéma de validation croisée. Le modèle a démontré des performances supérieures en termes de coefficient de corrélation à l'approche existante, qui est uniquement basée sur l'utilisation de la superficie du bassin versant comme unique variable sous une approche de régression standard. L'approche proposée permet de qualifier l'incertitude sur les paramètres du modèle afin de mieux caractériser les crues de conception estimées pour des bassins non jaugés.

Sustainable and Safe Dams Around the World – Tournier, Bennett & Bibeau (Eds)
© 2019 Canadian Dam Association, ISBN 978-0-367-33422-2

Identifying the role of temperature for extreme rainfalls and floods over South Korea

Sumiya Uranchimeg
Department of Civil & Environmental Engineering, Sejong University, Seoul, Korea

Woo-Sik Ban
Department of Dam & Watershed, K-WATER, Daejeon, Korea
uth Korea Department of Civil & Environmental Engineering, Sejong University, Seoul, Korea

Seung-Oh Lee
Department of Urban and Civil Engineering, Hongik University, Seoul, Korea

ABSTRACT: There is a consensus in the scientific community that the extreme precipitation intensity is increasing with anthropogenic climate change. However, it has been acknowledged that a reliable projection of future precipitation is still challenging issue since climate models have limitations in representing precipitation microphysics at local spatial and temporal scales. In this context, recent studies have focused on investigating the relationships between observed precipitation and temperature, i.e. scaling of precipitation with temperature, to evaluate the changes in precipitation under climate change. The physical theory behind the possible increase in the extreme precipitation is that the water holding capacity of the atmosphere increases in a warmer climate. Although the evidence of the increase of intensity and frequency of heavy precipitation is observed, the changes in discharge under the C-C theory is still uncertain. In this study, we explore floods-temperature relationship that are expected to be similar to that of precipitation-temperature. This study found that the scaling factor between streamflow and temperature is largely negative for a certain threshold while precipitation-temperature relationship is positive. Here, we will investigate changes in design rainfall and probable maximum rainfall (PMP) with a set of climate change scenarios derived from a CORDEX climate change experiments

RÉSUMÉ: La communauté scientifique s'accorde pour dire que l'intensité des précipitations extrêmes augmente avec les changements climatiques anthropiques. Toutefois, la fiabilité des prévisions de précipitations est une question complexe. En effet, les modèles climatiques possèdent des limites de représentation de la microphysique des précipitations à des échelles locales spatiales et temporelles. Dans ce contexte, des études récentes ont été consacrées à l'étude des relations entre les précipitations observées et la température, c'est-à-dire à l'établissement d'un facteur d'échelle entre la précipitation et la température, afin d'évaluer les variations de précipitations sous les effets du changement climatique. La théorie physique soutenant l'augmentation possible des précipitations extrêmes assume que la capacité de rétention d'eau de l'atmosphère augmente pour un climat plus chaud. Bien que des preuves de l'augmentation de l'intensité et de la fréquence des fortes précipitations soient observées, les impacts sur les changements de débits en vertu de la théorie des changements climatiques sont encore incertains. Dans cette étude, la relation entre les inondations et la température est revue, relation qui devrait être similaire à celle des précipitations et de la température. Cette étude a révélé que le facteur d'échelle entre le débit et la température est largement négatif pour un certain seuil alors que la relation précipitations-température est positive. Les changements dans les précipitations prévues et les précipitations maximales probables (PMP) seront étudiés à l'aide d'un ensemble de scénarios de modification du climat dérivés d'expériences CORDEX sur le changement climatique.

Sustainable and Safe Dams Around the World – Tournier, Bennett & Bibeau (Eds)
© 2019 Canadian Dam Association, ISBN 978-0-367-33422-2

Impact of climate change on the flow regime and operation of reservoirs – A case study of Bhakra and Pong dams

D.K. Sharma
Bhakra Beas Management Board, Chandigarh, India

ABSTRACT: Climate change is severely and more frequently impacting the Satluj and Beas river basins. These basins are experiencing high variability conditions such as longer periods with droughts as well as extreme rainfall events with temporal and spatial variation. Such variability ultimately leads to more frequent low flows in case of droughts and severe flooding in case of extreme rainfall. Meeting drinking and irrigation water needs, energy generation targets and flood control are becoming a challenge for the operation of reservoirs in these basins. Bhakra Beas Management Board (BBMB) operates and manages Bhakra Dam located on the Satluj River, a 225.55m high concrete gravity dam having gross storage of 9.621 billion cubic meter (BCM) and Pong Dam on the Beas River, 132.59 m high, earth core gravel shell dam having gross storage capacity of 8.57 BCM. During the 2018 water year, the Satluj River followed historical minimum to historical maximum daily inflows in a month. Climate variability leads to the lowest summer snowmelt runoff since 1967. On the other hand, extreme events of precipitation led to one of the highest runoff generated in the Satluj and Beas River catchments during these events. This volatility has put enormous pressure on reservoir regulation. Experiences of reservoir regulation, reduced water availability and releases, managing low as well as high water levels, forecasting of water inflows and rainfall, event analysis for the Bhakra and Pong dam reservoirs have been discussed in this paper.

RÉSUMÉ: Les changements climatiques exercent des impacts graves et plus fréquents sur les bassins fluviaux de Satluj et de Beas. Ces bassins connaissent des conditions de variabilité élevées telles que des périodes plus longues avec des sécheresses ainsi que des événements extrêmes de précipitations ayant des variations temporelles et spatiales. Cette variabilité conduit finalement aux débits plus bas plus fréquents en cas de sécheresse et aux graves inondations en cas de précipitations extrêmes. Pour satisfaire les besoins en eau potable et en eau d'irrigation, les objectifs de production d'énergie et de maîtrise des crues, il faut relever le défi de l'exploitation des réservoirs de ces bassins. Le conseil de gestion de Bhakra Beas (BBMB) exploite et gère le barrage de Bhakra situé sur la rivière Satluj, un barrage-poids en béton ayant une hauteur de 225,55 m, avec une capacité totale de la retenue brute de 9,621 milliards de mètres cubes (BCM) et le barrage de Pong sur la rivière Beas, un barrage massif à gravier en terre à noyau d'une hauteur de 132,59 m ayant une capacité totale de la retenue brute de 8,57 milliards de mètres cubes. Au cours de l'année hydrographique 2018, la rivière Satluj a suivi les débits journaliers minimaux et maximaux historiques par mois. La variabilité climatique conduit au plus faible ruissellement estival de fonte des neiges depuis 1967. D'autre part, les événements extrêmes de précipitations ont entraîné l'un des plus hauts ruissellements générés dans les bassins versants des rivières Satluj et Beas au cours de ces événements. Cette inconstance a exercé une pression énorme sur la régulation des réservoirs. Les expériences de régulation de réservoir, de disponibilité et de déversements d'eau, de gestion des niveaux d'eau bas et élevés, de prévision des entrées d'eau et des précipitations, et d'une analyse des événements pour les réservoirs des barrages de Bhakra et de Pong ont été abordées dans le document actuel.

Climate change and waterpower – Reducing the impacts and adapting to a new reality

C.R. Donnelly
Hatch Ltd., Niagara Falls, Canada

S. Bohrn
Hatch Ltd., Winnipeg Manitoba

S. McGeachie
Hatch Ltd., Mississauga, Ontario Canada

J. Groeneveld
Hatch Ltd., Calgary, Canada

ABSTRACT: Many researchers have concluded that waterpower, when viewed over its entire life-cycle is an effective form of renewable energy in terms of reducing carbon emissions. Therefore, development of the world's inventory of practicable waterpower sites represents one way to reduce the impacts and slow the progression of climate change. However, the new facilities need to be designed and operated in a way in which the safety and sustainability of the facilities in a changing climate is assured. In this paper, the role of waterpower to assist in achieving carbon reduction targets in conjunction with other renewable options is discussed. The paper also outlines climate change resiliency strategies that were considered and used in the design of the 698 MW Keeyask Generating station to help mitigate the risks associated with the changing realities of the dam and waterpower industries are detailed

RÉSUMÉ: De nombreux chercheurs ont conclu que l'énergie hydraulique, considérée tout au long de son cycle de vie, constituait une forme efficace d'énergie renouvelable en termes de réduction des émissions de carbone. Par conséquent, l'établissement de l'inventaire mondial des sites hydroélectriques aménageables représente un moyen de réduire les impacts et de ralentir la progression du changement climatique. Cependant, les nouvelles installations doivent être conçues et exploitées de manière à assurer la sécurité et la durabilité des installations dans un climat en mutation. Dans le présent document, le rôle de l'énergie hydraulique dans la réalisation des objectifs de réduction de carbone en conjonction avec d'autres options renouvelables est présenté. Le document décrit également les stratégies de résilience face aux changements climatiques qui ont été prises en compte et utilisées dans la conception de la centrale de Keeyask, d'une puissance de 698 MW, afin d'atténuer les risques liés à l'évolution de la réalité des barrages et de l'industrie hydroélectrique.

Australian experience with application of Monte Carlo approach to extreme flood estimation

D.A. Stephens, M.J. Scorah & P.I. Hill
Hydrology & Risk Consulting (HARC), Melbourne, Australia

R.J. Nathan
University of Melbourne, Melbourne, Australia

ABSTRACT: Stochastic (Monte Carlo) approaches to design flood estimation explicitly account for the natural temporal and spatial variability of hydroclimatic factors being modelled, and are thus well suited to deriving flood loadings for risk-based approaches to dam safety. In Australia, Monte Carlo approaches to flood estimation have been applied for dam safety applications from the early 2000s. This paper focuses on the application of a Monte Carlo framework for flood estimation as implemented in the RORB rainfall-runoff model. After an overview of the conceptual framework, a number of applications of varying complexity are presented, including those involving snowmelt, correlated reservoir drawdowns, gated spillway operation and large catchments. The paper demonstrates that the Monte Carlo framework is a practical and efficient approach for deriving unbiased estimates of floods.

RÉSUMÉ: Les approches stochastiques (Monte-Carlo) à l'estimation des crues permettent de représenter explicitement la variabilité temporelle et spatiale de plusieurs facteurs hydro-climatique modélisés. Ils sont donc bien adaptés à la détermination des risques de chargement par inondation pour évaluer la sécurité des barrages. En Australie, les approches Monte-Carlo à l'estimation des crues extrêmes ont été appliquées depuis le début des années 2000. Cet article met l'accent sur l'application d'un cadre de Monte-Carlo pour l'estimation des crues comme il est implémenté dans le modèle pluie-débit RORB. Après un aperçu du cadre conceptuel, un certain nombre d'applications plus ou moins complexes sont présentées, y compris celles concernant la fonte des neiges, l'abaissement de réservoir en corrélation, l'opération des vannes d'évacuation, et les bassins versants très grands. Cet article démontre que le cadre de Monte-Carlo est une approche pratique et efficace pour obtenir des estimations des crues non biaisées.

Theme 5 – TAILINGS

Design, construction, operation and closure for tailings dams;
recent advancements and best practice.

Thème 5 – BARRAGES DE RÉSIDUS MINIERS

Conception, construction, exploitation et fermeture des barrages de
stériles; avancées récentes et meilleures pratiques.

Sustainable and Safe Dams Around the World – Tournier, Bennett & Bibeau (Eds)
© 2019 Canadian Dam Association, ISBN 978-0-367-33422-2

Innovation in dams screening level risk assessment

F. Oboni & C. Oboni
Oboni Riskope Associates Inc., Vancouver, B.C., Canada

R. Morin
Richmond, Vancouver, B.C., Canada

ABSTRACT: Many actors need screening level reliability ranking tools for earth hydro-dams, dykes and tailings dams. UNEP and authoritative voices in the industry recommend evaluating residual risks and perpetual costs of waste storage facilities. Screening level evaluations must be refined enough to grasp complex realities, yet operable enough to avoid paralysis by analysis. Tools have to be efficient, affordable, accommodate extant data and readily adapt to new data. This paper details a subset of the ORE (Optimum Risk Estimates) quantitative risk assessment methodology covering those needs. ORE including the subset related to dams and dykes has been tested, published and subsequently taught. ORE can also incorporate Space Observation data to deliver historic background estimates, first estimates and regular updates of the probability of dam failure. This wide spectrum approach delivers a balanced view of the expected reliability and allows benchmarking for each dam with respect to the dams' world-wide portfolio (including recent failures). Furthermore, it allows for semi-automated regular updates of the risks. This paper describes the dams' application while referring to numerous prior publications and courses that form the theoretical backbone. Ample space is devoted to case histories and results with examples of radar and optical contributions to risk analysis.

RÉSUMÉ: De nombreux acteurs ont besoin d'outils pour évaluer et mesurer la fiabilité des barrages hydrauliques, des digues et des bassins de résidus. Le PNUE et des porte-paroles du secteur préconisent l'évaluation des risques résiduels et des coûts pérennes des installations de stockage des résidus. Il faut des outils suffisamment précis pour tenir compte des complexités sans toutefois paralyser le processus d'analyse. Ils doivent être efficaces, économiques et capables de traiter autant les données existantes que les nouvelles. Une composante de la méthodologie d'évaluation quantitative des risques ORE (Optimum Risk Estimates) répond à ces critères. Les principes de l'ORE et sa composante relative aux barrages ont été testés, publiés et enseignés. ORE utilise également des données d'observation satellitaire pour l'analyse historique, les évaluations initiales et l'actualisation régulière des probabilités de rupture. Cette approche élargie évalue de façon équilibrée la fiabilité attendue. Elle permet également des comparaisons de performances (y compris les cas de rupture récents) et des mises à jour semi-automatiques régulières des risques. Cet article présente l'application relative aux barrages et référence les publications et autres cours théoriques sur le sujet. Il propose de nombreuses études de cas et de résultats, ainsi que des exemples de l'utilité des radars et de l'observation satellitaire dans l'évaluation des risques.

Minimising the risk of tailings dams failures with remote sensing data

C. Goff, O. Gimeno, G. Petkovsek & M. Roca
HR Wallingford, Wallingford, UK

ABSTRACT: Failure rate of tailings dams worldwide has been estimated to be more than two orders of magnitude than that of conventional water retention dams. In countries with limited resources, it is challenging for the authorities to be able to effectively monitor these sites, especially when located in remote areas. We are developing a system, DAMSAT, for a more cost effective way of remotely monitoring tailings dams. We are measuring the displacement of the structures using a combination of Interferometric Synthetic Aperture Radar and Global Navigation Satellite System technologies combined with real-time in-situ devices. We also use Earth Observation optical data for monitoring pollution indicators. Data analysis and weather forecasting tools support the monitoring, allowing the issue of alerts for unusual behaviour or weather conditions that could lead to failure. The risks of tailings dams failures are also evaluated. We are working with mining companies, local governments and private stakeholders in Peru to test our approach on a number of sites. DAMSAT contributes to a sustainable management of tailings storage facilities, reducing the risk and the consequent damage to population and ecosystem services downstream, upon which many vulnerable communities rely for both their source of water and livelihoods.

RÉSUMÉ: Le taux de rupture des barrages de résidus miniers dans le monde a été estimé à deux fois plus grand que celui des barrages traditionnels de rétention d'eau. DAMSAT est un système que nous développons pour surveiller à distance les barrages de résidus à un coût moins onéreux. Nous mesurons le déplacement des structures en utilisant une combinaison de données INSAR(Interferometric Synthetic Aperture Radar) et des technologies de navigation par satellite (GNSS), s'appuyant sur des dispositifs d'auscultation in situ en temps réel. Nous utilisons également des données optiques d'observation de la Terre pour surveiller les indicateurs de pollution. Les outils d'analyse des données et de prévisions météorologiques facilitent la surveillance, ce qui permet d'émettre des alertes en cas de comportement inhabituel ou de conditions météorologiques susceptibles d'entraîner une rupture. Le risque de rupture des barrages de résidus est également évalué. Nous travaillons avec des sociétés minières, des gouvernements locaux et des partenaires privés au Pérou pour tester notre approche. DAMSAT contribue à une gestion durable des barrages et du dépôt de résidus, réduisant ainsi les risques et les dommages potentiels pour la population et les services écosystémiques en aval, sur lesquels de nombreuses communautés vulnérables dépendent pour leur source d'eau et leurs moyens de subsistance.

Sustainable and Safe Dams Around the World – Tournier, Bennett & Bibeau (Eds)
© 2019 Canadian Dam Association, ISBN 978-0-367-33422-2

Drainage and consolidation of mine tailings near waste rock inclusions

F. Saleh-Mbemba & M. Aubertin
Polytechnique Montréal, Québec, Canada

G. Boudrias
Golder Associés, Montréal, Québec, Canada

ABSTRACT: Disposal of hard rock mine tailings raises various issues related in part to the generation of excess pore water pressure, slow consolidation, and associated geotechnical risks for the retaining dikes. Investigations conducted in recent years have shown that waste rock inclusions placed within the tailings impoundment, prior to and during tailings deposition, can significantly improve the geotechnical response and stability of retaining dikes. A major research project is underway in Québec, Canada, to assess the response of tailings impoundments with waste rock inclusions. Key results from this project are presented here, including a summary of the geotechnical properties of tailings and waste rock, a new analytical solution for the consolidation of tailings in the presence of waste rock inclusions, and numerical modelling calculations simulating the response of tailings near a drainage inclusion. The results shown here illustrate some of the beneficial effects of waste rock inclusions, which can improve the stability of tailings dikes and the overall response of impoundments.

RÉSUMÉ: La déposition des résidus de mines en roche dure pose divers problèmes liés en partie à la génération des surpressions interstitielles, à une consolidation lente et aux risques géotechniques associés pour les digues de rétention. Des études menées ces dernières années ont montré que les inclusions de roches stériles placées à l'intérieur du parc à résidus, avant et pendant la déposition des résidus, peuvent améliorer de manière significative la réponse géotechnique et la stabilité des digues de retenue. Un important projet de recherche est actuellement en cours au Québec, Canada, afin d'évaluer la réponse globale des parcs à résidus comportant des inclusions de roches stériles. Quelques résultats clés de ce projet seront présentés ici, incluant notamment une synthèse des propriétés géotechniques des rejets miniers, une nouvelle solution analytique adaptée à la consolidation des résidus en présence d'inclusions de roches stériles, et des modélisations numériques simulant la réponse des résidus près d'une inclusion drainante. Les résultats illustrent certains des effets bénéfiques des inclusions de roches stériles, qui peuvent aider à améliorer la stabilité des digues et la réponse globale des parcs à résidus.

Tailings dam operator training – 10 years on

D.M. Brett
GHD Pty Ltd, Hobart, Australia

M. Rankin
Water Training Australia, Torrumbarry, Australia

ABSTRACT: GHD and Water Training Australia (WTA) developed a training course for managers and operators of tailings dams, based on a unit of an Australian Vocational Education and Training (VET) course in Water Operations, over 10 years ago. Since that time, in excess of 1000 mining personnel in Australia have achieved an accredited qualification, currently NWPSOU025 "Inspect and Report on Embankment Dams", although the training covers far more than the VET course requirement. The GHD/WTA training includes many aspects of tailings dam safety, intended to assist mine site management and their operators, understand the background of historic tailings dam failures and understand potential failure modes and visual/monitoring triggers of their dams. The training includes evaluation of the consequences of tailings dam failure at the individual sites, the need for proper surveillance measures, instrumentation and monitoring and implementation of an emergency response plan. This paper describes the scope and history of the training course and discusses the response from site operators showing that training, possibly more than any technical development can reduce the risk of dam failures and lead to a sustainable future for mining.

RÉSUMÉ: GHD et Water Training Australia (WTA) ont mis au point un cours de formation destiné aux gestionnaires et aux exploitants de digues à résidus, fondé sur une unité d'un cours Australian Vocational Education and Training (VET) sur les opérations de l'eau, il y a plus de 10 ans. Depuis lors, plus de 1 000 membres du personnel minier australien ont obtenu une qualification accréditée s'intitulant à l'heure actuelle NWPSOU025 «Inspection et rapport sur les barrages de digues». Cette formation couvre bien plus que l'exigence du cours d'EFP. La formation GHD/WTA englobe de nombreux aspects de la sécurité des digues de retenue des déchets, destinée à aider la direction du site minier et ses exploitants, à comprendre le contexte des défaillances historiques des digues à résidus et à comprendre les modes de défaillance potentiels et les déclencheurs visuels/de surveillance de leurs digues. La formation comprend l'évaluation des conséquences de la défaillance d'une digue à résidus sur les sites individuels, la nécessité de mesures de surveillance appropriées, l'instrumentation, le suivi et la mise en œuvre d'un plan d'intervention d'urgence. Ce document décrit la portée et l'historique du cours de formation et discute de la réponse des opérateurs de site montrant que la formation, peut-être plus que tout développement technique, peut réduire le risque de défaillance de barrage et conduire à un avenir durable.

Sustainable and Safe Dams Around the World – Tournier, Bennett & Bibeau (Eds)
© 2019 Canadian Dam Association, ISBN 978-0-367-33422-2

Safeguard embankment dam safety

R.C. Lo
Klohn Crippen Berger

ABSTRACT: Unlike concrete dams, embankment dams are less demanding in their foundation requirements. Thus, with careful design and construction control, embankment dams can be founded on a variety of soil and rock sites. On the other hand, due to diverse geological origins of the foundation, it is important to anticipate and identify correctly potential problems associated with this type of dam including its foundation. Embankment dams are vulnerable to the overtopping mode of failure. Once overtopped, an embankment dam is often doomed to be down cut by the erosion of released water, resulting in dam breach and downstream flooding in rapid succession. Embankment dams are used to retain water, mine tailings and other materials in liquid and/or solid phase. Release of retained materials in case of dam incident or breach could subject the downstream area to environmental pollution in addition to flood inundation.

This paper provides an overview of embankment dams, including tailings dams, and an overview of key natural and human hazards and factors that pose threat to this type of dam. The paper then reviews incidents and failures of embankment dams, the failure impacts and emergency response measures. Two recent cases of dam failure and incident are used to illustrate how these threats are continually frustrating our effort in managing dam safety in the 21st century. This paper concludes with some thoughts that might help us transform recent set backs to a compelling driving force to reduce the frequency and severity of future dam incidents.

RÉSUMÉ: Contrairement aux barrages en béton, les barrages en remblai sont moins exigeants en ce qui concerne les fondations. Ainsi, avec un contrôle minutieux de la conception et de la construction, des barrages de remblai peuvent être construits sur des sites caractérisés par une variété de sols et de socles rocheux. D'autre part, en raison de la diversité des origines géologiques des fondations, il est important d'anticiper et de découvrir adéquatement les problèmes potentiels associés à ce type de barrage, y compris ses fondations. Les barrages de remblai sont vulnérables au mode de rupture par surverse. Une fois que l'eau franchit sa crête, un barrage en remblai est souvent condamné à subir une brèche par l'érosion des eaux libérées, ce qui entraîne une rupture du barrage et des inondations en aval, le tout en succession rapide. Les barrages en remblai sont utilisés pour retenir de l'eau, des résidus miniers et d'autres matériaux en phase liquide ou solide. En cas d'incident ou de rupture du barrage, la libération des matières retenues pourrait exposer la zone en aval à la pollution de son environnement en plus des inondations. Cet article donnera un aperçu des principaux risques naturels et humains qui menacent la sécurité des barrages en remblai. Des cas choisis d'incidents et de ruptures de barrage serviront à illustrer la manière dont ces menaces sont étroitement liées aux particularités des barrages en remblai ainsi qu'à comprendre comment s'en protéger.

Sustainable and Safe Dams Around the World – Tournier, Bennett & Bibeau (Eds)
© 2019 Canadian Dam Association, ISBN 978-0-367-33422-2

Reducing the long term risk and enhancing the closure of tailings impoundments

A. Adams & C. Hall
Knight Piésold Ltd., North Bay, Ontario, Canada

K. Brouwer
Knight Piésold Ltd., Vancouver, British Columbia, Canada

ABSTRACT: Tailings impoundments typically provide long-term storage for saturated, semi-fluid fine grained materials. Closure of these tailings impoundments represents an ongoing priority and challenge for owners and professionals due to the potential for the impounded tailings to fluidize and flow in the event of a dam failure. This paper provides a case study for the decommissioned Nye Tailings Impoundment at the Stillwater Mine. The closure plan includes capping the loose, saturated tailings with a thick waste rock layer to stabilize the impounded tailings, mitigate potential dusting and provide for water management. Following closure, a Waste Rock Storage Area (WRSA) can be developed on top of the tailings impoundment as part of the final closure cap. This approach would provide for additional waste rock storage within the existing mine disturbance area, thus minimizing the need for additional site disturbance. At the same time, the progressive and controlled placement of waste rock over the capped tailings would enhance the stability of the tailings by promoting additional consolidation induced dewatering and densification. This would reduce the flowability of the tailings, thus reducing the potential consequences of a post-closure dam failure event.

RÉSUMÉ: Les parcs de résidus permettent un stockage à long terme pour les matériaux à grain fin saturés et semi-fluides. La possibilité que les résidus enfermés se fluidifient et s'écoulent en cas de brèche du barrage représente une priorité continue et un défi pour les propriétaires et les professionnels pour la fermeture de ces parcs à résidus. Ce document fournit une étude de cas pour la fermeture du parc de résidus de Nye à la mine Stillwater. Le plan de la fermeture comprend le recouvrement des résidus saturés et meubles avec une couche épaisse des roches stériles afin de stabiliser les résidus retenus, d'atténuer la formation de poussière, et de gérer l'eau. Après la fermeture, une zone de stockage de stériles peut être aménagée au-dessus du bassin de retenue des résidus dans le cadre de la couche de fermeture définitive. Cette amélioration permettrait un stockage supplémentaire de stériles dans l'aire de perturbation actuelle des opérations minières, minimisant ainsi le besoin de perturbations supplémentaires du site. En même temps, la mise en place progressive et contrôlée des stériles renforcerait la stabilité des résidus en favorisant la densification et le dénoyage par la consolidation. Cela réduira la fluidité des résidus, réduisant ainsi les conséquences potentielles d'un événement de brèche de barrage après la fermeture.

Sustainable and Safe Dams Around the World – Tournier, Bennett & Bibeau (Eds)
© 2019 Canadian Dam Association, ISBN 978-0-367-33422-2

Design and operating challenges at a TSF in a high altitude, desert setting in China

B.P. Wrench
Golder Consulting Limited, Beijing, China

F.W. Gassner
Golder Associates Pty Ltd, Melbourne, Australia

M. Platts
Mining Professional, Melbourne, Australia

ABSTRACT: This paper describes the design and operation of a tailings storage facility (TSF) at a gold mine in the Gobi Desert in north-western China. The mine is at a high elevation and is subject to very low rainfall, extremes in temperature and high winds. The site is in an area of high environmental significance and importance to the local community. The TSF's were designed to minimize discharge and hence were lined with a composite geosynthetic liner system. Operational challenges associated with the TSF included the water balance being in deficit in the winter and in surplus in spring, management of potential wind uplift of the liner and damage to exposed geomembrane liner during extremely low temperatures in winter.

RÉSUMÉ: Cet article décrit la conception et l'exploitation d'une installation de stockage des résidus miniers (TSF) dans une mine d'or dans le désert de Gobi, située dans le nord-ouest de la Chine. La mine est localisée à une altitude élevée et est sujette à de très faibles précipitations, à des températures extrêmes et à des vents violents. Le site est situé dans une zone de grande importance environnementale et d'importance pour la communauté locale. Les barrages TSF ont été conçus comme des stockages à décharge zéro et sont doublés d'un revêtement géosynthétique composite. Les défis opérationnels ont été associés au bilan hydrique du TSF déficitaire en hiver et excédentaire au printemps, à la gestion du soulèvement potentielle du liner par le vent ainsi qu' aux dommages causés à la géomembrane exposée à des températures extrêmement basses en hiver.

Sustainable and Safe Dams Around the World – Tournier, Bennett & Bibeau (Eds)
© 2019 Canadian Dam Association, ISBN 978-0-367-33422-2

Static liquefaction analysis of the Fundão dam failure

G.A. Riveros & A. Sadrekarimi
Department of Civil and Environmental Engineering at Western University, London, Canada

ABSTRACT: On November 5, 2015, roughly 32 million m^3 of iron mine tailings were accidentally released in the collapse of Fundão dam in Minas Gerais, Brazil. Totaling about 61% of the impoundment's contents, the spilled tailings buried the town of Bento Rodrigues, claiming the lives of nineteen villagers, and causing major environmental concerns. This study presents a comprehensive static liquefaction triggering analysis performed on the failing section of the dam prior to its collapse, with the goal to determine its susceptibility to liquefaction under its ultimate loading condition. The method of analysis implemented accounts for variations in mode of shear and anisotropic consolidation along the failure surface normally encountered in the field. The instability line and flow liquefaction concepts are used in conjunction with in-situ test data to estimate liquefaction triggering and post-liquefaction undrained shear strengths for loose saturated tailings in the dam's section. These are subsequently applied in iterative limit equilibrium analyses (LEA) to obtain the factors of safety for liquefaction triggering and flow failure. After convergence in this process, the failing dam's section was found to be susceptible to static liquefaction with factor of safety equal to 0.56.

RÉSUMÉ: Le 5 novembre 2015, environ 32 millions de m^3 de résidus miniers de fer ont été accidentellement relâchés accidentellement lors de l'effondrement du barrage Fundão à Minas Gerais, au Brésil. Totalisant 61% du contenu retenue, les résidus déversés ont enseveli la ville de Bento Rodrigues, provoquant 19 morts et des inquiétudes environnementales majeures. Cette étude présente une analyse exhaustive du déclenchement de la liquéfaction statique sur une section du pilier gauche du barrage de Fundão avant l'échec afin de déterminer sa susceptibilité à la liquéfaction et à la perte de résistance non drainée dans son état de chargement ultime. La méthode d'analyse mise en œuvre considère les variations de mode de cisaillement et de consolidation anisotrope le long de la surface de défaillance rencontrée normalement sur le terrain. Le concept de ligne d'instabilité (IL) dans la liquéfaction en flux est utilisé conjointement avec les données d'essai in-situ pour estimer les résistances au cisaillement non drainées déclenchant la liquéfaction et post-liquéfaction des résidus lâches et saturés dans la section du barrage. Celles-ci sont ensuite appliquées dans les analyses d'équilibre limite itératives (LEA) pour obtenir les facteurs de sécurité pour le déclenchement de la liquéfaction et les défaillances d'écoulement. Après convergence dans ce processus, il s'est avéré que la section du barrage défaillant était sensible à la liquéfaction statique avec un facteur de sécurité égal à 0.56.

Risk mitigation by conceptual design of a tandem of tailings dams

D. Stematiu & R. Sarghiuta
Technical University of Civil Engineering Bucharest, Romania

ABSTRACT: The Certej project is located within the Apuseni and Metaliferi mountains of Romania. The processing of the Certej ore deposit will be undertaken in two stages: ore flotation, producing gold concentrate and flotation tailings and oxygen leaching followed by CIL leaching of oxidized concentrate and gold and silver recovery. The products resulted are ore alloy and cyanidation tailings. The two types of tailings will be stored in two separate Tailings Management Facilities. The Flotation TMF with a required capacity of 27 million cubic meters will lead to a final dam height of 160 m. The CIL TMF with a required capacity of 8.5 million cubic meters will lead to a final dam height of 95 m. In order to mitigate the consequences of a quite improbable incident the two TMFs are to be built on the same valley, CIL TMF upstream. The downstream Flotation TMF is enclosed in its upstream tail by an additional rockfill dam. By this disposition planning the more hazardous CIL tailings escape will be arrested in the storage provided by the tailings dam of Flotation TMF and if this one will be overtopped the CIL tailings will be retained by specially provided storage in the Flotation TMF.

RÉSUMÉ: Le projet Certej est situé dans les montagnes Apuseni et Metaliferi en Roumanie. Le traite-ment du gisement de minerai de Certej se déroulera en deux étapes : le traitement par flottation du minerai, la production du concentré d'or et des résidus de flottation et la lixiviation à l'oxygène, suivies de la lixiviation au CIL du concentré oxydé et de la récupération de l'or et de l'argent. Les produits obtenus sont des résidus en alliage doré et des résidus cyanurés (résidus CIL). Les deux types de résidus seront stockés dans deux installation de gestion des résidus (TMF) séparées. Le TMF Flottation, d'une capacité requise de 27 millions de mètres cubes, conduira à une hauteur finale du barrage de 160 m. Le CIL TMF, d'une capacité requise de 8,5 millions de mètres cubes, conduira à une hauteur finale du barrage de 95 m. Afin d'atténuer les conséquences d'un incident assez improbable, les deux TMF doi-vent être construits sur la même vallée, CIL TMF en amont. Le TMF Flottation aval est enfermé dans sa queue en amont par un autre barrage en enrochement. Grâce à cette disposition, les résidus de déchets CIL les plus dangereux seront arrêtés dans le stockage fournie par le barrage de stérile de Flot-tation TMF et, si celle-ci est dépassée, les résidus de CIL seront retenus dans le stockage spécialement prévu dans la Flottation TMF.

Sustainable and Safe Dams Around the World – Tournier, Bennett & Bibeau (Eds)
© 2019 Canadian Dam Association, ISBN 978-0-367-33422-2

Application status and development trend of tailings pond on-line monitoring system in China

X. Liu, H. Zhou & J. Su
Beijing General Research Institute of Mining and Metallurgy Technology Group, Beijing, China

ABSTRACT: This paper introduces the development processes and application status of tailings pond on-line monitoring system in China then summarizes its characteristics and existing problems. (1)Under the requirements of national and industrial technical codes, most tailings ponds above grade three have completed the construction of on-line monitoring system. (2)The on-line monitoring system of some tailings ponds has high failure rate, poor operation stability and weak operation and maintenance ability. Besides, the stability and ability to resist extreme weather conditions of the on-line monitoring system need to be improved, some tailings ponds still need assistance from manual monitoring. (3)Early warning indexes and parameters of tailings pond are less studied and still in exploratory stage. (4)Introducing advanced technology to improve the stability of the system operation, using network technology to develop multisystem remote monitoring platform are development direction of on-line monitoring of tailings ponds. Taking a certain tailings pond as an example, the engineering application effect of on-line monitoring system is introduced in this paper.

RÉSUMÉ: Cet article présente le processus de développement et l'état de l'implantation du système de suivi en ligne des bassins de résidus en Chine. De plus, l'article résume les caractéristiques et les problèmes existants: (1) Selon les exigences des codes techniques nationaux et industriels, la plupart des bassins de résidus au-dessus de la catégorie trois ont achevé la mise en place d'un système de suivi en ligne. (2) le système de suivi en ligne de certains bassins de résidus comporte un taux d'échec élevé, une mauvaise stabilité de fonctionnement et une faiblesse dans la capacité d'exploitation et d'entretien. En outre, la stabilité et la capacité à résister à des conditions météorologiques extrêmes du système de suivi en ligne devrait être améliorée et certains bassins de résidus ont encore besoin de l'aide de suivis manuels. (3) le système d'alertes précoces des indices et des paramètres des bassins de résidus est moins étudié et toujours en phase exploratoire. (4) l'introduction de technologies avancées pour améliorer la stabilité du système d'exploitation, au moyen de la technologie réseau de télésurveillance constitue un axe de développement pour la surveillance en ligne de bassins de résidus. En prenant une étude de cas, l'effet du système d'ingénierie pour le suivi en ligne est présenté dans cet article.

Research and development of real-time monitoring systems for mine tailings dams

L. Charlebois
National Research Council Canada, Ottawa, Canada

S. Hui & C. Sun
National Research Council Canada, Vancouver, Canada

ABSTRACT: The paper outlines the current state of practice in mine tailings dam monitoring and provides a summary of the current technical and operational gaps identified through industry and stakeholder engagement. These gaps may be addressed with currently available technologies supplied by commercial instrumentation manufacturers; however, the assumed costs and lack of regulatory demand may serve as barriers to adoption. An integrated approach and diverse suite of technologies is needed to address issues of dam stability, worker and public safety, and environmental protection. Sensor applications and limitations are described and design requirements are proposed for an integrated, real-time monitoring system. The use of distributed optic fibre sensors is being explored by the National Research Council Canada (NRC) as a potential solution to allow real-time, distributed monitoring of dam performance. Reliability testing of these sensors is ongoing. The need for industry and regulator participation in the development of comprehensive, integrated monitoring systems is emphasized.

RÉSUMÉ: Dans cet article, l'état actuel des pratiques en matière de surveillance des barrages de résidus miniers y est décrit et un résumé des lacunes techniques et opérationnelles cernées grâce à la mobilisation de l'industrie et des intervenants y est présenté. Ces lacunes peuvent être comblées par les technologies disponibles fournies par les fabricants d'instruments commerciaux; toutefois, les coûts et l'absence d'exigences réglementaires peuvent nuire à leur adoption. Une approche intégrée et un ensemble diversifié de technologies s'avèrent donc nécessaires pour régler les problèmes liés à la stabilité des barrages, à la sécurité des travailleurs et du public, ainsi qu'à la protection de l'environnement. Les applications et les limites des capteurs y sont décrites et des exigences de conception sont proposées pour un système de surveillance intégré en temps réel. Le Conseil national de recherches du Canada (CNRC) étudie actuellement l'utilisation de capteurs à fibres optiques distribuées comme solution possible pour permettre une surveillance en temps réel et répartie du rendement des barrages. Les tests de fiabilité de ces capteurs sont en cours. La nécessité pour l'industrie et les organismes de réglementation de participer à la mise au point de systèmes de surveillance intégrés et complets y est également soulignée.

Sustainable and Safe Dams Around the World – Tournier, Bennett & Bibeau (Eds)
© 2019 Canadian Dam Association, ISBN 978-0-367-33422-2

Enhancement of contractive tailings using deep soil mixing technique at Kittilä mine

E. Masengo, M.R. Julien, P. Lavoie & T. Lépine
Agnico Eagle Mines Limited, Toronto, Ontario, Canada

J. Nousiainen, J. Saukkoriipi, M. Piekkari & J. Karvo
Agnico Eagle Finland Oy, Kiistala, Finland

ABSTRACT: Kittilä mine is a gold mine operated by Agnico Eagle Finland Oy and is located in the Lapland region of northern Finland, approximately 150 km north of the Arctic Circle. Approximately 4,500 tonnes of ore/day are fed to the processing plant. Kittilä TSF NP3 has an area of approximately 70 ha and the tailings are currently deposited using spigotting from perimeter embankments. Kittilä TSF NP3 has been raised several times from elevation 232m to 244 m and a final lift to elevation 246.5m is planned before its closure. As already known, construction on contractive saturated tailings can be challenging; therefore, it is very important to assess carefully all risks associated with this type of raising. In order to minimize some perceived risks at this site, the Deep Soil Mixing method was used to improve the strength of the tailings. This paper presents the design methodology and the results of this innovative technique approach used to improve the stability of the upstream construction raise on saturated contractive tailings. In order to assess the improved strength parameters, a geotechnical investigation program, including CPTu and Field Vane Tests, was carried out in the DSM columns and in the tailings between the DSM columns.

RÉSUMÉ: La mine Kittilä est une mine opérée par Agnico Eagle Finland Oy et qui est située en Laponie dans le nord de la Finlande à environ 150 km au nord du cercle arctique. Environ 4 500 tonnes de minerai sont traitées quotidiennement à l'usine. Le parc à résidus couvre une superficie d'environ 70 ha et les résidus sont déposés par spigottage à partir de digues périphériques. Le parc a été déjà rehaussé dans le passé, passant de l'élévation initiale de 232 m à l'élévation actuelle de 244 et un dernier rehaussement est prévu à l'élévation finale de 246.5 m avant sa fermeture. La construction sur des résidus saturés contractants peut présenter des défis techniques; il est donc important d'évaluer les risques associés à ce type de construction avant d'en faire usage. Afin de minimiser certains risques associés à ce type de rehaussement au parc de Kittilä, la méthode «Deep Soil Mixing» a été utilisée pour améliorer la résistance des résidus. Cet article présente la méthodologie de conception et les résultats de cette approche technique innovante utilisée pour améliorer la stabilité des rehaussements amont sur des résidus contractants. Afin d'évaluer l'amélioration de la résistance, une investigation géotechnique incluant des CPTus et des essais au scissomètre de chantier ont été effectués dans les colonnes et dans les résidus entre les colonnes.

Sustainable and Safe Dams Around the World – Tournier, Bennett & Bibeau (Eds)
© 2019 Canadian Dam Association, ISBN 978-0-367-33422-2

Application of simplified/empirical framework to estimate runout from tailings dam failures

M. De Stefano, G. Nadarajah & D. Bleiker
Wood Division of Environment and Infrastructure, Mississauga, ON, Canada

ABSTRACT: The Hazard Potential Classification (HPC) or Consequence Classification of tailings dams is typically defined by assessing incremental effects of a failure scenario on loss of life, infrastructure, environmental and cultural values, and populations at risk. These incremental effects of a tailings dam break are generally determined through a qualitative assessment or extensive 2-D modelling, representing the extreme limits of the spectrum of analysis. Despite the availability of simplified/ empirical dam break assessment methods they are not routinely employed in general practice. The simplified/empirical methods proposed by Jeyapalan, J.K., et al (1983), Vick, S.G., et al (1991), Rico, M., et al. (2008) and Fontaine, D., and Martin, V. (2015) are summarized based on methodology, input parameters, and assumptions while critiquing the implicit limitations of each. Tailings runout distances of select case-histories are hindcasted using these methods and the accuracy and relevancy to historical records are quantified. A general framework is proposed within to identify simplified/empirical method(s) appropriate to forecast tailings runout for potential failure scenarios and is recommended to serve as an intermediate analysis tool to support the HPC or Consequence Classification of tailings dams.

RÉSUMÉ: La classification du potentiel de risque de rupture (CPRR) des barrages de résidus miniers est généralement définie en évaluant les pertes en vies humaines, les conséquences sur les infrastructures, les valeurs environnementales et culturelles et les populations à risque. L'augmentation des risques de rupture d'une digue de retenue est déterminée par une évaluation qualitative ou une modélisation 2D approfondie, considérant des limites extrêmes. Malgré la disponibilité de méthodes d'évaluation simplifiées/empiriques des ruptures de barrage, elles ne sont pas couramment utilisées en pratique générale. Les méthodes proposées par Jeyapalan, J.K., et al (1983), Vick, S.G., et al (1991), Rico, M. et al. (2008) et Fontaine, D. et Martin, V. (2015) sont résumées selon la méthodologie, les données et hypothèses utilisées, tout en identifiant les limites implicites de chacune. Les distances d'écoulement des résidus et volumes sortants seront prévus à l'aide de ces méthodes et comparés à des études de cas, et la précision et la pertinence des enregistrements historiques seront quantifiées. Un cadre général est proposé pour identifier les méthodes permettant de prévoir l'écoulement des résidus pour tout scénario de défaillance potentiel. Il est recommandé de l'utiliser comme outil d'analyse intermédiaire pour soutenir la CPRR des barrages miniers.

Sustainable and Safe Dams Around the World – Tournier, Bennett & Bibeau (Eds)
© 2019 Canadian Dam Association, ISBN 978-0-367-33422-2

Development of a preliminary risk assessment tool for a portfolio of TSFs with limited and uncollated data

R. Singh & J. Herza
GHD Pty Ltd, Perth, Australia

ABSTRACT: As risk assessment methods have developed and become more understood, organisations involved with operating and maintaining tailings storage facilities (TSFs) have become more open to managing their TSFs based on a risk profiles of their portfolio rather than fallback methods. The risk profiles of the TSFs can be compared to tolerable limits defined by the risk appetite of the organisation as well as recommendations from guidelines and standards to determine where the organisations should can efficiently direct their capital into required studies or remedial works. The ultimate aim is to then bring the risk profile of individual TSFs and ultimately their portfolioof TSFs to within tolerable limits. The issue of developing a risk profile emerges where organisations have limited or uncollated information for a large portfolio of dams. Often the overwhelming number of failure mechanisms and the characteristics of TSFs leading to these failure mechanisms eventuating mean that owners of TSFs are unable to properly ascertain the risks presented by the TSFs without carrying out detailed and expensive studies. This paper presents the development of a comparative risk assessment tool for a portfolio of TSFs with limited and uncollated data to provide an initial comparative risk profile for each TSF. The tool was based on the development of a TSF characteristic database, which was then distilled into indicators of the failure probability, which were then integrated to produce a high-level risk profile for each TSF and the entire TSF portfolio.

RÉSUMÉ: À mesure que les méthodes d'évaluation des risques se sont développées et sont mieux comprises, les organisations impliquées dans l'exploitation et la maintenance des installations de barrages des résidus miniers (BRM) sont devenues plus ouvertes à la gestion de leurs installations de stockage des résidus en fonction des profils de risque de leur portefeuille plutôt que des méthodes de repli. Les profils de risque des BRM peuvent être comparés aux limites tolérables définies par l'appétit pour le risque de l'organisation, ainsi qu'aux recommandations figurant dans des directives et des normes afin de déterminer les cas où les organisations devraient pouvoir diriger efficacement leur capital aux études ou travaux correctifs requis. Le but final est ensuite d'amener le profil de risque de chaque BRM et finalement son portefeuille de BRM dans des limites tolérables. La question de la création d'un profil de risque se pose la ou les organisations disposent des informations limitées ou non rassemblées sur un vaste portefeuille de barrages. Souvent, le nombre accablant de mécanismes de défaillance ainsi que les caractéristiques des BRM entraînant la disparition de ces mécanismes signifient que les propriétaires de BRM ne sont pas en mesure de déterminer correctement les risques présentés par les BRM sans effectuer d'études détaillées et coûteuses.

Ce document présente le développement d'un outil d'évaluation des risques comparatif pour un portefeuille de BRM avec des données limitées et non collectées afin d'assurer un profil de risque comparatif initial pour chaque BRM. L'outil est basé sur le développement d'une base de données de caractéristiques de BRM, qui a ensuite été distillée en indicateurs de probabilité de défaillance, qui ont été ensuite intégrés pour produire un profil de risque de haut niveau pour chaque SRM ainsi que l'ensemble du portefeuille de BRM.

Sustainable and Safe Dams Around the World – Tournier, Bennett & Bibeau (Eds)
© 2019 Canadian Dam Association, ISBN 978-0-367-33422-2

Tailings dams in Romania

A. Abdulamit & M. Grozea
Romanian National Committeee on Large Dams

ABSTRACT: Romania, through its natural resources, has developed a sector of the extractive industry with an important share in the national economy. After 1990, the new direction of development of the Romanian society has also put its mark on the extractive industries sector, especially the mining industry. Thus, through various normative acts, it has been approved the final closure of approx. 550 mines/quarries as well as the conservation, closure and ecological reconstruction of the areas affected by mining activities. The carrying out of these activities involves a huge financial effort, the necessary funds being allocated from the state budget as well as from external sources. The problems encountered in the implementation of the closure programs in the start-up period (1998-2007) made it imperative to elaborate the strategy of the ecological reconstruction process of the sites affected by the mining activities, establishing the main short-term priorities, measures and means, medium and long-term objectives.

The paper makes a presentation of the situation of the mining tailings dams and ponds in the context of the implementation of various programs for closure and ecological reconstruction of mining perimeters in Romania.

RÉSUMÉ: La Roumanie, à travers ses ressources naturelles, a développé un secteur de l'industrie extractive avec une part importante dans l'économie nationale. Après 1990, la nouvelle direction du développement de la société roumaine a également marqué le secteur des industries extractives, en particulier le secteur minier. Ainsi, par divers actes normatifs, il a été approuvé la fermeture définitive d'environ 550 mines/carrières ainsi que la conservation, la fermeture et la reconstruction écologique des zones touchées par les activités minières. La réalisation de ces activités implique un effort financier considérable, les fonds nécessaires étant alloués à partir du budget de l'État et de sources externes. Les problèmes rencontrés lors de la mise en œuvre des programmes de fermeture au cours de la période de démarrage (1998-2007) ont rendu impérative l'élaboration de la stratégie du processus de reconstruction écologique des sites affectés par les activités minières, en définissant les principales priorités à court terme, mesures et moyens, objectifs à moyen et long terme.

Le document présente la situation des digues de retenue des mines et des étangs dans le cadre de la mise en œuvre de divers programmes de fermeture et de reconstruction écologique des périmètres miniers en Roumanie.

Sustainable and Safe Dams Around the World – Tournier, Bennett & Bibeau (Eds)
© 2019 Canadian Dam Association, ISBN 978-0-367-33422-2

An operational perspective in the implementation of the new guidelines related to tailings management

M. Julien, E. Masengo, P. Lavoie & T. Lépine
Agnico Eagle Mines Limited, Toronto, Ontario, Canada

ABSTRACT: Agnico Eagle Mines Limited (AEM) is a Canadian gold producing company that operates 9 mines in Canada, Mexico and Finland, and is also managing a series of closed sites mainly in Canada. The mines produce tailings in different forms: conventional slurry, thickened tailings and filtered tailings. AEM also operates complex infrastructures somewhat analogous in terms of risks like Heap Leach Facilities, Rockfill Storage Facilities and Water Management Infrastructures. AEM has decided to apply the same rigor in the management and design, the construction, the maintenance and monitoring of all these infrastructures, and this throughout the whole life-cycle of these facilities. A key part of this journey toward self-improvement in the management of these infrastructures was to adopt some robust internal systems and to follow Best Available/Applicable Practices. Implementation of the Mining Association of Canada (MAC) Towards Sustainable Mining® (TSM®) 3rd Edition (2017) is considered such a best practice. The changes of the latest 3rd Edition require a certain strengthening of the governance of the management of its tailings facilities. Among the different changes is the need to have more clarity on roles and responsibilities, the inclusion of a more formal risk-based approach, etc. This paper presents some of the adjustments needed to adjust the implementation of the Guide to the unique conditions of the company, its organizational structure, the internal practice and the interpretation of the roles.

RÉSUMÉ: Mines Agnico Eagle Limitée (AEM) est une compagnie aurifère canadienne opérant 9 mines au Canada, Mexique et Finlande, et qui gère aussi une série de sites fermés principalement au Canada. Les différentes mines produisent des résidus sous différentes formes: résidus en pulpe, épaissis et filtrés. AEM opère aussi des infrastructures complexes relativement analogues comme des plate-formes de lixiviation en tas, des empilements de roche et des infrastructures de gestion des eaux. AEM a décidé d'appliquer la même rigueur dans la gestion et le design, la construction, l'entretien et la surveillance de ces infrastructures, et ce durant tout leur cycle de vie. Une partie importante de ce processus d'amélioration continue au niveau de la gestion de ces infrastructures est l'adoption de systèmes de gestion interne robuste et de suivre les bonnes pratiques disponibles et applicables. L'implantation de la 3ème Édition du Guide de Gestion des Résidus Miniers (2017) de l'approche Vers le Développement Minier Durable® (VDMD®) de l'Association Minière Canadienne est considérée comme une bonne pratique. Les changements de la 3ème Édition requièrent un certain renforcement de la gouvernance au niveau de la gestion des résidus miniers. Parmi ces changements, il y a la nécessité d'améliorer la clarté au niveau des rôles et responsabilités, l'inclusion d'une approche plus formelle au niveau de la gestion du risque, etc. Cet article présente quelques-uns des ajustements requis afin de permettre l'implantation du Guide aux conditions particulières de la compagnie, sa structure organisationnelle, ses pratiques internes et l'interprétation des différents rôles.

Comparison of cyclic resistance ratios of tailings estimated using standard empirical methods and cyclic direct simple shear tests

G. Nadarajah & D. Bleiker
Wood Environmental and Infrastructure Solutions, Mississauga, Ontario, Canada

S. Sivathayalan
Department of Civil Engineering, Carleton University, Ottawa, Ontario, Canada

ABSTRACT: Liquefaction resistance of cohesionless soils (cyclic resistance ratio, CRR) is generally estimated using empirical methods utilizing in-situ test data such as SPT, CPT, and Vs. These methods were developed based on back analyses of case histories, mostly in natural soils, and require various correction factors including fines content correction. It is routine practice to use these same empirical methods and correction factors to assess CRR of tailings as well. As most hard rock mine tailings are sandy silt to silt in composition, fines content correction has a significant effect on the liquefaction assessment. Thus, whether a fines content correction is applied or not has major cost/risk implication for tailings storage facilities. This paper presents data from four different tailings dam sites and compares CRR estimated using (i) SPT and CPT data considering fines content correction, (ii) SPT and CPT data without considering fines content correction, and (iii) laboratory cyclic direct simple shear (CDSS) testing of Shelby tube piston samples and reconstituted samples. Comparison of estimated CRRs using the standard empirical methods against the CDSS test data indicate that application of full fine content correction may yield un-conservative CRR estimates for tailings while not considering any correction for fines content may lead to overly conservative designs.

RÉSUMÉ: La résistance à la liquéfaction pour sols fins (rapport de résistance cyclique CRR) est généralement estimée à l'aide de méthodes empiriques utilisant des données d'essais in situ telles que SPT, CPT et Vs. Ces méthodes ont été mises au point à partir d'analyses d'études de cas, portant principalement sur des sols naturels nécessitant diverses corrections, dont celle pour la teneur en fines. Il est pratique courante d'utiliser ces mêmes méthodes empiriques et facteurs de correction pour évaluer également le CRR des résidus miniers. Comme la composition de la plupart des résidus miniers en roche dure varie de « silt sableux » à « silt », l'application d'une correction pour la teneur en fines a un effet important sur l'évaluation de la liquéfaction, influençant les coûts et risques d'entreposage des résidus. Cet article présente des données provenant de quatre différents sites miniers et compare les valeurs de CRR estimées à l'aide (i) de données SPT et CPT en tenant compte de la correction pour la teneur en fines, (ii) de données SPT et CPT sans tenir compte de la correction pour la teneur en fines, et (iii) d'essais de cisaillement cyclique simple appliqués directement (CDSS) en laboratoire sur des échantillons intacts (Shelby) ou remaniés. La comparaison des CRR estimés à l'aide des méthodes empiriques standard et des essais de CDSS indique que l'application d'une correction pour la teneur en fines peut donner des estimations non conservatrices de CRR pour les résidus miniers, alors que l'absence de celle-ci peut mener à une conception trop prudente.

Maintenance of safety and reliability of high tailings dams in cold regions of Russia during the design phase

E. Bellendir
JSC Hydroproject, Moscow, Russia

E. Filippova & O. Buryakov
JSC Vedeneev VNIIG, St. Petersburg, Russia

A. Vakulenko
JSC Polymetal Engineering, St. Petersburg, Russia

ABSTRACT: Most of Northern European and Asian territories of Russia, including Siberia, Far North and a number of regions of Far East, which in total cover nearly 64 per cent of country's area, have subarctic and arctic climate with severe and long winter. Average winter temperatures range from minus 15 to minus 20 Celsius in European North and from minus 40 to minus 50 Celsius in East Siberia. Maintenance of safety and reliability of high tailings dams in cold regions during their design, operation and closure is impossible without proper numerical analysis and subsequent monitoring of their temperature. By the use of a number of case studies, the paper describes Russian experience of construction and operation of both upstream and downstream raised high tailings dams, methods of analysis of such structures during the design phase and also organizational and technical measures used to maintain their safety and reliability.

RÉSUMÉ: La zone nord comprend les régions du Grand Nord et les territoires adjacents de la Sibérie et de l'Extrême-Orient. Elle couvre 64% du territoire de la Fédération de Russie, et se caractérise par un climat rigoureux subarctique et arctique avec des températures hivernales très basses. Dans le nord de l'Europe, les températures moyennes en hiver varient entre -15 et -20 °C, dans les régions septentrionales de la Sibérie orientale, elles oscillent entre - 40 et - 50 °C. Garantir la fiabilité des grands barrages de stériles dans les conditions de l'Extrême nord aux stades de la conception, de l'exploitation et de la remise en culture est impossible sans une modélisation numérique et un contrôle ultérieur de leur état thermique. Le rapport décrit l'expérience russe en matière de construction de barrages de stériles de divers types, la méthode de calcul de telles structures au stade de la conception, ainsi que les mesures pouvant être prises pour assurer leur sécurité.

Sustainable and Safe Dams Around the World – Tournier, Bennett & Bibeau (Eds)
© 2019 Canadian Dam Association, ISBN 978-0-367-33422-2

CDA technical bulletin on tailings dam breach analyses

V. Martin
Knight Piésold, Vancouver, Canada

M. Al-Mamun
SNC Lavalin, Calgary, Canada

A. Small
Klohn Crippen Berger, Fredericton, Canada

ABSTRACT: Understanding the consequences of a tailings dam breach ultimately leads to designing safer dams and properly preparing for emergencies. Guidelines for dam breach studies are available for water dams, but none of these deal with the hydrodynamic and geotechnical issues related to tailings flows. Since 2013, the Mining Dams Committee of the Canadian Dam Association (CDA) has been working on developing methodologies to improve the way tailings dam breach analyses (TDBA) are conducted. Workshops were organized in 2014 and 2015 to understand the state of practice at the time. In 2016 a CDA Working Group was established to develop guidelines specific to tailings dams. The Working Group led the development of the TDBA Bulletin and feedback was obtained on several drafts including a workshop in 2017.

The CDA Technical Bulletin for TDBA will provide the key steps that should be undertaken. The differences between water retaining and tailings dams will be addressed. The presence of a supernatant pond and the potential of the tailings to liquefy and flow, are the key parameters influencing the runout potential and outflow volume. The physical processes occurring during a TDBA will be discussed with guidance provided on estimating the volume of released tailings during a breach and predicting where the tailings could flow. The TDBA is planned to be issued in 2019.

RÉSUMÉ: Pour concevoir des barrages plus sécuritaires et de bien se préparer aux situations d'urgence, il faut comprendre les conséquences d'une brèche de barrage minier. Des lignes directrices pour les études des brèches de barrage sont disponibles pour les barrages hydrauliques, mais aucun s'appliquer spécifiquement aux problèmes hydrodynamiques et géotechniques des écoulements des résidus miniers. Depuis 2013, le Comité des barrages miniers de l'Association canadienne des barrages (ACB) développe des méthodes pour améliorer comment les études des brèches de barrages sont menées. Des ateliers ont été organisés en 2014 et 2015 pour comprendre l'état de la pratique à l'époque. En 2016 un groupe de travail de l'ACB était établi pour développer des lignes directrices spécifiques aux barrages miniers. Le groupe de travail a développé le bulletin technique et des commentaires sur les brouillons ont été reçus, comprenant aussi un atelier en 2017.

Le bulletin technique de l'ACB pour les études des brèches de barrages miniers énonce les étapes clés à suivre. Les différences entre les barrages hydrauliques et les barrages miniers seront abordées. La présence d'un bassin surnageant et le potentiel de liquéfaction et d'écoulement des résidus sont les paramètres clés qui influencent le potentiel de ruissellement et le volume de sortie. Les processus physiques qui se produisent au cours d'une brèche de barrages miniers seront discutés et des conseils sont fournis pour estimer le volume de résidus miniers rejetés lors d'une brèche et la prévision de l'endroit où les résidus pourraient s'écouler. Le Bulletin sera publié en 2019.

Responsible tailings management – global best practice guidance

C. Dumaresq
Mining Association of Canada, Ottawa, Canada

M. Davies
Teck Resources Ltd., Vancouver, Canada

ABSTRACT: The Mining Association of Canada's (MAC) Guide to the Management of Tailings Facilities (Tailings Guide), first published in 1998, was the first global tailings management guide and was adopted by many owners, consultants and regulators worldwide. In 2003, MAC released the companion Developing an Operation, Maintenance, and Surveillance Manual for Tailings and Water Management Facilities (OMS Guide). The paper describes the recent MAC process of revising and modernizing the Guides and provides insights to inform for similar processes. The MAC Guides provide tools to implement best practices for tailings management that are applicable globally. Building on the Guides, the paper proposes a suite of holistic, interlinked principles for tailings management that address all aspects key to responsible tailings management, complement related initiatives, and integrate current thinking and leading practices around tailings management. The underlying message is that better governance is not enough. Better planning and design are not enough. Better engineering standards are not enough. Industry needs to take a holistic approach, improving in all of these areas, to improve tailings management, reduce risks, and minimize harm.

RÉSUMÉ: L'Association minière du Canada (AMC) a publié la première Guide de gestion des parcs à résidus miniers (Guide sur les résidus miniers) en 1998. Le premier guide de gestion des résidus miniers de portée mondiale, il a été adopté par de nombreux propriétaires, consultants et autorités réglementaires partout dans le monde. En 2003, l'AMC a publié un document d'accompagnement intitulé Comment rédiger un manuel d'opération, d'entretien et de surveillance des parcs à résidus miniers et des installations de gestion des eaux (Guide OES). L'article décrit le processus de révision et de modernisation des guides récemment entrepris par l'AMC. Il fournit par ailleurs des conseils pour réaliser des processus similaires. Les guides de l'AMC présentent des outils pour mettre en œuvre les meilleures pratiques en matière de gestion des résidus miniers qui son applicable globalement. Basé sur les guides, l'article propose une série de principes holistiques et interreliés en matière de gestion des résidus qui: couvrent les principaux aspects de la gestion des résidus responsable; complètent les initiatives connexes; et tiennent compte de la conception actuelle et des pratiques exemplaires dans ce même domaine. L'article véhicule un message: une gouvernance accrue ne suffit pas. Une planification et une conception plus justes ne suffisent pas. Des normes d'ingénierie plus strictes ne suffisent pas non plus. L'industrie doit en fait adopter une approche holistique, et apporter des améliorations dans tous ces domaines pour optimiser la gestion des résidus miniers ainsi que réduire les risques et les dommages potentiels.

Staged emergency spillway development – design considerations

K.L. Ainsley & B. Otis
Knight Piésold Ltd., Vancouver, Canada

E. Chong
PanAust Ltd., Brisbane, Australia

ABSTRACT: Under most circumstances, spillway structures are required for the safe operation of a dam, helping to control the release of excess water within the impoundment to a location downstream. Where spillway facilities exist, it is essential that they are capable of operating throughout their design life and within prescribed regulatory requirements. This condition becomes more challenging when an emergency spillway needs to be incorporated into the design of a tailings storage facility (TSF). TSFs are typically designed for the final arrangement anticipated at mine closure. In order to reduce mine operating capital costs, TSFs are often constructed in staged lifts as dictated by tailings production estimates. Consideration for the spillway is required with each lift. Several factors influence the dam and spillway geometry including supernatant pond volumes, climatic conditions, tailings production rates, volumetrics of the impoundment, spillway location, geotechnical considerations, mine closure criteria. This paper will explore the key considerations for the development of a TSF emergency spillway. The spillway development at the Phu Kham Copper-Gold Operation (operated by Phu Bia Mining Limited) located in the Lao People's Democratic Republic will be used to illustrate these considerations.

RÉSUMÉ: Dans la plupart des cas, un évacuateur de crue est nécessaire à l'exploitation sécuritaire d'un barrage, il permet l'évacuation des eaux en excès de la retenue vers un emplacement en aval. L'évacuateur de crue doit être en mesure d'être exploiter durant sa durée de vie utile et dans le respect des exigences réglementaires prescrites. Cette condition se complique lorsque l'évacuateur de crue d'urgence doit être intégré à la conception d'un parc à résidus miniers. Les digues de retenues de résidus miniers sont généralement conçues en fonction l'arrangement final prévu à la fermeture de la mine. Afin de réduire les coûts d'exploitation de la mine, les parcs à résidus miniers sont souvent construits en étapes sur plusieurs années, selon les estimations de la production de résidus miniers. À chaque étape de rehaussement de crête de la digue du parc à résidus minier, il convient de prendre en compte l'évacuateur de crue. Plusieurs facteurs influencent la géométrie de la digue et de l'évacuateur de crue, tels que: volumes de retenue de surnageant, les conditions climatiques, les taux de production de résidus miniers, la volumétrie du bassin de retenue, l'emplacement de l'évacuateur, les considérations géotechniques, les critères de fermeture des installations, etc. Les considérations relatives à l'aménagement d'un évacuateur de crues d'urgence pour un parc à résidus miniers y sont présentées. Le développement de l'évacuateur de crue à la mine de cuivre et or Phu Kham (exploitée par Phu Bia Mining Limited) située en République démocratique populaire lao servira à illustrer ces considérations.

Tailing management – current practice in Sweden

S. Töyrä
LKAB, Kiruna, Sweden

A. Bjelkevik & R. Sutton
Tailings Consultant Scandinavia AB, Stockholm, Sweden

L. Lindahl
Swedish Association of Mines, Mineral and Metal Producers (SveMin), Stockholm, Sweden

J. Jonsson
Sweco Energy AB, Uppsala, Sweden

ABSTRACT: Sweden has a long history of mining that dates back over 2000 years. Today, mining continues to be of high economic importance to Sweden, contributing with 0.25 – 1.9% of worldwide production, depending on ore type, while Europe produces 1 – 8.5%. From almost 500 mines (including 240 metal mines) in 1900, the number of active operational mines in Sweden has now reduced to 13, although ore production during this same period has increased from about 4 Mton to 80 Mton. There are currently nine tailings management facilities (TMF) in operation, with six that have been operating for 40 years or more. These relatively long operating times have resulted in both changes in facility design and deposition strategy. Such changes around the year 2000 included a shift towards upstream raises and utilizing waste materials for construction. This paper presents an overview of the history and the current practice of tailings management in Sweden and how tailings deposition and dam design have evolved. Moreover, a discussion on the legacy of facilities designed and operated before a thorough understanding of the technical requirements, constraints and consequences is provided, along with a reflection on how Swedish tailings management can become more sustainable.

RÉSUMÉ: La Suède a une longue histoire avec l'industrie minière, les premières traces d'exploitation remontant à plus de 2000 ans. À ce jour, l'industrie minière occupe une place importante dans l'économie suédoise avec une production correspondant 0,25 à 1,9% de la production mondiale suivant le type de minerai, alors que la part de l'Europe se situe entre 1,0 et 8,5%. En 1900, la Suède comptait environ 500 mines (dont 240 mines de métaux). Le nombre de mines en exploitation est aujourd'hui de 13 alors que, sur la même période, la production de minerai a augmenté d'environ 4 à 80 Mt. On recense aujourd'hui neuf installations de stockage de stériles dont six sont en exploitation depuis plus de 40 ans. Ces relatives longues périodes d'exploitation ont nécessité des adaptations concernant la conception des barrages de stockage ainsi que des stratégies de dépôt. Ces adaptations ont consisté, autour des années 2000, à des rehaussements successifs des barrages par recharge amont utilisant les matériaux stériles comme matériaux de remblai. Cet article présente un aperçu historique de la gestion des sites de stockage de stériles en Suède ainsi qu'une description de l'évolution de la conception des barrages et des méthodes de dépôt. L'article présente également une discussion sur l'héritage des installations en exploitation ainsi qu'une revue approfondie des exigences techniques, des contraintes et des conséquences liées aux ouvrages. Enfin, l'article conclut par une réflexion sur la manière de rendre plus durable la gestion des stériles en Suède.

Author Index

Abdelnour, E. 333
Abdelnour, R. 333
Abdulamit, A. 276, 369
Abe, M. 115
Abebe M. 114
Acharya, M. 8, 240
Adamo, T. 44
Adams, A. 360
Adams, N.B. 24
Adewumi, J.B.O. 104
Adidarma, W. 340
Afif, M. 197
Aiello, V. 44
Ainsley, K.L. 375
Ajayi, E.O. 104
Akashi, E. 165
Akita, R. 126
Alam, S. 293
Alam, T. 293
Aldermann, K. 59
Alfarobi, M. Yushar Yahya 138
Al-Mamun, M. 373
Alrhieh, S. 238
Altarejos-García, L. 254
Alves Fernandes, V. 311
Aman, A. 281
Amini, A. 185
Aminu, M. 180
Anand, V. 27
Andruchow, B. 200
Anisheh, S.A. 307
Anisheh, S.H. 307
Anisheh, S.R. 307
Aosaka, Y. 46
Arakawa, N. 143, 144
Ariyanti, V. 346
Arntsen, B. 177, 330
Arora, V.V. 62
Arsenault, J.L. 75
Arsenault, R. 144, 145
Ashley, M. 244
Assegaf, A. 271
Aubertin, M. 357
Austin, R. 293

Aveiro, J. 193
Aydin, M. 76

Baboota, R. 136
Bacchus, F. 239
Badakhshan, E. 94
Badenhorst, D.B. 80
Baena, C. 57
Bahrami, H. 294
Bakes, M. 23
Bakken, T.H. 255
Ban, Woo-Sik 349
Banikheir, M. 242
Barada, A. 95
Bardanis, M.E. 79
Barker, M.B. 199
Barone, F. 76
Barter, J.F. 319
Barton, D. 255
Bateman, V. 213
Batista, A.L. 175
Batta, V. 102
Baxter, C.D.P. 118
Bayat, J. 147, 148
Bayati, H.R. 294
Bayliss, A.I. 117
Bea, Jung-Ju 210
Bednarova, E. 116
Beetz, U. 59
Bekker, J. 80
Belkova, I.N. 81
Bellendir, E. 372
Bennerstedt, P. 63
Bennett, T. 76, 240, 266
Benítez, D. 193
Bernstone, C. 174
Bilodeau, F. 149, 150
Bjelkevik, A. 376
Blauhut, A. 317
Bleiker, D. 367, 371
Blohm, H. 246
Bohrn, S. 351
Bolsenkötter, L. 132
Bonanni, S. 44
Bouaanani, N. 67, 301

Bouazza, A. 94
Bouchard, R. 212
Boudrias, G. 357
Boumaiza, L. 222
Braud, S. 262
Brett, D.M. 358
Breul, B. 85
Bridgeman, A. 193
Bridle, R. 84
Bridoux, B. 262
Brien, J. 208
Broucek, M. 25
Brouwer, K. 360
Bruce, J. 58
Buchanan, J.P. 199
Buchanan, P. 319
Burch, S. 217
Buryakov, O. 372
Bush, A. 198
Bylander, P. 191

Cankoski, D. 192
Cao, Z. 288
Carney, S.K. 267
Carvalho, E.F. 175
Castillo-Rodríguez, J.T. 257
Chakraborty, A. 214
Champagne, K. 106
Champiré, F. 239
Chang, T.G. 322
Chapdelaine, M. 282
Charlebois, L. 365
Charmasson, J. 255
Chaubey, Y.K. 70
Chaudhary, R.K. 27
Chen, Xiangrong 56, 124
Chen, Xing 209
Chen, X.R. 5
Chen, Y. 28
Chen, Yimin 124
Chen, Y.M. 5
Cheng, K. 310
Chen, Z.W. 295
Chislett, T. 49
Cho, Bong-Gu 210

Choi, B.H. 161
Choi, B.-H. 237
Chong, E. 375
Chowdhury, S. 70
Christopher D.D. 297
Coelho, D.P. 329
Coetzee, G.L. 10
Cojoc, R. 3
Coleman, T. 118
Collarelli, R. 44
Collell, M. Roca 243
Coombs, R. 22
Corrêa, T.R. 313
Correa, C. 221
Costa, O.V. 313
Cotter, B. 198
Courivaud, J.R. 26
Croockewit, J. 58
Curtis, D.D. 299, 300

Dai, H.C. 155
Dai, L.Q. 155
Daly, N. 85
Damadipour, M. 302
Damov, D. 21, 332
Dana, F. Manouchehri 185
Daneshyar, A. 286
D'Angeli, F. 44
Das, R. 93
Davies, M. 374
Dawson, E. 308
de Faria, E.F. 329
De la Fuente, M. 111
de Membrillera, M.G. 111
de Oliveira, P.C. 329
de Paula, A.Q. 313
De Stefano, M. 367
Deblois, C. 149, 150, 151
Demarty, M. 149, 150, 151
Demers, L. 211
Deroo, L. 239, 246, 277
Deshmukh, K. 136
Dianhai, Liu 183
Digby, R. 55
Doke, K. 126
Dolen, T.P. 49
Donnelly, C.R. 240, 351
Doré-Richard, S. 211
Dounias, G.T. 79
Downing, B. 14
Duan, B. 73, 109
Dubey, R.K. 50
Dumaresq, C. 374
Duque, A. 60

Durand, E. 262
Dwyer, B.N. 247

Ekker, R. 113
Ekström, I. 91
Ekström, T. 178
El-Awady, A. 260, 266
Emam, A. 147, 148
Engel, C. 118
Engendjo, L. 278
Eriksson, D. 328
Escuder-Bueno, I. 254, 257
Eshragi, R. 97
Estekanchi, H.E. 283
Evans, S.G. 320

Falsafian, K. 302
Fan, L.R. 121
Faria, E.F. 47, 248
Farokhnia, A. 146, 147
Fernandes, D.O. 329
Filippova, E. 372
Firoozfar, A.R. 24, 263
Flikweert, J. 243
Flores, D. 193
Fluixá-Sanmartín, J. 254
Foss, A.B. 330
Foster, P. 219
Fošumpaur, P. 15
Fournier, E. 144, 145
Franca, M.J. 129
Frebrianto, E.A. 346
Fries, H. 197
Frobert, L. 104
Fukuda, Y. 126, 142
Fukumoto, H. 296
Furlan, P. 69
Fynn, C.R. 80

Gao, L.H. 127
Gao, Y. 158
Garakani, A. Akbari 242
Gassner, F.W. 361
Gavahi, K. 166
Gayoso, M. 248
Gazarian-Pagé, C. 301
Gdela, K. 187
Ge, C.B. 227
Genton, T. 104
George, M.F. 220
Ghaemian, M. 286, 287
Ghazali, M.H.M. 292
Gibyanskaya, E.D. 81
Gildeh, H. Kheirkhah 8

Gimenes, E. de A. 78
Gimeno, O. 356
Giri, S. 131
Glagovsky, V.B. 81
Glover, B. 163
Gómez, R. 111
Goff, C. 6, 356
Golmohammadi, H. 302
Gomes, J.P. 175
Granell, C. 57, 60
Greyling, R. 189
Groeneveld, J. 240, 332, 351
Groskopf, G. 226
Grozea, M. 369
Grubb, K. 55
Grundova, I. 23
Guo, Jian 141
Guo, S. 290, 291
Gupta, R.K. 105

Ha, Jae-Seok 210
Haidar, H. 95
Hairong, Zhang 159
Halas, D. Campos 75
Hall, C. 360
Halvarsson, A. 63
Halwani, J. 95
Hamlyn, P. 117
Hanna, A. 274
Hannart, A. 144, 145
Hariri-Ardebili, M.A. 283
Hartford, D.N.D. 235, 236
Haselsteiner, R. 18
Hashemi, S.H. 147, 148
Hassan, M. 6
Hassani, H. 145, 146
Hassanzadeh, M. 178
Hassen Y.K. 114
Hattingh, L. 298
Haufe, H. 9
He, X. 162
He, Z.H. 73
Höeg, K. 265
Hegy, S.J. 52
Heidari, A. 157
Hellgren, R. 328
Hernando, F. 57
Herweynen, R. 77
Herza, J. 244, 368
Hida, Y. 115
Hidayat, F. 122
Hill, P.I. 352
Hiller, P.H. 113
Hiramatsu, H. 284

Hirao, K. 338
Hiratsuka, T. 188
Hlepas, G. 213
Hofgaard, A. 17
Holý, P. 15
Holman, B. 68
Honda, T. 339
Hong, X. 162
Hong, Xiang 45
Hongou, M. 143, 144
Hooshyaripor, F. 146, 147
Hosseini, P. 8
Hu, X. 322
Huachao, F. 248
Huang, Runqiu 320
Huang, Y. 162
Huang, D. 295
Hudec, R. 23
Hughes, A. 117
Hughes S. 297
Hui, S. 365
Humbert, N. 303
Hurlbut, L. 117
Hwang, Jin Hwan 151, 152

Ikeda, T. 164
Imo, E. 180
Ishifuji, S. 296
Ishino, T. 123
Issa, A.S. 293

Jacobs, A. 65
Jafarzadeh, F. 242
Jang, Jung-Ryeol 210
Jang, Suk-Hwan 324
Janz, M. 178
Jenkins, M. 275
Jiang, C. 121
Jiang, E. 135
Jiang, Y.L. 101
Jin, F. 61
Jin, Yougkyu 341
Jinghuan, Ding 183
Jin, F. 295
Jo, Jun-Won 324
Jo, S.-B. 207
Johansson, S. 118
Johnston, G. 117
Jones, A.N. 263
Jones S.L. 297
Jones, S.L. 65
Jonsson, J. 376
Joshi, B. 50, 136
Joshi, S.C. 70

Jovani, A. 249
Judd, A. 68
Judge, T. 112
Jue, Wang 183
Julien, M. 370
Julien, M.R. 366
Jun, Kyung Soo 151, 152
Juwono, P.T. 122

Kaboré, M. 202, 347
Kaliberda, I.V. 233
Kam, S. 76
Kamjou, N. 145, 146
Kanayama, T. 142
Kanazawa, H. 165
Kano, S. 229
Kašpar, T. 15
Kapil, S.L. 289
Kappel, B. 342, 343
Kartawidjaja, A. 187
Karvo, J. 366
Kase, T. 188
Kashiwayanagi, M. 288
Kaspar, H. 17
Kawasaki, H. 296
Kettle, W. 225, 337
Khalil, E.A. 43
Kham, M. 311
Khanna, P. 289
Kheirkhah Gildeh, H. 7
Kheyrkhah, N. 253
Kikuchi, R. 142
Kim, Dong Hyeon 151, 152
Kim, Jin-Guk 348
Kim, S.J. 160, 272
Kim, Yong-Tak 348
Kimura, F. 142
Kitamura, T. 142
Kitamura, Y. 123, 131, 142
Kleberger, J. 103
Kletsch, R. 52
Kline, R. 217
Klun, M. 173
Knott, R. 234
Kobayashi, M. 142
Kodre, N. 168
Koenig, K. 345
Kojima, H. 284
Kolen, B. 261
Kolmayer, P. 311
Kondo, M. 284
Koprivova, L. 23
Kotrba, P. 191
Koutsunis, N. 13

Kozyrev, A. 273
Küppers, J. 132
Kralik, M. 25
Králík, M. 15
Kryžanowski, A. 173
Kteich, Z. 311
Kudo, K. 115
Kumala, Y.E. 12
Kumar, M. 50
Kumar, N. 70, 136, 214
Kurose, T. 338
Kushibiki, H. 143, 144
Kwon, Hyun-Han 348

Laasonen, J.P. 176
Labbé, P. 311
LaBry, K.J. 83
Lacasse, S. 265, 323
Laigle, F. 96
Lamas, L. 175
Lamy, A. 144, 145
Landstorfer, F. 317
Lashin, A. 273
Laugier, F. 16
Lavoie, P. 366, 370
Lawrence, M. 327
Le Kouby, A. 201
le Roux, B. 298
LeBoeuf, D. 312
Leclercq, R. 285
Lee, B. 161, 237
Lee, Jae-Kyoung 324
Lee, Sangho 341
Lee, Seung-Oh 349
Lee, S.H. 160, 272
Lempérière, F. 239
Lestari, S. 12
Léger, P. 66, 285
Li, D. 290, 291
Li, G.H. 5
Li, L.Q. 101
Li, S. 158, 293
Lia, L. 330
Liang, H. 290
Liangjun, Deng 45
Likavec, M. 299
Lim, K. 20
Lin, Peng 231
Lindahl, L. 376
Lingzhi, Hu 45
Liu, H.B. 155
Liu, W. 61
Liu, X. 364
Liu, Yang 183

Liu, Z. 28
Liu, Z.Q. 323
Lo, R.C. 359
Longtin, H. 96
Lopatič, J. 173
Lopez-Ortiz, L. 80
Lothmann, R. 132
Lépine, T. 366, 370
Lund, G.S. 64
Lundqvist, P. 174
Luo, Jing 320

Macklin, S.R. 319
Madden, T. 14
Magalhães, G.G. 313
Mahdavian, A. 294
Mahdiloutorkamani, H. 48
Maiorov, A.V. 187
Maisano, P.A. 199
Maita, A. 241
Majdi, A.G. 203
Maleki, J. 242
Malenchak, J. 332
Malm, R. 91, 178, 328
Mammo, T. 281
Manirakiza, W. 264
Maritz, A.A. 11
Marklund, A. 174
Martin, L. 65
Martin, V. 373
Masengo, E. 366, 370
Mashayekhi, M.R. 283
Mason, L. 112
Masse, JF. 301
Mastrofini, P. 51
Mathieu, F. 201
Matos, J. 69
Matos, S.F. 248
Matsinhe, B. 175
Matsumoto, Y. 232
Mayangsari, A. 340
Mazlan, A.Z.A. 292
McAllister, A. 240
McClement, B. 75
McClendon, M. 64
McGeachie, S. 351
McGoldrick, B. 263
Mehta, A. 102
Mejia, L. 308
Meljo, J. 168
Merry, P. 200
Meszaros, T. 116
Miao, Ning 141
Midttømme, G.H. 113

Mieno, A. 142
Milevski, S. 128
Minarik, M. 116
Miquel, B. 67
Mishra, M. 136
Miyoshi, T. 339
Möller, M. 156
Moen, K.C. 263
Mohamed, E.K. 43
Mohammadian, M. 7
Mohsenabadi, S. Esmaeeli 7
Molinder, G. 91
Mool, P. 131
Moon, Young-Il 348
Morales-Torres, A. 254, 257
Morikawa, T. 142
Morin, R. 355
Morán, R. 26
Morris, M. 6
Morris, M.W. 26
Moses, D. 13
Mottram, S. 189
Mousavi, S. 92
Mousavi, S. Jamshid 260
Mousavi, S.J. 166
Moyo, P. 298
Muamba, M. 278
Muir, C. 298
Mukuka, R. 278
Munir, K. 167
Murray, K. 112
Mutawa, A. 321
Mutede, M. 298
Mutikanga, H.E. 264
Mwangala, B.B. 344

Nacanabo, A. 202
Nadarajah, G. 367, 371
Nagasawa, S. 164
Narayan, P. 62
Nathan, R.J. 352
Neeve, D.E. 275
Negahdar, A. 97
Negahdar, H. 97
Neumann, C.Jr 47
Neutz, C. 243
Nilsson, C.-O. 174
Nishikawa, M. 165
Nistor, I. 7
Nombré, A. 347
Noorzad, A. 92, 94, 286, 287
Nooshabadi, E.Z. 147, 148
Nordström, E. 178

Norman, R. 78
Nousiainen, J. 366
Nunn, J. 58

Oboni, C. 355
Oboni, F. 355
O'Brien, J. 49
O'Brien P.E. 297
O'Brien, S. 332
Oh, Kyoung-Doo 324
Ohmori, S. 338
Okabe, K. 143, 144
Okada, T. 123
Okada, Y. 142, 143, 144
Okumura, H. 125
Omer, A. 131
Onda, C. 125
Oohashi, T. 288
Osugi, T. 165
Otis, B. 375
Ouchar, N. 277
Ouyang, L. 127

Pan, J. 61
Panenka, P. 23
Park, D.S. 207, 230
Park, J.B. 160, 272
Patarroyo, J. 21
Patias, J. 329
Patouillard, S. 201, 262
Patra, B.K. 62
Paul, A.K. 169
Pei, Xiangjun 320
Peng, Li 159
Peng, X.C. 73
Perdikaris, J. 225, 337
Peters, A. 68
Petkovsek, G. 356
Pfister, M. 69
Picault, C. 26
Piekkari, M. 366
Pineault, K. 144, 145
Plassart, R. 96
Platts, M. 361
Péloquin, E. 96, 312
Ponnambalam, K. 166, 260, 266
Pontes, C.J.C. 190
Popescu, C. 177
Portugal, P. 190
Poupart, M. 239
Power, R. 49
Prohinar, T. 168
Protulipac, D. 49

Pöschl, I. 103
Purwaningsih, S. 203
Pyne, M. 179

Qosja, E. 249
Quebbeman, J.A. 267
Quigley, M. 319
Quinn, M.C.L. 118
Quirion, M. 221, 222

Radzi, M.R.M. 292
Rahbari, M. 253
Rankin, M. 358
Ranney, K.J. 247
Rattue, A. 212
Řehák, P. 15
Reid, J. 49, 212
Renaud, S. 67
Rianto, A. 122
Riaz, M. 8
Riemer, W. 318
Rigbey, S.J. 235
Říha, J. 74
Risharnanda, B. 203
Riveros, G.A. 362
Robbe, E. 303
Robinson, C.T. 129
Roca, M. 356
Rodrigues, C.T. 313
Rollo, C. 44
Rombough, V. 200
Roshanomid, H. 309
Roth, S.-N. 66
Rugaba, N.A. 264
Ruiz, L.J. 60
Ruritan, R.V. 122
Rutherford, J.H. 240
Ryan, D. 219

Saccone, R. 51
Sadeque, F. 327
Sadikin, N. 86
Sadrekarimi, A. 362
Sadri Omshi, M. 185
Saeidi, A. 222
Safavian, M. 87
Sagan, K. 345
Saichi, T. 67
Salamon, J.W. 283
Saleh-Mbemba, F. 357
Salloum, T. 238
Sanchez, J.L. 60
Santana, L.D. 313
Santos, A.C.P. 47

Sarghiuta, R. 363
Sas, G. 177
Sasaki, K. 232
Sasaki, T. 284
Sato, H. 284
Satoh, T. 125
Satrapa, L. 25
Saukkoriipi, J. 366
Saunders, G. 179
Saussaye, L. 201
Sayeed, I. 214
Scherman, E. 189
Schleiss, A.J. 69, 129
Schrader, E. 51
Schweiger, P. 217
Scorah, M.J. 352
Scuero, A.M. 186
Sebastião, C.S. 313
Seifi, A. 260
Sempewo, J. 264
Seoka, T. 46
Setrakian-Melgonian, M. 257
Shaanika, S. 298
Shaojun, Q. 134
Sharma, D.K. 130, 350
Sharma, R.C. 214
Sheng, J.B. 121
Shentang, D. 134
Shepherd, D. 21
Sherwood, K.W. 110
Shi, Jiayue 141
Shima, K. 143, 144
Shin, D.-H. 207
Shin, D.H. 230
Shoji, T. 142
Shourijeh, P. Tabatabaie 82
Sidek, L.M. 292
Silwembe, M. 321
Simainga, M. 278
Simarro-Rey, D. 257
Simm, J. 243
Simzer, J. 14
Singh, B. 62
Singh, D.V. 137
Singh, R. 368
Sirbu, N. 3
Situm, M. 75
Sivathayalan, S. 371
Sjöberg, C. 191
Slota, P. 345
Small, A. 244, 373
Smith, L. 234
Smith, M. 208

Smolar-Žvanut, N. 168
Snyder, G. 21, 212, 332
Soegiarto, S. 203
Soleymani, S. 294
Sooch, G.S. 299, 300
Soroush, A. 82
Sotoudeh, P. 287
Soulaïmani, A. 93
Southcott, P. 77
Spano, M. 331
Sparkes, C. 179
Spasic-Gril, L. 264
Stadnyk, T. 345
Stematiu, D. 3, 363
Stephens, D.A. 352
Stevenson, G.W. 274
Stähly, S. 129
Stoyanova, V. 22
Strain, A.L. 24
Su, G. 226
Su, J. 364
Sumi, T. 125
Sun, C. 365
Sun, Futing 56
Sun, Hongliang 124
Surico, F. 51
Sutton, R. 376
Suzuki, T. 142

Tada, S. 164
Takeuchi, H. 164
Takiguchi, H. 115
Takino, S. 339
Tamura, K. 229
Tang, Z.Y. 155
Tanjian, Sun 184
Tardieu, A. 277
Tarinejad, R. 302
Taufiqurrachman, M. 122
Tavoosi, N. 146, 147
Teodori, S.-P. 17
Terzic, Z. 319
Thakur, V.K. 133, 258
Thareja, D.V. 102
Thermann, K. 318
Thiele, W. 156
Thonus, B.I. 261
Thorp, J. 244
Ting, W. 134
Tönnis, B. 59
Toledo, M.Á. 26
Toth, P. 200
Touma, G. 106
Tourment, R. 201, 243, 262

Tremblay, A. 149,
 150, 151
Tremblay, M. 21
Trifkovic, A. 18
Tripathi, V. 105
Tsukada, T. 338, 339
Tsuruta, Y. 142
Tsutsui, S. 46
Tu Huang Wei, 4
Tu, J. 291
Tu, Y.J. 109
Tulak, L. 116
Töyrä, S. 376

Upadhyay, P.C. 27
Uranchimeg, Sumiya 349
Uskov, I. 273
Uskov, V. 273

Vaghti, S.S. 64
Vakulenko, A. 372
Vallejos, J. 193
van Steeg, P. 243
van Vuuren, S.J. 10, 11
Vaschetti, G.L. 186
Verret, D. 211, 312
Verzobio, A. 266
Villeneuve, M. 21
Vishnoi, R.K. 137
Volesky, D. 23
Vulliet, F. 282

Wagner, E. 317
Wahl, T.L. 218
Walker, S.R. 217
Walløe, K.L. 163
Wang, Feng 56
Wang, H. 28, 158
Wang, J. 61
Wang, L. 162, 291
Wang, S.J. 227
Wang, X. 135
Wang, Xuhang 141
Wang, Y. 135

Wang, G. 295
Wark, B. 219
Warren, A.L. 198
Wasike, F. 264
Watabe, Y. 143, 144
Watanabe, F. 338
Watson, A. 58
Watson, A.D. 274
Weil, J. 103
Wellburn, K. 327
Wells, P. 228
Welt, F. 193
Wenbo, C. 248
Wessels, P. 11
Wieland, M. 281, 309
Williamson, T.A. 228
Woollcombe-Adams, C.E.
 198
Wrench, B.P. 361
Wu, G. 327
Wu, X. 28
Wygonik Kinkley, M. 19

Xiangrong, Chen 184
Xianyang, Lei 184
Xiaoping, L. 134
Xing, L. 158
Xu, Gaojin 141
Xu, J.R. 101
Xu, Y. 155

Yahia, A. 106
Yamaguchi, K. 165
Yamashita, N. 188
Yan, J. 73
Yan, J.H. 227
Yan, J.J. 73
Yan, L. 327
Yang, B.B. 323
Yang, Fei 124
Yang, J. 91
Yang, Le 141
Yang, Z. 310
Yanguang, S. 148, 149

Yanmei, Xiong 184
Yao, Fuhai 209
Yasui, E. 259
Yin, K.L. 323
Yiwen, Yang 45
Yoshida, T. 232
Yousefi, S. 253
Yuanjian, W. 134
Yufeng, Ren 159
Yun, J. 20
Yusuf, F. 58

Zain, M. 167
Zang, Z. 310
Zapel, E.T. 24
Zawawi, M.H. 292
Zeng, X.X. 322
Zethof, M. 261
Zhang, A. 290
Zhang, Chunsheng 56
Zhang, H. 8
Zhang, L. 162
Zhang, R. 162
Zhang, Yang 56
Zhang, Y.H. 101
Zhao, X.D. 127
Zheng, Xiaohong 56
Zhengyang, Tang 159
Zhiming, Liang 159
Zhou, H. 364
Zhou, H.M. 101
Zhou, R. 225, 337
Zhou Renjie Chengyi, 4
Zhou, T.C. 5
Zia, A. 145, 146
Zielinski, A. 266
Zielinski, P. 245
Zolfagharian, M.
 147, 148
Zou, Q. 162
Zukal, M. 15
Zulfan, J. 12
Zupan, D. 173
Žvanut, P. 256

ICOLD Proceedings series

The ICOLD *Proceedings series* is devoted to the publication of proceedings organized under the auspices of the International Commission on Large Dames / Commission Internationale des Grands Barrages (ICOLD/CIGB), a non-governmental international organization of practising engineers, geologists and scientists from governmental or private organizations, consulting firms, universities, laboratories and construction companies. The mission of ICOLD is to set standards and guidelines to ensure that dams are built and operated safely, efficiently, economically, environmentally sustainable and socially justice. The main topics covered by the series include: Dam Engineering, Dams Safety, Dams and the Environment, Hydraulic Engineering, Hydropower, Floods and Flood Protection, and Water Storage.

ISSN (print): 2575-9159
ISSN (Online): 2575-9167

1. Validation of Dynamic Analyses of Dams and Their Equipment
   Editors: Jean-Jacques Fry & Norihisa Matsumoto
   ISBN: 978-1-138-59017-5 (Hbk)
   ISBN: 978-0-429-49116-0 (eBook)

2. Sustainable and Safe Dams Around the World / Un monde de barrages durables et sécuritaires
   Editors – Éditeurs: Jean-Pierre Tournier, Tony Bennett & Johanne Bibeau
   ISBN: 978-0-367-33422-2 (Hbk and Multimedia)
   ISBN: 978-0-429-31977-8 (eBook)